U0211018

Norton's

诺顿星图手册

Star Atlas and Reference Handbook

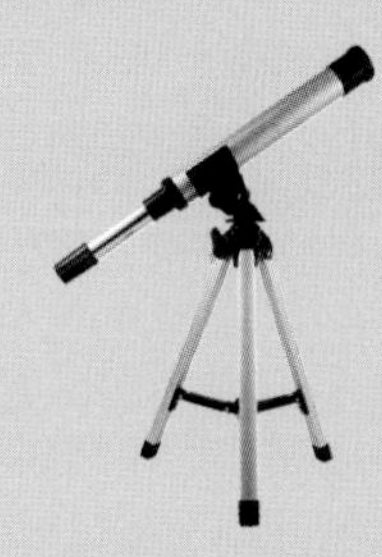

【英】伊恩·里德帕斯 / 著

李元 沈良照 李竞 齐锐 曹军 李鉴 陈冬妮 姜晓军 / 译

CSK 湖南科学技术出版社

图书在版编目（C I P）数据

诺顿星图手册 / (英) 里德帕斯著 ; 李元等译. --长沙 :
湖南科学技术出版社, 2012.2 (2021.12重印)
书名原文: Norton’s Star Atlas and Reference
ISBN 978-7-5357-7120-9
Ⅰ. ①诺… Ⅱ. ①里… ②李… Ⅲ. ①星图—手册
Ⅳ. ①P114.4-62
中国版本图书馆CIP数据核字(2012)第022885号

诺顿星图手册

著　　者：【英】伊恩·里德帕斯
译　　者：李　元　沈良照　李　竞　齐　锐
　　　　　曹　军　李　鉴　陈冬妮　姜晓军
责任编辑：吴　炜　孙桂均
出版发行：湖南科学技术出版社
社　　址：长沙市湘雅路276号
　　　　　http://www.hnstp.com
邮购联系：本社直销科　0731-84375808
印　　刷：湖南天闻新华印务有限公司
　　　　　（印装质量问题请直接与本厂联系）
厂　　址：湖南望城·湖南出版科技园
邮　　编：410219
开　　本：787mm×1092mm　1/16
印　　张：14.25
插　　页：4
版　　次：2012年2月第1版
印　　次：2021年12月第13次印刷
字　　数：435000
书　　号：ISBN 978-7-5357-7120-9
定　　价：58.00元

《诺顿星图手册》在中国

这本《诺顿星图手册》驰名世界已达百年之久，它不但是天文爱好者们最喜爱和极为实用的星图之一，而且也是天文工作者们一本常用的星图手册。在抗日战争期间，后方的星图奇缺，我在1941年开始观星时，仅靠一张4等星的星图领我进入了星座世界，后来越来越感到好星图的重要。直到1944年初我由重庆去成都华西大学拜访李珩教授时，才在他的指引下从旧书店里幸运地买到陈遵妫先生编著的《恒星图表》（上海商务印书馆1937年出版的精装大本）。该书是数十年中我国出版的最详细的星图，其中有一套由5大幅星图组成的全天星图，收入了全天的6等以上的恒星，译自日本村上忠敬的《全天星图》。这已使我喜出望外，然而在使用中感到星名不够完备，星座界限未能采用国际天文学联合会公布的国际通用的科学的星座区划，从而再一次想得到更好的星图。抗日战争胜利后有幸得到我的亲友、在美国麻省理工学院的武宝琛博士的赠送，当我1947年春前往南京紫金山天文台工作之际收到最新版的《诺顿星图手册》（1950.0历元、1946年第10版）。翻阅之后大开眼界，也是当时难得的一本最好的星图，成为天文同行们争相传阅的星空宝书。全靠清华大学物理系的沈良照同学把星图拍成8幅8英寸照片，由建国初期的大众天文社印售给天文爱好者们。直到20世纪70年代我们建议由北京的光华出版社于1977年影印出版了1973年第16版的诺顿《星图手册》，以应急需。后来我国著名天文学家，中国科学院上海天文台台长李珩教授、研究员着手翻译本书并约我和他合作，且两易译稿，最后按照1978年的第17版译成，1984年由科学出版社出版《星图手册》，共印3000册，很快售完，颇受各方好评。1990年后，台北的明文书局邀我按该书1989年第18版重译，用繁体字在台北出版。新译本仍用《星图手册》的书名，于1995年在台北出版，新译本曾得到当时北京天文台沈良照研究员和该台后起之秀姜晓军的大力帮助得以问世，而且印制极佳。当时我正在美国，由姜晓军赴美时把新版带给我，阅览之后甚感欣慰，因为台北版还得到台北市天文台蔡章献台长的关注；也得到美国哈佛大学史密松天体物理天文台华裔天文学家邵正元先生的帮助才有所成，所以这个译本是包含了海峡两岸和旅美华人科学家的合作，具有十分亲切的情感。当时李珩恩师已经逝世5年，令人无限怀念。

在改革开放之后，也有多种星图出版，但翻译出版最新的《诺顿星图手册》仍是我们追求的目标。湖南科学技术出版社2008年出版《剑桥天文爱好者指南》（李元、马星垣、齐锐、曹军等译），后不久取得《诺顿星图手册》中文简体字的版权许可。除了北京天文馆的几位译者外，特别请中国国家天文台的沈良照、李竞二位资深研究员和姜晓军博士参与译事，可以说这是多位老中青天文爱好者们合作的成果，又正值2009年国际天文年的到来，更值得庆幸。由于60多年来我是历次版本的见证人和参与者，所以特意把这段史话公之于世。

此外本书开译的前一阶段由我负责组译，中途我因健康一度欠佳特请天文爱好者杂志社齐锐社长主持后来更繁重的工作。

本书开译之初征得双方出版社的同意，在中译本的后面增加近30页，刊载世界著名的三种具有代表性的古典星图，以供参考，而这些图绘可以说是科学、文化与艺术的结晶，400年来流传不衰，而我国尚未完整出版过。我们相信这些古典星图可能会引起人们更加有趣地去仰望星空。

李元
2009年10月
国际天文年于北京

前　言

经历了漫长的年代，才会有一本深刻而永远改变某个领域的著作出版。同样稀罕的是，一种书印了又印，竟绵延一个世纪。有口皆碑的《诺顿星图手册》正是这样一部著作，自 1910 年以来就帮助人们找认夜空中的点点繁星和模糊天体。《诺顿星图手册》指导我们观天，犹如罗杰·托里·彼得森 (Roger Tory Peterson) 图鉴指导我们考察地上的自然界。这两种著作不仅让人识别新生事物轻松有趣，而且还激励人们学习。

1956 年，洛杉矶天文学会为年轻会员举办了一场抽奖活动。奖品是能支起一台 6 英寸望远镜的座架，我当时 17 岁，在我看来，奖品非常吸引人。我获奖后，我的双亲为我增置了一块极好的反射镜面和几个目镜。这样便开始了我的望远镜观测生涯。

下一步自然就是买一册《诺顿星图手册》。该书当时已经有了名气，出到了第 12 版。这本书不厚，但对我这样一个刚刚入门的爱好者作用肯定很大。从那时起，为了寻求星空知识和作为杂志主编工作需要，我曾千遍万遍地查阅《诺顿星图手册》。

当我的目光扫过那古老版本的星图，我惊奇地发现它们所承载的史实多么丰富。一条铅笔线记录了 1961 年我看到的一个火流星划过的行迹，它的光强得使我已经适应观察暗星的眼睛看周围景物竟变成一幅负像。在北冕座 TT 的方位我作过一个小小的“×”记号，由于我是年轻小伙时就确认它是 1 颗变星，看到它我就像父亲见爱子那样亲切。在星图 9 上，又一个“×”标出类 3C273。这个记号肯定是 1963 年划上的。那一年，类星体使天文学家开始认识到，宇宙中有许多以引力为能源，表现古怪、变化剧烈的天体。

我的星图上还零乱地标着其他记号。有的现在看来没有什么用了，不过当时一定显得十分重要。可不是……这个小点一定是 1975 年天鹅座新星，往下那个就是 1967 年海豚座新星，后者是很有趣的所谓慢新星，我曾尽可能每夜都观测它，持续了几个月。我的老版《诺顿星图》确实成了一部天象日记，你们的肯定也会这样。

回顾起来，《诺顿星图手册》的作用有两方面。首先自然是那一套星图，6 幅盾牌状的长图加上两幅圆形南北极天区图，体现了原著者的创新思维。每张图都覆盖大面积天空，使我学认星座并找认它们之间的联系极为方便。同时，每幅星图又包含那么多深入细节，鼓励我去找认数不清的新交。

《诺顿星图手册》的另一个作用在于它的说明资料。我花了相当工夫才体会到其中手册的重要性，毕竟观测比阅读有趣得多！不过当我认真读来，呈现的是观测指南、专业诠释和史实点滴所构成的金矿。文中也提出了“如何进行”和“如果……就该……”许多这样的问题。这促使我去继续阅读学习，使我对天文学的理解日益全面。我的天文知识中很多都源自《诺顿星图手册》对我的鼓动。如果说《诺顿星图手册》启发我走上了长年热爱天文学这条人生道路，这丝毫没有夸张。究竟有多少人 (肯定很多) 也和我一样，只有天知道！

《诺顿星图手册》的这一次最新版一如既往地再度升级，成为使用者更加必不可缺和得心应手的工具书。1989 年我第一次为《诺顿星图手册》写前言。自那时以来，业余天文学经历了空前的革命性飞跃。突出的表现是价钱不贵的自动望远镜大批上市和软件的日益完善。两者相结合就构成惊人威力，一按电钮，望远镜就自动对准所要观测的任何天体。

那么有的人就要怀疑，纸上画的星图与自动望远镜相比是不是还有用。我只想说，一本书可不需要电能。不过别忘了把电池装进你的手电筒！

利弗·J·罗宾逊

《天空和望远镜》月刊名誉退休主编

序　言

为了《诺顿星图手册》（以下简称《诺顿》）这第20版能在新世纪中以崭新的现代化面貌问世，我们对它作了彻底重新设计和重排。由于改写了标题，星图更加清晰和引人注目。参考手册及其数据表的更新和改善包括新写的计算机控制望远镜和CCD成像技术，在第19版出来后的5年中这两个领域改变了业余天文学的面貌。我们也扩充了观测深空天体的内容，因为这是爱好者的热门对象。其他主要改进还有全新的月球和火星图。在全书各处，总是把活跃观测者的需求放在首位。

以往的版本使《诺顿》赢得了世界最有名和使用最广星图的声誉，其参考手册已经成为一切观测者不可缺少的伴侣。我们相信这一最新版本将把《诺顿》的传统带入21世纪的深处。

历　史

《诺顿星图手册》最早出版是在1910年。它刚一问世就得了个开门红，这主要归功于其画图创新，把星空划分为几大片，每片覆盖全天面积的大约五分之一，查阅方便，而且最暗画到6等星，达肉眼极限。那时《诺顿》的服务对象是小望远镜观测者，特别是使用19世纪业余天文家的两部观测指南名作，从中寻找有趣天体的观天人；这两部著作是韦布（T. W. Webb）牧师的《普通望远镜天体手册》和史迈司（W. H. Smyth）的《天体的循环》。若干年后，《诺顿》便享誉世界，成为业余和专业天文学家都需要的标准工具书。

著者阿瑟·菲利普·诺顿（Arthur Philip Norton，1876~1955）在世时是业余天文学家，他的专职是在某学校任教。如果不是因为他的《星图》，天文学界恐怕不会有人知道他。

诺顿出生于英国威尔士加的夫市一位牧师的家庭中。当他还是中学生时，原属曾祖父的一架望远镜归他所有，激起了他对天文学的兴趣。在都柏林三一学院获得文学学士学位后，他在英格兰一些中学任教。诺顿在肯特郡Tonbridge的Judd中学教地理和数学课22年之久，直到1936年退休。除了使他出名的《诺顿》和1949年出版、较为简化的《普及星图》外，他没有出过其他图书。在他一生之中，《诺顿》出了多次新版，同时他对其中的星图作过两次更新。

回顾《诺顿》开始出版的1910年，星座之间的分界线还没有正式划定。国际天文学联合会在1930年补上了这一课。阿瑟·诺顿按照国际天文学联合会新规定的星座边界为1933年第5版《诺顿》重新画了图，并且根据《订正哈佛恒星亮度表》把书中的最暗星等极限设在6.2等（第1版的极限星等并未确切设定）。这时的诺顿视网膜后面出现了血块，因而左眼看东西十分模糊，但这并没有影响他所画星图的质量。

天图制作者面临一个地图编绘人所没有的问题：由于受到名叫岁差的一种现象的影响，每颗星的坐标都在随时间逐渐变化。这就是说，一切星图终归都要变得愈来愈过时。《诺顿》第1版的“历元”（恒星坐标的对应瞬时）是1920。诺顿为1943年第9版重新画的星图则是对应于标准历元1950.0，并且把极限星等扩展到6.35等。这一版的各张星图在他去世后很久还在重印出书。

再过了若干年，当然又必须更改历元了。1989年第18版《诺顿》中的各张星图就是按照标准历元2000.0重新画的，其中用到的新技术是诺顿所梦想不到的。这样，《诺顿》开始成为内容并无阿瑟·诺顿本人写作的工具书，然而他对读者的精神感召自非书名所囿，而是绵延千秋。

星　图

早就决定的是，进入新世纪，星图仍要沿用历经考验的排列方案。和以前版本的细微区别是，如今两极和赤道天区图采用的是同一种投影方式，称为兰伯特（Lambert）方位角等距投影法，其优点是能在纸平面上以轻微的失真度反映大面积星空形象。诺顿并没有写明他采用的是哪一种投影方式；他的赤道区星图看起来是用他自己设计的一种改进型球面投影法画成的。

在最新的星图中，极区的情况是投影表面的平面和天球接触于两极，赤道区星图则是该平面和天球接触于天球赤道。为了把失真度降到最小，每张赤道区星图都是由中央赤经线出发投影而成。为了尽可能提高精度，所有投影过程都是用计算机完成的。

投影软件是在爱丁堡 John Bartholomew & Son 绘图公司编写的。我们的绘图顾问迈克·斯旺 (Mike Swan) 加写了银河轮廓、大小麦哲伦云、银道和黄道软件。他原是全国地形测量局的一位专业地图绘制员，又是韦布学会的一位深空观测家。他在天文学和绘图两个领域中都具备专长是这个项目得以顺利开展的关键因素。

所有数据都转换成机读形式后，上述绘图公司就把各张星图打印到胶片上。接着这些胶片就传给迈克·斯旺，由他手写标题并最终校核。星图和标题俱全的胶片由同上绘图公司输出，从而生产出印刷板。《诺顿》第 20 版中的星图是由该书设计人查尔斯·尼克斯 (Charles Nix) 和他的合作者加里·罗宾斯 (Gary Robbins) 重新绘制并重新写标题的。

数　据

恒星的方位和星等数据取自耶鲁大学《亮星星表》（简写为 BS）及其补编。虽然 BS 所含的恒星和阿瑟·诺顿编绘星图时用的《订正哈佛恒星亮度表》所含完全一样，但 BS 的星等包括大为改善的重测数据。还有，历元 1950.0 的星图把星画到极限星等 6.35，如今我们画到的极限是 6.49 等，也就是包括所有 6 等以及更亮的星。

BS 的第一著者，耶鲁大学天文台的朵丽特·霍夫莱特 (Dorrit Hoffleit) 和马里兰州 Greenbelt 国家空间科学数据中心的韦恩·沃伦 (Wayne Warren) 给我们提供了 BS 第 5 版的磁带。他们提供的磁带的内容还有 BS 的 1983 年补编；这样，我们就能够把《订正哈佛恒星亮度表》原本漏掉，以致 BS 未能编入的那些亮于 6.50 等的恒星寻找出来。

星图所需的数据是由爱丁堡皇家天文台从 BS 磁带中选取，加上星座边界信息后，传送给上述绘图公司的。银道星图的数据也是由爱丁堡台所提供。

尽管这种工作已经是计算机操纵，但是颇大程度的手动干预仍是有必要。因为 BS 不列深空天体，迈克·斯旺编成了星团、星云与星系表，加入恒星数据库中。他还花了许多小时以确认变星和变星兼双星，使星图中能以专用符号标出。一般的双星则可以直接从 BS 磁带中找认出来。

本版《诺顿星图》所画的星数超过 8800。恒星的符号是按星等整数分档，便于认星。少数 0 等和 −1 等星用的符号和 +1 等星的一样大。各星等范围的相应星数所占百分比如右表所示。

星等范围	《诺顿星图》中的星数百分比
−1.50 至 +1.49	0.25
+1.50 至 +2.49	0.9
+2.50 至 +3.49	2.5
+3.50 至 +4.49	7.2
+4.50 至 +5.49	22.6
+5.50 至 +6.49	66.5

双星和聚星

凡是角距至少为 0.1 角秒的 BS 中的双星或聚星，星图中所采用的符号是一条短线横穿星点中心。不过，如果组成双星或聚星的子星分得很开，可以在星图上分别画出，就用不着这样的符号（除非该星另有别的特近的伴星）。分光双星和其他的（例如经掩星研究或斑点干涉测量而发现的）特近双星，在星图中并不用双星符号标出。

《诺顿》中每张星图都伴有相应的有趣天体表，列入其中的双星只限于合成星等亮于 6.5 等的。这些表中所有的双星都已在星图上标出。第 20 版《诺顿》中双星的赤经、赤纬、角距和星等数据已经和最新版《华盛顿双星星表》作了核对。

变　星

凡是 BS 以及我们所查其他资料中列为变幅至少 0.1 等，极大亮度亮于 6.5 等的变星，就在星图中用变星符号标出。这种符号当中是一个实心黑点，外面有一个小圈，其大小反映该变星最亮时的星等。包括新星在内的，最暗时比星图极限星等6.49还要更暗的变星，其符号就是画成空心圆。星图中标出的变星总数超过500，其中40多例是BS及其补编并未列入，但我们查知它们最亮时亮于6.5等(某些类型，尤其是周期很长的变星，变幅并未精确界定)。图中还用到一种双重特性的符号来标出近150例变星兼双星。

和各张星图相对应的变星表应该是列入了变幅至少0.4等，最亮时亮于大约6.5等的所有变星。这些表所含的全部变星都已经在星图中标明。

深空天体

每一种深空天体各自用一种符号表示，以相区别：疏散星团、球状星团、弥漫星云、行星状星云与星系。对于视直径超过大约0.5°的星云和星系，星图中还画出它们的实际形状和大小范围。展示的深空天体总共超过600个，其中最有趣的有简略描述，写在与各张星图相对应的表中。

参考手册

这些年来，参考手册已经变得和《诺顿》本身一样重要。第1版的集中文字只有18页，大部分是由詹姆斯·戈尔·因格列斯 (James Gall Inglis，1865~1939) 所撰写。1933年出第5版时扩充到51页，到1978年第17版时发展成116页。第18版，在尽量保留《诺顿》最本质特征的前提下，几乎完全改写了参考手册。重点总是在于参考信息和别处往往难以查到的实用观测指南。这一宗旨在其后的各版次中始终不变。和以前各版一样，我们决定不列文献。但是，不得不提到的是小罗伯特·贝纳姆 (Robert Burnham Jr.) 所著《贝纳姆天象手册》 (三卷本，Dover出版公司)。这部著作虽然已经陈旧，但它是《诺顿星图》非常宝贵的伴侣书，至今仍被观天爱好者奉为经典。伊恩·里德帕思和维尔·梯里昂 (Wil Tirion) 合编的《恒星和行星指南》 (英国哈珀·柯林斯出版社，美国普林斯顿大学出版社)，将星座逐个画出，是一一说明有趣天体的一种简明手册。

致　谢

对下列人士为审阅以及修改与补充新资料所作的努力，本版《诺顿》的编辑谨致谢意：皇家航海历书部的Steve Bell和Catherine Hohenkerk (方位与时间)、Robin Scagell (仪器与观测)、Nik Szymanek (天文成像)、Geoff Elston (太阳)、Peter Grego (月球)、Robert Steele (水星与金星)、Richard Mckim (火星)、Ian Phelps (木星与土星)、Andrew Hollis (天王星、海王星、冥王星与小行星)、Tom Mc Ewan (极光、夜光云与黄道光)、Roger Griffin (恒星)、Storm Dunlop (变星) 和Darren Bushnall (观测深空天体)。Jean Meeus、Jon Harper、Jonathan Mc Dowell和Jonathan Shanklin提供了补充资料。《天空和望远镜》的Leif Robinson写了前言，我们表示感谢。

月球全图是由美国地质测绘局所制的一幅有明暗层次的气笔图和克莱门蒂娜探测器的拼接图像所合成。亚利桑那州Flagstaff美国地质测绘局的马可·罗西克 (Mark Rosiek) 给我们提供了这些资料。火星全图是根据火星环球勘测者航天器上环火星照相机所拍图像绘制而成，是由加利福尼亚州圣迭戈市Malin空间科学系统公司的迈克尔·卡普林格 (Michael Caplinger) 所提供的。

这一版的设计、排版和线条图制作都是由查尔斯·尼克斯完成的。约翰·伍德拉弗 (John Woodruff) 出色地帮助做好改校样工作，还提出了许多好建议。我要特别感谢Pi出版社的斯蒂温·莫罗 (Stephen Morrow)，由于他对《诺顿》的热心支持，这一版本才能实现。本编辑对于书中出现的任何差错和遗漏承担责任，并且将一如既往，欢迎本书读者提出种种改善建议。

伊恩·里德帕思 (IAN RIDDATH)

http://www.ianridpathom/books/nortonpage.htm

目　录

第一章　位置与时间

天　穹

天　球

所有的天体都可以看做是位于一个以地球为中心的圆球上，这个想象出来的球面称为天球(图 1)。和所有球体一样，天球也有两个极点和一条赤道。从地球两极延伸出去就是天球的两极；而地球赤道延伸到天球上就是天赤道。地球在围绕地轴自转，结果是天球看起来在环绕着天极每天旋转一周。

站在地球表面的观测者在任何时刻只能看到一半的天球。这个可见的半球以观测者的地平线为界，地平面在距离天顶 90° 的地方与天球相切。天顶是天球上位于观测者正上方的点。观测者正下方的点称为天底。

关于用来描述天体在天球上所处位置的天球坐标系，参见位置一节。

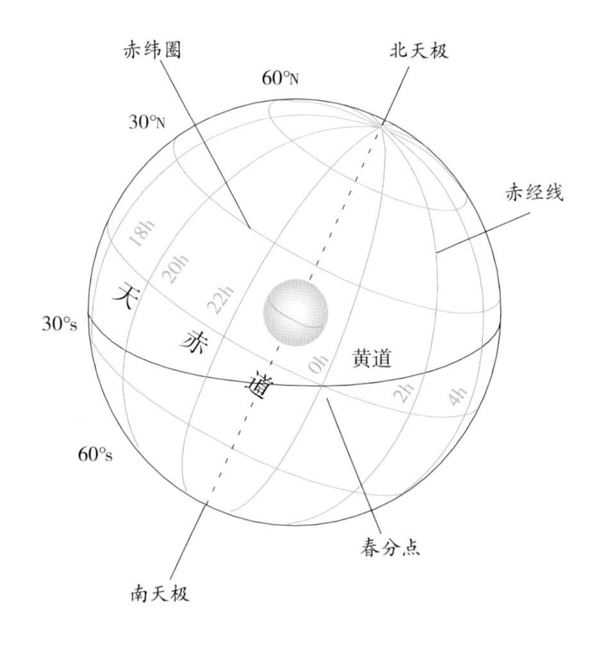

图 1　天球示意图。地球位于中心，画出了赤经、赤纬线以及黄道。

日运动

随着地球的自转，天球看起来在旋转，日月星辰每天东升西落。在赤道上观察，所有天体都沿着与地平线垂直的方向升起，并在地平线之上保持 12 小时可见。但是在两极观察，则所有天体都在沿平行于地平线的方向运动，并永远保持在地平线之上，既无升起也无落下。

在中间的纬度上，天体的视运动介于上述两种极端情形之间。有些天体会有出没现象，而有些则永不落下，一直环绕天极旋转，这些天体被称为拱极星。在固定的纬度上，恒星总是从地平线上同样的位置升起和落下；而对于太阳、月亮和行星，由于它们在天球上的运动，每天升起和落下的位置会有所不同。

在某个地点，一个天体位于地平线上的时间长短取决于它的赤纬（离开天赤道的向北或向南的角距离)。天赤道上的星在除极点以外的任何地方都是从正东升起，在正西落下，在地平线之上停留 12 小时。离可见的天极近于 90° 的星在地平线之上停留时间长于 12 小时；距离可见的天极大于 90° 的星星升起后 12 小时之内就会落下。

表 1 给出了不同赤纬的天体自升起到通过子午线的时间间隔。该天体位于地平线之上的总时间，即从升起到落下的时间，是表中所示数值的 2 倍。

拱极星

拱极星指在某个地点观测时永远不落下的这些恒星。天空中拱极星区的大小是由观测地点的地理纬度决定的，因为天极的仰角高度等于观测地的纬度。例如，在纬度 40°的地方，天极在地平之上的仰角是40°，此时距离天极40°以内的恒星都是拱极星。同样，距离对面的天极40°以内的区域里的所有恒星是永不升起，无法看到的。在地球的极点上，所有能看到的星都是拱极星；在赤道上，所有的星都不是拱极星。

表1 半周日弧

在各纬度上，指定赤纬的天体升起和落下的时刻与其通过子午圈（上中天）的时刻之间的间隔。该天体的总可见时间，即从升起到落下的时间，是此时间间隔的2倍。这个表是用以下公式计算的：

cos（半周日弧长）=−tan（赤纬）×tan（纬度）

要将度化成小时，除以15。忽略大气折射。

观测者纬度 °	天体赤纬 对北半球观测者，为北赤纬 对南半球观测者，为南赤纬							天体赤纬 对北半球观测者，为南赤纬 对南半球观测者，为北赤纬					
	30°	25°	20°	15°	10°	05°	00°	05°	10°	15°	20°	25°	30°
	h m	h m	h m	h m	h m	h m	h m	h m	h m	h m	h m	h m	h m
5	06 12	06 09	06 07	06 05	06 04	06 02	06 00	05 58	05 56	05 55	05 53	05 51	05 48
10	06 23	06 19	06 15	06 11	06 07	06 04	06 00	05 56	05 53	05 49	05 45	05 41	05 37
15	06 36	06 29	06 22	06 16	06 11	06 05	06 00	05 55	05 49	05 44	05 38	05 31	05 24
20	06 49	06 39	06 30	06 22	06 15	06 07	06 00	05 53	05 45	05 38	05 30	05 21	05 11
25	07 02	06 50	06 39	06 29	06 19	06 09	06 00	05 51	05 41	05 31	05 21	05 10	04 58
30	07 18	07 02	06 49	06 36	06 23	06 12	06 00	05 48	05 37	05 24	05 11	04 58	04 42
35	07 35	07 16	06 59	06 43	06 28	06 14	06 00	05 46	05 32	05 17	05 01	04 44	04 25
40	07 56	07 32	07 11	06 52	06 34	06 17	06 00	05 43	05 26	05 08	04 49	04 28	04 04
45	08 21	07 51	07 25	07 02	06 41	06 20	06 00	05 40	05 19	04 58	04 35	04 09	03 39
50	08 54	08 15	07 43	07 14	06 49	06 24	06 00	05 36	05 11	04 46	04 17	03 45	03 06
55	09 42	08 47	08 05	07 30	06 58	06 29	06 00	05 31	05 02	04 30	03 55	03 12	02 18
60	—	09 35	08 36	07 51	07 11	06 35	06 00	05 25	04 49	04 09	03 24	02 25	—

子午圈

观测者的子午圈是在天空中从北到南的一条假想线，是穿过天极和天顶的大圆。当一个天体位于子午圈上时，称为中天。

拱极星会中天两次。当它从东向西穿过子午线时位于最大高度，称为上中天。当它在天极和地平线之间穿过子午圈时高度最低，称为下中天。如果没带例外的条件时，中天指的是天体位于最大地平高度的时刻，即上中天。

黄　道

由于地球的公转，在一年间，太阳看上去在天球上走了一圈。在天球上，太阳一年运动的轨迹称为黄道。黄道与天赤道之间呈约23½°的夹角，称为黄赤交角，来源于地球自转轴的倾斜。一年当中，太阳的赤纬在北23½°和南23½°之间，并分别在夏至和冬至到达最北和最南点。如果地球的自转轴没有倾斜，那么太阳看上去就会沿着天赤道移动，而地球上也就不会有春夏秋冬了。

每年3月21日前后，当太阳在春分点穿过天赤道时，它的位置是赤经0时，赤纬0°。6个月之后，9月23日（秋分）附近，太阳位于赤经12时，赤纬0°。在这两个日子之间，太阳位于天赤道以北；接下来，从9月23日到3月21日的6个月里则在天赤道以南。第17页的表7列出了太阳在一年中不同时间的赤经和赤纬值。

2个黄极分别在黄道以北90°和以南90°。即北黄极位于赤经18时，赤纬66½°；南黄极则在赤经6时，赤纬南66½°。

黄赤交角（符号 ε）

黄赤交角是天赤道相对于黄道的倾角，也等于地轴与公转轨道面法线的夹角。由于章动和行星对地球引力的影响，黄赤交角随时间有细微的变化。章动使得黄赤交角在每 18.6 年内最大偏离平均值 9″.2。而行星岁差目前使得黄赤交角每年减小 0″.47。在 2000 年 1 月 1 日，黄赤交角为 23°26′21″；到了 2050 年 1 月 1 日，将变为 23°25′58″。

二分点

这是黄道与天赤道相交的两点。每年太阳在 3 月 21 日和 9 月 23 日前后经过这两个点。在二分点上，太阳的中心正位于天赤道上；不过，虽然“分点”的意思是昼夜平分，此时地球上白天与黑夜的长度却并不精确相等。造成这一现象的原因有两个。首先是日出和日落是按照太阳圆面的上缘——而不是中心——计算的；其次地球大气的折射会使得地平线处的太阳像向上提升约半度，这两个因素都使得白昼时间略长。

春分点（符号 ♈）

这是每年 3 月 21 日前后太阳向北穿过天赤道的点，也就是黄道的升交点。在 2007 年后，春分日会固定在 3 月 20 日，直到 2044 年后，则可能发生在 3 月 20 日或 19 日。而这种情况会持续到本世纪末，届时春分又会发生在 3 月 20 日或 21 日。

春分点也叫做“白羊宫第一点”，因为 2000 年前希腊人测量春分点的位置时，它正位于白羊座。从那时起，由于岁差的影响，春分点已经移动到了相邻的双鱼座内。

春分点是赤经量度的原点。岁差使得春分点在天球上每天向西移动 0″.14。

秋分点（符号♎）

这是每年 9 月 23 日前后太阳向南穿过天赤道的点，也就是黄道的降交点。秋分点也叫做“天秤宫第一点”，虽然在岁差的作用下，现在秋分点已经移到了室女座内。

分至圈

二分圈是通过春分点和秋分点的时角圈，也就是 0 时和 12 时赤经的时角圈。二至圈是通过夏至点和冬至点的时角圈，也就是 6 时和 18 时赤经的时角圈。

二至点

这是在黄道上太阳分别于每年 6 月 21 日和 12 月 22 日前后到达的距离天赤道最远的两点，分别位于赤纬北 23½°（夏至点）和南 23½°（冬至点）。夏至时，北回归线上正午时分太阳在正头顶，北半球的白昼最长，黑夜最短（南半球的情形正相反）。在冬至点，阳光直射南回归线，北半球的白昼最短，黑夜最长（南半球的情形正相反）。

出乎意料的是，白昼最短的日期与最晚日出和最早日落的日期并不重合；同样，最早日出和最晚日落的日子也不是黑夜最短的日期。原因是不断变化的时差，使得在二至点时日出和日落的时刻都推后了，但延后的时间不一样。其结果是最晚的日出是在白昼最短的那天之后，而最早的日落则发生在此之前。同样，最早的日出发生在白昼最长的那天之前，最晚的日落则在其后。在以上情形下，确切的日期取决于观测者所处的纬度，纬度越低，日出日落的极值时刻与二至点时刻的偏离就越大。在冬至点这种现象比夏至点更为明显，因为时差的每日变化在 12 月份里最大。

位　置

天球坐标系

在天文学中，天球上的位置可以通过 5 种不同的坐标系来表示，每种坐标系适用于某些特定的场合。其中 4 种分别使用不同的基本平面，来描述从地球上观察到的位置；第 5 个系统是日心坐标系，给出的是相对于太阳的位置。

在星表中列出的是地心赤道和黄道坐标，即假设观测者从地心处看到的天体的位置。对于遥远的天体，例如恒星和星系等，观测者无论位于地球上的哪个地方，所观测到的天体位置都没有差别；而对于太阳系内的天体，就必须做些微小的修正以获得站心坐标——即在地球表面某个位置所看到的天体坐标。

赤道坐标系

赤道坐标系是在天文学领域里最常见的坐标系。它的基本平面是天赤道，坐标由赤经和赤纬组成，偶尔也用时角和极距来代替。

赤经（符号 α）和赤纬（符号 δ）可以看做是地表经纬度在天球上的对应项。赤纬的计量单位是度，在天赤道上为 0，在天极处为 90°。

赤经的 0 时线类似地球上的格林尼治子午线。在每年 3 月 21 日前后，太阳由南向北穿过天赤道，穿越点就是春分点。0 时赤经线即是经过春分点的赤经线。赤经以时、分、秒为单位从春分点开始沿天赤道向东计量，其范围从 0 时到 24 时，有时候也用角度表示。1 小时赤经差等效于 15°。（即 1°等于赤经 4 分）。

时角圈是天球上经过天体和天极的大圆，与天赤道垂直。时角是子午圈和通过某天体的时角圈之间的夹角，沿天赤道向西计量。在北半球，位于子午圈上在天极和南点之间的天体的时角为 0 时。1 小时前自东向西通过子午圈的天体的当前时角为 1 时，以此类推。所以时角就是天体从最后一次自东向西经过子午圈起所经历的时间。

极距是天体与天极之间的夹角，沿着时角圈测量，等于 90°减去该天体的赤纬。

地平坐标系

地平坐标系是最简单的坐标系统。其基本平面是观测者的水平面，天体的位置用方位角（地平经度）和地平高度（地平纬度）或天顶距来表示。

地平高度（符号 *h* 或 *a*）是天体位于地平线之上的仰角，在垂直于水平面的方向测量。当天体位于地平线上时，它的地平高度为 0。当天体位于天顶时，其地平高度为 90°。有时会用天顶距（符号 *z*）来替代地平高度，它是天体距离天顶的角度，等于 90°减去地平高度。方位角（符号 *A*）是经过天顶和天体的大圆与地平圈的交点，沿地平圈自正北向东计量的角度。在正北的天体的方位角为 0°，在正东的天体的方位角是 90°，以此类推。

天体在某一时刻的方位角与地平高度取决于在地球的哪个位置上测量它，是纯粹的站心坐标。所以天体的地平坐标要根据观测的时间地点以及天体的赤经赤纬推算出来。

黄道坐标系

将黄道作为基本平面。尽管与赤道坐标系相比，黄道坐标系较少遇到，它还是常用于表示在地心所见的太阳系内天体的位置。黄道坐标用黄经、黄纬表示。

黄经（符号 λ）从春分点开始沿黄道向东计量，从 0°到 360°；黄纬（符号 β）沿通过天体和黄极的大圆，在垂直于黄道的方向上测量，从 0°到 90°。

表 2 坐标系基本平面与测量原点

参考平面	坐标量
天赤道	赤纬；赤经，从春分点起算。
黄道（地心）	（地心）黄纬 （地心）黄经，从春分点起算
黄道（日心）	日心黄纬；日心黄经，从春分点起算
观测点水平面	地平高度；方位角，从北点起算
子午圈	赤纬；时角，从子午圈起算
银道面	银纬；银经，从银心方向起算
太阳赤道面	日面纬度；日面经度，从人为定义点起算
月亮或行星赤道面	行星或月亮表面纬度；表面经度，从所定义的本初子午线起算
太阳、月亮和行星的边缘	北点或最高点的距角

银道坐标系

用于研究银河系内的天体位置，其基本平面是银道，对天赤道呈 63°度的倾角。坐标包括银纬（符号 *b*）——垂直于银道从 0°到 90°，和银经（符号 *l*）——以度为单位沿银道向东计量。银经的零点在银心的方向，国际天文学联合会在 1959 年的采用值为赤经 17 时 45.6 分，赤纬–28°56′.2（历元 2000.0）。北银极在后发座，坐标是赤经 12 时 51.4 分，赤纬 27°7′.7（历元 2000.0）。南银极在玉夫座，坐标为赤经 00 时 51.4 分，赤纬–27°7′.7。

日心坐标系

日心坐标系表示从太阳中心所见的天体的位置，特用于太阳系内的天体。日心坐标系的基本平面是黄道面，坐标量为日心黄纬（符号 *b*）和日心黄经（符号 *l*），后者的零点是春分点。在任意时刻，地球的日心黄经等于太阳的地心黄经加 180°。在更加严格的情况下会采用质心坐标系。质心指的是太阳系的质量中心。由于行星，特别是大质量的木星的存在，太阳系的质心与太阳中心并不重合。

参考平面

各种坐标系统所使用的参考平面和坐标，以及度量原点，归纳于表 2 中。

太阳系的不变平面定义为通过太阳系质心，并垂直于太阳系总角动量（包括所有行星和卫星的自转和公转运动）的平面。与黄道面不同，由于它在空间中的位置不再受行星摄动的影响，所以形成了一个不变的参考面。不变平面相对黄道面的倾角为 1°.58。

星星的位置

“恒”星的位置通常用赤经和赤纬描述。但是由于岁差的存在，天赤道和春分点在天球上的位置一直处在变化之中，其结果是恒星的赤经赤纬坐标也一直在改变。此外，其他一些因素，例如章动，光行差，视差，自行和大气折射等，都会对观测到的恒星位置产生影响。所以，要想获得精确的结果，就必须针对上述因素进行修正。

3 类天体位置通常会用到：平位置、真位置和视位置。

天体的平位置是指在去除了大气折射，视差和光行差效应之后，天体在天球上相对于指定历元的平赤道和春分点的日心（质心）坐标。平位置随时间的变化仅来自于自行和岁差，是星表中所列出的位置。

真位置是指在观测时刻，消除了周年视差和地球运动产生的光行差的影响后，天体在天球上相对于该时刻真赤道和春分点的日心（质心）坐标。

视位置是假设在地球中心所实际观测到的天体在天球上相对于该时刻真赤道和春分点的（地心）坐标。

真赤道与春分点

这是在任意时刻观测到的实际的天赤道和春分点的位置。由于岁差和周期性的章动的影响，真赤道与春分点处在持续的漂移中。

平赤道与春分点

这是在消除了章动效应，即仅在岁差影响下的天赤道与春分点的位置。在星表中列出的位置都是相对于某个指定的平赤道和春分点，通常在某年的年首或年中。

标准历元

标准历元是一个确定的日期和时间，用来对天体位置或其他数据进行比较。从 1984 年开始，坐标系的标准历元被确定为 2000 年 1 月 1.5 日，以 J2000.0 表示。前缀 J 代表儒略历元，即基于 365.25 日的儒略年。当前的标准历元正是 1900 年 1 月 0.5 日标准历元后的 1 个儒略世纪（36525 日）。一般来说，一个标准历元通常会持续使用半个世纪左右。将来的历元会基于儒略年的整数倍。

岁差

岁差是一种春分点在天球上向西的运动。它的主要分量产生于太阳和月亮对地球赤道隆起部分的引力拉动，称为日月岁差。另外还有行星引力造成的较小的效应，称作行星岁差。两者之和的大小为每年 50″.3，即每 71.6 年 1°，称为总岁差。岁差使得所有恒星平行于黄道移动，所以在固定的地点或固定的时刻所能看到的星星在一个岁差周期内会缓慢地变化。

由于岁差的影响，恒星的赤经赤纬也在持续变化中。像本书一样的星表星图会给出指定标准历元（目前国际通行的是 2000 年年首）下的天体位置。要找到在其他时刻的近似位置，可以使用表 3。

岁差的一个周期持续 25800 年，在这段时间里，地球的自转轴（和公转面的垂线成 $23^1/_2°$）在天球上划出一个半径 $23^1/_2°$的小圆。所以勾陈一（北极星，小熊座 α）只在一段时间里才是距离北天极最近的亮星。4800 年以前，右枢（天龙座α）距离北天极仅有 0°.1。天津四（天鹅座 α）将在 8000 年后成为离北天极最近的亮星，角距 7°.5。而在 11300 年后织女星（天琴座 α）将最接近北天极，但仍有 5°.7 远。

章动

天极在天球上的轨迹并不是一个完美的圆形，而是在微微地摇摆。这种不规则性称为章动，是由于地轴在以一定节奏倾向和远离黄极，就像俯仰点头似的。它在经岁差修正后的天体位置上又添加了一种可觉察的变化。随着太阳和月亮的相对位置与距离的变化，它们作用在地球上的引力的大小和方向也在变化。总的效

表 3　岁差

10 年间赤经岁差

	天体赤经（小时，适用于北天天体）												
	0，12	1，11	2，10	3，9	4，8	5，7	6	18	19，17	20，16	21，15	22，14	23，13
	天体赤经（小时，适用于南天天体）												
	0，12	23，13	22，14	21，15	20，16	19，17	18	6	5，7	4，8	3，9	2，10	1，11
°	m	m	m	m	m	m	m	m	m	m	m	m	m
80	+0.51	+0.84	+1.15	+1.41	+1.61	+1.73	+1.78	−0.75	−0.71	−0.58	−0.38	−0.12	+0.19
70	+0.51	+0.67	+0.82	+0.95	+1.04	+1.10	+1.12	−0.10	−0.08	−0.02	+0.08	+0.21	+0.35
60	+0.51	+0.61	+0.71	+0.79	+0.85	+0.89	+0.90	+0.13	+0.14	+0.18	+0.24	+0.32	+0.41
50	+0.51	+0.58	+0.65	+0.70	+0.74	+0.77	+0.78	+0.25	+0.26	+0.28	+0.32	+0.38	+0.44
40	+0.51	+0.56	+0.61	+0.64	+0.67	+0.69	+0.70	+0.33	+0.33	+0.35	+0.38	+0.42	+0.46
30	+0.51	+0.55	+0.58	+0.60	+0.62	+0.64	+0.64	+0.38	+0.39	+0.40	+0.42	+0.45	+0.48
20	+0.51	+0.53	+0.55	+0.57	+0.58	+0.59	+0.59	+0.43	+0.43	+0.44	+0.46	+0.47	+0.49
10	+0.51	+0.52	+0.53	+0.54	+0.55	+0.55	+0.55	+0.47	+0.47	+0.48	+0.48	+0.49	+0.50
0	+0.51	+0.51	+0.51	+0.51	+0.51	+0.51	+0.51	+0.51	+0.51	+0.51	+0.51	+0.51	+0.51

10 年间赤纬岁差

天体赤经（小时）												
0	1，23	2，22	3，21	4，20	5，19	6，18	7，17	8，16	9，15	10，14	11，13	12
′	′	′	′	′	′	′	′	′	′	′	′	′
+3.3	+3.2	+2.9	+2.4	+1.7	+0.9	0.0	−0.9	−1.7	−2.4	−2.9	−3.2	−3.3

应来源于三种因素的混合，即月球章动（天极以 18.6 年的周期围绕平位置在±9″的范围内摆动），太阳章动（0.5 年的周期，幅度±1″.2）以及半月章动（幅度±0″.1，周期 15 日）。其中 18.6 年的月球章动影响最大，所以地球自转轴在 25800 年的一个进动周期内，将穿过其平位置 2750 次。章动还造成黄赤交角的细微变化，这个分量称作交角章动。沿黄道的章动分量称为黄经章动，或二分差。

光行差

有限的光速以及地球每秒 30 千米的公转速度使得天体的视位置与其真实位置之间产生一点差别，称为光行差。在一年当中，恒星看上去在沿着以其真位置为中心的一个小椭圆上移动。在天球上不同的位置，椭圆的偏心率不同。黄极处的轨迹是一个正圆，而黄道上恒星的轨迹压缩成一段短线。恒星从它的真位置偏离的最大值是 20″.5，称为光行差常数，这个角度的正切值即是地球平均公转速度除以光速。地球的自转也会带来附加的微弱效应，称为周日光行差，最大不超过 0″.32。

表 3 使用方法

要估算在赤经上的岁差改正值，首先找到最接近的赤经小时数所在的列，注意赤纬在北（正）还是南（负），以选择正确的列。找出赤纬所在的行，读出表中的数据。如果对精度要求较高，可以做内插拟合。此表给出了 10 年的岁差改正值，乘以实际的时间间隔比例，就得到了赤经的改正值。

对于赤纬，读出 10 年改正量，如果需要的话可以做内插。乘以实际的时间间隔比例，将改正值加到赤纬上去。

举例：摩羯座 β 星 1950 年历元的坐标为赤经 20 时 18.2 分，赤纬−14°46.5′。在 2000 年坐标下该天体的位置如何？

查表得 10 年的修正值为+0.56 分，乘以 5 得到 50 年的改正量，加到 1950 年的赤经值上：

赤经 1950	20h 18.2m
5x（0.56m）	+2.8m
赤经 2000	20h21m

10 年的赤纬改正值约+1.9′，所以 50 年的岁差赤纬修正为：

赤纬 1950	−14°56.5′
5x（+1.9′）	+9.5′
赤纬 2000	−14°47.0′

在加入改正量时注意算术规则：符号相同相加，符号相异则相减。

摩羯座 β 星 2000 年的精确坐标为赤经 20 时 21.0 分，赤纬−14°46.9′。在间隔时间较长和天体自行较大时会产生误差。

要获得以前历元的天体坐标，只要把改正量的符号取反就可以了。

周年视差（符号 π）

天体的地心位置与日心位置之差。距离我们较近的恒星的视位置在一年当中会稍微地变化，因为地球在环绕太阳公转的过程里不断地改变着自己的位置。周年视差被定义为地球轨道的半长轴在天体处的张角。测量视差是唯一的确定单个恒星距离的直接方法。

自行（符号 μ）

自行是恒星相对于太阳的运动在天球上的投影。在星表中列有自行的数据，即每年或每世纪的赤经（μ_α）和赤纬（μ_δ）变化量。已知自行最大的是巴纳德星，每年 10″.4。

大气折射

光线在通过地球大气层时会产生弯折，所以观测到的天体的地平高度比实际要高。折射所产生的变化在地平处达到半度以上，而在天顶则降为 0，并且还和大气条件有关。表 4 给出了不同高度角的折射变化。

纬度变化（极移）

测量到的恒星赤纬会呈现出很小的不规则周期性变化，最大达 0″.04。这是由于地球的自转轴在围绕着一个平均位置沿逆时针方向漂移。这种变化包含两个分量。主要分量来源于地球的自转轴与其对称轴并不重合，这会在纬度上造成 428 天周期的最大幅度±0″.3 的极移（相当于地面上半径 9 米的一个圆圈）；第二个分量的来源是空气质量分布的季节性变动，这会形成 1 年周期的±0″.18（±5 米）的地极移动。

表 4　折射

对 15°以上的地平高度，可用下式计算折射量 R（单位：度）：

$$R=\frac{0.00452p}{(273+T)\tan a}$$

式中：p 为以毫巴为单位的气压值，T 是摄氏温度，a 是以度为单位的地平高度。对于 15°以下的地平高度，这个简化算式的误差越来越大，故采用更为精确的下式计算：

$$R=\frac{p(0.1594+0.0196a+0.00002a^2)}{(273+T)(1+0.505a+0.0845a^2)}$$

下表所列之不同高度的折射量（单位：角分）以 1013.25 毫巴（1 个大气压）和 10℃的条件计算

地平高度（a）°	折射量（R）′	地平高度（a）°	折射量（R）′
90	0.0	14	3.8
80	0.2	13	4.1
70	0.4	12	4.4
65	0.5	11	4.8
60	0.6	10	5.3
55	0.7	9	5.9
50	0.8	8	6.5
45	1.0	7	7.4
40	1.2	6	8.4
35	1.4	5	9.8
30	1.7	4	11.7
25	2.1	3	14.3
20	2.7	2	18.2
18	3.0	1	24.2
16	3.4	0.5	28.5
15	3.6	0	34.2

日期和时间

在天文学中，主要的时间尺度是根据自然界的周期现象——即地球的自转（日）和它绕太阳的公转（年）——来定义的。日又被人为地划分为时、分、秒等间隔。秒长最初被定义为日长的一个固定分数，现在则借由原子的性质来定义（即：对应铯-133 原子基态的两个超精细能级之间跃迁的辐射周期的 9192631770 倍）。

实际上，地球的自转受到进动、章动和潮汐摩擦的作用，以及风、洋流、地球内部物质的运动等微弱而无法预测的影响。因为月球和其他行星对它的引力作用，地球的公转轨道也不是开普勒定律所描绘的完美的椭圆。所以存在着多种“日”和“年”的定义，其中最重要的如下所述，但里面所引用的数值几乎都不是固定常数。

书写日期

在天文工作中，日期通常按照单位从大到小的顺序书写，即年、月、日，日的小数或者时、分、秒。例如

2001 年 1 月 1 日 2 时 34 分 4.8 秒

或 2001 年 1 月 1.107 日

儒略日期（JD）

这是天文学家使用的一种日期系统，它表示的是从某一起始日期开始所经过的日数。在对相距较远的两个日期进行比较时这种计日法非常有用，因为它消除了日历变化的影响。儒略日从格林尼治正午起算，以小数形式表示，而不用时、分等单位。例如，2000 年 1 月 1 日的格林尼治正午时刻为儒略日期 JD2451545.0。儒略日系统的起始点为公元前 4713 年 1 月 1 日

的格林尼治正午，它距离现在足够遥远，因此我们所关注的大部分过去的天文事件都发生在正的儒略日期中。每天12点之前的时段属于比日历早1天的儒略日期。午夜时刻的儒略日期可以用下式计算，适用于1901年到2099年：

设公历日期之年、月、日分别为 Y，M，D

若 $M>2$ 则令 $y=Y$，$m=M-3$；

否则，令 $y=Y-1$，$m=M+9$；

则

JD=1721103.5+INT（365.25y）+INT（30.6m+0.5）+D

其中，INT表示对括号中的数取整。

要得到格林尼治子夜之后 H 小时的儒略日，在已经计算出的世界时0时的儒略日基础上加 $H/24$。

例如，计算世界时1989年6月7日18时的儒略日期：

$Y=1989$，$M=6$，$D=7$，$H=18$

因为 $M>2$，故 $y=1989$，$m=3$；

0时的儒略日期=1721103.5+INT（726482.5）+INT(92.3)+7=1721103.5+726482+92+7

18时的儒略日期=2447684.5+18/24=JD2447685.25

简化儒略日期（MJD）

在处理当前的日期时，使用简化的儒略日更为便捷。简化儒略日等于儒略日期减去2400000.5。所以，1989年7月7.75日的简化儒略日期为MJD47684.75。注意简化儒略日期始于格林尼治子夜。

日

我们称之为“日”的时间单位是基于地球的自转。相对于太阳的日长（太阳日）比相对于恒星的（恒星日）长约4分钟，因为地球绕太阳的公转运动使得太阳相对于恒星背景的视位置每天都在移动。

太阳日分为两种：真太阳日与平太阳日。

真太阳日

太阳中心连续两次经过子午圈的时间间隔。这个间隔不是固定的，因为地球环绕太阳公转的轨道不是圆形而是椭圆，并且太阳是沿黄道运动而非天赤道。

平太阳

平太阳是一个以匀速沿天赤道运动的假想天体，这样我们可以由此得到一个均匀的时间尺度。

平太阳日

平太阳连续两次经过子午圈的时间间隔，等于真太阳日的平均值。平太阳日用于民用时间。

恒星日

春分点连续两次经过子午圈的时间间隔。恒星日比平太阳日短3分55.91秒。

日出与日没

日出与日没是考虑了地球大气的折射效应后，太阳的上边缘接触地平线的时刻。如果用太阳中心来计算，所得到的日出和日没时刻会与观测结果明显不同。根据在地平处的折射量为34′以及太阳的视半径为16′计算，在日出和日没时，太阳的中心会在地平线之下50′处。表5列出在一年当中不同纬度地区的日出和日没时间。

晨昏蒙影

晨昏蒙影是傍晚日落之后和清晨日出之前的一段时间，此时由于阳光在大气中的散射，天空并不完全黑暗。定义了三种晨昏蒙影：

民用晨光始和昏影终：太阳中心位于地平线下6°。

航海晨光始和昏影终：太阳中心位于地平线下12°。此时，最亮的星星和海平面都可以看到。

天文晨光始和昏影终：太阳中心位于地平线下18°。此时，若天气晴朗，在天顶的6等星可以看到。

晨昏蒙影的时间随着观测地点离赤道的距离而延长。表6列出了一年当中在不同纬度地区的天文晨光始与昏影终的时刻。注意在高纬度地区的夏季，晨昏蒙影在晚上会一直存在。

时间的计量

真太阳时

真太阳时即在日晷上显示的时间，记录的是真太阳在天空中的运动。但真太阳时是不均匀的，因为真太阳在一年中的运动是变化的（见真

表 5　不同纬度的日出日没时刻

1月	日出																
	50°S	45°S	40°S	30°S	20°S	10°S	0	10°N	20°N	30°N	40°N	45°N	50°N	55°N	60°N	65°N	70°N
	h	h	h	h	h	h	h	h	h	h	h	h	h	h	h	h	h
1	3.9	4.3	4.6	5.0	5.4	5.7	6.0	6.3	6.6	6.9	7.4	7.6	8.0	8.4	9.0	10.1	—
6	4.0	4.4	4.7	5.1	5.5	5.8	6.0	6.3	6.6	6.9	7.4	7.6	8.0	8.4	9.0	10.0	—
11	4.1	4.5	4.7	5.2	5.5	5.8	6.1	6.3	6.6	7.0	7.4	7.6	7.9	8.3	8.9	9.8	—
16	4.2	4.6	4.8	5.2	5.6	5.8	6.1	6.4	6.6	6.9	7.3	7.6	7.9	8.2	8.8	9.6	—
21	4.4	4.7	4.9	5.3	5.6	5.9	6.1	6.4	6.6	6.9	7.3	7.5	7.8	8.1	8.6	9.4	11.0
26	4.5	4.8	5.0	5.4	5.7	5.9	6.1	6.4	6.6	6.9	7.2	7.4	7.7	8.0	8.5	9.1	10.4
31	4.7	4.9	5.1	5.5	5.7	6.0	6.2	6.4	6.6	6.9	7.2	7.4	7.6	7.9	8.3	8.9	9.9
	日没																
	50°S	45°S	40°S	30°S	20°S	10°S	0	10°N	20°N	30°N	40°N	45°N	50°N	55°N	60°N	65°N	70°N
	h	h	h	h	h	h	h	h	h	h	h	h	h	h	h	h	h
1	20.2	19.8	19.5	19.1	18.7	18.4	18.1	17.8	17.5	17.2	16.8	16.5	16.1	15.7	15.1	14.0	—
6	20.2	19.8	19.5	19.1	18.7	18.4	18.2	17.9	17.6	17.2	16.8	16.6	16.2	15.8	15.2	14.2	—
11	20.1	19.8	19.5	19.1	18.8	18.5	18.2	17.9	17.6	17.3	16.9	16.7	16.3	15.9	15.4	14.5	—
16	20.1	19.7	19.5	19.1	18.8	18.5	18.2	18.0	17.7	17.4	17.0	16.8	16.5	16.1	15.6	14.7	—
21	20.0	19.7	19.4	19.1	18.8	18.5	18.2	18.0	17.8	17.5	17.1	16.9	16.6	16.2	15.8	15.0	13.4
26	19.9	19.6	19.4	19.0	18.7	18.5	18.3	18.0	17.8	17.5	17.2	17.0	16.7	16.4	16.0	15.3	14.1
31	19.8	19.5	19.3	19.0	18.7	18.5	18.3	18.1	17.9	17.6	17.3	17.1	16.9	16.6	16.2	15.6	14.6
2月	日出																
	50°S	45°S	40°S	30°S	20°S	10°S	0	10°N	20°N	30°N	40°N	45°N	50°N	55°N	60°N	65°N	70°N
	h	h	h	h	h	h	h	h	h	h	h	h	h	h	h	h	h
1	4.7	4.9	5.1	5.5	5.7	6.0	6.2	6.4	6.6	6.8	7.1	7.3	7.6	7.9	8.2	8.8	9.8
6	4.8	5.1	5.2	5.5	5.8	6.0	6.2	6.4	6.6	6.8	7.1	7.2	7.4	7.7	8.0	8.5	9.3
11	5.0	5.2	5.4	5.6	5.8	6.0	6.2	6.3	6.5	6.7	7.0	7.1	7.3	7.5	7.8	8.2	8.9
16	5.1	5.3	5.5	5.7	5.9	6.0	6.2	6.3	6.5	6.7	6.9	7.0	7.2	7.3	7.6	8.0	8.5
21	5.3	5.4	5.5	5.7	5.9	6.0	6.2	6.3	6.4	6.6	6.8	6.9	7.0	7.2	7.4	7.7	8.1
26	5.4	5.5	5.6	5.8	5.9	6.1	6.2	6.3	6.4	6.5	6.6	6.7	6.8	7.0	7.1	7.4	7.7
	日没																
	50°S	45°S	40°S	30°S	20°S	10°S	0	10°N	20°N	30°N	40°N	45°N	50°N	55°N	60°N	65°N	70°N
	h	h	h	h	h	h	h	h	h	h	h	h	h	h	h	h	h
1	19.7	19.5	19.3	19.0	18.7	18.5	18.3	18.1	17.9	17.6	17.3	17.1	16.9	16.6	16.2	15.7	14.7
6	19.6	19.4	19.2	18.9	18.7	18.5	18.3	18.1	17.9	17.7	17.4	17.2	17.0	16.8	16.4	16.0	15.2
11	19.5	19.3	19.1	18.9	18.6	18.5	18.3	18.1	18.0	17.8	17.5	17.4	17.2	17.0	16.7	16.3	15.6
16	19.3	19.1	19.0	18.8	18.6	18.4	18.3	18.1	18.0	17.8	17.6	17.5	17.3	17.1	16.9	16.5	16.0
21	19.2	19.0	18.9	18.7	18.5	18.4	18.3	18.2	18.0	17.9	17.7	17.6	17.5	17.3	17.1	16.8	16.4
26	19.0	18.9	18.8	18.6	18.5	18.4	18.3	18.2	18.1	17.9	17.8	17.7	17.6	17.5	17.3	17.1	16.8
3月	日出																
	50°S	45°S	40°S	30°S	20°S	10°S	0	10°N	20°N	30°N	40°N	45°N	50°N	55°N	60°N	65°N	70°N
	h	h	h	h	h	h	h	h	h	h	h	h	h	h	h	h	h
1	5.5	5.6	5.7	5.8	6.0	6.1	6.2	6.2	6.3	6.4	6.6	6.6	6.7	6.8	7.0	7.2	7.5
6	5.6	5.7	5.8	5.9	6.0	6.1	6.1	6.2	6.3	6.3	6.4	6.5	6.6	6.6	6.7	6.9	7.1
11	5.8	5.8	5.9	6.0	6.0	6.1	6.1	6.2	6.2	6.2	6.3	6.3	6.4	6.4	6.5	6.6	6.7
16	5.9	5.9	6.0	6.0	6.0	6.1	6.1	6.1	6.1	6.2	6.2	6.2	6.2	6.2	6.2	6.3	6.3
21	6.0	6.1	6.1	6.1	6.1	6.1	6.1	6.1	6.1	6.1	6.0	6.0	6.0	6.0	6.0	6.0	5.9
26	6.2	6.2	6.1	6.1	6.1	6.1	6.0	6.0	6.0	5.9	5.9	5.9	5.8	5.8	5.7	5.7	5.5
31	6.3	6.3	6.2	6.2	6.1	6.1	6.0	6.0	5.9	5.8	5.8	5.7	5.7	5.6	5.5	5.3	5.2
	日没																
	50°S	45°S	40°S	30°S	20°S	10°S	0	10°N	20°N	30°N	40°N	45°N	50°N	55°N	60°N	65°N	70°N
	h	h	h	h	h	h	h	h	h	h	h	h	h	h	h	h	h
1	18.9	18.8	18.7	18.6	18.4	18.4	18.3	18.2	18.1	18.0	17.9	17.8	17.7	17.6	17.4	17.3	17.0
6	18.7	18.6	18.6	18.5	18.4	18.3	18.2	18.2	18.1	18.0	18.0	17.9	17.8	17.8	17.7	17.5	17.3
11	18.5	18.5	18.4	18.4	18.3	18.3	18.2	18.2	18.1	18.1	18.0	18.0	18.0	17.9	17.9	17.8	17.7
16	18.4	18.3	18.3	18.3	18.2	18.2	18.2	18.2	18.2	18.1	18.1	18.1	18.1	18.1	18.1	18.0	18.0
21	18.2	18.2	18.2	18.2	18.2	18.2	18.2	18.2	18.2	18.2	18.2	18.2	18.2	18.3	18.3	18.3	18.4
26	18.0	18.0	18.0	18.1	18.1	18.1	18.1	18.2	18.2	18.2	18.3	18.3	18.4	18.4	18.5	18.6	18.7
31	17.8	17.9	17.9	18.0	18.0	18.1	18.1	18.2	18.2	18.3	18.4	18.4	18.5	18.6	18.7	18.8	19.0

表 5　(续上表). 不同纬度的日出日没时刻

4 月

日出

	50°S	45°S	40°S	30°S	20°S	10°S	0	10°N	20°N	30°N	40°N	45°N	50°N	55°N	60°N	65°N	70°N
	h	h	h	h	h	h	h	h	h	h	h	h	h	h	h	h	h
1	6.3	6.3	6.2	6.2	6.1	6.1	6.0	6.0	5.9	5.8	5.7	5.7	5.6	5.5	5.4	5.3	5.1
6	6.5	6.4	6.3	6.2	6.1	6.1	6.0	5.9	5.8	5.7	5.6	5.5	5.4	5.3	5.2	5.0	4.7
11	6.6	6.5	6.4	6.3	6.2	6.1	6.0	5.9	5.8	5.6	5.5	5.4	5.3	5.1	4.9	4.7	4.3
16	6.7	6.6	6.5	6.3	6.2	6.1	5.9	5.8	5.7	5.5	5.4	5.2	5.1	4.9	4.7	4.4	3.9
21	6.9	6.7	6.6	6.4	6.2	6.1	5.9	5.8	5.6	5.5	5.2	5.1	4.9	4.7	4.4	4.1	3.4
26	7.0	6.8	6.7	6.4	6.2	6.1	5.9	5.7	5.6	5.4	5.1	5.0	4.8	4.5	4.2	3.7	3.0

日没

	50°S	45°S	40°S	30°S	20°S	10°S	0	10°N	20°N	30°N	40°N	45°N	50°N	55°N	60°N	65°N	70°N
	h	h	h	h	h	h	h	h	h	h	h	h	h	h	h	h	h
1	17.8	17.8	17.9	17.9	18.0	18.1	18.1	18.2	18.2	18.3	18.4	18.5	18.5	18.6	18.7	18.9	19.1
6	17.6	17.7	17.7	17.8	17.9	18.0	18.1	18.2	18.3	18.4	18.5	18.6	18.7	18.8	18.9	19.1	19.5
11	17.4	17.5	17.6	17.8	17.9	18.0	18.1	18.2	18.3	18.4	18.6	18.7	18.8	18.9	19.1	19.4	19.8
16	17.3	17.4	17.5	17.7	17.8	17.9	18.1	18.2	18.3	18.5	18.7	18.8	18.9	19.1	19.3	19.7	20.2
21	17.1	17.2	17.4	17.6	17.7	17.9	18.0	18.2	18.3	18.5	18.7	18.9	19.0	19.3	19.5	19.9	20.6
26	16.9	17.1	17.3	17.5	17.7	17.9	18.0	18.2	18.4	18.6	18.8	19.0	19.2	19.4	19.7	20.2	21.0

5 月

日出

	50°S	45°S	40°S	30°S	20°S	10°S	0	10°N	20°N	30°N	40°N	45°N	50°N	55°N	60°N	65°N	70°N
	h	h	h	h	h	h	h	h	h	h	h	h	h	h	h	h	h
1	7.1	6.9	6.7	6.5	6.3	6.1	5.9	5.7	5.5	5.3	5.0	4.8	4.6	4.3	4.0	3.4	2.5
6	7.2	7.0	6.8	6.5	6.3	6.1	5.9	5.7	5.5	5.2	4.9	4.7	4.5	4.2	3.8	3.1	2.0
11	7.3	7.1	6.9	6.6	6.3	6.1	5.9	5.7	5.4	5.2	4.8	4.6	4.3	4.0	3.5	2.8	1.4
16	7.5	7.2	7.0	6.6	6.4	6.1	5.9	5.6	5.4	5.1	4.7	4.5	4.2	3.9	3.3	2.5	0.4
21	7.6	7.3	7.1	6.7	6.4	6.1	5.9	5.6	5.4	5.1	4.7	4.4	4.1	3.7	3.2	2.3	—
26	7.7	7.4	7.1	6.7	6.4	6.1	5.9	5.6	5.3	5.0	4.6	4.3	4.0	3.6	3.0	2.0	—
31	7.8	7.4	7.2	6.8	6.5	6.2	5.9	5.6	5.3	5.0	4.6	4.3	3.9	3.5	2.9	1.7	—

日没

	50°S	45°S	40°S	30°S	20°S	10°S	0	10°N	20°N	30°N	40°N	45°N	50°N	55°N	60°N	65°N	70°N
	h	h	h	h	h	h	h	h	h	h	h	h	h	h	h	h	h
1	16.8	17.0	17.2	17.4	17.6	17.8	18.0	18.2	18.4	18.6	18.9	19.1	19.3	19.6	20.0	20.5	21.4
6	16.6	16.9	17.1	17.3	17.6	17.8	18.0	18.2	18.4	18.7	19.0	19.2	19.4	19.7	20.2	20.8	22.0
11	16.5	16.8	17.0	17.3	17.5	17.8	18.0	18.2	18.5	18.7	19.1	19.3	19.6	19.9	20.4	21.1	22.6
16	16.4	16.7	16.9	17.2	17.5	17.8	18.0	18.2	18.5	18.8	19.2	19.4	19.7	20.0	20.6	21.4	—
21	16.3	16.6	16.8	17.2	17.5	17.8	18.0	18.3	18.5	18.8	19.2	19.5	19.8	20.2	20.8	21.7	—
26	16.2	16.5	16.8	17.2	17.5	17.7	18.0	18.3	18.6	18.9	19.3	19.6	19.9	20.3	20.9	22.0	—
31	16.2	16.5	16.7	17.1	17.5	17.8	18.0	18.3	18.6	18.9	19.4	19.6	20.0	20.4	21.1	22.3	—

6 月

日出

	50°S	45°S	40°S	30°S	20°S	10°S	0	10°N	20°N	30°N	40°N	45°N	50°N	55°N	60°N	65°N	70°N
	h	h	h	h	h	h	h	h	h	h	h	h	h	h	h	h	h
1	7.8	7.5	7.2	6.8	6.5	6.2	5.9	5.6	5.3	5.0	4.6	4.3	3.9	3.5	2.8	1.6	—
6	7.9	7.5	7.3	6.8	6.5	6.2	5.9	5.6	5.3	5.0	4.5	4.2	3.9	3.4	2.7	1.4	—
11	7.9	7.6	7.3	6.9	6.5	6.2	5.9	5.6	5.3	5.0	4.5	4.2	3.8	3.4	2.6	1.2	—
16	8.0	7.6	7.3	6.9	6.5	6.2	5.9	5.7	5.3	5.0	4.5	4.2	3.8	3.3	2.6	1.1	—
21	8.0	7.6	7.4	6.9	6.6	6.3	6.0	5.7	5.4	5.0	4.5	4.2	3.8	3.3	2.6	1.0	—
26	8.0	7.7	7.4	6.9	6.6	6.3	6.0	5.7	5.4	5.0	4.5	4.2	3.9	3.4	2.6	1.1	—

日没

	50°S	45°S	40°S	30°S	20°S	10°S	0	10°N	20°N	30°N	40°N	45°N	50°N	55°N	60°N	65°N	70°N
	h	h	h	h	h	h	h	h	h	h	h	h	h	h	h	h	h
1	16.1	16.5	16.7	17.1	17.5	17.8	18.0	18.3	18.6	18.9	19.4	19.7	20.0	20.5	21.1	22.3	—
6	16.1	16.4	16.7	17.1	17.5	17.8	18.0	18.3	18.6	19.0	19.4	19.7	20.1	20.6	21.3	22.6	—
11	16.1	16.4	16.7	17.1	17.5	17.8	18.1	18.3	18.7	19.0	19.5	19.8	20.1	20.6	21.4	22.8	—
16	16.1	16.4	16.7	17.1	17.5	17.8	18.1	18.4	18.7	19.0	19.5	19.8	20.2	20.7	21.4	23.0	—
21	16.1	16.4	16.7	17.1	17.5	17.8	18.1	18.4	18.7	19.1	19.5	19.8	20.2	20.7	21.5	23.1	—
26	16.1	16.4	16.7	17.2	17.5	17.8	18.1	18.4	18.7	19.1	19.5	19.8	20.2	20.7	21.5	23.0	—

表 5　(续上表). 不同纬度的日出日没时刻

7月	日出																
	50°S	45°S	40°S	30°S	20°S	10°S	0	10°N	20°N	30°N	40°N	45°N	50°N	55°N	60°N	65°N	70°N
	h	h	h	h	h	h	h	h	h	h	h	h	h	h	h	h	h
1	8.0	7.7	7.4	6.9	6.6	6.3	6.0	5.7	5.4	5.0	4.6	4.3	3.9	3.4	2.7	1.2	—
6	8.0	7.6	7.4	6.9	6.6	6.3	6.0	5.7	5.4	5.1	4.6	4.3	4.0	3.5	2.8	1.5	—
11	7.9	7.6	7.3	6.9	6.6	6.3	6.0	5.8	5.5	5.1	4.7	4.4	4.0	3.6	2.9	1.7	—
16	7.8	7.5	7.3	6.9	6.6	6.3	6.0	5.8	5.5	5.2	4.7	4.5	4.1	3.7	3.1	2.0	—
21	7.8	7.5	7.2	6.9	6.6	6.3	6.0	5.8	5.5	5.2	4.8	4.6	4.2	3.8	3.3	2.3	—
26	7.7	7.4	7.2	6.8	6.5	6.3	6.0	5.8	5.6	5.3	4.9	4.6	4.3	4.0	3.4	2.6	—
31	7.6	7.3	7.1	6.8	6.5	6.3	6.0	5.8	5.6	5.3	5.0	4.7	4.5	4.1	3.6	2.9	1.2
	日没																
	50°S	45°S	40°S	30°S	20°S	10°S	0	10°N	20°N	30°N	40°N	45°N	50°N	55°N	60°N	65°N	70°N
	h	h	h	h	h	h	h	h	h	h	h	h	h	h	h	h	h
1	16.1	16.5	16.8	17.2	17.5	17.8	18.1	18.4	18.7	19.1	19.5	19.8	20.2	20.7	21.4	22.9	—
6	16.2	16.5	16.8	17.2	17.6	17.9	18.1	18.4	18.7	19.1	19.5	19.8	20.2	20.6	21.3	22.7	—
11	16.3	16.6	16.8	17.3	17.6	17.9	18.2	18.4	18.7	19.1	19.5	19.8	20.1	20.6	21.2	22.4	—
16	16.4	16.7	16.9	17.3	17.6	17.9	18.2	18.4	18.7	19.0	19.5	19.7	20.1	20.5	21.1	22.1	—
21	16.5	16.7	17.0	17.3	17.7	17.9	18.2	18.4	18.7	19.0	19.4	19.7	20.0	20.4	20.9	21.9	—
26	16.6	16.8	17.0	17.4	17.7	17.9	18.2	18.4	18.7	19.0	19.3	19.6	19.9	20.2	20.8	21.6	—
31	16.7	16.9	17.1	17.4	17.7	17.9	18.2	18.4	18.6	18.9	19.3	19.5	19.7	20.1	20.6	21.3	22.8
8月	日出																
	50°S	45°S	40°S	30°S	20°S	10°S	0	10°N	20°N	30°N	40°N	45°N	50°N	55°N	60°N	65°N	70°N
	h	h	h	h	h	h	h	h	h	h	h	h	h	h	h	h	h
1	7.5	7.3	7.1	6.8	6.5	6.3	6.0	5.8	5.6	5.3	5.0	4.7	4.5	4.1	3.7	2.9	1.4
6	7.4	7.2	7.0	6.7	6.5	6.2	6.0	5.8	5.6	5.4	5.0	4.8	4.6	4.3	3.9	3.2	2.0
11	7.3	7.1	6.9	6.6	6.4	6.2	6.0	5.8	5.6	5.4	5.1	4.9	4.7	4.4	4.1	3.5	2.6
16	7.1	6.9	6.8	6.5	6.4	6.2	6.0	5.8	5.7	5.5	5.2	5.0	4.8	4.6	4.3	3.8	3.0
21	7.0	6.8	6.7	6.5	6.3	6.1	6.0	5.9	5.7	5.5	5.3	5.1	5.0	4.8	4.5	4.1	3.4
26	6.8	6.7	6.6	6.4	6.2	6.1	6.0	5.9	5.7	5.6	5.4	5.2	5.1	4.9	4.7	4.3	3.8
31	6.6	6.5	6.4	6.3	6.2	6.1	6.0	5.8	5.7	5.6	5.4	5.3	5.2	5.1	4.9	4.6	4.2
	日没																
	50°S	45°S	40°S	30°S	20°S	10°S	0	10°N	20°N	30°N	40°N	45°N	50°N	55°N	60°N	65°N	70°N
	h	h	h	h	h	h	h	h	h	h	h	h	h	h	h	h	h
1	16.7	16.9	17.1	17.5	17.7	17.9	18.2	18.4	18.6	18.9	19.2	19.4	19.7	20.1	20.5	21.2	22.7
6	16.8	17.0	17.2	17.5	17.7	18.0	18.2	18.4	18.6	18.8	19.1	19.3	19.6	19.9	20.3	20.9	22.1
11	16.9	17.1	17.3	17.6	17.8	18.0	18.1	18.3	18.5	18.8	19.0	19.2	19.4	19.7	20.1	20.6	21.5
16	17.0	17.2	17.4	17.6	17.8	18.0	18.1	18.3	18.5	18.7	18.9	19.1	19.3	19.5	19.8	20.3	21.1
21	17.2	17.3	17.4	17.6	17.8	18.0	18.1	18.3	18.4	18.6	18.8	19.0	19.1	19.3	19.6	20.0	20.6
26	17.3	17.4	17.5	17.7	17.8	18.0	18.1	18.2	18.3	18.5	18.7	18.8	19.0	19.1	19.4	19.7	20.2
31	17.4	17.5	17.6	17.7	17.9	18.0	18.1	18.2	18.3	18.4	18.6	18.7	18.8	18.9	19.1	19.4	19.8
9月	日出																
	50°S	45°S	40°S	30°S	20°S	10°S	0	10°N	20°N	30°N	40°N	45°N	50°N	55°N	60°N	65°N	70°N
	h	h	h	h	h	h	h	h	h	h	h	h	h	h	h	h	h
1	6.6	6.5	6.4	6.3	6.1	6.0	5.9	5.8	5.7	5.6	5.5	5.4	5.2	5.1	4.9	4.6	4.2
6	6.4	6.3	6.3	6.2	6.1	6.0	5.9	5.8	5.8	5.7	5.5	5.5	5.4	5.3	5.1	4.9	4.6
11	6.2	6.2	6.1	6.1	6.0	5.9	5.9	5.8	5.8	5.7	5.6	5.6	5.5	5.4	5.3	5.1	4.9
16	6.0	6.0	6.0	6.0	5.9	5.9	5.9	5.8	5.8	5.7	5.7	5.7	5.6	5.6	5.5	5.4	5.3
21	5.9	5.9	5.9	5.9	5.8	5.8	5.8	5.8	5.8	5.8	5.8	5.8	5.7	5.7	5.7	5.6	5.6
26	5.7	5.7	5.7	5.7	5.8	5.8	5.8	5.8	5.8	5.8	5.9	5.9	5.9	5.9	5.9	5.9	5.9
	日没																
	50°S	45°S	40°S	30°S	20°S	10°S	0	10°N	20°N	30°N	40°N	45°N	50°N	55°N	60°N	65°N	70°N
	h	h	h	h	h	h	h	h	h	h	h	h	h	h	h	h	h
1	17.4	17.5	17.6	17.7	17.9	18.0	18.1	18.2	18.3	18.4	18.5	18.6	18.7	18.9	19.0	19.3	19.7
6	17.6	17.6	17.7	17.8	17.9	18.0	18.0	18.1	18.2	18.3	18.4	18.5	18.6	18.7	18.8	19.0	19.3
11	17.7	17.7	17.8	17.8	17.9	17.9	18.0	18.1	18.1	18.2	18.3	18.3	18.4	18.5	18.6	18.7	18.9
16	17.8	17.8	17.8	17.9	17.9	17.9	18.0	18.0	18.0	18.1	18.1	18.2	18.2	18.2	18.3	18.4	18.5
21	17.9	17.9	17.9	17.9	17.9	17.9	17.9	17.9	18.0	18.0	18.0	18.0	18.0	18.0	18.1	18.1	18.1
26	18.1	18.0	18.0	18.0	17.9	17.9	17.9	17.9	17.9	17.9	17.9	17.8	17.8	17.8	17.8	17.8	17.8

表5 （续上表）. 不同纬度的日出日没时刻

10月 日出

	50°S	45°S	40°S	30°S	20°S	10°S	0	10°N	20°N	30°N	40°N	45°N	50°N	55°N	60°N	65°N	70°N
	h	h	h	h	h	h	h	h	h	h	h	h	h	h	h	h	h
1	5.5	5.5	5.6	5.6	5.7	5.7	5.8	5.8	5.8	5.9	5.9	6.0	6.0	6.0	6.1	6.1	6.2
6	5.3	5.4	5.4	5.5	5.6	5.7	5.7	5.8	5.9	5.9	6.0	6.1	6.1	6.2	6.3	6.4	6.6
11	5.1	5.2	5.3	5.4	5.6	5.6	5.7	5.8	5.9	6.0	6.1	6.2	6.3	6.4	6.5	6.7	6.9
16	5.0	5.1	5.2	5.4	5.5	5.6	5.7	5.8	5.9	6.0	6.2	6.3	6.4	6.5	6.7	6.9	7.3
21	4.8	4.9	5.1	5.3	5.4	5.6	5.7	5.8	5.9	6.1	6.3	6.4	6.5	6.7	6.9	7.2	7.6
26	4.6	4.8	5.0	5.2	5.4	5.5	5.7	5.8	6.0	6.2	6.4	6.5	6.7	6.9	7.1	7.5	8.0
31	4.5	4.7	4.8	5.1	5.3	5.5	5.7	5.8	6.0	6.2	6.5	6.6	6.8	7.0	7.3	7.7	8.4

10月 日没

	50°S	45°S	40°S	30°S	20°S	10°S	0	10°N	20°N	30°N	40°N	45°N	50°N	55°N	60°N	65°N	70°N
	h	h	h	h	h	h	h	h	h	h	h	h	h	h	h	h	h
1	18.2	18.1	18.1	18.0	18.0	17.9	17.9	17.8	17.8	17.8	17.7	17.7	17.6	17.6	17.6	17.5	17.4
6	18.3	18.2	18.2	18.1	18.0	17.9	17.9	17.8	17.7	17.7	17.6	17.5	17.5	17.4	17.3	17.2	17.0
11	18.4	18.3	18.3	18.1	18.0	17.9	17.8	17.8	17.7	17.6	17.4	17.4	17.3	17.2	17.1	16.9	16.6
16	18.6	18.4	18.3	18.2	18.0	17.9	17.8	17.7	17.6	17.5	17.3	17.2	17.1	17.0	16.8	16.6	16.2
21	18.7	18.6	18.4	18.2	18.1	17.9	17.8	17.7	17.5	17.4	17.2	17.1	17.0	16.8	16.6	16.3	15.8
26	18.9	18.7	18.5	18.3	18.1	17.9	17.8	17.6	17.5	17.3	17.1	17.0	16.8	16.6	16.3	16.0	15.4
31	19.0	18.8	18.6	18.4	18.1	18.0	17.8	17.6	17.4	17.2	17.0	16.8	16.6	16.4	16.1	15.7	15.0

11月 日出

	50°S	45°S	40°S	30°S	20°S	10°S	0	10°N	20°N	30°N	40°N	45°N	50°N	55°N	60°N	65°N	70°N
	h	h	h	h	h	h	h	h	h	h	h	h	h	h	h	h	h
1	4.4	4.7	4.8	5.1	5.3	5.5	5.7	5.8	6.0	6.2	6.5	6.6	6.8	7.1	7.4	7.8	8.5
6	4.3	4.5	4.7	5.0	5.3	5.5	5.7	5.9	6.1	6.3	6.6	6.7	7.0	7.2	7.6	8.1	8.9
11	4.2	4.4	4.6	5.0	5.2	5.5	5.7	5.9	6.1	6.4	6.7	6.9	7.1	7.4	7.8	8.4	9.4
16	4.1	4.3	4.6	4.9	5.2	5.5	5.7	5.9	6.2	6.4	6.8	7.0	7.2	7.6	8.0	8.7	9.9
21	4.0	4.3	4.5	4.9	5.2	5.5	5.7	5.9	6.2	6.5	6.9	7.1	7.4	7.7	8.2	8.9	10.6
26	3.9	4.2	4.5	4.9	5.2	5.5	5.7	6.0	6.3	6.6	7.0	7.2	7.5	7.9	8.4	9.2	—

11月 日没

	50°S	45°S	40°S	30°S	20°S	10°S	0	10°N	20°N	30°N	40°N	45°N	50°N	55°N	60°N	65°N	70°N
	h	h	h	h	h	h	h	h	h	h	h	h	h	h	h	h	h
1	19.0	18.8	18.6	18.4	18.1	18.0	17.8	17.6	17.4	17.2	17.0	16.8	16.6	16.4	16.1	15.6	14.9
6	19.2	18.9	18.7	18.4	18.2	18.0	17.8	17.6	17.4	17.2	16.9	16.7	16.5	16.2	15.9	15.4	14.5
11	19.3	19.0	18.8	18.5	18.2	18.0	17.8	17.6	17.4	17.1	16.8	16.6	16.4	16.1	15.7	15.1	14.1
16	19.4	19.2	18.9	18.6	18.3	18.0	17.8	17.6	17.3	17.1	16.7	16.5	16.2	15.9	15.5	14.8	13.6
21	19.6	19.3	19.0	18.6	18.3	18.1	17.8	17.6	17.3	17.0	16.7	16.4	16.2	15.8	15.3	14.6	13.0
26	19.7	19.4	19.1	18.7	18.4	18.1	17.8	17.6	17.3	17.0	16.6	16.4	16.1	15.7	15.2	14.3	—

12月 日出

	50°S	45°S	40°S	30°S	20°S	10°S	0	10°N	20°N	30°N	40°N	45°N	50°N	55°N	60°N	65°N	70°N
	h	h	h	h	h	h	h	h	h	h	h	h	h	h	h	h	h
1	3.8	4.2	4.4	4.9	5.2	5.5	5.8	6.0	6.3	6.6	7.0	7.3	7.6	8.0	8.6	9.5	—
6	3.8	4.1	4.4	4.9	5.2	5.5	5.8	6.1	6.4	6.7	7.1	7.4	7.7	8.1	8.7	9.7	—
11	3.8	4.1	4.4	4.9	5.2	5.5	5.8	6.1	6.4	6.8	7.2	7.5	7.8	8.2	8.9	9.9	—
16	3.8	4.1	4.4	4.9	5.3	5.6	5.9	6.2	6.5	6.8	7.3	7.5	7.9	8.3	9.0	10.1	—
21	3.8	4.2	4.5	4.9	5.3	5.6	5.9	6.2	6.5	6.9	7.3	7.6	7.9	8.4	9.0	10.2	—
26	3.8	4.2	4.5	5.0	5.3	5.7	5.9	6.2	6.5	6.9	7.3	7.6	8.0	8.4	9.1	10.2	—
31	3.9	4.3	4.6	5.0	5.4	5.7	6.0	6.3	6.6	6.9	7.4	7.6	8.0	8.4	9.0	10.1	—

12月 日没

	50°S	45°S	40°S	30°S	20°S	10°S	0	10°N	20°N	30°N	40°N	45°N	50°N	55°N	60°N	65°N	70°N
	h	h	h	h	h	h	h	h	h	h	h	h	h	h	h	h	h
1	19.8	19.5	19.2	18.8	18.4	18.1	17.9	17.6	17.3	17.0	16.6	16.3	16.0	15.6	15.0	14.1	—
6	19.9	19.6	19.3	18.8	18.5	18.2	17.9	17.6	17.3	17.0	16.6	16.3	16.0	15.6	15.0	14.0	—
11	20.0	19.7	19.4	18.9	18.5	18.2	17.9	17.7	17.4	17.0	16.6	16.3	16.0	15.5	14.9	13.8	—
16	20.1	19.7	19.4	19.0	18.6	18.3	18.0	17.7	17.4	17.0	16.6	16.3	16.0	15.5	14.9	13.8	—
21	20.2	19.8	19.5	19.0	18.6	18.3	18.0	17.7	17.4	17.1	16.6	16.4	16.0	15.6	14.9	13.8	—
26	20.2	19.8	19.5	19.0	18.7	18.4	18.1	17.8	17.5	17.1	16.7	16.4	16.1	15.6	15.0	13.8	—
31	20.2	19.8	19.5	19.1	18.7	18.4	18.1	17.8	17.5	17.2	16.7	16.5	16.1	15.7	15.1	14.0	—

表 6 不同纬度的天文晨光始和昏影终时刻

1月 晨光始

1月	50°S	45°S	40°S	30°S	20°S	10°S	0	10°N	20°N	30°N	40°N	45°N	50°N	55°N	60°N	65°N	70°N
	h	h	h	h	h	h	h	h	h	h	h	h	h	h	h	h	h
1	—	1.8	2.5	3.4	4.0	4.4	4.7	5.0	5.3	5.5	5.7	5.9	6.0	6.1	6.3	6.5	6.8
6	—	1.9	2.6	3.5	4.1	4.5	4.8	5.1	5.3	5.5	5.8	5.9	6.0	6.1	6.3	6.5	6.7
11	0.5	2.1	2.8	3.6	4.1	4.5	4.8	5.1	5.3	5.5	5.8	5.9	6.0	6.1	6.2	6.4	6.6
16	1.1	2.3	2.9	3.7	4.2	4.6	4.9	5.1	5.3	5.5	5.7	5.8	5.9	6.0	6.2	6.3	6.5
21	1.5	2.5	3.0	3.8	4.3	4.6	4.9	5.1	5.3	5.5	5.7	5.8	5.9	6.0	6.1	6.2	6.3
26	1.8	2.7	3.2	3.9	4.3	4.7	4.9	5.2	5.3	5.5	5.7	5.7	5.8	5.9	6.0	6.0	6.1
31	2.1	2.9	3.3	4.0	4.4	4.7	5.0	5.2	5.3	5.5	5.6	5.7	5.7	5.8	5.8	5.9	5.9

昏影终

1月	50°S	45°S	40°S	30°S	20°S	10°S	0	10°N	20°N	30°N	40°N	45°N	50°N	55°N	60°N	65°N	70°N
	h	h	h	h	h	h	h	h	h	h	h	h	h	h	h	h	h
1	—	22.3	21.6	20.7	20.1	19.7	19.4	19.1	18.8	18.6	18.4	18.3	18.1	18.0	17.8	17.6	17.4
6	—	22.3	21.5	20.7	20.1	19.7	19.4	19.1	18.9	18.7	18.4	18.3	18.2	18.1	17.9	17.7	17.5
11	23.6	22.2	21.5	20.7	20.1	19.7	19.4	19.2	18.9	18.7	18.5	18.4	18.3	18.2	18.0	17.9	17.7
16	23.2	22.0	21.4	20.6	20.1	19.7	19.5	19.2	19.0	18.8	18.6	18.5	18.4	18.3	18.2	18.0	17.9
21	22.9	21.9	21.3	20.6	20.1	19.7	19.5	19.2	19.0	18.8	18.7	18.6	18.5	18.4	18.3	18.2	18.1
26	22.6	21.7	21.2	20.5	20.1	19.7	19.5	19.3	19.1	18.9	18.8	18.7	18.6	18.5	18.5	18.4	18.3
31	22.3	21.6	21.1	20.5	20.0	19.7	19.5	19.3	19.1	19.0	18.8	18.8	18.7	18.7	18.6	18.6	18.6

2月 晨光始

2月	50°S	45°S	40°S	30°S	20°S	10°S	0	10°N	20°N	30°N	40°N	45°N	50°N	55°N	60°N	65°N	70°N
	h	h	h	h	h	h	h	h	h	h	h	h	h	h	h	h	h
1	2.2	2.9	3.4	4.0	4.4	4.7	5.0	5.2	5.3	5.5	5.6	5.7	5.7	5.8	5.8	5.8	5.9
6	2.5	3.1	3.5	4.1	4.5	4.8	5.0	5.2	5.3	5.4	5.5	5.6	5.6	5.6	5.6	5.6	5.6
11	2.7	3.3	3.7	4.2	4.5	4.8	5.0	5.2	5.3	5.4	5.4	5.5	5.5	5.5	5.5	5.4	5.3
16	3.0	3.4	3.8	4.3	4.6	4.8	5.0	5.1	5.2	5.3	5.4	5.4	5.3	5.3	5.3	5.2	5.0
21	3.2	3.6	3.9	4.4	4.6	4.9	5.0	5.1	5.2	5.2	5.3	5.2	5.2	5.1	5.0	4.9	4.6
26	3.4	3.8	4.0	4.4	4.7	4.9	5.0	5.1	5.1	5.2	5.1	5.1	5.0	5.0	4.8	4.6	4.3

昏影终

2月	50°S	45°S	40°S	30°S	20°S	10°S	0	10°N	20°N	30°N	40°N	45°N	50°N	55°N	60°N	65°N	70°N
	h	h	h	h	h	h	h	h	h	h	h	h	h	h	h	h	h
1	22.2	21.5	21.1	20.4	20.0	19.7	19.5	19.3	19.1	19.0	18.9	18.8	18.8	18.7	18.7	18.6	18.6
6	22.0	21.4	20.9	20.4	20.0	19.7	19.5	19.3	19.2	19.0	18.9	18.9	18.9	18.9	18.9	18.9	18.9
11	21.7	21.2	20.8	20.3	19.9	19.7	19.5	19.3	19.2	19.1	19.0	19.0	19.0	19.0	19.0	19.1	19.2
16	21.5	21.0	20.7	20.2	19.9	19.6	19.5	19.3	19.2	19.2	19.1	19.1	19.1	19.2	19.2	19.3	19.5
21	21.2	20.8	20.5	20.1	19.8	19.6	19.4	19.3	19.3	19.2	19.2	19.2	19.3	19.3	19.4	19.6	19.9
26	21.0	20.6	20.4	20.0	19.7	19.6	19.4	19.3	19.3	19.3	19.3	19.3	19.4	19.5	19.6	19.9	20.2

3月 晨光始

3月	50°S	45°S	40°S	30°S	20°S	10°S	0	10°N	20°N	30°N	40°N	45°N	50°N	55°N	60°N	65°N	70°N
	h	h	h	h	h	h	h	h	h	h	h	h	h	h	h	h	h
1	3.5	3.9	4.1	4.5	4.7	4.9	5.0	5.1	5.1	5.1	5.1	5.0	4.9	4.8	4.7	4.4	4.0
6	3.7	4.0	4.2	4.5	4.8	4.9	5.0	5.0	5.0	5.0	4.9	4.9	4.8	4.6	4.4	4.1	3.6
11	3.9	4.1	4.3	4.6	4.8	4.9	5.0	5.0	5.0	4.9	4.8	4.7	4.6	4.4	4.1	3.8	3.1
16	4.1	4.3	4.4	4.7	4.8	4.9	4.9	4.9	4.9	4.8	4.7	4.6	4.4	4.2	3.9	3.4	2.5
21	4.2	4.4	4.5	4.7	4.8	4.9	4.9	4.9	4.8	4.7	4.5	4.4	4.2	3.9	3.6	3.0	1.8
26	4.4	4.5	4.6	4.8	4.9	4.9	4.9	4.9	4.8	4.6	4.4	4.2	4.0	3.7	3.2	2.5	—
31	4.5	4.6	4.7	4.8	4.9	4.9	4.9	4.8	4.7	4.5	4.2	4.0	3.8	3.4	2.9	1.9	—

昏影终

3月	50°S	45°S	40°S	30°S	20°S	10°S	0	10°N	20°N	30°N	40°N	45°N	50°N	55°N	60°N	65°N	70°N
	h	h	h	h	h	h	h	h	h	h	h	h	h	h	h	h	h
1	20.9	20.5	20.3	19.9	19.7	19.5	19.4	19.3	19.3	19.3	19.4	19.4	19.5	19.6	19.8	20.0	20.4
6	20.6	20.3	20.1	19.8	19.6	19.5	19.4	19.3	19.3	19.4	19.4	19.5	19.6	19.8	20.0	20.3	20.9
11	20.4	20.2	20.0	19.7	19.5	19.4	19.4	19.3	19.4	19.4	19.5	19.6	19.8	20.0	20.2	20.6	21.3
16	20.2	20.0	19.8	19.6	19.5	19.4	19.3	19.3	19.4	19.5	19.6	19.8	19.9	20.1	20.5	21.0	21.9
21	20.0	19.8	19.7	19.5	19.4	19.3	19.3	19.3	19.4	19.5	19.7	19.9	20.1	20.3	20.7	21.3	22.6
26	19.8	19.6	19.5	19.4	19.3	19.3	19.3	19.3	19.4	19.6	19.8	20.0	20.2	20.5	21.0	21.8	—
31	19.6	19.5	19.4	19.3	19.2	19.2	19.3	19.3	19.5	19.6	19.9	20.1	20.4	20.8	21.3	22.3	—

表 6 （续上表）. 不同纬度的天文晨光始和昏影终时刻

4月	晨光始																
	50°S	45°S	40°S	30°S	20°S	10°S	0	10°N	20°N	30°N	40°N	45°N	50°N	55°N	60°N	65°N	70°N
	h	h	h	h	h	h	h	h	h	h	h	h	h	h	h	h	h
1	4.5	4.7	4.7	4.9	4.9	4.9	4.9	4.8	4.7	4.5	4.2	4.0	3.7	3.4	2.8	1.8	—
6	4.7	4.8	4.8	4.9	4.9	4.9	4.8	4.7	4.6	4.4	4.0	3.8	3.5	3.1	2.4	0.9	—
11	4.8	4.9	4.9	4.9	4.9	4.9	4.8	4.7	4.5	4.3	3.9	3.6	3.3	2.8	2.0	—	—
16	4.9	5.0	5.0	5.0	5.0	4.9	4.8	4.6	4.4	4.2	3.7	3.4	3.0	2.5	1.4	—	—
21	5.0	5.1	5.1	5.0	5.0	4.9	4.8	4.6	4.4	4.0	3.6	3.3	2.8	2.1	0.5	—	—
26	5.2	5.2	5.1	5.1	5.0	4.9	4.7	4.5	4.3	3.9	3.4	3.1	2.6	1.7	—	—	—
	昏影终																
	50°S	45°S	40°S	30°S	20°S	10°S	0	10°N	20°N	30°N	40°N	45°N	50°N	55°N	60°N	65°N	70°N
	h	h	h	h	h	h	h	h	h	h	h	h	h	h	h	h	h
1	19.6	19.5	19.4	19.3	19.2	19.2	19.3	19.3	19.5	19.7	19.9	20.2	20.4	20.8	21.4	22.4	—
6	19.4	19.3	19.2	19.2	19.2	19.2	19.2	19.3	19.5	19.7	20.1	20.3	20.6	21.0	21.7	23.4	—
11	19.2	19.2	19.1	19.1	19.1	19.1	19.2	19.4	19.5	19.8	20.2	20.4	20.8	21.3	22.2	—	—
16	19.1	19.0	19.0	19.0	19.0	19.1	19.2	19.4	19.6	19.9	20.3	20.6	21.0	21.6	22.7	—	—
21	18.9	18.9	18.9	18.9	19.0	19.1	19.2	19.4	19.6	19.9	20.4	20.7	21.2	21.9	—	—	—
26	18.8	18.8	18.8	18.8	18.9	19.0	19.2	19.4	19.6	20.0	20.5	20.9	21.4	22.3	—	—	—

5月	晨光始																
	50°S	45°S	40°S	30°S	20°S	10°S	0	10°N	20°N	30°N	40°N	45°N	50°N	55°N	60°N	65°N	70°N
	h	h	h	h	h	h	h	h	h	h	h	h	h	h	h	h	h
1	5.3	5.2	5.2	5.1	5.0	4.9	4.7	4.5	4.2	3.8	3.3	2.9	2.3	1.3	—	—	—
6	5.4	5.3	5.3	5.2	5.0	4.9	4.7	4.5	4.2	3.8	3.1	2.7	2.0	0.6	—	—	—
11	5.5	5.4	5.3	5.2	5.1	4.9	4.7	4.4	4.1	3.7	3.0	2.5	1.8	—	—	—	—
16	5.6	5.5	5.4	5.3	5.1	4.9	4.7	4.4	4.1	3.6	2.9	2.4	1.5	—	—	—	—
21	5.7	5.6	5.5	5.3	5.1	4.9	4.7	4.4	4.0	3.5	2.8	2.2	1.2	—	—	—	—
26	5.7	5.6	5.5	5.3	5.1	4.9	4.7	4.4	4.0	3.5	2.7	2.0	0.8	—	—	—	—
31	5.8	5.7	5.6	5.4	5.2	4.9	4.7	4.4	4.0	3.4	2.6	1.9	0.3	—	—	—	—
	昏影终																
	50°S	45°S	40°S	30°S	20°S	10°S	0	10°N	20°N	30°N	40°N	45°N	50°N	55°N	60°N	65°N	70°N
	h	h	h	h	h	h	h	h	h	h	h	h	h	h	h	h	h
1	18.6	18.6	18.7	18.8	18.9	19.0	19.2	19.4	19.7	20.1	20.6	21.0	21.6	22.7	—	—	—
6	18.5	18.5	18.6	18.7	18.8	19.0	19.2	19.4	19.7	20.1	20.8	21.2	21.9	23.4	—	—	—
11	18.4	18.5	18.5	18.7	18.8	19.0	19.2	19.5	19.8	20.2	20.9	21.4	22.2	—	—	—	—
16	18.3	18.4	18.5	18.6	18.8	19.0	19.2	19.5	19.8	20.3	21.0	21.6	22.4	—	—	—	—
21	18.2	18.3	18.4	18.6	18.8	19.0	19.2	19.5	19.9	20.4	21.1	21.7	22.8	—	—	—	—
26	18.2	18.3	18.4	18.6	18.8	19.0	19.2	19.5	19.9	20.4	21.2	21.9	23.2	—	—	—	—
31	18.1	18.2	18.3	18.5	18.8	19.0	19.3	19.6	20.0	20.5	21.3	22.0	—	—	—	—	—

6月	晨光始																
	50°S	45°S	40°S	30°S	20°S	10°S	0	10°N	20°N	30°N	40°N	45°N	50°N	55°N	60°N	65°N	70°N
	h	h	h	h	h	h	h	h	h	h	h	h	h	h	h	h	h
1	5.8	5.7	5.6	5.4	5.2	4.9	4.7	4.3	4.0	3.4	2.6	1.9	—	—	—	—	—
6	5.9	5.8	5.6	5.4	5.2	4.9	4.7	4.3	3.9	3.4	2.5	1.8	—	—	—	—	—
11	5.9	5.8	5.7	5.4	5.2	5.0	4.7	4.4	3.9	3.4	2.5	1.7	—	—	—	—	—
16	6.0	5.8	5.7	5.5	5.2	5.0	4.7	4.4	3.9	3.4	2.5	1.7	—	—	—	—	—
21	6.0	5.9	5.7	5.5	5.3	5.0	4.7	4.4	4.0	3.4	2.5	1.7	—	—	—	—	—
26	6.0	5.9	5.8	5.5	5.3	5.0	4.7	4.4	4.0	3.4	2.5	1.7	—	—	—	—	—
	昏影终																
	50°S	45°S	40°S	30°S	20°S	10°S	0	10°N	20°N	30°N	40°N	45°N	50°N	55°N	60°N	65°N	70°N
	h	h	h	h	h	h	h	h	h	h	h	h	h	h	h	h	h
1	18.1	18.2	18.3	18.5	18.8	19.0	19.3	19.6	20.0	20.5	21.4	22.1	—	—	—	—	—
6	18.1	18.2	18.3	18.5	18.8	19.0	19.3	19.6	20.0	20.6	21.4	22.2	—	—	—	—	—
11	18.0	18.2	18.3	18.5	18.8	19.0	19.3	19.6	20.1	20.6	21.5	22.3	—	—	—	—	—
16	18.0	18.2	18.3	18.5	18.8	19.0	19.3	19.7	20.1	20.7	21.6	22.4	—	—	—	—	—
21	18.1	18.2	18.3	18.6	18.8	19.1	19.3	19.7	20.1	20.7	21.6	22.4	—	—	—	—	—
26	18.1	18.2	18.3	18.6	18.8	19.1	19.4	19.7	20.1	20.7	21.6	22.4	—	—	—	—	—

表 6　(续上表). 不同纬度的天文晨光始和昏影终时刻

7 月	晨光始																
	50°S	45°S	40°S	30°S	20°S	10°S	0	10°N	20°N	30°N	40°N	45°N	50°N	55°N	60°N	65°N	70°N
	h	h	h	h	h	h	h	h	h	h	h	h	h	h	h	h	h
1	6.0	5.9	5.8	5.5	5.3	5.0	4.8	4.4	4.0	3.4	2.5	1.8	—	—	—	—	—
6	6.0	5.9	5.7	5.5	5.3	5.0	4.8	4.4	4.0	3.5	2.6	1.9	—	—	—	—	—
11	6.0	5.8	5.7	5.5	5.3	5.1	4.8	4.5	4.1	3.5	2.7	2.0	—	—	—	—	—
16	5.9	5.8	5.7	5.5	5.3	5.1	4.8	4.5	4.1	3.6	2.8	2.1	0.8	—	—	—	—
21	5.8	5.8	5.7	5.5	5.3	5.1	4.8	4.5	4.2	3.7	2.9	2.3	1.2	—	—	—	—
26	5.8	5.7	5.6	5.4	5.3	5.1	4.8	4.6	4.2	3.7	3.0	2.5	1.5	—	—	—	—
31	5.7	5.6	5.5	5.4	5.2	5.1	4.8	4.6	4.3	3.8	3.1	2.6	1.8	—	—	—	—
	昏影终																
	50°S	45°S	40°S	30°S	20°S	10°S	0	10°N	20°N	30°N	40°N	45°N	50°N	55°N	60°N	65°N	70°N
	h	h	h	h	h	h	h	h	h	h	h	h	h	h	h	h	h
1	18.1	18.3	18.4	18.6	18.8	19.1	19.4	19.7	20.1	20.7	21.6	22.4	—	—	—	—	—
6	18.2	18.3	18.4	18.6	18.9	19.1	19.4	19.7	20.1	20.7	21.5	22.3	—	—	—	—	—
11	18.2	18.3	18.5	18.7	18.9	19.1	19.4	19.7	20.1	20.6	21.5	22.2	—	—	—	—	—
16	18.3	18.4	18.5	18.7	18.9	19.1	19.4	19.7	20.1	20.6	21.4	22.0	23.3	—	—	—	—
21	18.4	18.5	18.6	18.7	18.9	19.1	19.4	19.7	20.0	20.5	21.3	21.9	23.0	—	—	—	—
26	18.5	18.5	18.6	18.8	19.0	19.2	19.4	19.7	20.0	20.5	21.2	21.7	22.6	—	—	—	—
31	18.5	18.6	18.7	18.8	19.0	19.2	19.4	19.6	20.0	20.4	21.1	21.6	22.3	—	—	—	—
8 月	晨光始																
	50°S	45°S	40°S	30°S	20°S	10°S	0	10°N	20°N	30°N	40°N	45°N	50°N	55°N	60°N	65°N	70°N
	h	h	h	h	h	h	h	h	h	h	h	h	h	h	h	h	h
1	5.7	5.6	5.5	5.4	5.2	5.1	4.8	4.6	4.3	3.8	3.2	2.6	1.9	—	—	—	—
6	5.5	5.5	5.5	5.3	5.2	5.0	4.8	4.6	4.3	3.9	3.3	2.8	2.1	0.5	—	—	—
11	5.4	5.4	5.4	5.3	5.2	5.0	4.8	4.6	4.3	4.0	3.4	3.0	2.4	1.3	—	—	—
16	5.3	5.3	5.3	5.2	5.1	5.0	4.8	4.6	4.4	4.0	3.5	3.1	2.6	1.7	—	—	—
21	5.1	5.2	5.2	5.1	5.1	5.0	4.8	4.7	4.4	4.1	3.6	3.3	2.8	2.1	—	—	—
26	5.0	5.0	5.0	5.0	5.0	4.9	4.8	4.7	4.5	4.2	3.7	3.4	3.0	2.4	1.2	—	—
31	4.8	4.9	4.9	5.0	4.9	4.9	4.8	4.7	4.5	4.2	3.8	3.6	3.2	2.7	1.8	—	—
	昏影终																
	50°S	45°S	40°S	30°S	20°S	10°S	0	10°N	20°N	30°N	40°N	45°N	50°N	55°N	60°N	65°N	70°N
	h	h	h	h	h	h	h	h	h	h	h	h	h	h	h	h	h
1	18.6	18.6	18.7	18.8	19.0	19.2	19.4	19.6	19.9	20.4	21.0	21.5	22.3	—	—	—	—
6	18.7	18.7	18.8	18.9	19.0	19.2	19.4	19.6	19.9	20.3	20.9	21.4	22.0	23.5	—	—	—
11	18.8	18.8	18.8	18.9	19.0	19.2	19.3	19.5	19.8	20.2	20.8	21.2	21.8	22.8	—	—	—
16	18.9	18.9	18.9	18.9	19.0	19.2	19.3	19.5	19.8	20.1	20.6	21.0	21.5	22.3	—	—	—
21	19.0	19.0	19.0	19.0	19.1	19.1	19.3	19.5	19.7	20.0	20.5	20.8	21.3	22.0	23.8	—	—
26	19.1	19.0	19.0	19.0	19.1	19.1	19.2	19.4	19.6	19.9	20.3	20.6	21.0	21.6	22.7	—	—
31	19.2	19.1	19.1	19.1	19.1	19.1	19.2	19.3	19.5	19.8	20.2	20.4	20.8	21.3	22.1	—	—
9 月	晨光始																
	50°S	45°S	40°S	30°S	20°S	10°S	0	10°N	20°N	30°N	40°N	45°N	50°N	55°N	60°N	65°N	70°N
	h	h	h	h	h	h	h	h	h	h	h	h	h	h	h	h	h
1	4.8	4.9	4.9	4.9	4.9	4.9	4.8	4.7	4.5	4.2	3.9	3.6	3.2	2.7	1.9	—	—
6	4.6	4.7	4.8	4.8	4.9	4.8	4.8	4.7	4.5	4.3	4.0	3.7	3.4	3.0	2.3	0.7	—
11	4.4	4.6	4.6	4.7	4.8	4.8	4.7	4.7	4.5	4.4	4.1	3.9	3.6	3.2	2.6	1.6	—
16	4.2	4.4	4.5	4.6	4.7	4.7	4.7	4.7	4.6	4.4	4.2	4.0	3.7	3.4	2.9	2.1	—
21	4.0	4.2	4.3	4.5	4.6	4.7	4.7	4.7	4.6	4.5	4.3	4.1	3.9	3.6	3.2	2.6	1.2
26	3.8	4.0	4.2	4.4	4.5	4.6	4.7	4.7	4.6	4.5	4.3	4.2	4.0	3.8	3.5	3.0	2.0
	昏影终																
	50°S	45°S	40°S	30°S	20°S	10°S	0	10°N	20°N	30°N	40°N	45°N	50°N	55°N	60°N	65°N	70°N
	h	h	h	h	h	h	h	h	h	h	h	h	h	h	h	h	h
1	19.2	19.2	19.1	19.1	19.1	19.1	19.2	19.3	19.5	19.8	20.1	20.4	20.7	21.2	22.0	—	—
6	19.3	19.3	19.2	19.1	19.1	19.1	19.2	19.3	19.4	19.6	20.0	20.2	20.5	20.9	21.6	23.0	—
11	19.5	19.4	19.3	19.2	19.1	19.1	19.1	19.2	19.3	19.5	19.8	20.0	20.3	20.6	21.2	22.2	—
16	19.6	19.5	19.4	19.2	19.1	19.1	19.1	19.2	19.3	19.4	19.7	19.8	20.1	20.4	20.8	21.6	—
21	19.8	19.6	19.4	19.3	19.1	19.1	19.1	19.1	19.2	19.3	19.5	19.7	19.8	20.1	20.5	21.1	22.4
26	19.9	19.7	19.5	19.3	19.2	19.1	19.1	19.1	19.1	19.2	19.4	19.5	19.6	19.9	20.2	20.7	21.6

表 6 (续上表). 不同纬度的日出日没时刻

10 月 晨光始

	50°S	45°S	40°S	30°S	20°S	10°S	0	10°N	20°N	30°N	40°N	45°N	50°N	55°N	60°N	65°N	70°N
	h	h	h	h	h	h	h	h	h	h	h	h	h	h	h	h	h
1	3.6	3.9	4.0	4.3	4.5	4.6	4.6	4.6	4.6	4.6	4.4	4.3	4.2	4.0	3.7	3.3	2.5
6	3.4	3.7	3.9	4.2	4.4	4.5	4.6	4.6	4.6	4.6	4.5	4.4	4.3	4.2	3.9	3.6	3.0
11	3.2	3.5	3.7	4.1	4.3	4.5	4.6	4.6	4.7	4.7	4.6	4.5	4.5	4.3	4.2	3.9	3.4
16	3.0	3.3	3.6	4.0	4.2	4.4	4.5	4.6	4.7	4.7	4.7	4.6	4.6	4.5	4.4	4.2	3.8
21	2.7	3.1	3.4	3.9	4.2	4.4	4.5	4.6	4.7	4.8	4.8	4.8	4.7	4.7	4.6	4.4	4.2
26	2.5	2.9	3.3	3.8	4.1	4.3	4.5	4.6	4.7	4.8	4.9	4.9	4.8	4.8	4.8	4.7	4.5
31	2.2	2.8	3.1	3.7	4.0	4.3	4.5	4.6	4.8	4.9	4.9	5.0	5.0	5.0	4.9	4.9	4.8

10 月 昏影终

	50°S	45°S	40°S	30°S	20°S	10°S	0	10°N	20°N	30°N	40°N	45°N	50°N	55°N	60°N	65°N	70°N
	h	h	h	h	h	h	h	h	h	h	h	h	h	h	h	h	h
1	20.1	19.8	19.6	19.4	19.2	19.1	19.0	19.0	19.0	19.1	19.2	19.3	19.4	19.6	19.9	20.3	21.0
6	20.2	19.9	19.7	19.4	19.2	19.1	19.0	19.0	19.0	19.0	19.1	19.2	19.3	19.4	19.6	20.0	20.5
11	20.4	20.1	19.8	19.5	19.3	19.1	19.0	18.9	18.9	18.9	18.9	19.0	19.1	19.2	19.4	19.6	20.1
16	20.6	20.2	19.9	19.6	19.3	19.1	19.0	18.9	18.8	18.8	18.8	18.9	18.9	19.0	19.1	19.3	19.7
21	20.8	20.4	20.1	19.6	19.3	19.1	19.0	18.9	18.8	18.7	18.7	18.7	18.8	18.8	18.9	19.0	19.3
26	21.0	20.5	20.2	19.7	19.4	19.1	19.0	18.8	18.7	18.6	18.6	18.6	18.6	18.6	18.7	18.8	18.9
31	21.3	20.7	20.3	19.8	19.4	19.2	19.0	18.8	18.7	18.6	18.5	18.5	18.5	18.5	18.5	18.5	18.6

11 月 晨光始

	50°S	45°S	40°S	30°S	20°S	10°S	0	10°N	20°N	30°N	40°N	45°N	50°N	55°N	60°N	65°N	70°N
	h	h	h	h	h	h	h	h	h	h	h	h	h	h	h	h	h
1	2.2	2.7	3.1	3.7	4.0	4.3	4.5	4.6	4.8	4.9	5.0	5.0	5.0	5.0	5.0	4.9	4.8
6	1.9	2.5	3.0	3.6	4.0	4.3	4.5	4.7	4.8	4.9	5.0	5.1	5.1	5.1	5.2	5.2	5.1
11	1.7	2.4	2.9	3.5	3.9	4.2	4.5	4.7	4.8	5.0	5.1	5.2	5.2	5.3	5.3	5.4	5.4
16	1.4	2.2	2.7	3.4	3.9	4.2	4.5	4.7	4.9	5.0	5.2	5.3	5.3	5.4	5.5	5.6	5.7
21	1.1	2.1	2.6	3.4	3.8	4.2	4.5	4.7	4.9	5.1	5.3	5.4	5.5	5.5	5.6	5.8	5.9
26	0.7	1.9	2.5	3.3	3.8	4.2	4.5	4.7	5.0	5.2	5.4	5.5	5.6	5.7	5.8	5.9	6.1

11 月 昏影终

	50°S	45°S	40°S	30°S	20°S	10°S	0	10°N	20°N	30°N	40°N	45°N	50°N	55°N	60°N	65°N	70°N
	h	h	h	h	h	h	h	h	h	h	h	h	h	h	h	h	h
1	21.3	20.8	20.4	19.8	19.4	19.2	19.0	18.8	18.7	18.6	18.5	18.5	18.4	18.4	18.5	18.5	18.6
6	21.6	20.9	20.5	19.9	19.5	19.2	19.0	18.8	18.6	18.5	18.4	18.4	18.3	18.3	18.3	18.3	18.3
11	21.9	21.1	20.6	20.0	19.6	19.2	19.0	18.8	18.6	18.5	18.3	18.3	18.2	18.2	18.1	18.1	18.0
16	22.2	21.3	20.8	20.1	19.6	19.3	19.0	18.8	18.6	18.4	18.3	18.2	18.1	18.1	18.0	17.9	17.8
21	22.5	21.5	20.9	20.2	19.7	19.3	19.0	18.8	18.6	18.4	18.2	18.2	18.1	18.0	17.9	17.8	17.6
26	22.9	21.7	21.1	20.3	19.8	19.4	19.1	18.8	18.6	18.4	18.2	18.1	18.0	17.9	17.8	17.6	17.5

12 月 晨光始

	50°S	45°S	40°S	30°S	20°S	10°S	0	10°N	20°N	30°N	40°N	45°N	50°N	55°N	60°N	65°N	70°N
	h	h	h	h	h	h	h	h	h	h	h	h	h	h	h	h	h
1	0.3	1.8	2.5	3.3	3.8	4.2	4.5	4.8	5.0	5.2	5.4	5.5	5.7	5.8	5.9	6.1	6.3
6	—	1.7	2.4	3.3	3.8	4.2	4.5	4.8	5.1	5.3	5.5	5.6	5.7	5.9	6.0	6.2	6.5
11	—	1.6	2.4	3.3	3.8	4.2	4.6	4.9	5.1	5.3	5.6	5.7	5.8	6.0	6.1	6.3	6.6
16	—	1.6	2.4	3.3	3.9	4.3	4.6	4.9	5.1	5.4	5.6	5.8	5.9	6.0	6.2	6.4	6.7
21	—	1.6	2.4	3.3	3.9	4.3	4.7	4.9	5.2	5.4	5.7	5.8	5.9	6.1	6.3	6.5	6.8
26	—	1.7	2.4	3.4	3.9	4.4	4.7	5.0	5.2	5.5	5.7	5.8	6.0	6.1	6.3	6.5	6.8
31	—	1.7	2.5	3.4	4.0	4.4	4.7	5.0	5.3	5.5	5.7	5.9	6.0	6.1	6.3	6.5	6.8

12 月 昏影终

	50°S	45°S	40°S	30°S	20°S	10°S	0	10°N	20°N	30°N	40°N	45°N	50°N	55°N	60°N	65°N	70°N
	h	h	h	h	h	h	h	h	h	h	h	h	h	h	h	h	h
1	23.5	21.9	21.2	20.4	19.8	19.4	19.1	18.9	18.6	18.4	18.2	18.1	18.0	17.8	17.7	17.5	17.3
6	—	22.0	21.3	20.4	19.9	19.5	19.2	18.9	18.6	18.4	18.2	18.1	18.0	17.8	17.7	17.5	17.2
11	—	22.2	21.4	20.5	19.9	19.5	19.2	18.9	18.7	18.4	18.2	18.1	17.9	17.8	17.6	17.4	17.2
16	—	22.3	21.5	20.6	20.0	19.6	19.2	19.0	18.7	18.5	18.2	18.1	18.0	17.8	17.6	17.4	17.2
21	—	22.3	21.5	20.6	20.0	19.6	19.3	19.0	18.7	18.5	18.3	18.1	18.0	17.8	17.7	17.5	17.2
26	—	22.4	21.6	20.7	20.1	19.7	19.3	19.0	18.8	18.5	18.3	18.2	18.0	17.9	17.7	17.5	17.2
31	—	22.3	21.6	20.7	20.1	19.7	19.4	19.1	18.8	18.6	18.4	18.2	18.1	18.0	17.8	17.6	17.3

表 7 一年中各日世界时 0^h 的时差与太阳黄经、赤纬和赤经。

太阳黄经值四舍五入到度，时差精确到分钟。表中给出赤经为整数小时的最近的日期；赤纬精确到度。要计算其他日期的赤经，每天加 4 分钟；计算黄经则每天加 1 度。时差和赤纬值可以直接观察后做内插，表中列出的是太阳视黄经为 5 度的整倍数时的日期。

表中相邻行日期的间隔在 4~6 天间变化，这是因为黄经值被四舍五入到最接近的度数，而且地球的椭圆轨道意味着太阳黄经的变化在一年间是不均匀的。

日期	黄经	时差	赤经	赤纬	日期	黄经	时差	赤经	赤纬
	°	m	h	°		°	m	h	°
Dec.27	275	−1		−23	6 月 27	95	−3		+23
1 月 1	280	−3		−23	7 月 2	100	−4		+23
6	285	−6	19	−23	7	105	−5	7	+23
10	290	−7		−22	13	110	−6		+22
15	295	9		21	18	115	6		+21
20	300	−11	20	−20	23	120	−6	8	+20
25	305	−12		−19	28	125	−6		+19
30	310	−13		−18	8 月 2	130	−6		+18
2 月 4	315	−14	21	−16	8	135	−6	9	+16
9	320	−14		−15	13	140	−5		+15
14	325	−14		−13	18	145	−4		+13
19	330	−14	22	−11	23	150	−3	10	+12
24	335	−13		−10	28	155	−1		+10
3 月 1	340	−12		−8	9 月 3	160	0		+8
6	345	−11	23	−6	8	165	+2	11	+6
11	350	−10		−4	13	170	+4		+4
16	355	−9		−2	18	175	+6		+2
21	0	−7	0	0	23	180	+7	12	0
26	5	−6		+2	28	185	+9		−2
31	10	−4		+4	10 月 3	190	+11		−4
4 月 5	15	−3	1	+6	8	195	+12	13	−6
10	20	−1		+8	14	200	+14		−8
15	25	0		+10	19	205	+15		−10
20	30	+1	2	+11	24	210	+16	14	−12
25	35	+2		+13	29	215	+16		−13
5 月 1	40	+3		+15	11 月 3	220	+16		−15
6	45	+3	3	+16	8	225	+16	15	−16
11	50	+4		+18	13	230	+16		−18
16	55	+4		+19	18	235	+15		−19
21	60	+3	4	+20	22	240	+14	16	−20
26	65	+3		+21	27	245	+13		−21
6 月 1	70	+2		+22	12 月 2	250	+11		−22
6	75	+1	5	+23	7	255	+9	17	−23
11	80	+1		+23	12	260	+7		−23
16	85	−1		+23	17	265	+4		−23
22	90	−2	6	+23.4	22	270	+2	18	−23.4

太阳日）。要获得更均匀的守时，人们采用平太阳时。

平太阳时

平太阳时是在钟表上显示的时间，真太阳时的不规则性已经被平滑掉了。平太阳时是基于假想的平太阳的运动，尽管它仍然受到地球自转细微变化的影响。平太阳时与真太阳时之差由时差给出。

格林尼治平时（GMT）

格林尼治平时是从午夜起算的、在格林尼治经度上的平太阳时。1928 年，在国际天文学联合会的提议下，GMT 开始被作为世界时（UT）。在 1925 年以前，天文学家以格林尼治正午作为 GMT 的起始点，以避免在一晚上的观测中产生日期的变化。现在这种时间称为格林尼治天文平时（GMAT）

时差

时差是从真太阳时求平太阳时时所作的修正值：

平太阳时＝真太阳时－时差

在 11 月初，时差最大且为正值，真太阳时比平太阳时提前 16 分钟以上；在二月中，时差为负值，真太阳时比平太阳时落后 14 分钟。时差在一年中有四次为零，分别发生在 4 月 15

日，6 月 14 日，9 月 1 日和 12 月 25 日。表 7 列出一年中不同日期的时差值，精确到分钟。

恒星时

恒星时是春分点自上次经过子午圈后所经历的时间，即春分点在当地的时角。在任何地方，恒星时等于正位于子午圈上的恒星的赤经。

格林尼治恒星时（GST）

在格林尼治地方，春分点自上次经过子午圈后所经历的时间。表 8 给出一年之中格林尼治恒星时的近似值。这个表用来配合星图，找到在任何日期任何时刻，星空的哪一部分会位于子午圈附近。世界时每日 0 时的格林尼治恒星时的精确值刊载在天文年历上。可满足大多数要求的较低精度的数据，可以在英国天文学会的手册中找到。

地方恒星时（LST）

要得到本地的恒星时，必须考虑观测点与格林尼治之间的经度差。从格林尼治开始，经度每向东 1 度，就要在 GST 上加上 4 分钟以得到 LST（每 15°加 1 小时）。经度每向西 1 度，就从 GST 中减去 4 分钟。

格林尼治时角（GHA）

从格林尼治恒星时中减去其赤经即可得到一颗恒星的格林尼治时角。

地方时角（LHA）

地方恒星时减去恒星赤经即得到当地的恒星时角。或者在 GHA 加上向东的经度差亦可。

时区

图 2 显示出地球是如何被划分为 24 个时区的。每个时区宽 15 度。0 时区的中心线即格林尼治子午线。每个时区内的国家所使用的时间通常和世界时相差整数个小时（也有些相差半小时的倍数）。格林尼治以东的时区的区时比世界时提前，格林尼治以西的区时则落后于世界时。国际日期变更线位于格林尼治子午线在地球的对端，在穿过时日期要改变。

世界时（UT）

基于科学的目的，由 1928 年开始，格林尼治平时改称为世界时。世界时基于地球的自转，然而精确的观测显示，地球自转有很多不规则性，所以无法再作为一个均匀时间系统的基础。现在定义了几种版本的世界时：

UT0：直接从恒星观测获得的平太阳时。由于地极的移动，UT0 的值与观测点位置有关。

UT1：UT0 经过对地球极点的微弱漂移作修正后的值。UT1 是天文学家和海员们使用的时间。在没有特别说明时，我们所说的 UT 即指这个时间。

UT2：对 UT1 进行地球自转速度季节性变化的修正后得到。在 1956 到 1972 年间，UT2 作为时号的基准。但它作为一个能快速建立的、接近均匀的时间尺度的角色现在已经被国际原子时所取代。

UTC：协调世界时。是从 1972 年开始广播时号所发布的时间。它是从原子钟获得的，所以协调世界时的秒长严格地等于国际原子时的秒长。根据需要，通过在 12 月、6 月、3 月或 9 月的月末插入或移除 1 秒的置闰秒方法，UTC 与 UT1 保持在 0.9 秒的差距内。这种时间尺度被广泛地称为 GMT，尽管这个术语已经不再在天文学中使用。

国际原子时（TAI）

国际原子时是由连续计秒的原子钟提供的时间。因为在 UTC 中引入闰秒以补偿地球自转速率的变化，所以 TAI 与 UTC 之差为秒的整倍数。在精确的观测计时中，推荐使用 TAI 和 UTC 时间系统。

质心力学时（TDB）

质心力学时是在描述天体相对于太阳系质心的运动时所采用的时间系统，用于推算太阳系内天体的星历表，例如喷气推进实验室所发布的历表。但是从实际的角度考虑，我们需要知道的是从地球中心处看到的太阳系内天体的位置。根据相对论原理，钟的快慢是由所处的引力场的强度决定的。由于地球在椭圆轨道上绕太阳转动，一只假设的位于地球中心的钟是无法保持 TDB 的，而是可以由此定义一种称为地球时（TT）的系统，并用在地心星历表中。TDB 与 TT 之间的差别不超过 1.6 毫秒，除了那种对时间要求最为苛刻的工作以外，都可以忽略掉。在 1991 年前，地球时被称作地球动力学

表 8：格林尼治恒星时。

所列日期和时刻的格林尼治子午圈上的赤经值。对午夜之后的时刻，在左侧的日期上加 1。

中间日期：对于 7 天或 8 天间隔的列表，分别在前一个日期的数值上加上分钟数：

7 天间隔：	1 日	2 日	3 日	4 日	5 日	6 日	8 天间隔：	1 日	2 日	3 日	4 日	5 日	6 日	7 日
增加值：	4 分	9 分	13 分	17 分	21 分	26 分	增加值：	4 分	8 分	12 分	15 分	19 分	23 分	26 分

非整小时的 GST：将分钟数加到表中前一个赤经数值上。例如 4 月 6 日 17 时 09 分的 GST 为 6 时 9 分。

	世界时													
	1700	1800	1900	2000	2100	2200	2300	0000	0100	0200	0300	0400	0500	0600
日期	h	h	h	h	h	h	h	h	h	h	h	h	h	h
1 月 5	0	1	2	3	4	5	6	7	8	9	10	11	12	13
13	0½	1½	2½	3½	4½	5½	6½	7½	8½	9½	10½	11½	12½	13½
21	1	2	3	4	5	6	7	8	9	10	11	12	13	14
28	1½	2½	3½	4½	5½	6½	7½	8½	9½	10½	11½	12½	13½	14½
2 月 5	2	3	4	5	6	7	8	9	10	11	12	13	14	15
13	2½	3½	4½	5½	6½	7½	8½	9½	10½	11½	12½	13½	14½	15½
20	3	4	5	6	7	8	9	10	11	12	13	14	15	16
28	3½	4½	5½	6½	7½	8½	9½	10½	11½	12½	13½	14½	15½	16½
3 月 7	4	5	6	7	8	9	10	11	12	13	14	15	16	17
15	4½	5½	6½	7½	8½	9½	10½	11½	12½	13½	14½	15½	16½	17½
22	5	6	7	8	9	10	11	12	13	14	15	16	17	18
29	5½	6½	7½	8½	9½	10½	11½	12½	13½	14½	15½	16½	17½	18½
4 月 6	6	7	8	9	10	11	12	13	14	15	16	17	18	19
14	6½	7½	8½	9½	10½	11½	12½	13½	14½	15½	16½	17½	18½	19½
22	7	8	9	10	11	12	13	14	15	16	17	18	19	20
29	7½	8½	9½	10½	11½	12½	13½	14½	15½	16½	17½	18½	19½	20½
5 月 7	8	9	10	11	12	13	14	15	16	17	18	19	20	21
15	8½	9½	10½	11½	12½	13½	14½	15½	16½	17½	18½	19½	20½	21½
22	9	10	11	12	13	14	15	16	17	18	19	20	21	22
30	9½	10½	11½	12½	13½	14½	15½	16½	17½	18½	19½	20½	21½	22½
6 月 6	10	11	12	13	14	15	16	17	18	19	20	21	22	23
14	10½	11½	12½	13½	14½	15½	16½	17½	18½	19½	20½	21½	22½	23½
22	11	12	13	14	15	16	17	18	19	20	21	22	23	0
29	11½	12½	13½	14½	15½	16½	17½	18½	19½	20½	21½	22½	23½	0½
7 月 7	12	13	14	15	16	17	18	19	20	21	22	23	0	1
15	12½	13½	14½	15½	16½	17½	18½	19½	20½	21½	22½	23½	0½	1½
22	13	14	15	16	17	18	19	20	21	22	23	0	1	2
30	13½	14½	15½	16½	17½	18½	19½	20½	21½	22½	23½	0½	1½	2½
8 月 6	14	15	16	17	18	19	20	21	22	23	0	1	2	3
14	14½	15½	16½	17½	18½	19½	20½	21½	22½	23½	0½	1½	2½	3½
22	15	16	17	18	19	20	21	22	23	0	1	2	3	4
29	15½	16½	17½	18½	19½	20½	21½	22½	23½	0½	1½	2½	3½	4½
9 月 6	16	17	18	19	20	21	22	23	0	1	2	3	4	5
13	16½	17½	18½	19½	20½	21½	22½	23½	0½	1½	2½	3½	4½	5½
21	17	18	19	20	21	22	23	0	1	2	3	4	5	6
29	17½	18½	19½	20½	21½	22½	23½	0½	1½	2½	3½	4½	5½	6½
10 月 6	18	19	20	21	22	23	0	1	2	3	4	5	6	7
14	18½	19½	20½	21½	22½	23½	0½	1½	2½	3½	4½	5½	6½	7½
21	19	20	21	22	23	0	1	2	3	4	5	6	7	8
29	19½	20½	21½	22½	23½	0½	1½	2½	3½	4½	5½	6½	7½	8½
11 月 6	20	21	22	23	0	1	2	3	4	5	6	7	8	9
13	20½	21½	22½	23½	0½	1½	2½	3½	4½	5½	6½	7½	8½	9½
21	21	22	23	0	1	2	3	4	5	6	7	8	9	10
28	21½	22½	23½	0½	1½	2½	3½	4½	5½	6½	7½	8½	9½	10½
12 月 6	22	23	0	1	2	3	4	5	6	7	8	9	10	11
14	22½	23½	0½	1½	2½	3½	4½	5½	6½	7½	8½	9½	10½	11½
21	23	0	1	2	3	4	5	6	7	8	9	10	11	12
29	23½	0½	1½	2½	3½	4½	5½	6½	7½	8½	9½	10½	11½	12½

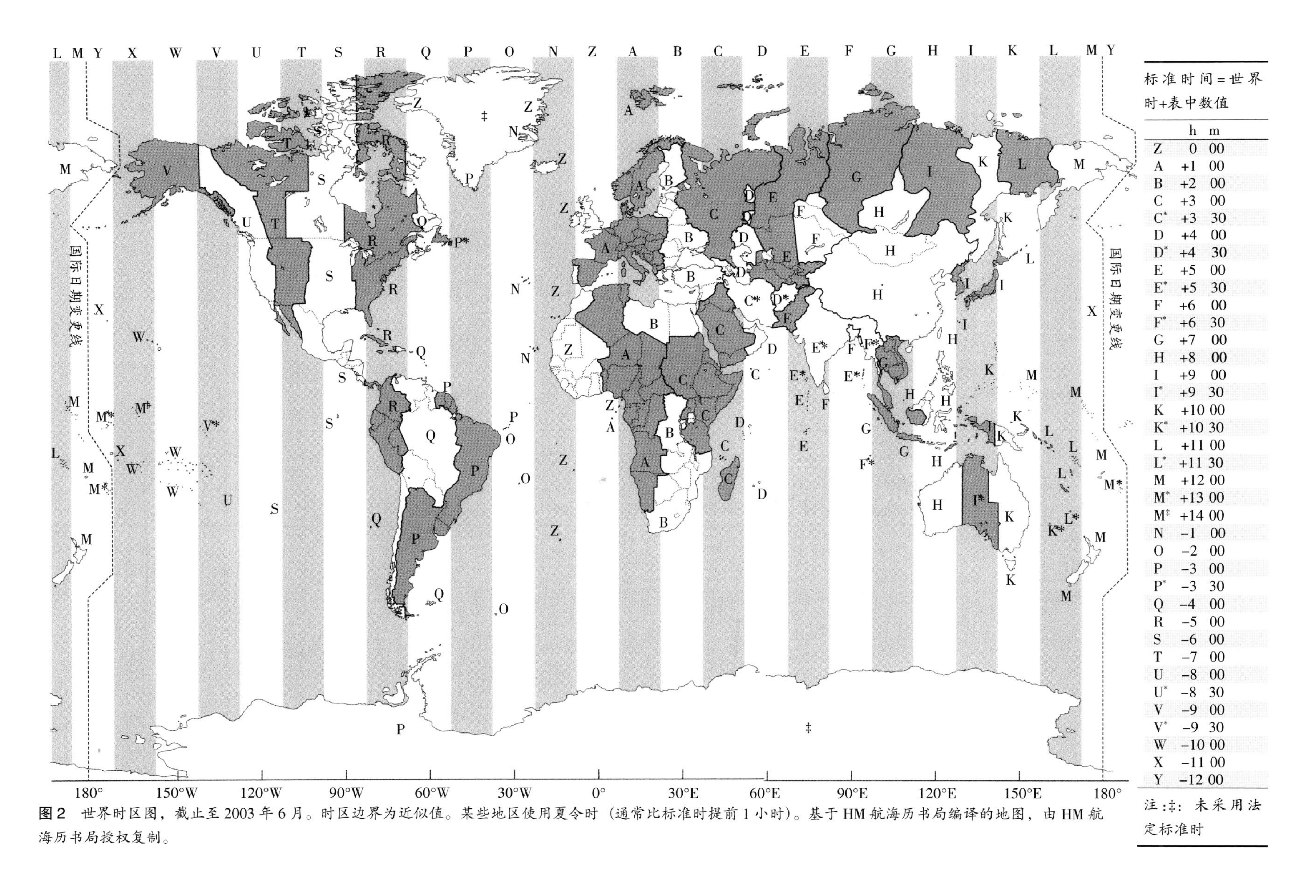

标准时间=世界时+表中数值

	h m
Z	0 00
A	+1 00
B	+2 00
C	+3 00
C*	+3 30
D	+4 00
D*	+4 30
E	+5 00
E*	+5 30
F	+6 00
F*	+6 30
G	+7 00
H	+8 00
I	+9 00
I*	+9 30
K	+10 00
K*	+10 30
L	+11 00
L*	+11 30
M	+12 00
M*	+13 00
M‡	+14 00
N	−1 00
O	−2 00
P	−3 00
P*	−3 30
Q	−4 00
R	−5 00
S	−6 00
T	−7 00
U	−8 00
U*	−8 30
V	−9 00
V*	−9 30
W	−10 00
X	−11 00
Y	−12 00

注：‡：未采用法定标准时

图2 世界时区图，截止至2003年6月。时区边界为近似值。某些地区使用夏令时（通常比标准时提前1小时）。基于HM航海历书局编译的地图，由HM航海历书局授权复制。

表 9 1900 年到 2020 年间，ΔT，即世界时（UT1）落后地球时（TT）的差值。2000.5 年之后的数值是按照每年约 1 秒的变化率预测的，但这个变化率可能不是固定的。

年份	ΔT(秒)	年份	ΔT(秒)	年份	ΔT(秒)
1900.5	−2	1960.5	+33	1995.5	+61
1910.5	+11	1965.5	+36	2000.5	+64
1920.5	+22	1970.5	+41	2005.5	+66
1930.5	+24	1975.5	+46	2010.5	+67
1940.5	+25	1980.5	+51	2015.5	+70
1950.5	+29	1985.5	+55	2020.5	+73
1955.5	+31	1990.5	+57	2025.5	+77

来源：美国海军天文台 Dennis D.McCarthy

时（TDT）。IAU 规定 1977 年 1 月 1 日 0 时国际原子时对应的地球时为 1977 年 1 月 1 日 0 时 0 分 32.184 秒。

在地球自转的不规则性和由潮汐摩擦造成的总体减速趋势以及其他因素的影响下，世界时（UT1）以每 500 天 1 秒的速度慢于地球时（TT）。TT 与 UT1 之差称为 ΔT。表 9 给出了 ΔT 的观测值与预测值。ΔT 只能通过观测确定，所以无法做出很长时间之后的精确预测。

年

回归年

回归年是太阳在天球上从一个春分点运动到下一个春分点所需的时间。由于岁差，春分点在天球上每年退行 50.″29，所以在一个回归年中，太阳走过的角度为 360°−50.″29。回归年长度为 365.24219 天。季节的变换是由回归年中太阳的赤纬决定的，所以回归年也是年历中所采用的年长。

恒星年

恒星年是地球相对于天球围绕太阳运转一周的时间。在 1 个恒星年内，太阳相对于恒星走过正好 360°。恒星年长为 365.25636 日。

近点年

近点年是地球连续两次经过近日点的时间间隔。因为受到行星引力的拉动，地球的近日点在慢慢进动，所以近点年比恒星年稍长。1 近点年为 365.25964 日，在此期间太阳运动了 360°+11.″64。

食年

食年太阳返回到同一个月球轨道交点的时间间隔，为 346.62008 天。由于月球轨道交点每年退行 19 度，所以食年长度明显短于恒星年。日食和月食只能发生在太阳和月亮位于交点附近的时候，所以食年涉及月食和日食有规律地重复发生的现象。19 个食年为 6585.78 天，和 223 个朔望月（6585.32 天）的沙罗周期几乎一样。

月

朔望月

朔望月是连续的两次朔之间的时间间隔，也称作太阴月。其平均长度为 29.53059 日，但实际值可在 29.27 日到 29.83 日之间。最短的朔望月发生在 7 月，当时地球接近远日点；而最长的朔望月在 1 月份，地球在近日点附近时。

恒星月

恒星月是从地球上观察，月球在天球上环行一周的时间，平均值为 27.32166 日。

回归月

回归月是月球相对于春分点绕地球一周的时间，平均值为 27.32158 天。

近点月

近点月是月球连续两次经过近地点的时间间隔。平均值为 27.55455 日。

交点月

交点月是月球连续两次经过升交点的时间间隔。平均值为 27.21222 日。

第二章　实践天文学

观　测

眼　睛

肉眼是天文学家最基本的观测设备。它是由一个充满透明物质的中空球体组成，光线可以通过晶状体聚焦，成像在视网膜上。视网膜上遍布神经末梢。有些神经（锥状细胞）提供色感，另外一些（杆状细胞）则对低得多的照度比较敏锐，可以感知图像的灰度变化。

人眼的缺陷　包括由于晶状体变形导致的无法聚焦到近处或者远处的目标——即近视和远视，以及散光。如果患有散光，那么当注视一个星星样的点光源时，看到的是一个卵形或者短线形状。所有这些缺陷都能够通过配戴合适的眼镜或者隐形眼镜来进行校正。

近视或者远视对于用天文望远镜进行的观测没有太大影响，因为仪器可以根据观测者的情况调整焦点。散光会是一个问题，特别是在使用低倍率时，因为此时望远镜的出瞳较大。而在高倍率下，出瞳较细，只有眼睛的中间会被用到，散光的任何效应都减小了。患有散光的观测者在使用双筒望远镜观测时不得不配戴眼镜，使得眼睛离开目镜的距离较远。除非使用一架具有超长出瞳距的双筒望远镜，否则有一部分视野会看不到。所以通过佩戴隐形眼镜校正严重散光的优点是很明显的。

人眼对色差（假色）的消除并不是完美的，但实际上也很难察觉出来。球差的效应（晶状体的中心和边缘分别把光线汇聚到不同的焦点，使得图像变得模糊）像色散一样，在非常低的放大率下，也就是使用了整个晶状体时最容易被注意到。因为我们不会在这种情况下观察图像的细节，所以对实际观测没有什么影响。

随着年龄的增长，眼睛逐渐丧失了在很宽广的距离范围里对物体聚焦的能力。更重要的是，晶状体会变得不透明。这可以通过白内障手术来医治，这样做还会提高人眼对紫色端和近紫外波长的响应，因为望远镜的玻璃和眼睛里的晶状体都会吸收这个波长。

观测技巧

观测时眼睛应该一直处于最放松的状态，即聚焦到无穷远。当人在竭力分辨模糊的细节时，眼睛很容易会不自觉地改变焦点。所以，尤其是在观测行星表面时，每隔一段时间停顿一下，放松休息，然后再仔细地聚焦到附近的星星是很有益处的。这一章涉及一些通用的观测知识，对特定目标的观测说明见第3章和第4章。

分辨力　通常情况下裸眼的分辨力是4角分，也就是相距4角分的两颗星可以分别识别。当然有些观测者比这强。从这里可以推导出在使用240倍的放大率时可以分辨开相距1角秒的两颗星。实践经验显示，这个分辨力也是口径110毫米的望远镜的分辨极限。也就是说对于口径为D（单位毫米）的望远镜，在使用2.2D的放大倍数时，就能够分辨出这架望远镜所能识别的所有细节，当然在特殊情况下这种规则也可以有所调整。无论如何，在选择最佳放大率时，纯粹的分辨率并不总是最重要的。

观测暗天体　视网膜通过分泌激素（视网膜色素）激发杆状视神经，使之达到最高的灵敏度。这只有在昏暗的照明条件下才会发生。在接下来的几分钟时间里，灵敏度还会有明显改善，并且这种改善在半小时后仍能感觉到。而一旦置身于明亮的光线下，这种暗视觉适应就会很快被破坏。

适应了黑暗环境的眼睛对可见光光谱的长波长端（红色）的响应会下降。在白昼，通常眼睛可见的波长范围在400～750纳米，峰值灵敏度在光谱黄绿区的555纳米附近。适应了黑暗环境的眼睛的可见波长范围在400到620纳米，峰值灵敏度移到了光谱绿色区的510纳米附近。这种灵敏度的移动现象称为浦肯雅效应，这解释了为什么月光比直射的阳光看上去要发蓝。

因为视网膜上最灵敏的部分是围绕中心的一个环形区域，所以在观察非常暗弱的目标时需要使用侧视法，即观测者注视观测目标旁边一点的地方。

北天极区极限星等图

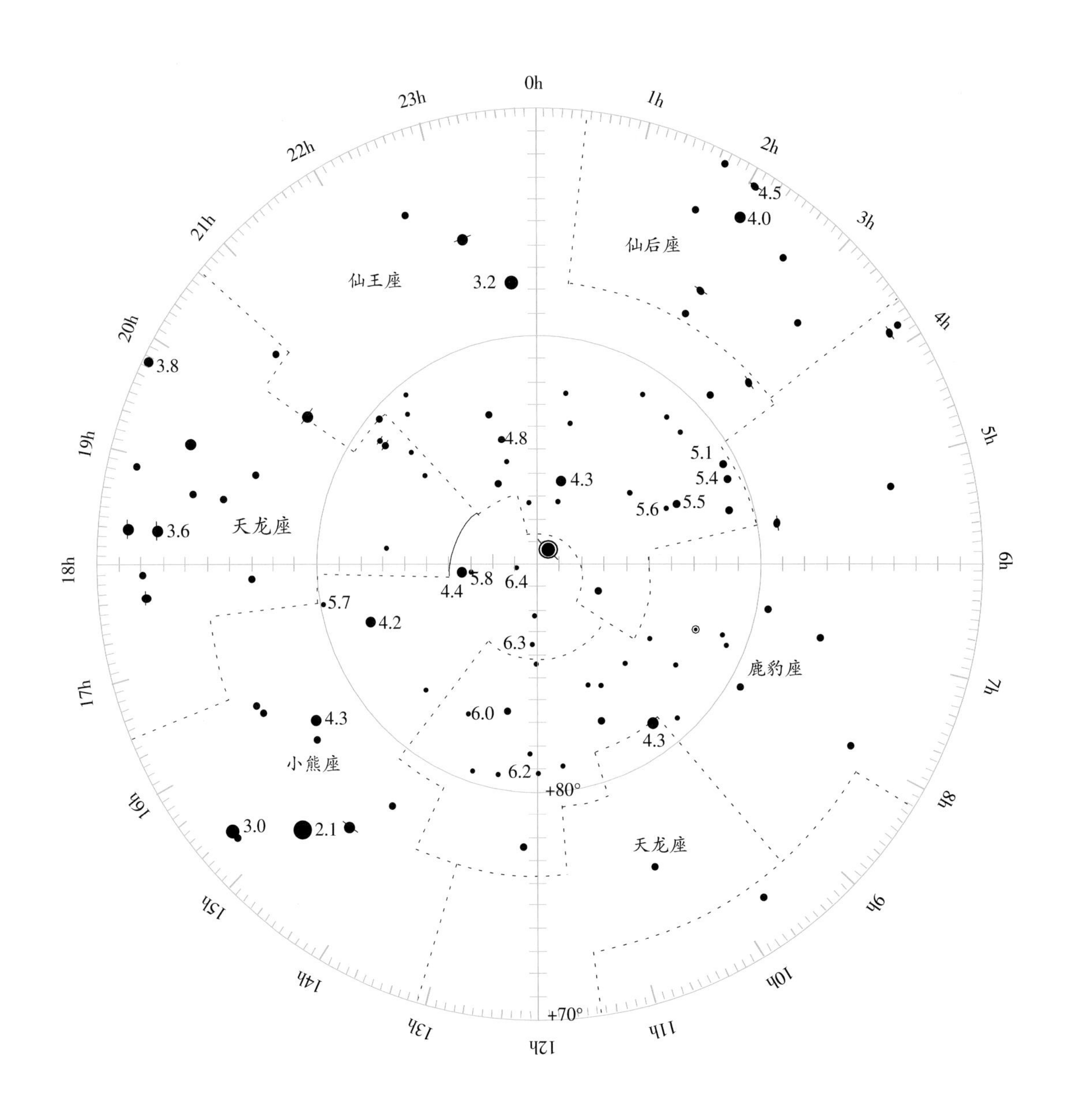

图 3a 北天极区的星等。这张图可以在任何夜晚用来确认裸眼可见的最暗星等，作为大气透明度的指标。图中显示出距离北天极 20°以内的恒星。在 10°宽的外圈，显示出亮于 5.5 等的恒星位置和星等；在内圈，显示出星图上的所有恒星，有些标注了星等，最暗到 6.5 等。

南天极区极限星等图

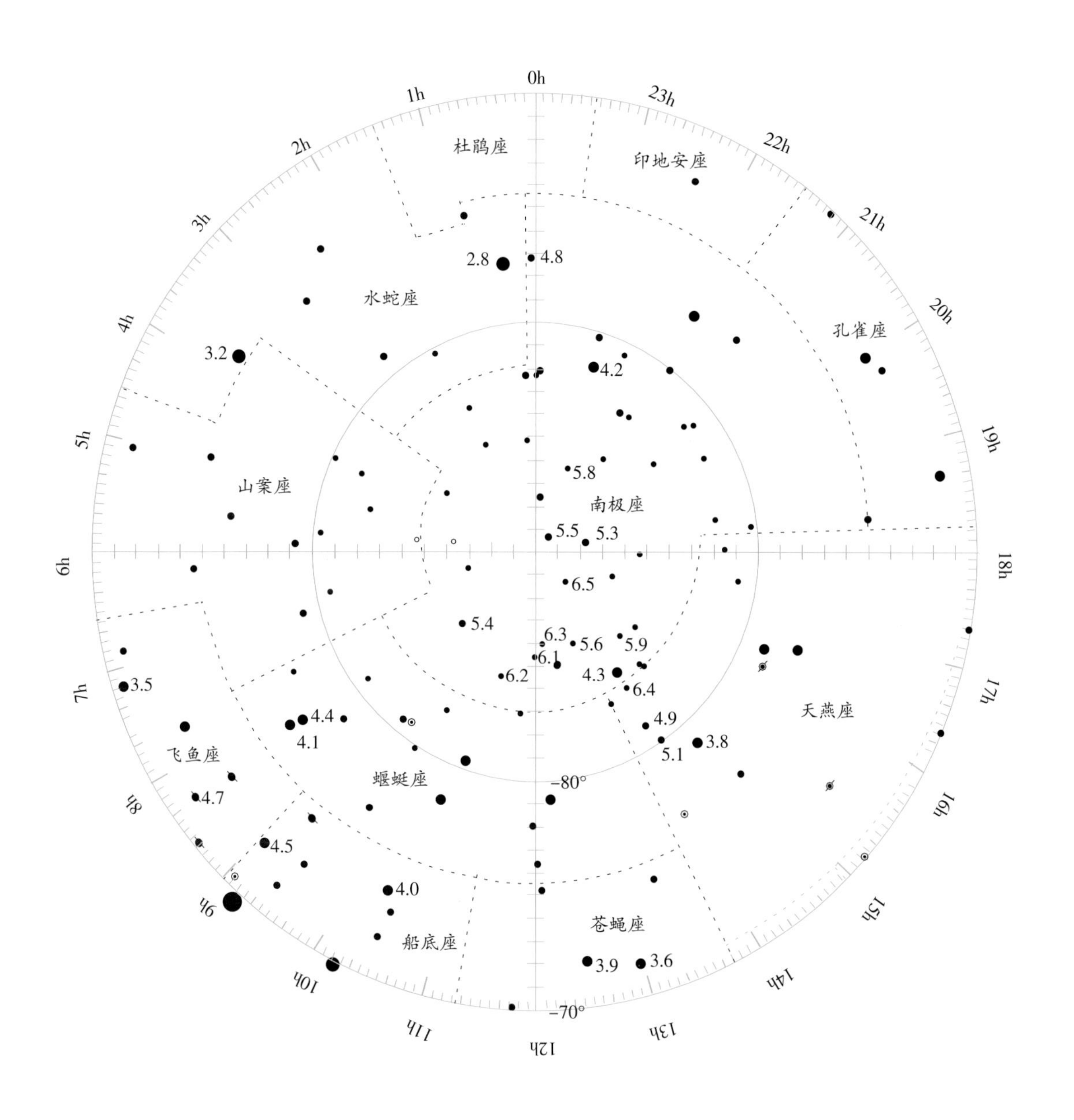

图 3b 南天极区的星等。这张图可以在任何夜晚用来确认裸眼可见的最暗星等，作为大气透明度的指标。图中显示出距离南天极 20°以内的恒星。在 10°宽的外圈，显示出亮于 5.5 等的恒星位置和星等；在内圈，显示出星图上的所有恒星，有些标注了星等，最暗到 6.5 等。

大气条件

一个天体最好的观测时机是当它离雾气蒙蒙的地平最远时。地平高度最大叫做中天，发生在天体经过子午线时。

那些大气特别通透、星星显得特别明亮的夜晚，并不一定是理想的天文观测夜，因为这种情况常常伴随着气流的扰动：用肉眼看去星星在闪烁，而在望远镜中星象好像开锅一样。然而非常通透的夜晚很适合观测暗弱延展的天体，例如彗星和大型星云。

轻微的雾气往往意味着稳定的气流，是观测月亮、行星和亮星的好时机。

透明度 用来表征大气的清澈程度，它和仰角有关。即便在理想条件下，刚出地平的星星也会比它位于天顶时暗 3 个星等，而实际上地平线附近的雾气常常还会显著地增大这一差异。通过选择一些固定高度的星星（比如在天极区附近），就可以根据肉眼能够看到的最暗星等来确认任何夜晚的大气透明度等级。24 页和 25 页的图 3 为此目的标出了相应恒星的星等。

实际上，用这种方法测量出的透明度并不总是由大气中水和尘埃对光线的吸收所决定。除非观测者是在荒无人烟的地方，由于人造光源经由大气中的粒子反射造成的天光也会减小反差，使星星看上去暗淡。上层大气层中的微弱极光也会产生类似的效果。

视宁度 用来表示空气的稳定程度，并可以通过望远镜中图像的模样来判断。这两者之间有关联是因为气流是由不同温度的气体团造成的，而气体的折射率随着温度变化，所以气流会使得图像闪烁。

视宁度的影响可以分成两个方面，通常分别称为“高层视宁度”和“低层视宁度”。高层视宁度受 1000 米到几千千米高度上的气流影响；低层视宁度的质量取决于地面附近的环境甚至包括望远镜里的条件，所以观测者多少可以控制。例如在夏天，经过了一个白天到了晚上， 与望远镜附近的地面接触的空气因为比较热，而会上升造成湍流。类似地，被封闭在观测室或者望远镜镜筒中的热空气也会造成不稳定。糟糕的高层视宁度造成星像无规律地跳动，或者行星圆面剧烈地波动。很差的低层视宁度会造成突然的失焦。视宁度对不同口径的望远镜的影响方式是不一样的。乍一看去，在 300 毫米口径望远镜里的木星可能还不如 100 毫米望远镜中看到的清楚，这是因为大口径受到扰动空气影响的截面有 9 倍大。

因为视宁度条件对于目视结果有显著影响，所以都要记录下来。对视宁度的分级比透明度更具有主观性。用“好”或者“坏”来形容缺乏普遍意义，所以应该用诸如“滚动，有时稳定”或者“图像不稳定相当模糊” 等进行更准确的描述。另外还有一些量化的标准，例如在月球和行星观测中常用的是安东尼亚蒂分级：

I 完美的视宁度，纹丝不动

II 轻微扰动，有持续数秒钟的平静瞬间

III 中等视宁度，有较大的空气波动

IV 较差视宁度，讨厌的、持续的波动

V 很糟糕的视宁度，甚至草图都无法完成

记录观测数据

所有观测都应在进行中记录下来。措词应该清晰，并记下观测的年月日时分（UT），以及所用望远镜的口径和倍率和当时的视宁度。

观测报告 应趁着记忆还很清楚时尽快根据在望远镜边所作的记录撰写观测报告。很多观测者会为不同类型的观测目标准备单独的记录本。应该为每项观测分配一个序列号以便将来查找。

照明 在望远镜边使用笔记本、星图或者参考书时所需的照明，常常用在前面罩上红色滤光片的普通手电完成。而用红色的发光二极管（LED）来代替灯泡和滤镜则更为有效。应该尽可能使用最低的光亮，尽可能小地影响眼睛的暗视觉适应。

要是在观测时一边拿着手电筒，一边调整目镜，对照着目标摆弄望远镜，还要拿着笔记本记录，这显然是不方便的。所以，观测用的照明灯最好能固定在望远镜镜筒或支架上，而且开关应很容易找到。

计时观测

现在很容易找到各式各样的可靠而精确的钟表，所以已经不再需要使用特制的观测钟了。一只在晚间用无线电时标或者通过电话的报时服务来校准过的数字表可以在整晚保持几分之一秒的精度，对大多数观测来说已经足够了。

对于高精度观测，现在可以使用内置无线电接收机的钟表。它们会周期地（通常每隔一小时）调谐到特定的发送精确时标的电台并与之校准。全球定位系统（GPS）是另一个非常精确的时间源，家用计算机程序也可以通过互联网和全球各地的许多原子钟联络，保持非常精准的时间。

在调整有刻度的赤道式望远镜时，很需要一台能够显示恒星时的钟表。可以把一只使用发条的机械闹钟调整到每天快 4 分钟，来做这个用途——只要在每次观测时段前对准到当时的恒星时时刻（参见表 8）就可以了。现在也有电子的恒星时钟。

天文现象的精确计时（比如木星卫星的掩食，月掩星，或观测人造卫星）需要秒表。秒表可以由某个时间信号启动，在观测到事件发生时停止；或者相反。如果要观测一系列事件，那么有分段功能的秒表能够使你连续地计时和查看。

经常将钟表与一个可靠的时间源进行比对来测试它的精确度是一个不错的办法，这样在计时时可作必要的补偿。有些观测者用摄像机记录天文现象，并在图像序列中的每一帧打上精确的电子时标，从而获得精确的计时。

倒像望远镜中的方向

在望远镜视场中的南北和东西方向取决于在天空中的位置。北可能是上下左右或者中间的任何方向，其他基本方位也是这样。而大多数天文望远镜中显现倒像，使得方位更容易混淆。

一个很方便的方法是以天体的移动作为参考。从固定的望远镜中看去，太阳、月亮、行星和恒星都会因地球自转而在视场中从东（后点：f）向西（前点：p）移动。一旦根据天体的移动在视场中确定了 f 点和 p 点，观测者就可以沿顺时针方向按照 PSFN 的顺序确定南北方向。（在英文中，可以用 poisonous snakes feel nice 来记忆 PSFN 顺序。）

视野常常被分成 4 个象限，即东北，东南，西北，西南。一个天体相对于另一个天体的位置角（PA）的精确测量使用 0°~360°的刻度，正北方为 0°，东为 90°，南为 180°，西为 270°。

图 4 表示在一个倒像望远镜中的大致方位，北半球和南半球均适用。

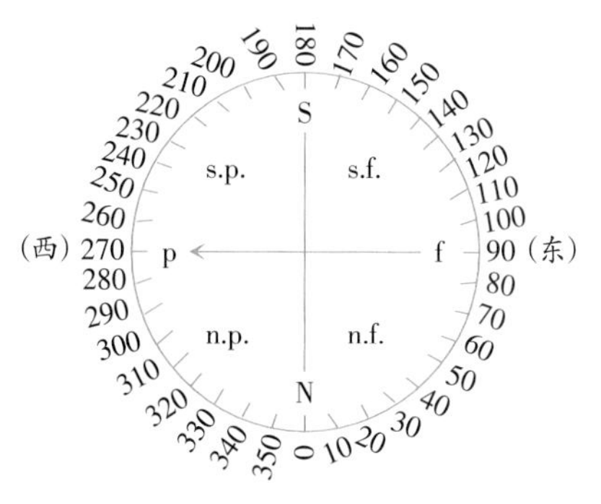

图 4 倒像视场和位置角。当一个位于北半球的观测者向南方观看时，图中显示的是望远镜中颠倒的视野，以及天体在视野中穿过时的方向。如果把图调转 180°（相对位置保持不变），就是位于南半球的观测者向北方观看时的情形。外侧显示出位置角（PA）的刻度。

天球上的角距离

五指张开，伸直手臂，那么从拇指到小指的张角大约是 20°。下面列出的星星之间的距角在确定天球上的距离时非常有用。其他的距角很容易从星图上量出来。角距离是沿着天球上穿过两星的大圆测量的。

0.5°=太阳或月亮的角直径

1.25°=猎户座 δ 到 ε（参宿三到参宿二），或者南十字座 β 到 λ

2°=天鹰座 α 到 γ（河鼓二到河鼓三），或者天蝎座 α 到 σ（心宿二到心宿一）

2.5°=天鹰座 α 到 β（河鼓二到河鼓一）

4°=小犬座 α 到 β（南河三到南河二），或南十字座 α 到 β

5°=大熊座 α 到 β（天枢到天璇），或半人马座 α 到 β

天球的总面积是 41253 平方度。

天文观测器材

双筒镜

双筒镜几乎是不可或缺的。而对于天文观测的新手来说，它还是理想的第一架望远镜。双筒镜远比那些廉价的小型望远镜有用。双筒镜不需要（事实上也不应该）很大或者倍数很高，否则就会丧失其最便于携带和通用的优点。

双筒镜都有特殊的倍数和口径组合，以像

8×30这样的形式标注，表示8倍的放大率和30毫米的口径。对天文观测来说口径越大越好，然而超过一定限度——约70毫米——后，作为手持仪器就显得过于笨重。8×40和10×50的双筒镜最为常见。强烈建议购买者警惕那种声称用于天文的20倍以上的廉价双筒镜。

通过任何优质的双筒望远镜——即便是最小的——也能看到比裸眼所见多得多的星星，还能看到画在星图上的明亮的星团、星云和星系。双筒镜具有视场宽阔及呈正立像的优点，很容易和眼睛直视看到的情景或者星图作比较。即使在使用天文望远镜时，也能用双筒镜来帮助定位天体。一些大的目标，例如昴星团或者银河中密集的群星，使用双筒镜观察比使用任何其他的望远镜更能令人印象深刻。业余天文中的某些领域，特别是在变星观测或者寻彗时，适当口径的双筒镜是优先选择的设备。

如果没有支撑，双筒镜就不能高效地使用。要减小观测者的心跳和不可避免的肌肉颤动造成的跳跃效应，就必须把双筒镜或者观测者的肘部靠在坚实的地方。稳像望远镜在光路中加入了能主动减小振动的元件，这样可以比同样口径手持的双筒望远镜看到的暗星低1个星等，不过这部分是因为它们比传统双筒镜的倍数稍高的缘故。但是，它们比普通的双筒镜更重而且昂贵得多。

双筒镜可以用来：

1）对星座、星野和银河的普通观测；

2）作为主望远镜的辅助设备，在使用寻星镜对准目标前确认天体的大致位置；

3）在霞光中寻找行星或者亮恒星，如果它们在天空中的精确位置不确定的话；

4）观测亮变星；

5）观测任何大范围的天象，例如深空天体、亮彗星或者流星尾迹；

6）跟踪人造卫星。

在二手市场或者古董店中经常可以看到“野外双筒望远镜”或者观剧双筒镜。遗憾的是它们简单的光学设计只能提供非常狭小的视场，所以不推荐在天文观测中使用。

天文望远镜

天文望远镜有三种主要的类型：折射式、反射式和折反射式，它们具有各自的优点，但对所有三种类型的望远镜来说，其效力很大程度上是由口径决定的。口径就是透镜或者反射镜的通光直径，它们是用来接收和聚焦从观测目标发出的光线的。口径越大，聚光力和分辨力就越强，从而能够看到更暗淡的天体，观察更微小的细节。对大多数天文应用，任何75毫米以上口径的优质望远镜都能从事有趣和有价值的观测；而很多天体在使用小型望远镜甚至双筒镜观看时也可以带来愉快的感受。

聚光力　口径越大，望远镜就能接收和汇聚更多的光线。理论上，聚光力与口径的平方成正比，所以75毫米口径的望远镜比50毫米口径的聚光力高1倍，而100毫米口径的聚光力几乎是75毫米口径的2倍。

能够探测到的最暗的星星（极限星等）主要由望远镜的口径决定。表10中的数值来自以下的计算公式：

$m=2.7+5\log D$

其中D是以毫米为单位的望远镜口径。这个公式是根据对昴星团里暗星的实际观测结果得出的，测试中使用了多种口径的望远镜。大气条件和观测者的技巧等因素都会对极限星等产生影响，所以计算值只是一个近似。

分辨率　尽管在夜晚看到的所有星星都是一个几乎无穷小的光点，它们在透镜或者反射

表10：极限星等和道斯极限。不同口径望远镜下可见的最暗星，和可以分辨出的靠得最近的一对天体的角距离。均为近似值。

通光口径	（毫米）	50	60	75	100	112.5	125	150	200	250	300
	（英寸）	2.0	2.4	3.0	4.0	4.5	5.0	6.0	8.0	10.0	12.0
极限星等（可见的最暗星）	（等）	11.2	11.6	12.1	12.7	13.0	13.2	13.6	14.2	14.7	15.1
道斯极限（可分辨的靠得最近的星）	（角秒）	2.3	1.9	1.5	1.2	1.0	0.9	0.8	0.6	0.5	0.4

镜的焦点上所成的像却是一个有限直径的光斑（艾里斑），其大小所对应的天球上的角距为116/D角秒，其中口径D以毫米为单位。这就是所谓的道斯极限（Dawes Limit）。无论使用多高的放大倍数，天空中相隔距离比这小的两颗星都没法清晰地分辨开，或独立显示出来。表10给出了不同口径下的道斯极限。

观察月面和行星时所见细节的数量，主要取决于望远镜的口径，同时也受到中央遮挡大小的影响（折射镜则不存在中央遮挡）。

折射望远镜

折射望远镜本质上由两组透镜构成：大的透镜焦距较长，称为物镜，它把星星或者其他目标成像到焦点上；焦距短得多的小透镜是目镜，它的实际作用是令观测者能在近距离上观察物镜所成的像。

物镜由两片或者更多的镜片组成，以减少单透镜所成的图像中的假色。物镜的质量很大程度上取决于这种色差消除的效果。通常的两片消色差透镜不可避免地在亮星象的周围或者月亮像的边缘呈现出淡淡的蓝色光晕。这种二级光谱可以通过在透镜中使用具有特殊性质的玻璃——例如萤石——或者增加镜片的方式来削弱。这种器材称为复消色差的，要昂贵得多。但是，为爱好者们提供的这类器材的数量一直在增长。

物镜的焦比（焦距除以口径）通常在10左右（写作f/10）或者更长，以帮助减小二级光谱。所以即使是中等口径的折射镜也非常庞大，100毫米以上口径的设备肯定不是便携式的。

反射望远镜

这种形式的望远镜使用一块凹面镜（主镜）来完成折射镜中物镜所起的作用。相对于透镜而言，镜面的优点是可以同等地反射所有颜色（波长）的光线，所以不存在色差的问题。不过在反射镜中，离开光轴越远，彗差就越严重。主镜安装在望远镜筒底部的镜室中，从天体来的光线穿过镜筒再被反射回镜筒上部的焦点处。此后的过程则与望远镜的特定设计有关。

牛顿式望远镜 汇聚的光线与一块和主镜成45°角的小平面镜（转向镜）相交，被反射到镜筒侧面上的目镜的位置〔图（5b）〕。这种结构对于中小型（口径最大可到400毫米）的反射镜最为方便，因为它们的焦比通常在f/5到f/8之间，镜筒长度比同样口径的折射镜短很多。而且，在观测时目镜常常位于让人感到很方便

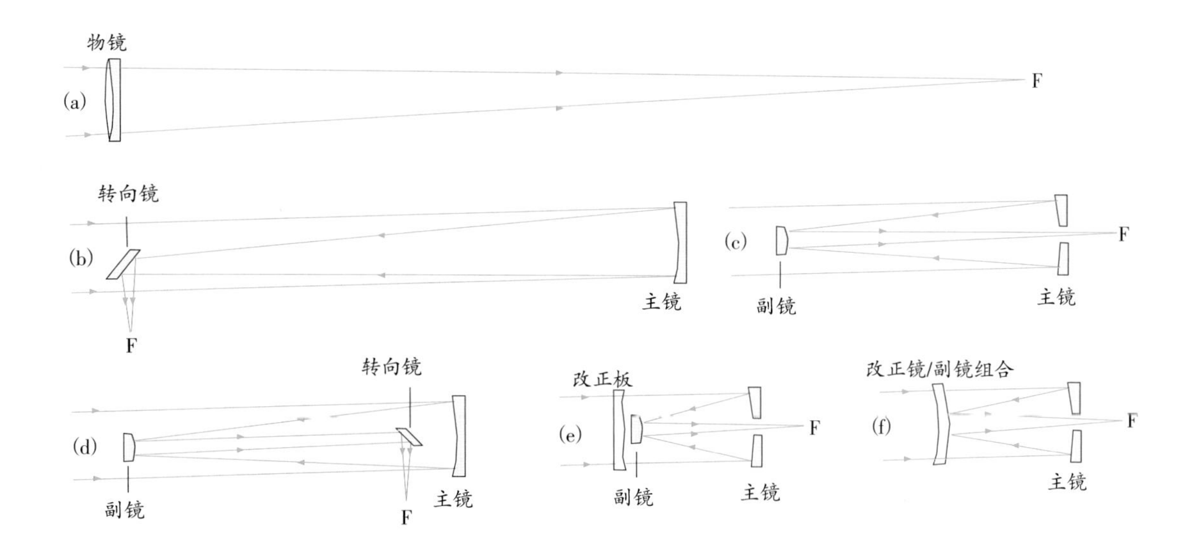

图5 不同类型的望远镜。对相似口径的望远镜，图中显示了从天体来的光线汇聚到焦点F的光路。（a）折射望远镜，（b）牛顿式望远镜，（c）卡塞格林式望远镜，（d）卡塞格林式折轴望远镜，（e）施密特–卡塞格林式望远镜，（f）马克苏托夫–卡塞格林式望远镜。

的高度。

卡塞格林式望远镜 光线在被主镜反射后，又被一面小的凹面镜（副镜）反射回镜筒内，随后要么穿过主镜上的通孔〔图 5（c）〕，要么由一块类似牛顿镜中的转向镜反射到镜筒侧边〔图（5d）〕。经典的卡塞格林望远镜可以有效地把很长的焦距（比如 f/20）压缩到相对很短的镜筒中，成为紧凑的设备。现在大多数卡塞格林望远镜是折反射式的。

望远镜中的反射镜 以光学反射原理工作。与日常的镜子不同，它是在前表面镀反射膜，所以光线不会在镜体中传播，因此可以使用不透明的材料制造——例如也用于烤箱炊具的低膨胀玻璃，甚至陶瓷——这样可以降低温度变化对异常精密的光学表面的影响。

反射膜通常是铝，在真空中蒸镀。此外在铝膜上面还常常增加一层透明的一氧化硅，对镜面进行保护，延长使用寿命。涂层也被用来保护娇嫩的银反射膜。以前镀银反射膜很普遍，随着更耐用的铝膜的出现，现在已经很少使用了。银镀层可以反射 93%的可见光，而铝是 89%。如果没有保护层，银膜会很快地失去光泽，经常每 6 个月甚至更短就要更换。可以反射 96%的入射光的增强的铝膜现在也越来越常见。

折反式望远镜

这种望远镜使用透镜和反射镜片成像。对业余爱好者来说最感兴趣的两种类型都是卡塞格林式的设计，使用了球面的凹面镜，而非普通反射镜里的抛物面镜。球面镜比抛物面镜要容易制造得多，但其成像有球差缺陷。

在施密特系统中〔图 5（e）〕，一个特殊形状的几乎是平的薄镜片被置于镜头前端，这个透镜校正了主镜的像差，并在中央带有凸面的副镜。

在马克苏托夫系统中〔图 5（f）〕，改正镜是一个曲率很大的弯月形透镜。在很多设计里，弯月形透镜的内侧中央部分（凸面）被镀上铝膜，作为副镜使用。

这两种望远镜都具有镜筒短小（通常小于口径的两倍），等效焦比在 f/10 到 f/15 之间的特点。这为爱好者们提供了拥有 300 毫米口径又真正便携的设备的机会。

目镜与倍率

目镜起的作用就像放大镜一样，只是后者仅仅是一片双凸透镜，而望远镜的目镜包含 2 片甚至更多不同类型的镜片。离眼睛最近的镜片是接目镜，最远的是场镜。

一只优质的目镜应该：

1）校正了色差；

2）校正了球差；

3）具有平坦的视场，即图像在视场中央和边缘都合焦；

4）具有较大的视野，在边缘也有相当的分辨率；

5）观看亮天体时没有鬼影。

目镜的性能和望远镜中其他的光学部件一样重要。某个特定的目镜不会在所有望远镜上都表现出色。上面列出的 1）和 2）点与物镜或主镜的焦比有很大关系；那些简单而廉价的目镜在 f/15 的折射镜上可能会用得很好，但是在 f/5 的牛顿镜上它们固有的像差会变得太明显。

出瞳距 物镜或者主镜通过目镜所成的像叫做出瞳，而目镜最外的表面到出瞳的距离称为出瞳距。要看到目镜中的整个视场，眼睛的瞳孔应该位于出瞳平面上。如果必须配戴眼镜的话，大的出瞳距离是非常必要的。

视场 在白天把望远镜指向明亮的天空，当眼睛处于出瞳的位置时，可以看到一片圆形的光斑。这个光斑的视角直径就是这只目镜的表观视场，其数值对不同的设计可以有 25°到 80°。将表观视场除以放大倍数就得到了实际的视场大小。

倒像 天文望远镜，无论是折射式还是反射式，都会呈倒像。双筒镜和地面望远镜中包含额外的透镜或棱镜，恢复成像的方向。但是天文望远镜的首要任务是保持最大的光线穿透力，及最高的像质，所以这些部件都被省略掉了。在有些折反射望远镜中设置了正像系统，使之可以用来观察地面目标。

目镜类型与使用 曾经被认为是复杂而昂贵的一些类型的目镜现在已经变得常见而且相对便宜了。此外，随着像短焦比反射镜和长焦但紧凑的折反射望远镜的普及，又出现了很多新种类。

总体上说，如果在大 f 数的望远镜上使用，

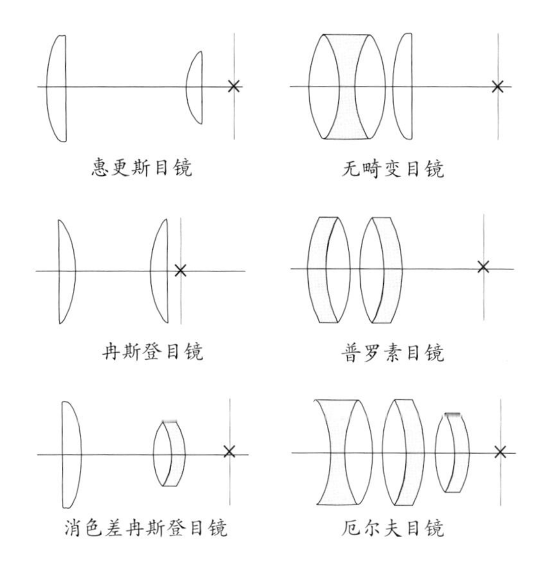

图6 常见目镜类型。惠更斯和冉斯登目镜均由两片平凸透镜组成。在消色差冉斯登目镜中，一块平凸透镜被换成了消色差双胶合透镜。无畸变目镜包含一组3片胶合消色差透镜。在普罗素目镜里包含2组消色差透镜。图中显示的厄尔夫目镜的结构包括3组双胶合透镜，但有时候其中的1组或者2组会被单透镜代替。图中每种目镜的出瞳位置用叉形表示。

或者观测者能够接受一个很小的视场，那么那种简单而廉价的设计是完全可以使用的。但当在低f数设备上，或者需要宽广的无畸变视场时，要求就要严格得多。

目镜筒通常是1.25英吋（31.7毫米）的直插式，也有0.965英寸（24.5毫米）的类型。2英寸（50毫米）的直插式目镜筒用在超广角和长焦距目镜上。目镜的焦距通常在5~50毫米范围内，其表观视场对标准目镜来说在30°~50°的范围，广角目镜可达60°~80°。目镜的不同类型见图6。

惠更斯目镜：小折射镜中最常见的形式。像场有些弯曲，要看清视场边缘需要稍微地调整焦点。不适用于低于10的f数，这就排除了大多数反射镜。设计稍有不同的惠更斯-米顿兹维型目镜具有较大的视场。

冉斯登目镜：与惠更斯目镜相比，视场较小但比较平坦。缺点是场镜会位于焦点上，上面所有的灰尘都会看到。有鬼影，但可以用在f/6以下的望远镜中。

凯尔涅目镜：具有相当宽阔和平坦的视场，而且出瞳距较长，在双筒镜中广泛使用。几乎所有被称为凯尔涅型的目镜事实上都是消色差型冉斯登目镜。这是一个相当普及而多样的设计，在f/8下使用效果甚佳；也可以使用在f/4上，此时在视场边缘有一些像差。

无畸变目镜：因其无畸变的大视场和长出瞳距而著名。尽管适用于大多数类型的望远镜，其标配目镜的地位已经为普罗素目镜所取代。

普罗素目镜：提供比无畸变目镜更大和更平坦的视场，得到很多观测者的喜爱。数种设计稍微不同的目镜都使用这个名称。因为其良好的名声，有些制造商也会用它来称呼相当不一样的目镜设计。

厄尔夫目镜：标准的低倍广角目镜，其视场可达60°，焦距20毫米甚至更长。康宁格目镜是一个变种，焦距短一些。

其他广角目镜：现在有许多特殊设计的超广角目镜，有些的表观视场达到80°甚至更大，例如Nagler目镜，适用于短于20毫米的焦距。除了提供一种“落地窗”般的望远镜观看感受外，这类目镜还很适合用于不带自动跟踪装置的望远镜上：宽广的视野使得观测者不必过于频繁地移动望远镜来把星像保持在视野中。这些目镜通常做工精良，镀有多层膜以增加光线在多组镜片中的透过率，同时它们也相当昂贵而沉重。

倍率 一架望远镜的放大倍数是物镜或者主镜的焦距与目镜焦距的比值。比如一架焦距1500毫米的折射望远镜或牛顿反射镜，在使用20毫米焦距的目镜时，放大倍数是1500/20=75倍，记为75×。所以每只目镜的放大倍数不是固定的，和所用的望远镜的焦距有关。

尽管高倍率能比低倍率显示更多的细节，但却存在如下缺点：

1）视场狭小；

2）如果视宁度较差，其影响会很显著；

3）镜筒的颤动或跟踪缺陷的影响更为明显。

此外，对于延展天体，例如彗星或者大星云，低倍率下因为光线更为集中所以能够看出更多的细节。所以对于大多数工作来说，需要一定范围内的倍率。至少应有3种不同的倍率供使用：

1）低倍率：望远镜口径毫米数的0.2~0.3倍。（100毫米望远镜20×或30×），显示所能达到的最大天区范围。

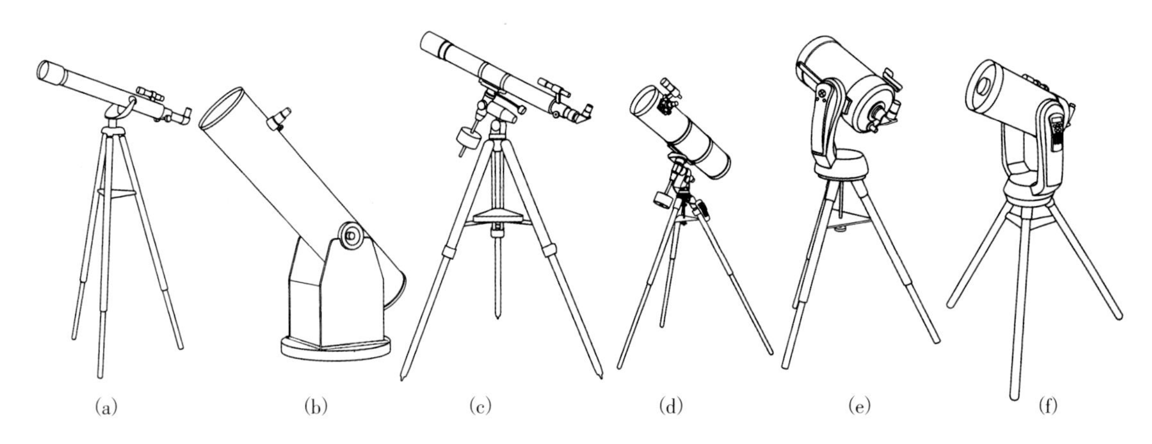

图 7 望远镜支架的不同类型。(a) 小折射镜使用的简单的地平式支架，(b) 牛顿式望远镜使用的道布森式地平支架，(c) 折射镜使用的德式赤道仪，(d) 牛顿望远镜使用的德式赤道仪，(e) 计算机控制的施密特-卡塞格林望远镜，使用单臂叉式地平支架，(f) 施密特-卡塞格林望远镜，使用叉式地平支架。

2）中等倍率：0.5~0.8 倍口径（100 毫米望远镜 50×或 80×），作通用观测。

3）高倍率：1~2.5 倍口径（100 毫米望远镜 100×或 250×），研究像双星或行星这样的天体。

对于大型望远镜，中高倍率的口径比例系数需要降低。大于 400 倍的放大率几乎没有用处，因为即便在最好的夜晚里也存在大气的轻微波动，这种波动会对图像造成影响。非常高的放大率还会降低月亮和行星表面特征的反差；不过高放大率却可以改善近距双星的可视度。

巴洛镜 是一种小型凹透镜，使得通过的光线发散而非会聚。巴洛镜应该是消色差的。当安装在目镜前时，相当于把望远镜的等效焦距增加到选定的倍数，通常是 2×。因为目镜的放大倍数直接和望远镜的等效焦距成正比，对于一组目镜来说，巴洛镜相当于把可以使用的倍率数目翻番。用巴洛镜后，可以在不使用焦距和出瞳距很短的目镜的条件下，仍能获得高倍率。

望远镜支架装置

无论一架望远镜的光学质量有多好，要是没有正确地架设起来，都不会发挥出它的性能。一个良好的支架应该有以下功能：

1）防止镜筒颤动。当眼睛贴上目镜，或者调整焦距时图像不应抖动；

2）在移动望远镜寻找目标，把天体调整到视场中央，并在地球自转中保持它的位置时，控制应该顺滑有效；

3）保证望远镜能指向天空中的任何位置，或者至少能指向离地平几度高的地方。

支架装置类型 支架可以分成两大种类：地平式和赤道式（见图 7）。

在地平式支架中，望远镜被连接在两个互相垂直的轴上，一个可以在高度上（垂直方向）移动，另一个则在方位上（水平方向）移动。过去地平式支架总是和小型廉价的入门级望远镜联系在一起，但是由于其机械上的简单结构使得今天它不仅被广泛用于高档的计算机控制的业余望远镜上，而且还被当前的大型专业望远镜采用。为了抵偿地球的自转，需要持续地调整高度和方位，不过对于计算机控制的驱动系统来说这不再是个问题。道布森支架是地平式设计的一个变型，其主要优点是易于制造，近年来在大口径短焦距反射镜上很流行。

赤道式支架通过一根与地轴平行的极轴简化了操作。以此为轴，沿与地球自转相反的方向驱动设备每天转一圈，就可以使望远镜镜筒一直指向某颗星星，见图 8。最开始的指向通过旋转极轴调整赤经，及使用赤纬轴调整赤纬完成。极轴通常使用电机驱动。

一部叉式地平支架很容易改成赤道式支架，只要把它的基座倾斜到当地的纬度角就行了。一般这需要一个可以在一定纬度范围内调节的斜板。

折射望远镜、反射望远镜和折反式望远镜对于支架的要求是不一样的，所以以下分别讨论。

折射望远镜的支架 因为目镜位于镜筒的底端而且镜筒较长，支架应该离地面较高。传统上小折射镜使用较高的三脚架，而口径 100 毫米以上的折射镜应使用固定式的立柱支架。在赤道式支架中，德国式装置具有能够使得长镜筒指向天极区域的优点。图 9 显示出典型的小型望远镜使用的德式赤道仪。里面标出的部件和附件在其他望远镜设计中也使用。

反射望远镜的支架 反射望远镜的镜筒较短；而且（牛顿式望远镜）目镜位于靠近顶端的地方，所以较矮的支架方便一些。道布森式地平支架既便宜又稳固，镜筒架在一个比主镜位置稍高的枢轴上，而枢轴位于一个较矮的盒状叉架上沿垂直方向转动；叉架装置则在基板上沿水平方向运动。在两个轴的支承面上使用几乎没有摩擦力的特氟隆，在观测中可以用手让镜筒可控地转动很小的角度。这种简单支架的成功掀起了一轮新的大口径短焦牛顿镜的热潮，因为制作或者购买这种支架的低成本，使得在同样的总花销下可以得到更大的口径。

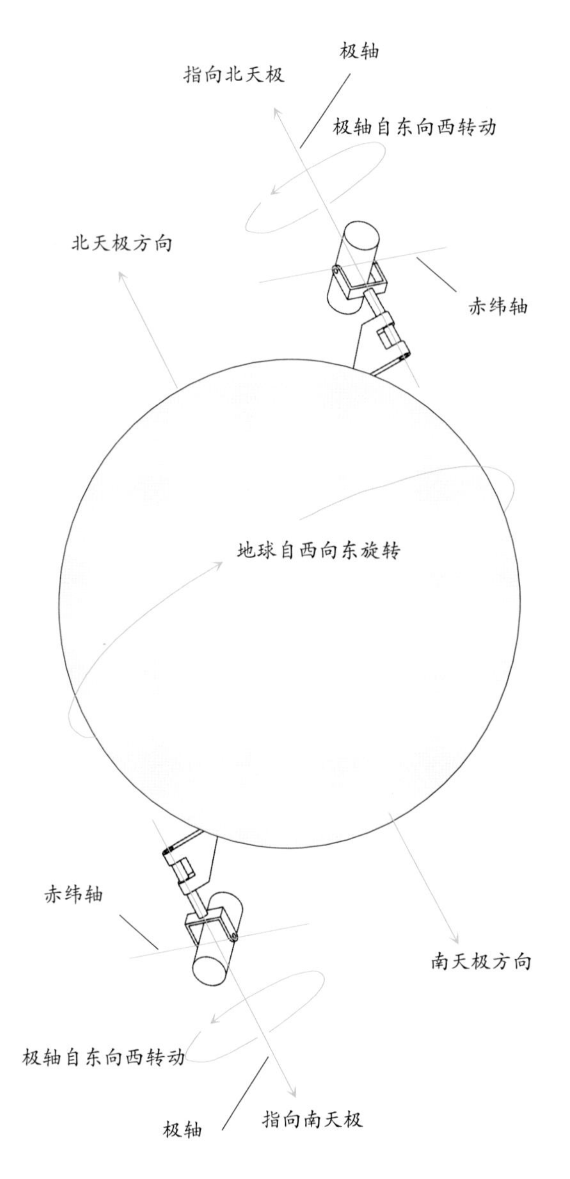

图 8 赤道式支架的原理。极轴调整到和地轴平行，并自东向西转动，以抵偿地球的自转。

牛顿镜需要赤道式安装时，通常用一架短支柱的德式赤道仪。叉式支架也很合适。经典的卡塞格林望远镜的架设和折射镜一样。

折反射望远镜的支架 这类望远镜的镜筒很短，所以通常配有叉式支架，好处是不需要配重。电机和短小的极轴都密封在基座里。仪器可以用自带的脚架，也可以安装在三脚架或立柱上。它们紧凑的结构，特别是几乎没有外悬重量，令这种设备异常稳固，使用轻松自如。但是，它们的优点也伴随着缺点，包括稍弱的图像反差，以及非常弯曲的焦面。

望远镜的驱动

很多望远镜都有手动的微动装置，可以通过旋转手轮跟踪天体。但要实现自动操作，电

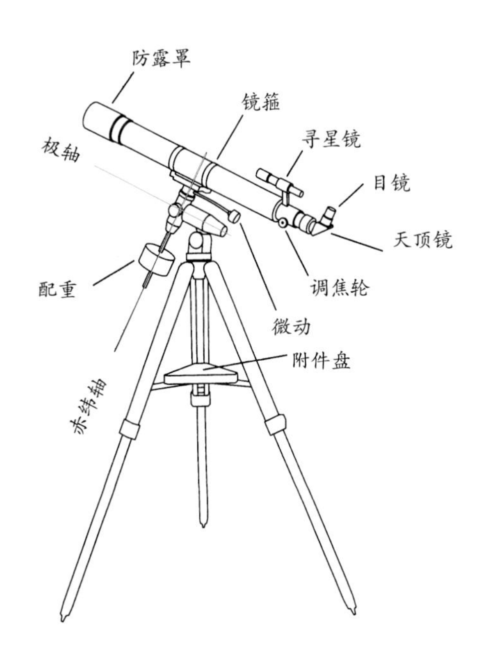

图 9 典型的德式赤道仪上的小型折射望远镜的各个部件。

机是必须的。望远镜最简单的驱动电机是同步电机，它需要交流电（例如市电）。这种电机的转速同步于交流电频率，所以控制速度的唯一方法是调整交流电频率。这是通过可变频率振荡器（VFO）实施的。VFO 可以用电池供电再转换成交流电，这样就不必依赖市电了。不过现在这类系统很大程度上已经被低压直流步进电机所代替。

步进电机在接收到一个直流脉冲后，其主轴就会转过一个精确的特定角度，所以很适合作为望远镜的动力。典型的电机在正常工作时一般需要几百赫兹的脉冲频率，其控制电路会发出适当频率的脉冲流为齿轮传动链使用。这种电机还具有可以用低压便携式电池组、或者汽车电瓶供电的优点，使其可以在任何地方使用。更高级的驱动系统使用伺服电机代替步进电机，它们装备编码器来测量转动位置并提供反馈来改善精度。

电机的控制单元通常可以提供一定范围的驱动速率，比如恒星时、月亮速度、太阳速度，或者“金氏速率”。所谓“金氏速率”以提倡者爱德华.S.金命名，比恒星时每天慢 0.4 秒。它是基于这样的事实：由于大气折射的影响，天体横跨天空的速度看上去要比没有大气时慢。不过，现在的自动指向（GOTO）望远镜的控制器都有补偿大气折射的驱动速率选项。把望远镜从一个天体移向另一个天体的快得多的速率，称为回转速率。

计算机控制（GOTO）望远镜

如果望远镜支架的两个轴上都带有位置编码器和驱动电机，就可以通过软件控制望远镜指向天空的任意角落。软件中还会带有天体的数据库，这样在校准之后，望远镜就可以自动地转向所选择的天体目标。这通常称作自动指向（GOTO）望远镜。从小型折射镜到天文台使用的反射镜，有多种类型和大小的 GOTO 系统可供选择。控制器上还装有可连接到望远镜基座上的键盘。

这类系统的工作原理是：一旦知道了任意两个固定天体在天球上的方向，就可以确定望远镜相对于天球的方位，这样所有已知位置的天体都能找到。数据库里还包括地球表面各个地点的坐标，并可以计算任意时刻的太阳系天体的位置。所以一旦在观测开始时输入了时间和地点，软件就能预告数据库中所有天体的高度和方位。更先进的设备包括了 GPS（全球定位系统）的接收机，免除了在观测前输入地点和时间的步骤。

余下的任务是把望远镜指向两个特定的天体以确定望远镜的方位。这个校准步骤对地平式和赤道式支架都相同，它甚至不要求支架在一个水平的地面上。不过，校准步骤可能会要求将望远镜置于水平状态并指向北方，这样软件随后将望远镜指向两颗亮星以建立支架的方位。其后望远镜将能找到数据库里的任何目标。一架调整好的设备应能使天体进入低倍目镜视场的中央 1/3 区域内。

这种设备也常常可以连接到运行星空软件的计算机上，所以可以在计算机控制下进行操作。这样就可以从事远程观测，而观测者位于远离望远镜的另一个地点的控制室内。另外也可以进行自动观测，例如星系内的超新星巡天等。

对于廉价的设备，驱动可能无法保证精确的指向，而且误差会很快地积累起来。所以要经常通过把天体调整到视场中央并按下相应的按键来让系统获取其指向。

一旦设备校准好，它的数据库就可以计算出高度和方位的变化量。即使是地平式系统也能对天体进行跟踪，这样就能对任何天体观测很长时间而不用进一步的调整。然而地平式系统的缺点是它的视场一直在旋转，所以不可能进行长时间曝光。为消除这种效应，必须加装像场旋转器，来自动补偿视野方位的变化。

附　件

对于不同的观测领域，有很多种附件可供选择。面对专业设备在灵敏度和精度上的优势，高级的爱好者们和商业公司也不甘示弱。下面介绍一些最常见的附件。

防露罩　在潮湿的夜晚，露水会在外表面凝结。物镜最外面的镜片，或者折反射望远镜的改正镜特别脆弱，必须安装防露罩进行保护。这是用非传导材料制成的一个圆柱形的部件，理想长度是望远镜前面镜头口径的2～3倍。一个用黑色薄卡纸卷成的圆筒对于望远镜平衡的影响最小，并可以根据需要随时修整。对更极端的情形，可以使用低压电源供电的加热防露罩。

滤光片 在月亮和行星观测中经常使用彩色滤光片。因为大多数天文目标都相对较暗，而颜色也很淡（即使在望远镜中很晃眼的月亮，用白昼的标准看也很暗弱），所以眼睛主要依靠视网膜上没有色感的杆状细胞感受图像。然而，一个彩色的天体在通过和它自身颜色相同的滤光片观看时，会比通过一个颜色相反的滤光片观看（比如，通过红色滤光片看绿色目标）时显得明亮。

染料玻璃滤光片带有能够拧到目镜筒螺纹里的金属座圈。滤光片有各种颜色，和雷登明胶滤光片的光谱响应对应，其中一些在图10中画出。特殊的干涉滤光片，或者叫星云滤光片或光害滤镜（LPR），可以阻挡最严重的光污染波长，而让显示星云和星系效果最佳的波带通过，有效地增强了它们对于天空背景的反差。宽带滤镜用于彩色摄影可以得到色平衡良好的照片。窄带滤镜用于光污染严重的场合。窄带滤镜的极端例子是谱线滤镜（OⅢ和Hβ），只透过星云的发射线，而天空几乎显示为黑色。

在观测太阳时必须使用覆盖全口径的滤镜，所有其他类型的滤镜都有危险。安全的太阳滤镜是在坚实的塑料（聚酯薄膜）或者玻璃圆片上镀合金膜，它可以在聚焦之前，在很宽的波长范围内降低太阳光的强度，包括红外波段。这样在光学系统中，任何地方的光强都不会在安全限度之上。在晴天，大气的扰动将分辨率限制在1角秒上下，所以很多使用大型设备的观测者会把望远镜口径缩小到125～150毫米，继而使用这个尺寸的太阳滤镜。

寻星镜 即便对最小的天文望远镜来说，一个优质的寻星镜也是十分必要的。特别是当观测者需要参考附近的星星寻找目标时，寻星镜能够使得肉眼看到的区域迅速地展现在主望远镜的视野中。

所以寻星镜应该具备较宽的视野（即低放大率），至少使得肉眼容易看到的星星能够作为目标天区的参考。口径30～40毫米的望远镜，配上一只能得到5倍放大率的目镜，视场10°左右就非常合适。它可以显示出足够的星星，使得天体或者它所在的一小块天区进入主设备的低倍率视场中。寻星镜是正像还是倒像则取决于个人的喜好。大型设备和用来做变星常规观测的设备，通常还会配备第二只威力更大的寻星镜，以填补两个相差很大的口径之间的空隙。

无放大的寻星器可以在无穷远处产生一幅照亮的网格虚像，看上去就像投影到天球上似的，广泛用于望远镜的初始指向。对于道布森式望远镜来说这已足够。望远镜上简单的准星式瞄准装置的缺点是眼睛无法同时对瞄准具和天空聚焦。

导星望远镜 用于照相的设备，当曝光时间大于几秒钟时，通常配备一只略小口径的高倍辅助望远镜。通过将附近的被导星精确地保持在目镜里十字叉丝的中心，就可以补偿任何残余的跟踪误差。另一个方法是使用放置在主镜视野边上的目镜，追踪主望远镜像场里的被导星。

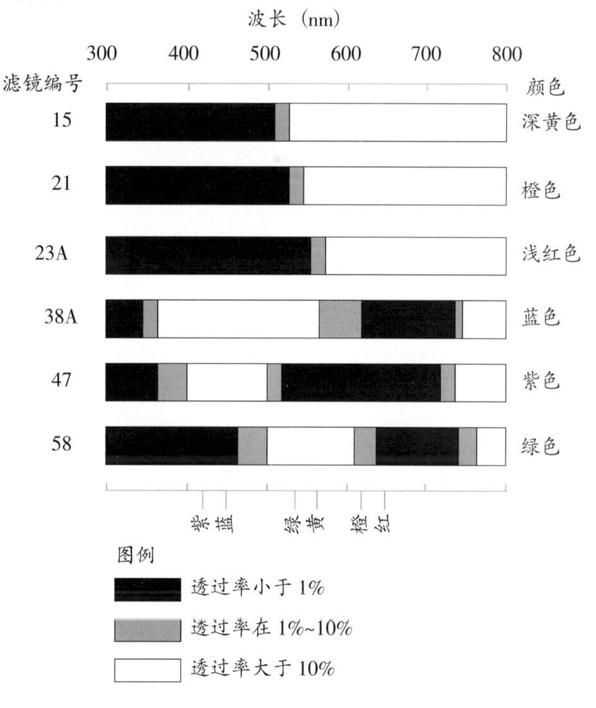

图10 广泛用于增强天体颜色反差的染色玻璃滤镜，其透射率随波长的变化。所有滤镜都透过红外辐射。47和58号滤镜密度较大，最适用于200毫米以上的口径。

望远镜的选择

折射望远镜

优点：

●因为没有中心遮挡，所以有优异的清晰度和图像反差。

●光学部件准直得很好

●没有反射镜面需要维护

●简单的目镜也能表现良好

●（复消色差望远镜）宽阔平坦的焦平面，适合摄影。

缺点：

●同等口径下最笨重的望远镜

●难于牢固架设

●仅在小口径时才是便携的

●除了最昂贵的物镜外，其他的都会产生假色

●如果不用滤镜降低二级光谱的话，不适用于摄影

●对每单位口径，物镜玻璃的成本高于反射式或者折反射式系统。

●目镜可能位于令观测者很难受的位置上

如果需要分辨行星的极限细节或者近距双星，那么在同样口径下折射镜是最好的。但是同样的价钱可以买到口径是折射镜两倍的牛顿反射镜。

牛顿式反射镜

优点：

●每单位口径下，牛顿反射镜是最便宜的系统

●目镜通常位于很舒服的观看位置

●对目视和摄影同样适用

●没有假色

●相当紧凑，所以不需要很高的脚架或者立柱

●很容易得到口径比其他系统大得多的牛顿反射镜

缺点：

●对光轴准直很敏感，无论如何其准直都比折射镜难于保持长久

●镀铝镜面会逐渐污损

●转向镜和它的支撑结构会衍射光线，降低图像反差，并部分阻挡射到主镜上的光线

如果口径是首要的考虑因素，比如观测变星或者最暗的深空天体，那么牛顿镜是首选。对新手来说，一架小型牛顿镜很适用。

折反射，望远镜

（卡塞格林类型）

优点：

●非常紧凑，便于携带

●可以在很舒服的坐姿下对全天范围进行观测

●制造商之间的激烈竞争保证了物有所值

●封闭的镜筒有效地保护了反射镀膜

●对目视和摄影同样适用

●有很多带计算机控制的系统，帮助快速找到目标

缺点：

●较低的图像反差，因为相对较大的副镜遮挡使得更多的光能从像的中心转移到衍射环上去。

●使用低倍率时，副镜遮挡在视野中心附近形成盲点

如果要求便携性和总体的方便性，紧凑的折反射系统值得推荐

测微计　在天文领域，测微计用来测量在望远镜中或者照片上两个天体之间的角距离。动丝测微计里面有两个精细的网格，可以标记出移动的距离，是测量双星角距的传统设备。但是还有许多适合爱好者们制作的其他类型的测微计已经发明出来。比如双像型，就是用移动分光透镜或者玻璃板的方法使得两个星像叠加在一起，达到重合的移动量就代表了分离距离。

物端光栅或者衍射测微计的优点是易于制作。在望远镜前端安置的间隔的平行条带构成了光栅，会在每一个星像附近生成一系列伪像。通过调整光栅产生一个对称的星像图样，就可以确定双星的角距以及位置角。

除了测量双星角距，有些爱好者还成功地测量了CCD图像中的小行星和彗星的位置，并达到了专业水准。通过计算机软件对扫描底片的测量已经取代了传统的测量系统。

光度计 确定望远镜中星星亮度的设备可以分为目视和光电两类。大多数目视测光是基于均等化原理：观测者要判断何时星星的亮度看上去与一颗比较星相同。这可以使用真实的比较星，利用人工手段减弱待测星或者比较星的亮度——比如插入染色玻璃光楔等——来完成；也可以用相应的设备制造出人工比较星投影到视场中，并且调整它的亮度。

在光电测光时，使用光敏感器件来记录星象的亮度。为了标定系统，需要测量其他已知亮度的星星。光电测光比目视测光的精度要高很多，但设备也昂贵和复杂得多。

不过现在，大多数业余测光是使用相应的计算机软件在变星和比较天体的CCD照片上进行。对于高精度的工作，应该使用标准的测光滤镜，并要考虑CCD的光谱响应。

天顶转向镜 如果没有合适的椅子，使用折射镜或者卡塞格林式望远镜观测距离天顶30°以内的天体时脖子会很难受。天顶转向镜内包括一面平面镜或者全反射的棱镜，形成一个舒服得多的观看角度，代价是一些光线损失和横向（左右）的图像反转。

望远镜的测试、调整与维护

光学质量

反射望远镜的质量用其主镜聚焦光线的精度来衡量。为人们普遍接受的瑞利判据说明，在理想情况下经聚焦的光波前应在黄色光波长的1/4范围内。这意味着镜面与理想形状的偏差应在1/8波长内。这种质量的镜面被称为1/4波长级别，或达到衍射极限——即对望远镜能够分辨的细节的限制来自于光线的衍射效应，而非镜面精度。不过测试显示，1/10波长质量的镜面，即表面任意地方的偏差均不超过波长的1/20的镜面，在理想条件下表现更为出色。

物镜透镜的偏差容限不那么严格，但却难于规定。因为里面包括两片甚至更多镜片，所以有更多的表面需要考虑。不过，对制造商所声称的质量规格要小心看待。在没有适当的实验室测试仪器的情况下，判断望远镜光学质量的唯一令人满意的方法是看它在观看天体时的实际表现。

色差 要测量折射镜的色差，可以使用中等倍率观察月亮的亮边，或者当金星距离地平较高而且天空黑暗时，观察这颗行星。如果有个微弱的蓝紫色光晕，还是可以接受的；但是如果是绿色或者其他颜色，则说明有问题。这项测试应该使用不同的目镜重复进行，以保证观察到的现象不是来自于某个目镜。

球差 球差表示光线被物镜或者主镜的不同部位折射或反射后，其聚焦点不在一起。最好的测试方法是在高倍率下观察一颗三等星，并且把目镜在其最佳焦点内外几毫米的范围内前后移动。这时星象会扩展成小圆盘，在焦点的两侧都应该一样，而且在圆盘边缘应该没有光芒刺出。对于牛顿式和卡塞格林式望远镜，在中央会有一个圆斑，代表转向镜或者副镜的形状。折射镜的二级光谱会在焦点外产生黄绿色的边缘，而在焦点内则是红色的。

这种测试方法比观察聚焦的星像质量或者分解处于分辨力极限的双星（表10）更好的地方是，视宁度的影响减小了。在很多夜晚中，高倍率下的星象都是沸腾似的光斑，比在稳定大气下的星象大好几倍。不过其缺点是圆形光盘的模样差别对望远镜性能没什么影响，也就是说这种方法过于敏感。所以观测者应该积累一些测试不同望远镜的经验，以免被误导。

放大倍数与视场

某个特定目镜的放大倍数可以用望远镜焦距除以目镜焦距计算出来。但是，目镜的焦距可能没有标出或者不准确，或者望远镜本身的焦距（特别是卡塞格林式的望远镜）知道的就不清楚。对于牛顿镜或者折射镜，可以把月亮像聚焦到盖在调焦筒端口的半透明的卡纸上，然后测量端口到物镜的距离，或者经过转向镜到主镜的距离来得到望远镜的焦距。

要直接测量放大倍数，先把望远镜调焦到一颗亮星或者远方的地面目标。然后把望远镜指向一块明亮的表面，例如白色的墙壁，甚至一张纸。但不要指向白天的天空，因为它的亮度会造成不准确的结果。拿着一只放大镜，聚焦在位于目镜后的出瞳上。出瞳看上去是边缘清晰的圆斑。望远镜的口径除以这个圆斑的直径就是放大率。在出瞳平面上用带有半毫米刻度的金属直尺或者游标卡尺测量就可以得到精确到几个百分点的直径及倍率数值。

视场直径 要想知道视场的直径，将望远镜对准一颗天赤道附近的恒星，例如参宿三（猎户座 δ）或者角宿二（室女座 ζ），并使其能够从视场中心穿过。测量在望远镜静止的情况下星星需要多长时间横穿整个视野。将其分钟数或秒数乘以 15 就得到了以角分或角秒为单位的视野直径。

光轴调整

如果光学部件没有正确地排列或准直，图像质量就会受到影响。有些设备，特别是小型折射望远镜或者折反射望远镜，由制造商进行的准直调整至少从理论上说是永久性的。如果出现了问题，要返回到制造商那里修理。大型折射镜和所有的反射望远镜，都应对光轴进行准直。相比牛顿镜的主镜来说，折射镜的物镜对于光轴失调的敏感度要低得多。

折射镜 在镜头座与镜筒的连接处应有三组呈推–拉结构的螺丝。如果星像朝一侧发散，或者散焦后的星象不是圆形的而是拉长的，调整离变形方向的轴线最近的那组螺丝。经过反复试验，不对称的问题应该消失。否则，说明物镜有缺陷或者在镜头座中没有调整好，应该找专家检查。

牛顿望远镜的调整 要分几步进行，如果有帮手的话就更好了。调整最好在白天进行。将镜筒指向天空，在最后使用星点测试之前不需要目镜。对一架完全失调的设备〔见图 11(*a*)〕，按如下步骤进行：

1）转向镜应位于镜筒中央。对于极短焦的反射镜，转向镜可以向目镜相反的方向稍微偏移。转向镜的支撑臂或者固定叉架应按以上原则调整。

2）转向镜应位于调焦筒的轴心上，可通过沿主镜筒的轴向调整转向镜位置达到。为了保证眼睛在调焦筒的中心，将调焦筒伸到最长，在其端口固定一个中间开有窥孔的圆盘。当转向镜的位置是正确时，通过调焦筒看到的是图 11b 的样子。

3）主镜的反射像应位于转向镜轮廓的中央，见图 11c，这通过转向镜座上面的螺丝来调整。

4）主镜的光轴必须通过转向镜的中心。当转向镜的暗轮廓移动到主镜明亮的反射像中间时，调整就到位了。这个暗像总是离需要向内转动调整的螺丝最远。在图 11c 中，离箭头所指的位置最近的那个螺丝应该向内旋转，直到转向镜的像调整到中央，如 11d 所示。

最终的准直需要使用星点测试，并利用主镜调整螺丝。这时只需要微调就能在焦内和焦外都产生完美的对称星象。对短焦牛顿镜（f/6 及更小）来说，在第 3 步调整之后，在转向镜中的主镜像应向镜筒内侧稍微偏移，因为从主镜会聚的光锥在到达转向镜底部时会宽些。

卡塞格林式望远镜的调整方法和顺序 与牛顿镜一样。不同的是主镜在副镜中的像应自始至终完全对称。

完美的星象 在稳定的空气中，当仪器经仔细校调并对焦后，在高倍率下的亮星星象应是一个接近于光点的小圆盘，外面围绕着两到三圈小同心圆环，称为衍射环。这些圆环的细微之处无法在纸上描绘。折射镜的通光口径所生成的星象里，中心点的亮度比衍射环上强得多。而牛顿镜或者卡塞格林系统的成像虽然中心核区的直径稍小，但大多数的光亮集中在衍射环上。

安装赤道式望远镜

对于赤道式装置的基本要求是：

1）极轴和赤纬轴应互相垂直；

2）望远镜镜筒的轴线应与赤纬轴垂直；

3）极轴与地轴平行。

前两项通常应由制造商负责。这里假设仅剩极轴需要对准。

流程可以分为在方位和高度方向上的校准。在实际观测中，一个方向上的微调常常会影响到另一个方向，所以需要来回持续地精细调整。

粗调　在观测地点开始架设赤道仪前就应粗略地对准南北方向，保证最后的精确位置在调整螺丝的调节范围内。足够精确的确定方向的方法包括：观察北极星（北半球），在当地正午观察太阳（考虑时差），以及使用指北针（考虑磁偏角）。用这些或其他方法确定子午线后，将赤纬轴调整到水平，然后旋转支架的方位，直到望远镜筒在沿赤纬轴转动时能与南北方向平行。

做好这步后，可以按照当地纬度测量极轴与地平的夹角，粗略地调整极轴高度。可以用量角器或自制的三角楔配合水平仪将角度调整到1°精度以内，这个精度对第一步来说足够了。

细调　对永久性支架的精细调整可能要持续几个晚上。有些方法需要看得见北极星，所以不适用于南半球；还有些方法要求具备精确的赤经和赤纬刻度环。然而，高精度的调整可以通过使极轴自东向西转动，同时用高倍目镜观察天空中不同方位的星像在南北方向的漂移来完成。

这种方法所依据的原理如下。如果极轴的方位比天极偏西，那么一颗通过子午线的星象会向北漂移，反之亦然。如果极轴的仰角过高，那么位于正东（理想情况下在时角270°，高度40°的区域）的星像将向北漂移，而西方向的星象将向南漂移。如果极轴的仰角过低，则情况正相反。

这种观测应该使用可能的最高倍率，并使用带有十字叉丝的目镜。使星像稍微失焦，这样叉丝线显示为亮圆盘上的暗线，因漂移造成的对称误差很快就能发现。经过反复试验，即使没有完全消除也可以将漂移量减少到可接受的地步。

对于常规目视观测，只要在观测时间内目标能够一直保持在视场中央，那么精度就令人满意了。如果赤道仪上还有用来寻找暗弱天体的具有足够精度的刻度环，那么它的指针需要用已知赤经赤纬的恒星来校准。

便携式赤道仪　如果总是在固定的观测点使用，那么可以在三脚架下的地面上做记号，这样每次架设时都会很准确。或者在极轴内安

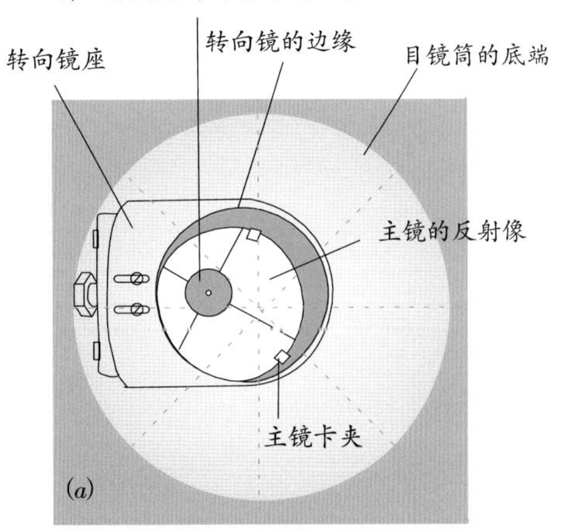

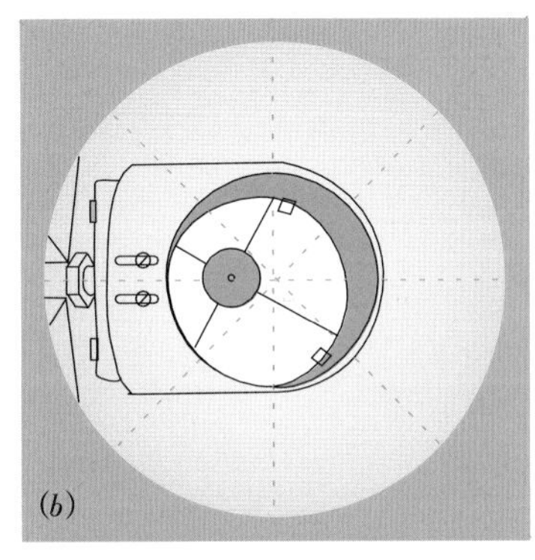

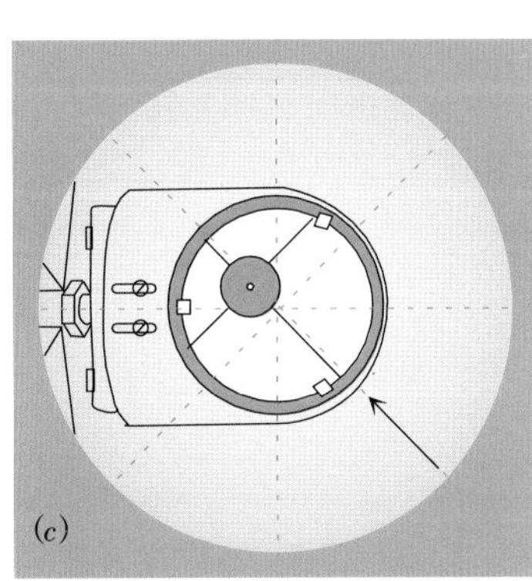

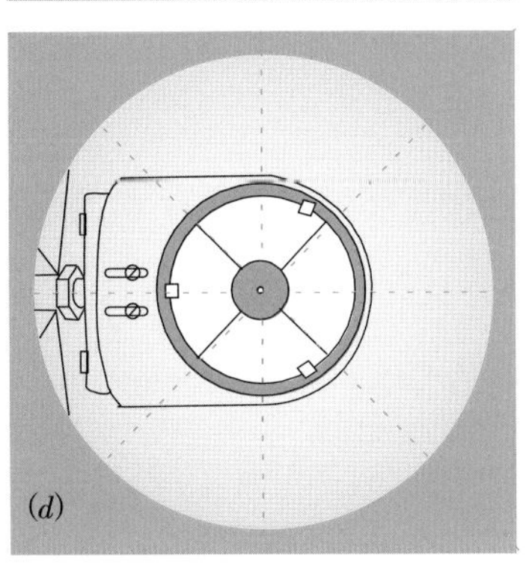

图11　牛顿反射望远镜的校准。
(a) 从空的调焦筒中看去，所有的部件都没有校准好。
(b) 转向镜位置调整好。转向镜像的外边缘位于调焦筒的中央。
(c) 主镜的像被调整到转向镜轮廓的中央。
(d) 转向镜的反射像调整到主镜像的中央。
来源：*Alan M. MacRobert*，《天空与望远镜》第75卷260页（1988年）。

装望远镜，使得天极的位置位于叉丝的中心。望远镜本身也可以做这种用途，条件是：①能够精确地设置到90°赤纬；②光轴与极轴真正地平行。有些赤道仪内置了专用的极轴望远镜，可以迅速精确地对准极轴。极轴镜里面还包括可旋转的格线，根据日期和时间确定位置。这样可以补偿北极星（或在南天极区附近的星）与天极之间角距离的影响。

保养与维护

便携式望远镜在观测完毕拿进屋子里前，应该把物镜或者主镜用相配的盖子罩上，否则镜面会在温暖的空气中结露。在任何情况下设备都不应存放在较热的房间里，因为这样当望远镜置于屋外的冷空气时在镜筒中会形成热气流。在开始观测前，望远镜最好已经和室外的气温一样，所以车库或者安全的阴暗的小棚都是合适的存放地点。如果望远镜是在天文台里，那么到了晚上一旦温度开始下降，观测室就应打开，使得建筑内部和望远镜尽快达到热平衡。

清洁透镜 如果没有专家的指导，不建议把物镜或者目镜的镜片拆开。只能清洁那些暴露在外的表面，当然这也是最容易变脏的地方。

零星的灰尘对于图像不会造成感觉得到的影响，而如果去擦却可能留下永久的痕迹，所以必须使用软镜头刷小心地去除。之后可以用一块湿的棉球（脱脂棉）轻柔地擦拭。要小心，不能把镜头表面弄湿了，因为潮气会渗到镜头座中。如果能用纯酒精最好，普通的甲基化酒精（工业酒精）里含有油脂会留下印迹。要是镜头太脏，可以用家用清洁剂来清洁，不过使用不含油质添加剂的工业清洁剂更好。

绝对不要用力按压镜面；每次擦拭都使用棉签上干净的部分，直到表面看上去基本干净了。稍微抬起棉签沿一个方向擦拭，把灰尘带离镜面。

像普罗素或者厄尔夫型目镜最外侧的镜片是火石玻璃的，比冕牌玻璃要软，这种表面要特别小心以免损伤。

旧物镜的镜片之间可能会有污迹。在暴露的表面，特别是里侧的火石玻璃镜片，还可能产生永久性的暗斑。这种情况只能送到专业机构处理。

清洁反射镜 反射望远镜中所有的镜面在不使用时都应该遮盖严实，要严防结露。小型反射镜除了镜筒的顶盖外一般没有其他的保护措施。制作一个保护罩子将镜面与空气隔开，是很值得的。就是一块普通的纸板也比什么都没有强。

不过镜面上最终还是会附着一层灰尘。要去除它，需要把反射镜从镜室中取出，加清洁剂用冷水冲洗。可以用棉球或者类似的柔软材料把剩余的灰尘抹去。要是镜面镀膜很好的话，会呈现出清晰高反差的反射像；而如果镜面变得污浊就会散射光线，降低图像质量，掩盖住微弱的细节。

天文摄影

业余天文学家们现在所拥有的设备，已经使其拍出的照片能够与专业天文学家们相媲美。很多天文爱好者认为天文摄影应该从使用标准的摄影胶片起步，但是现在数字技术的发展提供了很多其他的选择。1990年开始引入的光敏感芯片CCD在天体摄影领域带来了巨大的进步。CCD相关硬件和图像处理软件价格越来越便宜，能力越来越强大，被业余天文学家们满怀热情地使用着。

CCD由被称为像素的图像单元阵列构成。早期的CCD尺寸只有35毫米底片画幅的几分之一，分辨率也很低，所以胶片在大视场摄影方面——例如拍摄星座等——还保持着优势。但是，最新一代的CCD在尺寸和分辨率上已经和胶片势均力敌。电子图像与胶片相比有一些优势，不仅是在较短时间里能够拍摄到较暗的图像，而且图像处理技术还可以从CCD原始图像中提取出更多的细节，并使得光污染的影响降到最低。大部分CCD是单色的，所以要通过不同颜色的滤光片，经过三次单独的曝光才能产生彩色照片。

无论使用胶片还是CCD，要想获得最佳的照片，洁净优质的光学设备和稳定顺滑的跟踪装置都是必不可少的。长时间的曝光需要准确校准的驱动、良好的调焦以及精确的导星（最好使用CCD自动导星装置）；而短时间的曝光可能不需要跟踪也能完成。

这一节首先介绍使用传统胶片和相机的天体摄影技巧，然后再讨论电子图像技术。

相机选择

传统的单镜头反光照相机（SLR）非常适用于天体摄影。而只具备自动曝光、没有B门、只有电子快门的许多现代相机则是不合适的。

理想的天文摄影用单反相机应具备：

1. 手动快门控制；
2. 具备B门，可以使用带锁紧功能的快门线，令快门保持打开状态任意长时间；
3. 拥有多种其他快门速度，特别是几秒钟的；
4. 反光镜能够预升并锁定，减少曝光开始时的震动；
5. 可更换的调焦屏，可以换用中间有十字线的透明屏，使用视差法调焦（见后文）
6. 一个放大取景器，最好是能代替原有的屋脊棱镜取景器，以获得更准确的焦点；
7. 机械快门。电子快门会在长时间曝光时对电池消耗很大。（不过有些电子快门在B门时是不用电的）
8. 重量较轻，避免相机架在望远镜上时产生平衡问题。

底片选择

无论黑白还是彩色底片通常按照速度（对光的敏感度）进行分类，或分为用来冲洗出照片的负片和透明的反转片。

由国际标准化组织（ISO）定义的底片速度与旧有的美国标准化协会（ASA）和德国工业标准（DIN）的定义是一致的。日常摄影用的标准胶片的速度是100/21°，称为ISO100；灵敏度是其两倍的底片的ISO速度也是其两倍。概括而言，速度越高的底片反差越低，颗粒越明显。慢速胶片有ISO25的，而高速底片则可达ISO3200，是前者的128倍，可以用短时间纪录暗5个星等的星象。

颗粒度是我们所不希望的，因为会遮掩细节，所以底片的选择要在速度和图像质量之间作权衡。

1. 黑白底片的优点是很容易在家中冲洗和扩印。这种底片的范围很广，包括具有特殊性能的种类，比如只对很窄的光谱区产生响应。事实上所有的黑白底片都是负片。

2. 彩色负片得到广泛应用，相对来说感光乳剂的变化种类不多。在家中处理彩色底片远比黑白底片复杂，而商业化的机器冲印对天文照片来说常常不能尽如人意：白平衡保证得不好，而且照片密度常常不合适。

3. 彩色反转片有很多种感光乳剂类型，而且能由用户自己处理。有些店家能够进行非标准的“增感”处理，当然要收一些额外的费用。反转处理的优点是色彩表现免除了洗印质量起伏的影响，而且因为不需要洗印，所以费用也降低了。与照片相比，反转片能够表现更宽的亮度变化范围。

总之，在拍摄行星等需要表现细节的场合，使用高反差细颗粒的低速底片。高速底片适用于星座摄影和新星搜索，以及需要短曝光时间和高灵敏度的地方，例如拍摄极光和流星。对深空目标，一般使用中速或者低速底片曝光较长时间，而不使用快速底片（除非目标太暗）。

焦距与照片比例尺

当焦距增加时，天体摄影变得更加困难。每种镜头都有各自的用途：短焦距的镜头，例如50毫米标准相机镜头，在35毫米底片上获得的图像尺寸较小，但覆盖的区域较大，有28°×41°，很适合做极光、流星和星座摄影。而拍摄行星的细节则必须使用望远镜获得高比例图像。

图像比例尺只与焦距有关，计算公式是：

$\theta=57.3/F$

其中θ是以度/毫米表示的照片比例尺，F是以毫米为单位的焦距。所以50毫米焦距镜头拍摄的月亮像平均小于0.5毫米；而在500毫米望远镜头中，它会有4.4毫米大，但此时整个视场减小到2.8°×4.1°，适合拍摄延展的星团和星群。

图像的亮度则与焦距和镜头口径均有关系，即和焦比有关。这只适用于有视面天体。对于光点样的恒星，星象亮度只由镜头口径决定。

使用f/2.5的焦比拍摄星云，无论是相机标准镜头还是大型望远镜，表现出的云气都是一样的。差别在于，在同样的曝光时间和底片类型下，图像的比例尺和里面的最暗星是不同的。

使用普通相机

最简单的天文摄影只要有一架固定的调焦到无穷远的相机就行了。用日常胶卷和标准镜头在全开光圈（比如 f/2）的情况下，曝光几秒钟就能显示出夜空里的好多星星。在照片中最暗的星星只是一个小光点，难于看出。在晨昏之际或者有月光时还能记录下地面的景物，增强了图片效果。

把曝光时间增加到几秒钟以上，因为地球自转的缘故星象就会形成小拖线。星象轻微地拉长能够使得暗弱的图像更容易看到，但随着时间的增加这很快变得过于明显。在长时间的曝光下，图像会显著地拖线，这可以产生有趣和吸引人的照片，特别是在使用彩色底片时，因为星星的颜色可以很清晰地看出。

会造成明显拖线的曝光时间与镜头的焦距和天体的赤纬有关。表 11 提供了参考数据。

使用高速底片，相机口径在 f/2.8 及更快，按照表 11 给出的曝光时间就有可能拍到比肉眼可见的更暗的星星。有时需要将相机光圈从全口径缩小至少一挡，即 f/2.0 的缩小到 f/2.8，以

表 11 星象拖线容限。对于不同的焦距和赤纬，星象产生可察觉的拖线时的曝光时间，以秒为单位。

	天体赤纬			
焦距（毫米）	0°	40°	60°	80°
20	25	33	50	144
24	21	27	41	120
28	19	23	36	103
35	14	19	29	82
50	10	13	20	58
85	6	8	12	34
100	5	7	10	30
135	4	5	7	21
200	2.5	3	5	14
300	1.7	2.1	3	10
400	1.2	1.6	2.5	7
500	1.0	1.3	2.0	6
750	0.7	0.9	1.3	4
1000	0.5	0.7	1.0	3
1500	0.3	0.4	0.7	1.9
2000	0.2	0.3	0.5	1.4

改善图像质量。要记录下更暗的天体就要更长的曝光时间，这时应该使用某种能够跟踪的相机支架装置。

可跟踪相机座架

最常见的方法是把相机安装在赤道式望远镜上。这时赤道仪的电机或者慢动机构就能以足够的精度跟踪星星，使用短焦镜头曝光几分钟的情况下能够得到清晰的照片。

另一个方法是采用带有驱动的装置，它们的速度依靠计算来保证是正确的。相应的设备包括由便携式电池或者时钟机构带动的赤道式相机平台，或手动的苏格兰式装置——这是由它的发明者乔治·海格所命名的，也被称为螺杆驱动或仓门式装置。最简单的苏格兰式支架包括铰合在一起的两个平板，铰链指向天极，见图 12。旋转穿过其中一块平板的螺丝，让两个平板以可控的速度分开，这样安装在上面的平板上的相机就可以跟踪恒星了。海格最初的设计使用 1 毫米的螺纹，距离铰链 229 毫米。这样一只手拿着钟表，另一只手对照着每分钟将螺丝旋转一圈，就可以获得正确的跟踪速度。

使用 50 毫米标头时，这个装置可以在 15 分钟里正常工作。但是因为螺杆是直的而不是弧形的，所以跟踪误差随着时间增长。因此对于更长的曝光时间，就要使用更为精密的机构。但是苏格兰式装置具有结构简单、成本低廉和易于制作的优点。

极轴校准

所有赤道式相机平台都必须对准天极。如果能有一个瞄准装置会方便得多，要是能增加一个与极轴平行的望远镜就更好了，这样可以根据天极区的星图（图 3）来对准真正的天极位置。因为没有亮星位于真正的天极点上，所以准直都存在一定误差。像表 11 中的拖线容限一样，对于某一特定的焦距，最大的极轴准直偏差容限用下列公式确定：

$394°/Ft$

其中 F 是以毫米为单位的焦距，t 是以分钟为单位的曝光时间。

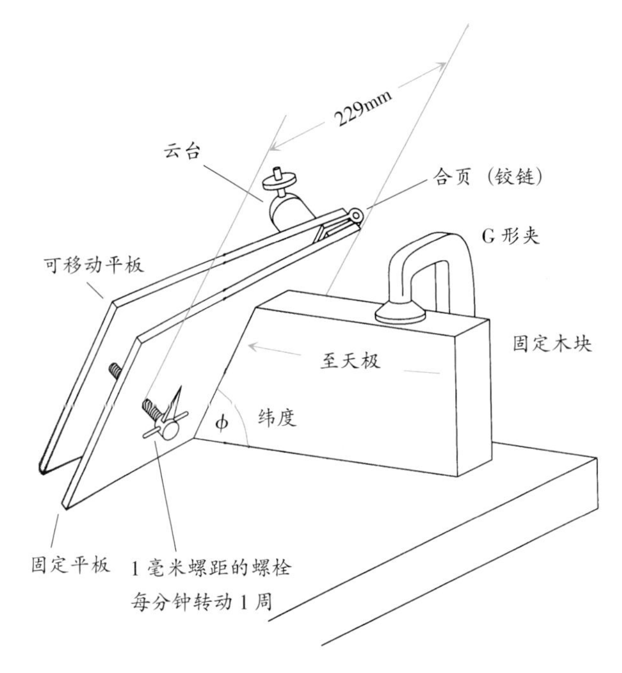

图12 苏格兰式装置。里面标出的尺寸适用于每分钟转动一圈的1毫米螺纹，也可以采用其他的数值。这个设计可以调整到任何纬度。如果能装到三脚架上，则沉重的木块底座可以不用。

如果跟踪装置对准的是北极星或者南极座σ（均离天极1°左右）而不是真天极，那么不产生明显图像变形的最长曝光时间（分钟）约为：

$T_{max}=400/F$

对于50毫米镜头，可以曝光8分钟而准直误差的影响不显著。

无论极轴准直得多精确，苏格兰式装置或者电驱动的相机平台在焦距很长或者曝光时间很长时都不会有太好的表现。这种情况需要使用更精密的系统，并采取某种形式的导星措施。

导星拍摄

对于200毫米以上的焦距，应该通过目镜监测驱动速率的误差，并在必要时进行调整。修正相机平台或者望远镜的驱动速度有几种方法：

1. 通过变频振荡器（VFO）改变交流电源频率，对同步电机的速度进行调整。这种方法适用于使用市电或者使用电池供电的逆变器的电机。

2. 改变步进电机的步进速率。这种电机使用低压直流电，相应的电子装置产生可变速率的脉冲流。因为可以使用电池，所以很适合便携式望远镜。

3. 对于蜗轮蜗杆装置，将蜗杆和电机一起轻微旋转，不涉及驱动速率的改变。

4. 在赤纬轴上增加一条相切臂，可以通过旋转螺丝或者蜗轮蜗杆调整位置。赤纬方向的修正应该很小，若是在曝光过程中要持续调整，则说明极轴准直有偏差。

5. 仅移动相机或者底片盒，不对望远镜的驱动做调整。

无论怎样调整驱动速度，都必须能够进行监测。比如通过主望远镜、寻星镜或者导星望远镜，使用带有十字叉丝的目镜。目镜最好是带照明的。这类目镜有商品出售，焦距一般是12或18毫米。

导星配置

如果主设备同时用来导星，那么被导星一定要在相机视野之外，离开光轴。同时它又必须离光轴足够近才可能被聚焦到一个合适的点上。常用的方法是在底片一侧的光路中加入一块小棱镜。这种方法非常方便，再加上购买的带照明叉丝的目镜就形成了完整的导星系统。另一个优点是，导星目镜和相机靠得很近，它们之间的相对位置是固定的。一个缺点是，有时在离要拍摄的天体合适的距离上难于找到足够亮的被导星。

另一个常见的选择是使用独立的导星望远镜。它的支架最好是可调整的，这样如果合适的话可以用被拍摄的天体或者用附近的星星作为被导星。这种方法的缺点是设备笨重，因为增加了望远镜；而且导星目镜和相机焦平面之间的相对位置可能会有移动。其优点是能够选择被导星，而且可以用来拍摄彗星。

大多数彗星都过于弥散，无法直接作为被导星。它们相对于恒星在移动，因此几分钟以上的曝光彗星就会拖线。解决方法是使用一种能够由千分尺螺纹精确移动的导星目镜。事先用星历表计算出彗星的移动量，目镜在其相反方向以同样的速度移动，例如每隔一分钟就按照计算好的距离调整一次，再将被导星调整到中心。这就可以得到拖线的恒星像和锐利的彗星图像。调整步长应该精细到产生的星迹是直线的，而不是锯齿状的。

通过望远镜摄影

虽然只要把两者都调焦到无穷远，则带镜头的相机可以通过望远镜的目镜进行拍摄；而更常见的做法是把照相机的镜头取下，将机身安装到望远镜的目镜调焦筒上。适合各类镜头接口和目镜装置的转接器都可以购买到。为了利用设备的整个视场，不使用目镜。在通常目镜的位置限度内必须具有足够的调焦范围，以容纳机身的厚度——约 50 毫米。许多用于目视的牛顿镜的调节范围就不够，所以必须要么把整个副镜和调焦部件向主镜方向移动，要么把主镜沿镜筒上移。

在行星摄影等场合，为了增加等效焦距，从而获得较大的图像，会使用目镜或者巴洛镜对图像投影放大，这时可能需要延长筒。有时在直焦摄影时没有足够的调焦范围，而使用这种投影方式仍能拍摄。

要知道等效焦距，可以首先计算目镜的线放大系数 M。这由目镜和底片的距离 d，以及目镜的焦距 F 决定：

$M=(d/F)-1$

d 从底片平面——大多数相机用—⊖—来标记——量到目镜视场光阑的大致位置。如果使用的是巴洛镜而不是目镜则需要注意，上面的标称倍数仅在使用目镜目视观测时才适用，而投影到相机中的倍数则是不同的。这样望远镜本身的焦距乘以 M 就是等效焦距。

要想增大视场，减小图像的比例，要使用缩焦器（广角适配器）。这是置于焦点位置的消色差正透镜。这些缩焦器都可以购买到，主要用于施密特卡塞格林望远镜，通常它们的视场很小，速度较慢。不过在使用缩焦器时视场边缘的图像质量会较差，同时因为图像边缘较暗会有渐晕现象。

对焦方法

使用某种方法来经常确认焦点是非常必要的。快速镜头或反射镜（小 f 数）的锐利焦点区域只有几分之一毫米深，在观测阶段里温度的变化很容易造成仪器失焦，特别是当焦距较长时。常用的对焦方法包括磨砂玻璃屏、视差对焦屏、刀口和 Ronchi 光栅等。

用视差法对焦需要透明的对焦屏，上面刻画有叉丝或标记。使用一个放大镜，眼睛从一侧移动到另一侧，直到看到星象和叉丝一同移动为止。刀口调焦器利用星象调焦，就像使用人造星点测试望远镜主镜一样。它要在相机焦平面上，也就是感光胶片所在的位置安装一个刀口。这就要打开单反相机的后盖，所以需要在安装胶卷之前进行。把望远镜指向一颗中等亮度的星星，从一侧到另一侧来回移动眼睛。望远镜物镜中会充满星光，而光束被刀口切割。当刀口严格位于焦平面上时，会瞬间把物镜中的亮光全挡住。要是它位于焦点稍微前面或者后面的位置，就会看到阴影在一个方向或另一个方向上移动。那些熟悉 Ronchi 镜面测试法的人可以用 Ronchi 光栅代替刀口。（译注：Ronchi 光栅是每英寸 40～200 线的透射光栅，在这里起到多重刀口的作用）

感光乳剂特性

用于天文摄影的感光乳剂的技术指标包括它的特性曲线、光谱响应、分辨率、颗粒度以及倒易律失效特性。

感光乳剂的特性曲线显示出底片对不同的白光曝光量的反应。它是一条底片密度——显影后感光乳剂的不透光程度——与曝光量的关系图。一条典型的特征曲线（图 13）有一个趾部，那里对光线只产生很小的反应。然后曲线几乎沿着一条直线比较陡峭地上升。在长曝光时间段，乳剂密度在肩部之后达到最高值。

此外还有一个无法避免的化学灰雾，造成了乳剂最小的本底密度。这个密度即便在没有感光的情况下也存在。暗天体只会在这个灰雾水平之上增加一点密度。在趾部，少量增加曝光只会增加很小的密度；而在反差较高的线性区，少量增加曝光会导致密度的较大增长。这就是为什么在有一定天光背景的情况下曝光反而更好，因为这样就可以从线性区的底部开始，利用曲线高反差的部分，

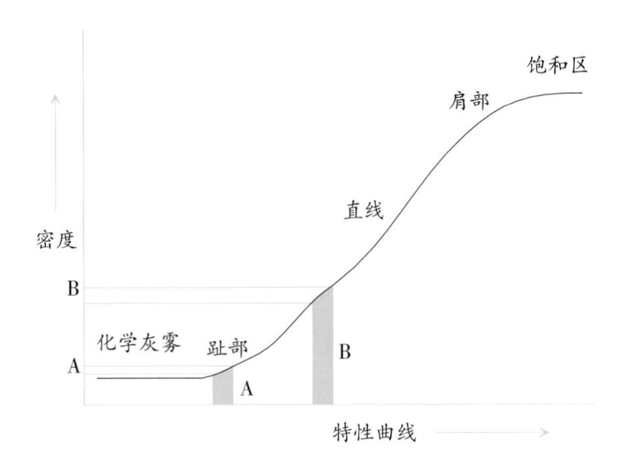

图 13 感光乳剂典型的特性曲线。当少量增加曝光时，在趾部的 A 点，底片密度的增加量很少；而同样情况下在线性区的 B 点密度增加要多得多。

让暗天体更容易探测到。

不同的感光乳剂有不同的特性曲线，曲线总体向左移说明速度较快。一般来说，感光乳剂速度越高反差越低。

每种乳剂都有推荐的显影时间，这是制造商确定的，通常可以产生出好看的日常摄影照片。不过天文学家们感兴趣的是如何发挥出胶片的最佳性能。延长显影时间（强制显影）和使用比推荐的更活跃的显影剂就是很常见的做法。增加显影时间会提高反差，但同时也加大了灰雾密度。在某些情况下，这意味着同样的曝光时间下，可以比正常显影的底片有更高的响应，相当于胶卷的速度提高了。

彩色胶片有三个感色层，分别响应红、绿、蓝光，所以它有三条特性曲线而不是一条。每一层对增感处理的反应都不一样，因此会产生色罩。反转片的曲线是负片曲线的镜像，所以曝光的少量增加对应着密度的减少。

底片的光谱响应曲线反映出对不同颜色光线的敏感度。这通常和眼睛对颜色的反应不一样：适应暗视觉的肉眼对黄绿色光最为敏感，而胶片可能对蓝色或红色光最敏感，而且其灵敏度的分布可能有多个峰值。这就是为什么照片上发射星云的颜色总是和目视观测看到的不同。

底片的分辨力代表它揭示细节的能力。要测量分辨力，首先拍摄测试目标，然后研究图像中所能分辨出的最小细节。测试目标的反差会对分辨力产生影响。如果一个明暗比达 1000:1 的纯黑白图形对应着分辨双星的话，那么反差比率为 1.6:1 的图形就代表行星的细节。分辨力用每毫米的线数表示，更准确地说，是用每毫米分辨出的线对数表示。典型的低速胶卷对低反差目标的分辨力，较高的值在每毫米 100 线左右；高速胶卷的数值可能在每毫米 40 线。

任何照片在近处观察时都可以看出颗粒结构，是因为显影形成图像的银盐成团分布的缘故。对这种结构的主观印象称为底片的颗粒度。制造商经常使用“细颗粒”之类的词语来形容，其实他们从未把任何感光乳剂称为是“粗颗粒”的。

倒易律失效 在日常摄影中，将曝光时间加倍（比如从 1/250 秒改到 1/125 秒），则底片上产生的效果也会翻倍，这就是倒易律。但是这在低照度水平下不再成立。倒易律被破坏了，感光乳剂遇到了倒易律失效的麻烦。在实践中这意味着将曝光时间延长一倍后，图像所记录的最暗星等仅提高了一点点。

要克服倒易律失效有几种方法。一是把底片冷却到-80℃。可以购买到制冷相机，但是使用起来比普通相机要困难得多。另一个普遍使用的方法是烘烤底片，将凝结在感光乳剂里的水分和氧赶出去。

不过现在最常用的处理方法是气体敏化，或简称为敏化。敏化最初表示将底片在氢气环境中烘焙，这和直接烘烤的效果类似。氢气是一种危险的气体，所以很多人更愿意使用由氮气和少量氢气组成的氮氢混合气。这种方法效果也很好，而且安全得多。只是氮氢混合气一般没有小剂量供应。不过现在有敏化好的胶卷可以买到，如果保存在家里冰箱里，敏化后的性能能保持几个月的时间。

不同的商品化感光乳剂倒易律失效的程度是不一样的，有时会显得很反常。这也是为什么像柯达 Technical Pan Film（2415 底片）这样的低速底片在很长时间曝光时比那种 ISO1000 的超高速底片的效果还要好。

改善性能的其他方法 对底片采用预曝光的方法可以在某些情况下获得更好的结果，特别是当天空特别黑暗，以至于天空背景一直处于无法曝光的程度时。这种技术是先提供一个总体的预曝光，这样来自真正天体的所有额外的光子都会产生可见的效应。预曝光时间一般在1/100秒到1秒之间。

另一个相当不同的方法是通过对一系列微弱的曝光进行叠加，从而增加记录下暗弱天体的机会。这通常要使用负片完成。比如，要获得一张有足够密度的行星照片可能需要2秒的总曝光时间，那么使用经过预曝的底片，拍摄4张0.5秒曝光的照片，可以得到密度更大但颗粒度却降低了的照片：因为图像由更多的颗粒经过叠加后形成。此外，较短的曝光时间还有助于在较差视宁度下提高分辨力。

要发掘负片的潜力，还有其他的方法。有些图像的亮度变化范围很大，没法在单张照片上完整显示出来。要减小这个范围，可以做一个反差和密度较低而且稍微散焦的正片拷贝，然后再和原片叠在一起印制照片。这样延展区域的亮度范围被压缩了，而细节的反差仍旧保留着。

或者，把一张原片使用漫射光源照明拷贝到高反差底片上，这样尽管亮天体像可能会饱和，但暗天体的可见度提高了。把从不同原片得来的这些拷贝叠在一起，那些在单张照片上处于探测极限的暗天体像会被增强。

现在对黑白和彩色底片还可以应用数字化的电子增强处理，例如图像相加和色调调整等，产生令人难以忘怀的效果。

通过滤光片摄影

在长时间曝光时，彩色底片的不同感色层之间存在倒易律失效程度的差异，会造成图像的偏色。解决方法之一是使用黑白底片通过红、绿、蓝三种滤光片（和彩色底片的灵敏度一样覆盖整个可见光谱）分别拍摄。最终的照片是在暗室中使用特制的彩色印制滤镜，将三幅单色图像组合在一起。

光害滤镜（LPR）是设计来阻挡街道上的汞灯或者钠灯所发出的强发射线，而透过在天体物理上有意义的那些强发射线。这对于拍摄发射星云非常有效，但它们比较昂贵。一个便宜的替代方法是使用雷登25或29号红色滤镜，同时配合对红色敏感的底片，例如柯达2415或者彩色底片。这个组合能记录下发射星云（HⅡ区）。在光污染很严重的地区要想获得良好的结果，需要使用比较深的红色滤镜，例如雷登29或者92，或Lumicon的Hα滤镜，并用中高反差的高灵敏度底片经较长时间曝光完成。

电子图像系统

现在业余天文学家已经拥有基于CCD的成像系统。尽管使CCD芯片完全曝光所需的光量与中速胶卷所需的光量类似，但CCD的效率要高得多，因此可以探测到反差低得多的天体，在实践中这通常意味着暗2个星等。而且CCD芯片不受倒易律失效的影响，对光量的响应是线性的，即曝光时间翻倍，则记录下的信号强度翻倍。这对于光度测量和天体测量都非常有利。

CCD的一次曝光可以获得1兆字节或者更多的数据，而计算机和存储器的发展已经超过了这种器件的要求。所以在光污染的天空下，小型望远镜也可以记录到以前只有大望远镜才能看到的天体。用200毫米口径的望远镜经2分钟曝光就可以记录到暗至16等的星。唯一真正的限制是芯片的面积。但是通过使图像细节与像素尺寸匹配，以及图像的电子处理手段，可以获得接近照片质量的效果。

在CCD上可以使用标准的光害滤镜（LPR）。许多爱好者们也会使用Hα滤镜，尽管这需要延长曝光时间。它可以消除光污染的影响，甚至在满月时也能使用。

要得到真彩色图片，可以依次经红、绿、蓝滤镜拍摄单色图像，再在计算机中将三种颜色的图像合成为彩色照片。不同厂商生产的CCD有各自的光谱响应，所以通过每种滤光片的曝光时间调整获得最佳效果。CCD的一个共同特点是延伸的红色响应区，因此需要用红外截止滤镜来改善白平衡。在使用折射系统时这种滤镜也很必要，因为红外光通常与可见光不在同一个焦点上。

另外还可以采用彩色CCD。它是通过在像素前加上彩色微滤镜阵列来实现单次曝光生成彩色图像的。以上两种方式有各自的优点，但通常认为三色合成图像效果最佳，当然这意味着更多的工作量。

CCD自动导星 传统上在曝光过程中监测望远镜的跟踪情况并做出微量的修正以防止星像拖线的工作是由天文学家完成的，这种导星的工作单调乏味。随着CCD自动导星系统的引入，配合能够接收导星指令的驱动系统，整个过程变得自动化了，而且精度高得多。在导星平台上安装一架独立的导星望远镜，可以很容易地选择一颗合适的被导星。使用前需要执行一个简单的校准程序，训练自动导星系统选用合适的修正量。一旦校准完成，驱动系统就由导星系统控制，快速地感知并修正任何误差。很多CCD相机可以安装另一块导星芯片，同时完成导星和拍摄任务。这种技术非常强大，因为导星也是通过主望远镜完成的，从而避免了弯曲偏差（在使用单独的导星望远镜时可能出现的问题）。其他的选择包括使用主成像CCD来导星，这利用了隔行扫描（双场）CCD相机可以分别使用导星和成像帧的特性。

视频天文观测 低照度视频相机特别适合瞬态现象的观测，例如掩食以及人造卫星过境等。视频相机安装在望远镜的目镜座中，并连接到电视监视器上。调整好焦距后，图像可以在监视器上观看，或者录制到单独的盒式录像机或者摄像机中。如果加入了精确的时间信号，那么这种时间的记录可以用于严肃的科学研究。视频记录可以以数字形式传输到计算机中进行分析，找出在视宁度良好的时候拍摄的视频帧。这样可以把最好的图像叠加成为出色的静止图像。对于必须使用高放大率的行星摄影，巴洛镜或者目镜投影可以产生较大的图像尺寸。

网络摄像头（WEBCAM） 轻便的网络摄像头已经被证明是标准天文视频相机的理想而低成本的替代品，而且天文爱好者们已经用它不断地拍摄出一些最好的行星照片。大多数情况下都需要把摄像头原有的镜头取下，加上一个合适的转换器把它接到望远镜的后面。有多种帧频可以选择，较好的是每秒钟介于15～25帧的频率。摄像头在调焦时可以观察显示在计算机屏幕上的图像。图像序列会储存在计算机硬盘上供以后处理。

有一些非常复杂的图像处理程序，可以从互联网上免费下载，用这些程序可以分析图像序列，对齐、叠加，或者对最好的那些帧进行处理，生成高质量的静止图片。比较亮的天体目标，例如行星、太阳（使用适当的滤镜）和月亮等很适合使用网络摄像头拍摄，因为它设计的曝光时间不会超过几分之一秒。网络摄像

图14 老鹰星云的照片比较。上图：单张5分钟曝光的CCD图像。下图：5张曝光的合成图像。处理过的图像增强了反差，并使用滤波器将星云的细节显示出来。照片使用250毫米施密特卡塞格林望远镜加SBIG ST-8 CCD相机拍摄

图15 原始底片图像处理的效果。上图是使用ISO200底片通过75毫米折射望远镜和光害滤镜曝光20分钟拍摄的北美洲星云。幻灯片经过扫描和强化反差后的效果见下图。

头有可能改装为支持长时间曝光，但里面的CCD探测器不像传统的天文用CCD相机那样被冷却，所以芯片会很快被电子噪声所充满。有时，仅仅加上一只标准的计算机用风扇就可以获得很大的改善。

数码相机 现在的消费类数码相机也可以应用在天文上。在大部分情况下数码相机所受到的限制和网络摄像头的情形一样，就是CCD芯片没有制冷，所以只能进行短时间曝光。要拍摄月亮和行星，可以把相机放在目镜后面然后按下快门，这被称作无焦点投影法。如果用某种支架把相机固定在目镜后面，就会获得最佳的效果。可能会有明显的渐晕（视场边缘变暗）现象，但在后期处理阶段可以剪裁掉。高级一点的相机能将镜头移去，并可以购买到转接环把相机安装到望远镜上，这样可以拍出最好的照片。

图像处理 有了数字图像，就不再需要暗房和化学药品了，整个处理过程都在计算机上完成。所有的CCD相机都带有图像采集软件，许多还有基本的处理程序包。此外还可以找到很多种功能强大的软件。典型的处理程序包括：亮度和反差的拉伸与均衡（显示暗弱细节及移除光污染背景），锐化，美化效果，多幅图片相叠加以提高信噪比，以及合成彩色图像等。图14显示了单张原始CCD图像与一系列经过叠加处理的图像的差别。

具有讽刺意味的是，数字化革命反倒带来了传统胶片摄影的复兴。拍摄在感光乳剂上的图片可以用高质量扫描仪实现数字化，然后像CCD图像一样进行处理，包括图片叠加和光害抑制。因此，基于感光乳剂的摄影再次变得流行，而且即便在光害地区也可以获得很好的结果。图15显示出扫描的原始底片和同一个图像经过数字处理后的情景。此外，扫描后的图像可以保存在CDROM和DVD等媒介中，不会有退色等问题，而这是彩色底片所无法避免的。

天体摄影参考

下面对每种天体，列出了适合的设备、底片和试曝光时间。曝光时间仅是参考，在较差的环境中所需的时间可能要长很多。低f数的设备需要短的曝光，高f数的则相反。

对于CCD摄影，因为它不受倒易律失效的影响，所以在短于10秒钟曝光的场合作为中速胶卷看待，在更长的曝光时间下则比照高速底片。因为CCD有延伸的红色敏感区，应使用红外截止滤镜进行行星摄影，并减小折射望远镜的色差效应。

太阳：使用f/10到f/15的中型折射镜或者折反射望远镜的主焦点，全口径聚酯减光薄膜，慢速底片，1/30秒曝光。也适用于日偏食。日全食：长焦望远镜头，比如500毫米f/8，在全食时不使用滤镜，低速底片，曝光时间1/250～1秒。

月亮：拍摄全月面：750毫米以上焦距的主焦点，低速和中速底片，曝光时间和月相强烈相关。对f/8焦比的曝光：满月1/125秒；上下弦1/30秒；月牙1/8秒。月全食：望远镜头，高速底片，10秒。月面细节：使用目镜投影获得f/40或更大的焦比，中高速底片，1秒。

行星：使用尽可能大的望远镜，焦距1500毫米以上。使用目镜投影获得f/40或更大的焦比。金星：低速底片，1/8秒；水星、火星：中速底片，1/4秒；木星：中速底片，1/2秒；土星：中高速底片，1秒。

小行星和外行星：与恒星拍摄相同。

黄道光：广角高速相机镜头，非常高速的底片，1～5分钟，跟踪或者不跟踪。

极光：f/2标准或者广角镜头，高速底片，5～15秒。

流星：f/2标准镜头，高速底片，5分钟，跟踪或者不跟踪。

星座：相机镜头，比全口径收缩一挡光圈。从慢速到高速底片，曝光根据底片和天光亮度从10秒钟到30分钟。跟踪条件下的曝光可以得到点状星象，不跟踪则是恒星轨迹。

恒星与星团：使用大口径望远镜的主焦点或者通过目镜投影，导星拍摄。中高速底片，1～15分钟。

彗星：与恒星类似，但需要对彗星的运动跟踪。有长尾巴的彗星需要短焦距，比如300毫米f/4。最好使用大幅面底片。

深空天体：较大的天体，例如猎户座大星云，可以使用望远镜头和高速底片拍摄。例如200毫米f/4，5分钟；要获得更好的结果，或是对大多数星系，使用大口径，低f值的望远镜主焦点，中低速底片（最好增感），曝光15分钟。

第三章　太阳系

太　阳

太阳是一颗相当普通的黄色矮星。由于它离我们的距离比其他最近的恒星邻居还要近得多（还不到其百万分之四），所以即便使用的是小型仪器，对它的研究要比任何别的恒星都更详细。太阳的强光可以导致失明，因此在观测它时需要采取一些特殊的预防措施。切记不要使用任何光学设备直接观测太阳。用肉眼直视太阳，不管时间多短都可能造成伤害。最安全的观测方法是把太阳图像投影到一块板子上，我们将在本章“观测太阳”这一节进行介绍。表 12 列出了太阳的相关物理数据。

太阳在银河系中的位置

我们的银河系包含大约 10^{11} 颗恒星，它有一个扁平、具有旋臂结构的银盘，直径约为 25000 秒差距。太阳离银河系中心约 8000 秒差距，位于银道面以北仅仅几个秒差距之外。太阳和它附近的恒星都围绕着银河系中心旋转，平均速度约为 250 千米/秒，差不多 2.2 亿年绕行一圈。此外，太阳相对于周围的恒星的运动速度约为 19.4 千米/秒，运动方向朝向武仙座和天琴座边界线上接近于织女星的一点。这点称为“太阳向点”，坐标大致为赤经 18h、赤纬+30°。

表 12　太阳的物理数据

质量：1.99×10^{30} 千克（$=3.33 \times 10^{5}$ 地球质量）
直径：1.392×10^{6} 千米
体积：1.41×10^{18} 千米 ^{3}（$=1.30 \times 10^{6}$ 地球体积）
平均密度：1.41×10^{3} 千克米$^{-3}$
表面重力加速度：273.87 ms^{-2}（=27.94 地表重力加速度）
逃逸速度：6.18×10^{5} ms^{-1}
总辐射：3.83×10^{26} 瓦
到地球的平均距离：1.496×10^{8} 千米
自转轴与黄道面法线的夹角：7°.25
自转的恒星周期（纬度 17°处）：25.38 天
光谱型：G2V
绝对星等：+4.82
视星等：–26.78
有效温度：5770 开

太阳的结构

核心　强大的引力作用使得太阳核心的温度（约为 15×10^{6} 开）和压强（约为 3×10^{11} 个大气压）都高得惊人。在这种环境下，氢核变成氦核的核聚变反应被激发，这一过程释放出巨大的能量。正是这些能量让太阳持续照耀了大约 45 亿年，并且还会让它继续闪耀这么长的时间。

太阳核心的高能辐射逐渐向外扩散，历经一系列吸收和再辐射过程，大约 1 千万年后抵达表面。最终，从核心到表面大约 3/4 的路程形成了对流区，通过上升的热气体团把大部分能量输送到光球（太阳的可见光表面）上。这些气团在表面冷却，沉降下去，然后被再加热。由于热气体比冷气体发出更多的光辐射，这些热气团对流元在太阳表面依然醒目，此即所谓“米粒组织”。“米粒”的大小约为 1000 千米。

表面及以上　光球的平均温度约为 5800 开，压强大约是地表压强的 1/10。这种环境下，许多普通原子至少被部分电离（部分电子被剥离出去），形成等离子体。随着光线往外进入太阳的外层，这些层里的原子和离子以特定的波长吸收辐射；测量太阳光谱中这些吸收线的强度能告诉我们太阳的化学成分，至少是它的表面成分。太阳表面包含大约 90%的氢和 10%的氦（原子数计量），其他元素的成分不到 1%。

从光球往上大约 500 千米，温度持续下降。但是，再往上 1500 千米温度又有所回升，到“色球层”（得名于在日全食时可见的一圈红色的微光）顶端时达到 10000 开。色球层的颜色来自于从氢原子发出的红光。在日全食结束和开始的几秒钟，由于明亮的光球被月球遮挡，色球闪现出来，这时就能拍到它的光谱。这种

“闪烁光谱”（flash spectrum）包含大量明亮的发射线，其中许多线的波长都与光球中吸收线的波长相同。

在色球层之上仅仅数百千米厚的区域，温度迅猛上升至超过 500000 开，这一区域称为“过渡层”（transition region）。用空间飞行器上携带的仪器在远紫外波段观测，最为适宜。过渡层之上是“日冕”层，这是一片延伸至离太阳很远处、由稀薄气体组成的巨大包层，在日全食时能看到它那珍珠般乳白的光芒。它的形状随着太阳黑子周期（参见 51 页）而变化，在太阳活动极大时较为均匀对称，而在活动较弱时则要不规则得多，在赤道区域显示出很长的拖尾而极区则如羽毛簇般参差不齐。日冕的温度在 100 万~200 万开之间，这里的离子密度极低但电离度很高，以铁离子为例，26 个电子中有 15 个都被电离出去了。

日冕不停地以“太阳风”的形式（速度高达几百千米/秒）将物质喷射到行星际空间中去，质量损失率约为 300 万吨/秒，而同时来自下层的物质又将日冕补满。最猛烈的太阳风来自于“冕洞”——即日冕中那些比周围环境温度和密度更低的宽阔区域。冕洞是太阳风中的高速喷流的源头。

表面特征

对流、辐射以及磁场的复杂相互作用形成了众多不同的太阳表面特征。

黑子　古时候，当从薄雾中观测太阳的升起和降落时，人们在它的表面上发现了周期性的黑色斑点，这就是黑子。黑子实际上是光球上温度相对较低的区域，因此和它周围物质比起来显得较暗。黑子中心最暗的部分称为“本影”，温度约为 4500 开，环绕着它的是“半影”，只比附近光球的温度低几百度。对一个步入成熟期的黑子而言，其半影的面积总是比本影大。黑子的大小各异，小到只与米粒组织大小相当（只有在良好的天气条件下拍摄的高分辨率照片才能清楚看到），大到面积超过上百万平方千米的巨大群落。

估计黑子面积通常所用的单位是百万分之一太阳视面积，相当于 300 万平方千米左右。一个肉眼可见的黑子的面积至少为 500，一个大黑子群的面积能达到几千。表 13 列出了有记录以来的最大黑子及其面积。

苏格兰天文学家 Alexander Wilson 在 1774 年注意到了黑子在日面上的“下沉现象”，这一效应在日面边缘最为显著，当靠近边缘时半影变宽，往往能覆盖住位于黑子中心的本影。此即“Wilson 效应”，这是因为黑子所在区域的里面及上面的大气比日面上正常区域的大气温度更低、更稀薄，因此我们在本影区能看到光球层的更深部分。给人的感觉就是本影比其他地方更深。

黑子不会在两极附近出现，而是通常集中在南北纬 35°的范围内，不过也极少出现在赤道上。大多数单个的黑子寿命只有几天，而一些较大的黑子和黑子群可以持续几个星期。黑子

表 13　最大的黑子。日期、活动区数量和面积均以百万分之一太阳视面积（MILLIONTHS）为单位，本表列出了观测面积在 3000 单位以上的所有黑子。相比之下，地球的整个表面积为 169 单位。

日期	活动区编号	面积(MILLIONTHS)
1892 February 10	2421	3038
1905 February 2	5441	3339
1917 February 14	7977	3590
1917 August 9	8181	3178
1926 January 19	9861	3716
1937 July 28	12455	3303
1937 October 5	12553	3340
1938 January 12	12673	3627
1938 July 20	12902	3379
1938 October 12	13024	3003
1939 September 5	13394	3054
1941 September 21	13937	3088
1946 February 7	14417	5202
1946 July 29	14585	4720
1947 March 5	14851	4554
1947 April 3	14886	6132
1951 May 19	16763	4865
1968 February 1	21482	3202
1982 June 14	3776	3100
1989 March 17	5395	3600
1989 August 29	5669	3080
1990 November 18	6368	3080

来源: David Hathaway,NASA/Marshall Space Flight Center.

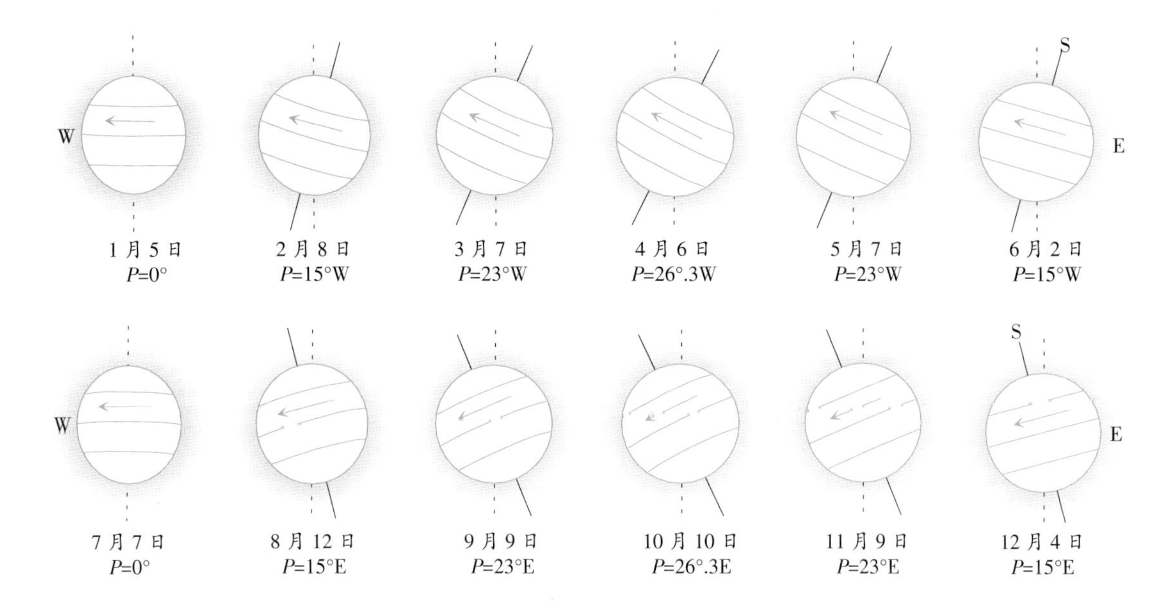

图 16 一年中不同日期黑子穿过日面的视运动示意图。垂直的虚线是时角线（即过南北极和日面中心的大圆与日面的交线——译者）。图中显示的是在北半球使用成倒像的望远镜所看到情况，在南半球，图像应该倒过来。

每天在日面上从东向西运动，这是太阳自转的反映。太阳在赤道附近的自转速率大于两极。在日面纬度为 17°处，会合周期，也就是从围绕着太阳旋转的地球上看到的太阳的自转周期，为 27.275 天（有时也称它为平均会合周期）。对其他纬度 φ，周期 P 可以表示为：

$$P \approx 26.75+\sin 2\varphi$$

日面纬度 17°处的恒星周期为 25.38 天，这就是太阳的平均自转周期。太阳的每次自转都有单独编号，称为“Carrington rotations”（卡灵顿自转数，得名于英国天文学家 Richard Carrington），第一号自转从 1853 年 12 月 9 日开始。

以黄道面为标准，太阳的自转轴倾角为 7.25°，地球的自转轴倾角为 23.5 度，因此太阳的轴在地球上看来，一年变化一周。结果，黑子穿越太阳圆面的视运动也会随季节而变化，如图 16 所示。要想在某一时间确定黑子的真实纬度和经度，观测者需要知道太阳自转轴的位置角以及太阳视圆面中心在日心坐标系下的纬度。这些数据在表 14 和表 15 中给出（同时也可参见“观测太阳黑子”，P.54）。

太阳的周期

超过三个世纪的观测表明，太阳黑子数的变化有一个平均为 11.1 年的周期，尽管实际情况可能在 8~16 年之间变化。在不同的周期里，黑子数可以差别很大。黑子数目增长到最大的时间通常比下降的时间更快，大约需要 4.8 年。在黑子数极小期，可能连续几周都看不到一个

表 14 太阳视圆面的北点的位置角 *P* 在一年中的变化情况

日期	*P*	日期	*P*
Jan. 5, July7	0°	July 7, Jan. 5	0°
Jan. 16, June26	5°W	July 18, Dec. 26	5°E
Jan.27, June 15	10°W	July 30, Dec. 16	10°E
Feb. 8, June2	15°W	Aug. 12, Dec. 4	15°E
Feb. 23, May 18	20°W	Aug. 28, Nov. 20	20°E
Mar. 7, May 7	23°W	Sept. 9, Nov. 9	23°E
Mar. 18, Apr. 25	25°W	Sept.21, Oct. 29	25°E
Apr. 6	26°.3W	Oct. 10	26°.3E

表 15 太阳视圆面中心在日心坐标系下的纬度在一年中的变化情况

日期	B_0	日期	B_0
Dec. 7 , June 6	0°	June 6, Dec. 7	0°N
Dec. 16, May 29	1°S	June14, Nov. 30	1°N
Dec.23, May 20	2°S	June 23, Nov. 21	2°N
Jan. 1, May 11	3°S	July2, Nov. 13	3°N
Jan. 10, May 2	4°S	July11, Nov. 4	4°N
Jan. 20, Apr. 21	5°S	July 21,Oct. 25	5°N
Feb.1, Apr. 10	6°S	Aug. 3,Oct. 12	6°N
Feb. 19, Mar. 21	7°S	Aug. 23, Sept. 22	7°N
Mar. 5	7°.2S	Sept. 8	7°.2N

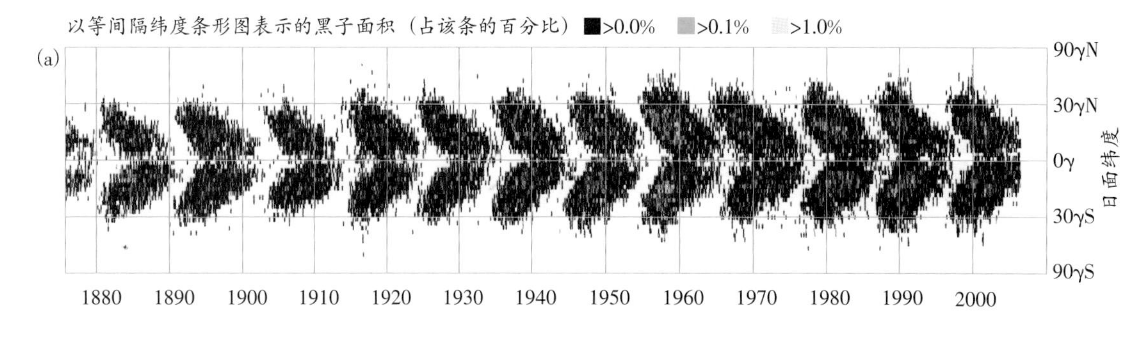

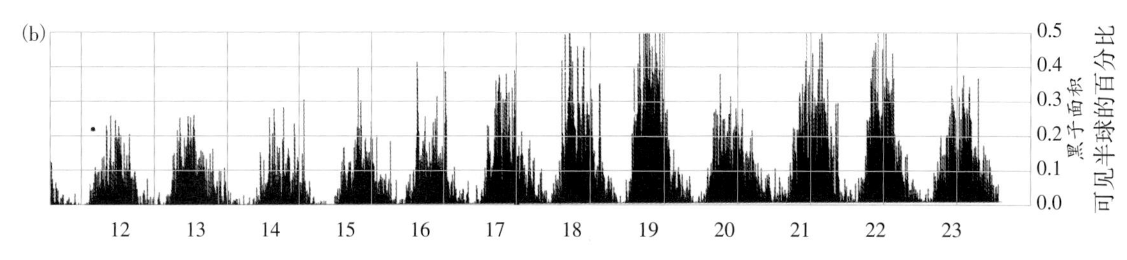

图 17　(a) 1874 年以来的黑子蝴蝶图，(b) 与 (a) 相对应的黑子面积图。两图都是每天的黑子数据对各自的自转周期取平均。图 (b) 的横坐标是黑子周期的计数，从最高峰出现在 1970 年前后的那个周期开始。来源：David Hathaway, NASA/Marshall Space Flight Center。

黑子。在一个周期开始时，黑子倾向于出现在更高的纬度，南北都是如此，但随着周期的推进，黑子日益向赤道靠近。这一效应（称为"斯波罗定律"，sporer's law）描绘成图就是漂亮的"蝴蝶图"（butterfly diagram），最早由格林尼治英国皇家天文台的沃尔特·蒙德（Walter Maunder）于 1904 年给出，图中黑子的数目和纬度显示为时间的函数。图 17 (a) 根据格林尼治天文台（1874 年~1976 年）以及美国空军和美国海洋大气局（NOAA，1976 年之后）的黑子观测数据画出。相应的黑子面积如图 17 (b) 所示，从中可以看出不同的周期里黑子面积可以完全不同。

尽管从黑子活动上看，11 年的周期非常明显，但对太阳磁场的研究表明太阳活动的真正周期实际上是它的两倍，即为 22 年左右。黑子，尤其是群里的黑子，是磁场活动的集中区域，而且黑子的磁场极性在两个相邻的 11 年周期里反转一次。例如，如果在太阳圆面的北半球，一对黑子中的前导黑子的磁极为北极，后随黑子的磁极为南极；在南半球，前导、后随黑子的极性正与此相反。在这个黑子周期中，各个半球的黑子的极性保持不变，但是当下一个周期开始，黑子在高纬度出现时，它们的极性情况恰与上一周期相反。

太阳上高强度的局域磁场，是产生黑子的原因，因为磁场限制了热气体的运动并阻止局部热量的对流传递，因此使这片被磁场影响的区域保持比光球上的其他区域更低的温度。

黑子数　人们采用国际黑子计数，来客观地记录黑子的活动。它之前被称为"沃尔夫"或"苏黎世"相对黑子数，因为它最早由苏黎世天文台的鲁道夫·沃尔夫（Rudolf Wolf）于 19 世纪提出。现在由位于比利时布鲁塞尔的国际黑子数据中心（sunspot index data center，SIDC）公布，每天进行归算，并同时给出黑子群的数目和单个黑子的数目。如果 g 为黑子群的数目，f 为单个黑子的总数（包括位于黑子群中的黑子），k 为一个取决于观测仪器和观测者的系数，那么黑子的沃尔夫数 R 由下式给出：

$$R=K（10g+f）$$

对口径 100 毫米左右的望远镜，k 大致可以取为 1。因此，如果一个观测者在某天看到 3 个黑子群和 11 个单个黑子，那么那天的黑子数就是 30+11=41。国际黑子计数通常以年为单位做平均，最小值为 0，目前记录的最大值是 1957 年，为 190.2，月黑子数平均值的最大值出现在当年的 10 月，高达 253.8。

另一种黑子计数——每天的波尔得黑子相对数（Boulder Sunspot Number），由位于科罗拉多波尔得的 NOAA 空间环境中心计算给出。波尔得数包括不同观测站的数据，并且通常比 SIDC 给出的数高 25%左右。将这两个官方数目的任意一个除以 15，就可得到在一架小型望远镜的太阳投影像上能数出的单个黑子数的大概值。

其他表面特征

光斑　光斑是光球中相对较亮（因此也更热）的斑点，通常出现在黑子附近，在太阳盘面上较为昏暗的边缘区最易于看到。光斑经常出现在黑子产生之前和消失之后。也有些与黑子不相关的光斑可以出现在两极，这类光斑呈明亮的光点状，直径有几角秒，纬度超过 60°。与在低纬度出现的光斑不同，它们并不集结成群并构成明亮的团块，而是四散着随机分布。光斑位于光球的上边缘，并且大致与谱斑相对应，谱斑指的是覆盖在光球之上的色球层中的热气体，用 Hα 和电离钙的 H 和 K 线可观测到。

日珥　日珥是上升到色球层之上的气体喷流，它们的形状为太阳磁场所塑造，经常呈成弧形。日全食时可清楚地看到日珥凸起于日面边缘之外。日珥看上去是相对低温、稠密的气体云，能在日冕中存在许多个小时，持续地把物质倾倒回光球。日珥（包括喷射日珥、日浪和环状日珥等）在黑子数达到最大的太阳活跃期更为常见，不过在其他时候，形似帘幕的“宁静日珥”也时有所见，而且持续时间很长。日珥投影在明亮的太阳盘面上的暗色轮廓，被称为暗条（filament）。

针状物　针状物（也称日芒，spicules）是持续时间为几分钟的尖细、剧烈的等离子气体喷流。它们位于色球层的低空，特别是在米粒组织的边缘，常可见成簇的针状物。针状物在 Hα 波段看来非常显眼。

耀斑　耀斑是太阳活动区域的另一种暂时现象：一次突然的能量释放使等离子体中的带电粒子加速，从而导致涵盖整个电磁波段——从 X 射线到射电波段的辐射。带电粒子从太阳上喷出并穿行于整个太阳系之间，有时会扰乱地球大气的电离层（大约一天或更久之后），极光就是它导致的现象之一。耀斑在白光波段很难看到，但在 Hα 波段很容易看到。

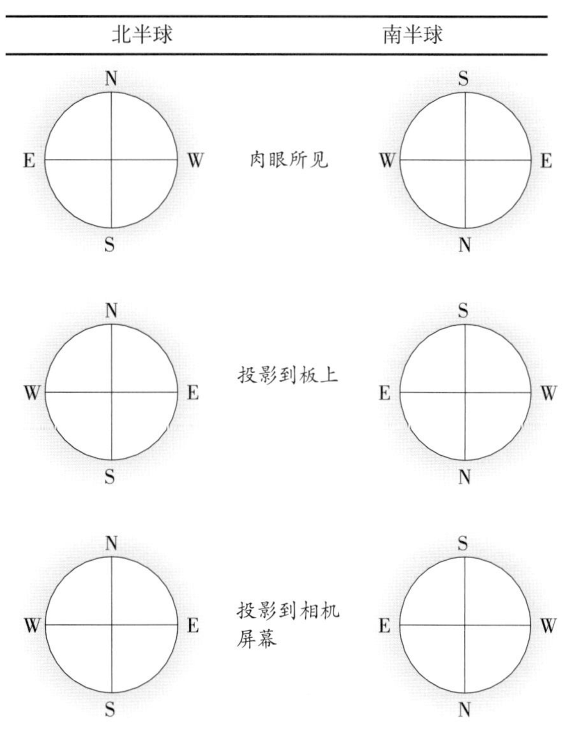

图 18　太阳投影像的方位

观测太阳

观测太阳是极度危险的，除非采取适当的保护措施，否则会导致失明的严重后果！尽管有些特制的滤光片能覆盖望远镜的整个镜筒，但安全得多的方法是将一块平整的白板放置在望远镜目镜端后面 30 厘米处，把对好焦的太阳像投影到上面。在调整望远镜指向的时候，为了避免直视太阳，可用望远镜投射在白板上的影子作参照。日面的主要方位点如图 18 所示，其中给出了两种不同的投影方式。

太阳像的边缘部分明显要暗上许多，这就是“临边昏暗效应”，这是因为太阳是个气态球，因此相比于日面边缘，在日面中心处我们的视线能深得多，到达更炽热（因此也更亮）的内部。在高放大倍数下，可以看到遍布于光球上的米粒组织。

活动区　观测活动区的主要目的是对可见的太阳黑子计数。统计黑子数有两种基本方法：一种是基于日面活动区域（active areas，AAs）的计数，另一种是前文提到的国际太阳黑子计数。在活动区域计数中，每个黑子，不管多小，只要它离附近最近的黑子在经度或纬度上相隔至少 10°，都应记为独立的活动区。对黑子群也按这种方法处理。一个大黑子群，不管延伸多广，除非它包含多个相隔至少10°的明确活动中心，都应只记作一个活动区。需要说明的是，有时候有些黑子群会时不时地移动到超过邻近黑子群10°的区域中去，当这种分离的现象很明显时，它们应被记为独立的活动区。数出每天观测到的活动区的数目，在每个月末除以当月的观测天数，就得到了平均每日频数（Mean Daily Frequency， MDF）

观测黑子 要想研究黑子怎样穿越日面，必须标明太阳的自转轴倾角，因为黑子的视运动轨迹随日期而变化（图16）。它们沿直线运动只发生在6月6日和12月7日前后，此时地球位于太阳的赤道平面上。从1月到5月，黑子沿着一条曲线向北方运动，因为此时太阳的南极斜对着地球。从7月到11月，黑子的移动曲线偏向南方，因为这时斜对着我们的是太阳的北极。黑子在日面上的运动轨迹在3月5日和9月8日左右最为弯曲，此时太阳的南北极相对我们的倾角达到最大的7.25°。

《天文年历》和英国天文学会的《天文手册》之类的书上刊载了如下的必要信息，用来确定太阳圆面上任意一点的真实日面坐标：

P，太阳自转轴北端点的位置角；

B_0，太阳圆面中心的日面坐标纬度；

L_0，太阳圆面中心的日面坐标经度。

月　亮

月亮是地球的天然卫星，公转轨道离地球的平均距离为384400千米，直径为3475千米，只比水星小29%（见表21）。尽管夜空中的月亮光芒夺目，但实际上它表面上的岩石是很暗的，平均反光率还不到10%。月亮上基本没有大气和磁场，不过对它表面岩石的磁性分析表明，在它的地质历史早期曾存在过很强的磁场。我们关于月亮的知识来自于地基观测、从空间探测器获得的照片和数据、在月表进行的实验，以及主要由阿波罗宇航员和苏联无人飞船带回来的月壤样品。

月亮的公转轨道明显是个椭圆，平均偏心率为0.055，不过由于太阳的引力扰动，实际数值时刻都在发生变化，介于0.026~0.077之间。轨道偏心率变化的后果，就是月亮离地球的最近距离（近地点）和最远距离（远地点）也在变化，最小和最大值分别为356400千米和406700千米，这使得从地球上看到的月亮大小也在变化。通常，位于近地点处的月亮看上去比在远地点时大12%（图19）。

图19 远地点（左）和近地点（右）时月亮视直径的差别。

月球的运动

月亮和地球的轨道运动以及它们的自转，使得观测月亮表面细节时，发生一些有意思的现象。

旋转现象 月亮和地球围绕着它们的共同质心旋转，周期为27.32166天（一个恒星月）。由于地球的质量是月亮的81.3倍，因此这个质心位于地球内部，大约在地表之下1700千米处。月亮的自转周期，与它围绕地月质心公转的周期相同，这一现象称为“同步自转”，这是潮汐摩擦所导致的现象。同步自转的结果是月亮总以同一面朝向地球，当然，由于“天平动”（见第55页）的影响，朝向地球的月面也有不规则的细微变化。

月相 随着月亮绕地球公转，我们看到它的表面的不同部分被太阳照亮，形成我们熟知的月相周期：新月（被太阳照亮的部分背对着地球）、娥眉月、半月、凸月和满月，然后以相反的顺序依次变化。一个月相周期（例如，从一次新月到下一次新月）称为“朔望月”，它的平均长度为29.53059天，比恒星月长，这是因为在此期间地球也在围绕太阳公转，因此月亮必须公转一个更多的角度，才能到达与朔望月开始时相同的相对位置。朔望月的确切周期在29.27~29.83天之间变化，这主要是由于地球的公转速度不均匀造成的。

地球也会反射大量阳光到月亮上，在新月后不久的娥眉月时，地球反光使得月亮上暗黑的部分也似乎依稀可见。这种效应称为“地球照”（earthshine），它所产生的现象就是人们通常所说的“新月抱旧月”。

天平动 尽管月亮基本上始终以同一面朝向地球，但也不是那么严格。我们能观测到它的两种主要摆动：经天平动和纬天平动。经天平动是由于月亮那有些偏椭公转轨道造成的，椭圆轨道使得月亮的公转速度有所变化，但是，月亮的绕轴自转速度保持不变，两者的综合效应就是月亮看上去绕着自转轴有小幅的左右摆动。太阳引力对月亮公转轨道的扰动使得经天平动的最大值大约在4.5°~8.1°之间变动。

纬天平动是由于月亮的赤道相对于它的公转平面有一个大约6.7°的夹角所致，其最大值大致在6.5°~6.9°之间。每年出版的天文年历中给出了这两种天平动的数值。还有一种效应称为“周日天平动”，是由于观测者的视角随地球自转而发生变化导致的。在月亮升起时，能多看到月亮的部分东边缘，最多可达1°。在月亮落山时，最多能多看到1°的月亮西边缘。这三种天平动的综合结果，使得我们能看到月亮总表面积的59%左右（当然，在任一给定时刻，最多只能看到50%）。

表面特征

图20给出的月面图，显示的是地球上能看到的月亮表面。月面图的上端为南，这是北半球的观测者在一个标准的、显示倒像的望远镜中看到的月面朝向。按照国际天文学联合会现在关于月面西方的定义，右边是西（以前的习惯是把地球上的天空的西方，也就是朝向西方地平的方向，作为月面的西方）。

月面上绝大多数主要地貌都以名人——尤其是天文学家和其他科学家——的姓氏命名，这一传统由意大利天文学家Giovanni Riccioli于1651年开创。小一些的地貌则以附近的大地貌的名字加上一个或多个字母来命名，也有些人们特别感兴趣的小地貌拥有独立的名字。

月海 月海（Maria）是月亮表面较暗、较平坦的区域。早期的观测者以为其中充满了海水，因此把它叫做月海（Maria就是拉丁语的“海洋”，单数形式为mare）。有的月海是个完整的低洼盆地，几乎呈正圆形（例如危海或雨海），而有的外形很不规则（例如冷海）。月海中那些暗淡而光滑的物质，绝大多数都是玄武质熔岩，主要是40亿~30亿年前从月亮核心深处喷发出来的。肉眼看上去形似“月中人”的月海，见于月亮的正面。它的背面没有大面积的月海，而是满布着环形山和明亮的月陆，这是探测卫星做出的发现。

环形山 环形山是月面上最丰富的地貌特征。环形山的轮廓基本上都是圆形或多边形，有一个凹陷的中心，四周被高耸的山体围绕。即便只用一个威力有限的双筒望远镜，也能看到不计其数的环形山。最大的环形山直径超过200千米，而最小的环形山则太小，即使用最大的望远镜也看不见。那些有重叠的环形山，几乎都是小环形山叠加在大环形山上。

小环形山通常呈碗形，而大环形山有着宽阔、平坦的山底，中心处常常矗立起一座或一群山峰。最大的环形山有着更加复杂的内部结构，包括诸多由连绵的山峰组成的同心圆等。最大的环形山和圆形的月海除了尺寸有别外，并没有本质区别。

关于环形山的起源，有过许多的争论。目前多数学者都认为，大多数环形山是由速度超过10千米/秒的流星或小行星撞击月面后形成的。不过也有许多环形山显示出曾被火山活动或月表的张力或压力改变过形状的痕迹。还有少数环形山几乎可以肯定是火山喷发形成的，其中有些能在弯曲的月溪的两端或山丘（见第64页）上找到。它们的直径一般在10千米以内，有着柔和的边缘，往往呈被拉长的形状，并且有链接成串的态势。

月陆（highland） 月面上较为明亮的部分（称为月陆或高地），和月海相比，海拔更高、更不平坦，通常也更加古老。“阿波罗”带回来的许多这类岩石样品，年龄都超过了40亿年。月陆上充满了见证月表历史变迁的大大小小的环形山。月陆上最显眼的山脉通常就是圆形的月海盆地的边峰，尤以雨海和静海边缘的山峰最为醒目。

+70° +60° +50° +40° +30° +20° +10°

东
0°

泡海 丰富海 塞基 马斯基林 萨拜因 里特尔 戈丁

阿波罗尼奥斯 塔伦蒂乌斯 狄翁尼修斯 阿格里帕 特利斯涅克 莫企逊

浪海 静海 阿拉戈 阿利亚代乌斯月溪 希吉努斯月溪 乌克特

+10°

西纳斯 恺撒 康多塞 柯西峭壁 罗斯

莱伊尔 汽海 维特鲁威 普林纽斯 马尼留斯

危海 普洛克鲁斯 海玛斯山脉 达维斯 梅内劳斯

+20°

马拉尔迪 麦克洛比乌斯 利特罗 贝塞尔 坎农

普卢塔克 罗默 澄海 亚平宁山脉

Cleomedes

+30°

特拉利斯 恰科纳克 奥托利克斯

哈恩 布克哈特 波西冬尼斯 阿里斯梯尔

贝洛苏斯 盖米努斯 丹尼尔 高斯 泰特图斯

+40°

马沙阿拉 富兰克林 梦湖 卡利普斯

胡克 塞佛乌斯 格罗夫 普拉纳 卡西尼

芝诺 Chevallier 死湖 犹多修斯

+50°

阿拉特斯 赫尔库勒斯 Burg

亚里士多德

安迪米恩

+60°

冷海 伽勒

阿特拉波

+70°

巴罗

+80°

北

图 20 第 56~63 页。月面图分为四个部分：(a) 第一象限（东北部，NE），(b) 第二象限（西北部，NW），(c) 第三象限（西南部，SW），(d) 第四象限（东南部，SE），标出了月面坐标和主要的月面细节的名称。和在呈倒像的望远镜中看到的一样，上方为南。下列表格给出了每个标注了名字的环形山的经纬度（精确到度）、直径（单位为千米），由于许多环形山很不规则，直径只是个近似值。表中也列出了一些其他的著名细节，对呈线形的地貌，例如山谷或山峰，“直径”表示的是最大长度。对这些地方还有月海，给出的坐标是其中心的大概值。

第一象限：东北

环形山	经度	纬度	直径（千米）
阿格里帕	10E	4N	46
阿波罗尼奥斯	61E	4N	52
阿拉戈	21E	6N	26
阿契塔	5E	59N	32
阿里斯梯尔	1E	34N	55
亚里士多德	17E	50N	87
阿特拉斯	44E	47N	87
奥托利克斯	1E	31N	39
巴罗	8E	71N	93
贝洛苏斯	70E	33N	74
贝塞尔	18E	22N	16
W.邦德	4E	65N	158
布克哈特	56E	31N	57
伯格	28E	45N	40
卡利普斯	11E	39N	31
卡西尼	5E	40N	56
塞佛乌斯	46E	41N	40
恰科纳克	32E	30N	51
Chevallier	51E	45N	52
Cleomedes	56E	28N	126
康多塞	70E	12N	74
坎农	2E	22N	22
丹尼尔	31E	35N	27
达维斯	26E	17N	18
德谟克利特	35E	62N	39
狄翁尼修斯	17E	3N	18
安迪米恩	57E	54N	125
犹多修斯	16E	44N	67
富兰克林	48E	39N	56
伽勒	22E	56N	21
高斯	79E	36N	177
盖米努斯	57E	34N	86
戈丁	10E	2N	35
格罗夫	33E	40N	27
哈恩	74E	31N	84
赫尔库勒斯	39E	47N	67
胡克	55E	41N	37
尤里乌斯.恺撒	15E	9N	90
利特罗	31E	21N	31
莱伊尔	41E	14N	32
麦克洛比乌斯	46E	21N	64
马尼留斯	9E	14N	39
马拉尔迪	35E	19N	40
马斯基林	30E	2N	24
C.迈耶	17E	63N	38
梅内劳斯	16E	16N	27
墨库留斯	66E	47N	68
马沙阿拉	60E	39N	124
莫企逊	0	5N	58
普拉纳	28E	42N	44
普林纽斯	24E	15N	42
普卢塔克	79E	24N	68
波西冬尼斯	30E	32N	100
普洛克鲁斯	47E	16N	28
里特尔	19E	2N	31
罗默	36E	25N	40
罗斯	22E	12N	26
萨拜因	20E	1N	30
斯科斯比	14E	78N	56
塞基	43E	2N	25
西纳斯	32E	9N	12
斯特拉波	54E	62N	55
塔伦蒂乌斯	46E	6N	56
泰特图斯	6E	37N	25
特拉利斯	53E	28N	43
特利斯涅克	4E	4N	26
乌克特	1E	8N	24
维特鲁威	31E	18N	28
芝诺	73E	45N	65
其他地形			
死湖	27E	45N	150
梦湖	31E	37N	500 × 120
危海	59E	17N	420 × 550
丰富海	51E	9S	900 × 600
冷海	7E	56N	1100 × 150
洪堡海	82E	58N	280
界海	86E	13N	400 × 110
澄海	18E	27N	660 × 600
泡海	65E	1N	120
静海	30E	8N	540 × 780
浪海	69E	7N	300
汽海	4E	13N	180 × 300
亚平宁山脉	4W	19N	700
高加索山脉	10E	40N	540
海玛斯山脉	13E	17N	330
凋 沼	0	27N	190 × 70
梦沼	44E	15N	240 × 360
阿利亚代乌斯月溪	13E	7N	240
希吉努斯月溪	7E	8N	220
柯西峭壁	37E	9N	160
中央湾	1E	2N	200 × 120
阿尔卑斯月谷	3E	49N	180

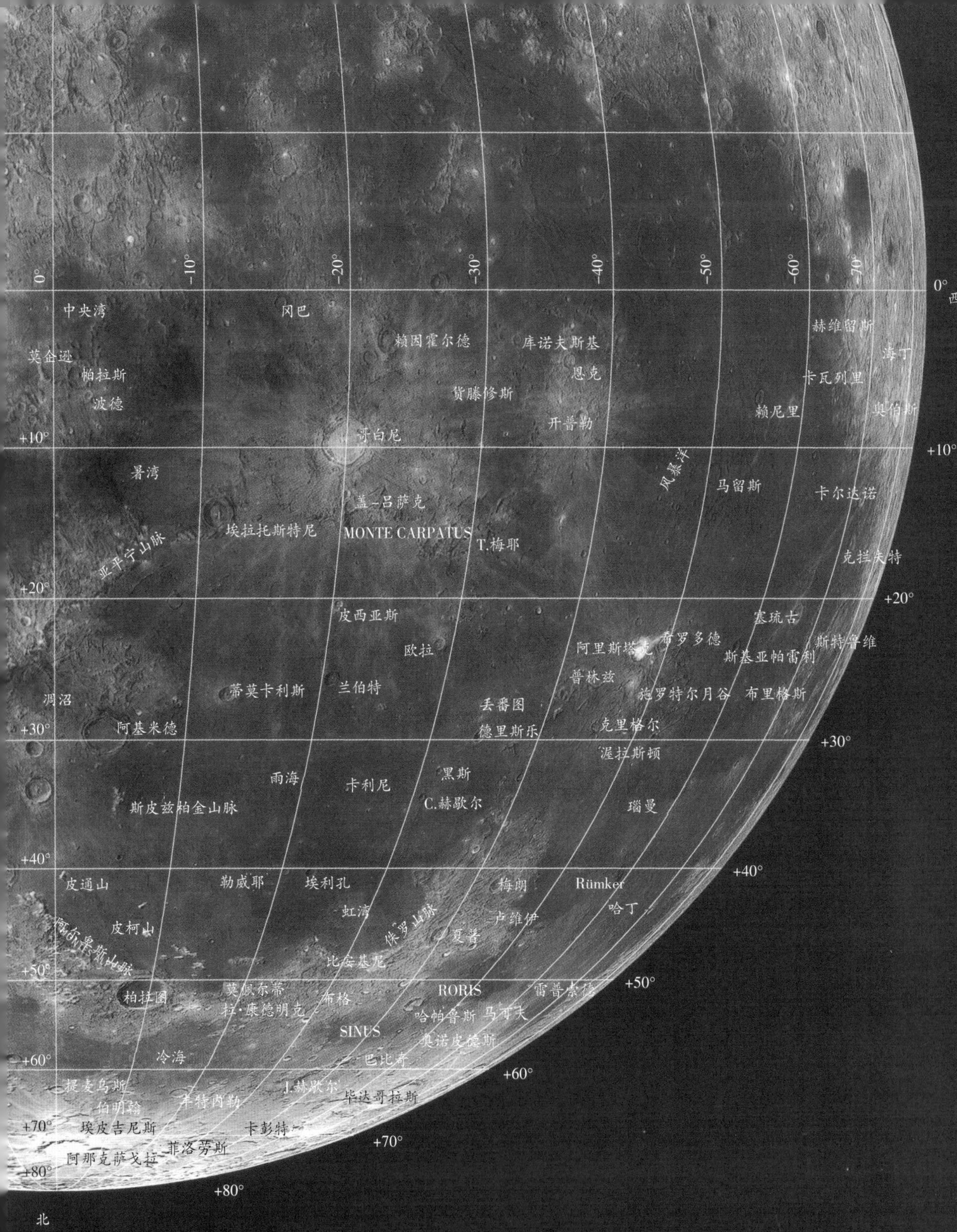

0° -10° -20° -30° -40° -50° -60° -70°

0° 西

中央湾
冈巴
赖因霍尔德
库诺夫斯基
赫维留斯
莫奇逊
帕拉斯
恩克
海丁
卡瓦列里
波德
赫滕修斯
赖尼里
奥伯斯
开普勒
+10°
哥白尼
+10°
暑湾
风暴洋
马留斯
卡尔达诺
盖-吕萨克
埃拉托斯特尼
MONTE CARPATUS
T.梅耶
亚平宁山脉
克拉夫特
+20°
+20°
皮西亚斯
塞琉古
阿里斯塔克
希罗多德
斯特鲁维
欧拉
斯基亚帕雷利
普林兹
蒂莫卡利斯
兰伯特
施罗特尔月谷
布里格斯
凋沼
丢番图
+30°
阿基米德
德里斯乐
克里格尔
+30°
渥拉斯顿
雨海
卡利尼
黑斯
斯皮兹柏金山脉
C.赫歇尔
瑙曼
+40°
+40°
皮通山
勒威耶
埃利孔
梅朗
Rümker
虹湾
哈丁
侏罗山脉
卢维伊
阿尔卑斯山脉
皮柯山
夏普
+50°
比安基尼
+50°
莫佩尔蒂
柏拉图
拉·康德明克
布格
RORIS
雷普索德
哈帕鲁斯
马可夫
SINUS
奥诺皮德斯
+60°
冷海
巴比奇
+60°
提麦乌斯
J.赫歇尔
伯明翰
毕达哥拉斯
丰特内勒
+70°
埃皮吉尼斯
卡彭特
+70°
阿那克萨戈拉
菲洛劳斯
+80°
+80°

北

(b) 第二象限：西北

环形山	经度	纬度	直径（千米）
阿那克萨戈拉	10W	73N	51
阿基米德	4W	30N	83
阿里斯塔克	47W	24N	40
巴比奇	57W	60N	144
比安基尼	34W	49N	38
伯明翰	11W	65N	98
波德	2W	7N	19
布格	36W	52N	23
布里格斯	69W	26N	37
卡尔达诺	72W	13N	50
卡利尼	24W	34N	11
卡彭特	51W	69N	60
卡瓦列里	67W	5N	60
C.赫歇尔	31W	34N	13
哥白尼	20W	10N	93
德里斯乐	35W	30N	25
丢番图	34W	28N	18
恩克	37W	5N	28
埃皮吉尼斯	5W	67N	55
埃拉托斯特尼	11W	14N	58
欧拉	29W	23N	28
丰特内勒	19W	63N	38
冈巴	15W	1N	25
盖－吕萨克	21W	14N	26
哈丁	72W	43N	22
哈帕鲁斯	43W	53N	39
海丁	76W	3N	143
黑斯	32W	32N	14
埃利孔	23W	40N	25
希罗多德	50W	23N	35
赫维留斯	68W	2N	115
货滕修斯	28W	6N	14
J.赫歇尔	41W	62N	156
开普勒	38W	8N	31
克拉夫特	73W	17N	51
克里格尔	46W	29N	22
库诺夫斯基	32W	3N	18
拉·康德明克	28W	53N	37
兰伯特	21W	26N	30
勒威耶	21W	40N	21
卢维伊	46W	44N	36
梅朗	43W	42N	40
马留斯	51W	12N	41
马可夫	63W	53N	41
莫佩尔蒂	27W	50N	46
莫企逊	0	5N	58
瑙曼	62W	35N	9
奥诺皮德斯	64W	57N	69
奥伯斯	76W	7N	71
帕拉斯	2W	5N	49
菲洛劳斯	32W	72N	71
柏拉图	9W	51N	101
普林兹	44W	25N	52
毕达哥拉斯	62W	63N	128
皮西亚斯	21W	20N	20
赖尼里	55W	7N	30
赖因霍尔德	23W	3N	42
雷普索德	78W	51N	107
斯基亚帕雷利	59W	23N	24
塞琉古	67W	21N	43
夏普	40W	46N	40
斯特鲁维	77W	23N	183
蒂莫卡利斯	13W	27N	34
提麦乌斯	1W	63N	33
T.梅耶	29W	16N	33
渥拉斯顿	47W	31N	10
其他地形：			
冷海	7E	56N	1100×150
雨海	16W	33N	1150
皮科山	9W	46N	25
皮通山	1W	41N	25
吕姆克尔山	58W	41N	70
阿尔卑斯山脉	0	46N	240
亚平宁山脉	4W	19N	700
Montes Carpatus	27W	15N	450
侏罗山脉	37W	47N	450
斯皮兹柏金山脉	5W	35N	60
风暴洋	58W	20N	2000×1300
凋沼	0	27N	190×70
暑湾	8W	12N	210
虹湾	31W	44N	250
中央湾	1E	2N	200×120
露湾	45W	53N	400×200
施罗特尔月谷	51W	26N	150

南

-80° 肖特 莫雷 卡萨尼
-70° 格伦格勃尔 基歇尔 布萨特 布兰基尼 贝梯努斯 卢瑟福 沙伊纳 朱基
-60° 克劳维乌斯 罗斯特 德吕克 波特尔 佛西利德 拜尔 席勒 内史密斯 瓦根廷
马吉尼 隆戈蒙塔努斯
-50° 莫希拉米
索叙尔 第谷 米 席卡德 威廉一世
哈金斯 海恩茨尔 德雷贝尔
-40° 奥龙瑟
列克塞尔 鲍尔 武泽尔鲍尔 卡普阿努斯
水 德朗德尔 高利科 奇库斯 冉斯登
黑尔 皮塔第 维泰罗 傅立叶
-30° 墨卡托 雷乔蒙塔努斯 坎帕诺 多佩尔迈尔 帕尔米利 韦达
基斯 希帕学斯月溪 德·伽斯帕利斯
普尔巴赫 云海 柯尼希 喜帕鲁斯 李比希 卡文迪许
伯特 湿海
塔比 直壁 尼科勒 布约 梅森月溪 梅森
-20° 阿里扎卡拉 阿伽塔基德斯 卢宾尼兹基 伽桑迪
阿里贝特鲁基 西尔萨利斯月溪 克吕格尔
拉塞尔 达尔内
Alphonsus 比伊
戴维 居里克 塞尔萨利沟纹
勒特隆内 汉斯汀
-10° 托勒 风暴洋
邦普兰
帕里 里菲山脉
赫歇尔 欧几里得 格里马尔迪
拉朗德 弗拉.摩洛
弗兰斯提德 达穆瓦索
里乔利
0° 中央湾 默斯丁 兰斯伯格 0° 西

-10° -20° -30° -40° -50° -60° -70°

(c) 第三象限：西南

环形山	经度	纬度	直径（千米）
阿伽塔基德斯	31W	20S	49
阿里贝特鲁基	4W	16S	40
Alphonsus	3W	13S	118
阿里扎卡拉	2W	18S	96
鲍尔	8W	36S	40
拜尔	35W	52S	47
贝梯努斯	45W	63S	71
比伊	50W	14S	46
伯特	8W	22S	17
布兰基尼	22W	64S	110
邦普兰	17W	8S	60
布约	22W	21S	59
坎帕诺	28W	28S	48
卡普阿努斯	27W	34S	60
卡萨尼	30W	73S	110
卡文迪许	54W	25S	50
奇库斯	21W	33S	40
克劳维乌斯	14W	59S	225
克吕格尔	67W	17S	46
希萨特	6W	66S	49
达穆瓦索	61W	5S	36
达尔内	23W	15S	15
戴维	8W	12S	35
德.伽斯帕利斯	51W	26S	30
德吕克	3W	55S	47
德朗德尔	5W	32S	235
多佩尔迈尔	41W	28S	64
德雷贝儿	49W	41S	30
欧几里德	29W	7S	13
弗兰斯提德	44W	4S	21
傅立叶	53W	30S	51
弗拉.摩洛	17W	6S	94
伽桑迪	40W	17S	110
高利科	13W	34S	80
格里马尔迪	68W	5S	220
格伦格勃尔	10W	67S	94
居里克	14W	11S	60
海恩策尔	33W	41S	70
汉斯汀	52W	11S	45
黑尔	8W	32S	33
赫歇尔	2W	6S	41
喜帕鲁斯	30W	25S	58
哈金斯	1W	41S	65
英希拉米	69W	47S	90
基斯	22W	26S	44
基歇尔	45W	67S	72
柯尼希	25W	24S	22
拉朗德	9W	4S	24
兰斯伯格	27W	0	40
拉塞尔	8W	15S	23
勒特隆内	42W	11S	120
列克塞尔	4W	36S	63
李比希	48W	24S	38
隆戈蒙塔努斯	22W	50S	145
卢宾尼兹基	24W	18S	44
马吉尼	6W	50S	185
米	35W	44S	132
墨卡托	26W	29S	47
梅森	49W	21S	82
莫雷	6W	71S	114
默斯丁	6W	1S	26
纳西尔丁	0	41S	52
内史密斯	56W	50S	77
尼科勒	12W	22S	15
奥龙瑟	4W	40S	105
帕尔米利	48W	29S	40
帕里	16W	8S	47
佛西利德	57W	53S	114
皮塔第	13W	30S	105
波特尔	10W	56S	52
托勒密	2W	9S	153
普尔巴赫	2W	25S	115
冉斯登	32W	33S	24
雷乔蒙塔努斯	1W	28S	124
里乔利	74W	3S	140
罗斯特	34W	56S	48
卢瑟福	12W	61S	50
索叙尔	4W	43S	56
沙伊纳	27W	60S	110
席卡德	55W	44S	227
席勒	40W	52S	165 × 65
肖特	7W	75S	71
塞尔萨利沟纹	60W	12S	42
塔比	4W	22S	55
第谷	11W	43S	85
韦达	56W	29S	87
维泰罗	37W	30S	42
瓦根廷	60W	50S	84
威廉一世	21W	43S	107
武泽尔鲍尔	16W	34S	85
朱基	50W	61S	64
其他地形			
知海	23W	10S	360 × 240
湿海	39W	24S	370
云海	16W	20S	650
里菲山脉	28W	8S	180
风暴洋	58W	20N	2000 × 1300
希帕鲁斯月溪	29W	25S	270
梅森月溪	45W	19S	260
西尔萨利斯月溪	61W	15S	280
直壁	8W	22S	120
中央湾	1E	2N	200 × 120

南

-80°

-70°

布森戈

博古斯拉夫斯基

辛皮尔

库尔茨

曼奇尼

彭特兰

哈耶克

穆图斯

-60°

奈阿尔科

祭赫

罗森伯格

雅可比

比拉

霍梅尔

费拉克

利留斯

瓦特

皮梯库斯

培根

居维叶

-50°

南海

赫拉克利特

斯泰因海尔

伊德勒

利切第

洛基尔

克莱罗

让森

莱伊塔月谷

巴罗奇

奥肯

法布里修斯

尼科莱

莫罗利科

法拉第

纳西尔

梅修斯

斯托夫勒

-40°

米勒

毕兴

布赫

莱伊塔

费内留斯

菲尔内

利玛窦

凯泽

施托贝尔

拉比·列维

水

斯梯文

格马·弗利修斯

亚当斯

林登瑙

扎古特

古达克雷

雷兴巴赫

内安德尔

罗特曼

阿里雅森西斯

-30°

斯内尔

皮克罗米尼

庞塔诺

维尔纳

洪堡

阿尔泰峭壁

阿皮安努斯

佩托

博尔达

萨克罗博斯科

洛特斯利

波利比乌斯

阿里佐菲

普莱贵尔

赫卡泰乌斯

桑特贝希

费拉卡斯托罗

阿本厄兹拉

-20°

霍尔登

蒙日

喀尔巴阡

格伯

库克

比利牛斯山脉

阿尔曼侬

艾里

文德林

博蒙

酒海

兰姆

哥伦布

塔西伦

洛兹

西里尔

阿布费达

安斯加尔

麦哲伦

阿里巴塔尼

拉·佩卢兹

戈克尔

高迪伯

梅德勒

特奥菲卢斯

康德

笛卡尔

-10°

丰富海

安德耳

朗格伦

古登堡

欣德

哈雷

凯斯特纳

卡佩拉

伊西多尔

阿里发尼加

喜帕恰斯

托里拆利

霍罗克斯

梅西耶

德朗布尔

雷蒂库斯

东

0°

+70°

+60°

+50°

+40°

+30°

+20°

+10°

(d) 第四象限：东南

环形山	经度	纬度	直径（千米）
阿本厄兹拉	12E	21S	42
阿布费达	14E	14S	65
亚当斯	68E	32S	66
艾里	6E	18S	37
阿里巴塔尼	4E	11S	136
阿里发尼加	19E	5S	21
阿里雅森西斯	5E	31S	80
阿尔曼侬	15E	17S	49
安德耳	12E	10S	35
安斯加尔	80E	13S	94
阿皮安努斯	8E	27S	63
阿里佐菲	13E	22S	48
培根	19E	51S	69
巴罗奇	17E	45S	82
博蒙	29E	18S	53
比拉	51E	55S	76
博古斯拉夫斯基	43E	73S	97
博尔达	47E	25S	44
布桑戈	55E	70S	131
布赫	18E	39S	54
毕兴	20E	38S	52
卡佩拉	35E	8S	45
喀尔巴阡	23E	18S	104
克莱罗	14E	48S	75
哥伦布	46E	15S	78
库克	49E	17S	47
库尔茨	5E	67S	95
居维叶	10E	50S	75
西里尔	24E	13S	95
德朗布尔	17E	2S	53
笛卡儿	16E	12S	48
法布里修斯	42E	43S	78
法拉第	9E	42S	69
费内留斯	5E	38S	65
费拉卡斯托罗	33E	21S	124
菲尔内	61E	36S	150
高迪伯	38E	11S	30
格伯	14E	19S	45
格马·费利修斯	13E	34S	88
戈克尔	45E	10S	55 × 75
古达克雷	14E	33S	46
古登堡	41E	9S	71
哈耶克	47E	60S	76
哈雷	6E	8S	36
赫卡泰乌斯	79E	22S	127
赫拉克利特	6E	49S	90
欣德	7E	8S	29
喜帕恰斯	5E	5S	150
霍尔登	62E	19S	47
霍梅尔	33E	55S	125
霍罗克斯	6E	4S	31
洪堡	81E	27S	210
伊德勒	22E	49S	39
伊西多尔	33E	8S	42
雅可比	11E	57S	68
让森	41E	45S	180 × 240
凯泽	7E	36S	52
康德	20E	11S	33
凯斯特纳	79E	7S	105
兰姆	64E	15S	84
朗格伦	61E	9S	133
拉·佩卢兹	77E	11S	78
利切第	7E	47S	75
利留斯	6E	55S	61
林登瑙	25E	32S	53
洛基尔	37E	46S	34
洛兹	60E	14S	42
梅德勒	30E	11S	28
麦哲伦	44E	12S	39
曼奇尼	27E	68S	98
莫罗利科	14E	42S	114
梅西耶	48E	2S	10 × 16
梅修斯	43E	40S	88
米勒	1E	39S	61
蒙日	48E	19S	37
穆图斯	30E	64S	78
纳西尔丁	0	41S	52
内安德尔	40E	31S	50
奈阿尔科	39E	58S	75
尼科莱	26E	42S	42
奥肯	76E	44S	72
彭特兰	12E	65S	56
佩托	61E	25S	177
皮克罗米尼	32E	30S	89
皮梯库斯	31E	50S	82
普莱费尔	8E	23S	48
波利比乌斯	26E	22S	41
庞塔诺	14E	28S	58
庞特库勒	66E	59S	91
拉比·列维	24E	35S	81
雷兴巴赫	48E	30S	71
雷蒂库斯	5E	0	46
莱伊塔	47E	37S	70
利玛窦	26E	37S	71
罗森伯格	43E	55S	96
罗特曼	28E	31S	42
萨克罗博斯科	17E	24S	98
桑特贝希	44E	21S	64
辛皮尔	15E	73S	70
斯内尔	56E	29S	83
斯泰因海尔	46E	49S	67
斯梯文	54E	32S	74
施托贝尔	32E	34S	43
斯托夫勒	6E	41S	126
塔西伦	19E	16S	40
泰勒	17E	5S	42
特奥菲卢斯	26E	11S	110
托里拆利	28E	5S	20 × 30
文德林	62E	16S	155
费拉克	39E	53S	89
瓦尔特	1E	33S	128
瓦特	49E	49S	66
维尔纳	3E	28S	70
洛特斯利	57E	24S	57
察赫	5E	61S	71
扎古特	22E	32S	84
其他地形			
南海	92E	47S	980
丰富海	51E	8S	820 × 660
酒海	35E	15S	350
史密斯海	87E	1N	370
比利牛斯山脉	41E	15S	280
阿尔泰峭壁	23E	24S	530
莱依塔月谷	51E	42S	500

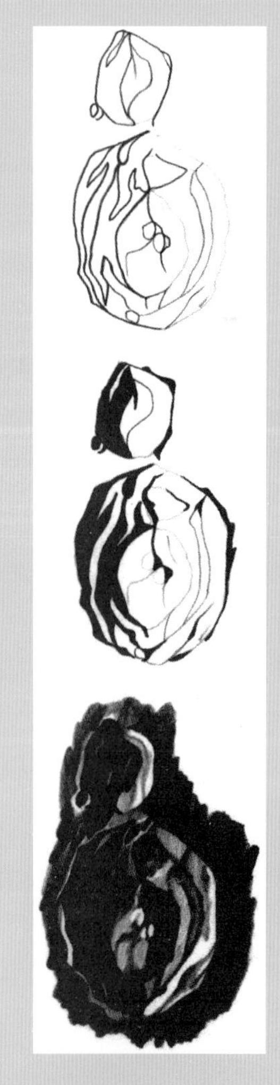

月亮素描

画月亮时，可以按照合理的尺度（例如100毫米），选择月面上的一小片区域。先用软铅笔轻轻勾画出环形山的基本轮廓，如最上图所示。勾勒轮廓时，可以参照合适的照片或精细的月面图册上的图案或在目镜中看到的真实图景。然后，用铅笔一层层填充暗区，力量要尽可能轻（中图）。最后，添上更细致的影子和更精细的细节（底图）。完成一张详细的月面图有时需要花上一个多小时。这张图画的是Bullialdus环形山（22° W，21°S，参见图20（c））。

辐射纹 月面上一些年轻、醒目的环形山（例如第谷、哥白尼环形山）周围那些呈辐射状的明亮条纹，称为辐射纹，其跨度最长达1000千米。辐射纹是满月上最引人注目的特征，但在月亮亮度较低时（例如弦月），却几乎看不见。辐射纹显然是环形山在撞击时喷溅而成的，其中包含从主环形山里溅出的沉积月岩，以及一些较小的后续撞击溅起的月表物质，它们的反照率较高，因此显得十分明亮。

月溪和月谷 月亮表面有许多规则的狭长缝隙，较窄的称为月溪（rilles），较宽的叫做月谷（faults）。有的地方月表下沉至两个几乎平行的断层或裂缝之间，称为线状月溪（linear rills）。还有些地方，在一些较大的地形结构（例如圆形月海盆地）的应力作用下，其附近出现弯曲的裂缝，称为弓形月溪（arcuate rilles）。月谷中有一些是独立的地形，最著名的是云海里的Rupes Recta（“直壁”），跨度超过120千米。它实际上是一个高250米的悬崖。在满月之前，它投下的影子使得“直壁”看上去呈一条黑线，而满月之后，直壁又成了一条亮线。

月面的峡谷中最令人瞩目的或许就是迂回月溪（sinuous rilles），缓缓蜿蜒的山谷延伸几百千米长，通常位于没有边缘的类环形山地貌的高耸的末端上，并且当它们迂回下坡时会变得更浅、更窄。迂回月溪是火山地貌，或由快速流动的岩浆所致，或由山脊坍缩到月面下的岩浆层下所致，就像地球上在更小些的尺度上发生的那样。1971年，阿波罗宇航员大卫·斯科特（David Scott）和詹姆斯·艾尔文（James Irwin）行驶到Hadley月溪的边缘，站在月面亚平宁山脉的山脚，拍摄到了层层山谷峭壁的照片。

圆丘（Domes） 圆丘是海拔较低的圆形山丘，山坡坡度只有几度，在它们的顶峰通常有一个小环形山。它们倾向于成群出现，而且通常位于以前的火山活动区。它们这种与众不同的形状意味着它们由比周围的表面物质黏性更大的岩浆形成，其中的硅含量也许更高。

表面变化 “阿波罗”计划带回来的岩石的年龄显示，几乎所有的月亮火山活动都发生在30亿年前。而且，目前由流星体撞击并生成环形山的形成率太低，产生的变化即使最大的望远镜也基本注意不到。过去那些关于小规模永久性变化的报告，如今已经被证伪，而更加令人难以分辨的，是关于“月表暂时性出现的色块”或“一些地貌偶尔会突然变暗”的报告。这类事件，称为渐变月面现象或月面渐变现象（transient lunar phenomena，TLP），往往发生在某些特定区域，尤其是亚里士多德环形山、Gassendi和Alponsus环形山。这些现象是不是真的，仍有争论，或许真是某种气体从月亮的内部释放出来时所致，或许只是某些特殊观测条件下产生的错觉。

观测月亮

月表细节的外观的变化，主要起因于阳光照耀在上面的方向的变化。在每个月亮日，随着太阳的升起、移动、落下，月面地貌也呈现出相应的亮暗变化。变化最显著的是位于晨昏线附近的地貌，因为这时日影最长并且在慢慢变短，而且又很容易被观测到，这就像在晚上观察一条被汽车大灯照亮的路面一样。

天平动使得从一个月球日到另一个月球日时，我们看到的月面的白昼区域略有不同。对位于月面边缘的地貌，这些变化最为引人注目。

通过多次系统地在“月亮日”的日出、日没时观测特定的月面区域，能获得此处地形的大量信息。

相反，在满月时，几乎辨认不出任何月面地形细节，因为它们此时都没有影子。不过，这恰是观测表面反照率的良机，反照率的不同往往意味着表面结构和成分的不同。辐射纹是最显著的高反照率地貌，而在阴暗的月海表面，反照率的变化更加细微有趣。一个在晨昏线临近时十分醒目的环形山，如果它的山体和山脚与毗邻的月面地形有着相似的结构和成分的话，可能会在接近满月时“消失”。只有年轻、明亮的环形山（例如亚里士多德、开普勒环形山），或者充满了类似月海里的岩浆从而使底部显得暗淡的年老环形山（例如 Grimaldi 或 Plato），在任何月相下都基本相同。

晨昏线的位置 观测时刻月亮的晨昏线的位置是一个很有用的参考数据。《天文年历》上列出了晨线的月面经度，即“太阳月面经度”(Sun´s selenographic colongitude)，以“S”表示。如果忽略天平动，太阳月面经度在新月时为270°，上弦月为0°，满月为90°，下弦月为180°，它每小时约增加0.5°，每天约增加12.2°。

相同月相的重现 月亮上的一天（即月球日）的长度在29.27天~29.83天之间，平均约为29.5天。因此晚上观测月亮，在两个月球日后(59天)，同样的月相会在晚上大致相同的时刻重现，平均只晚1.5个小时。以此类推，4个月球日后晚3个小时……直到15个月球日（442天23小时）后，月相重现要早1个小时。

月亮两次经过近地点的间隔为27.55455天，称为“近点月”。因此14个月球日后，或者说1年零1个半月后，月相重现（译者注：此时不仅月相相同而且月亮的大小也相同，因为14个月球日的长度正好为15个近点月）。所以，一段时间后最佳观测条件也会随之不再。

边缘的细节 当月相合适，并且天平动使得边缘最大限度地靠向中心时，是观测月面边缘地貌的最佳时机。当月面边缘地貌所在处的位置角（从月面北点起算）加上月亮自转轴的位置角的和与最大天平动的位置角最接近时，它们离月面中心最近。在英国天文协会出版的《手册》中对此给出了专门的表格。

月亮自转轴位置角 在一个月的时间里，这一角度在时角圈两边大约25°的范围内来回摆动，最大值发生在月亮穿越天赤道时，即月亮的赤经为0h或12h时（译者注：这里所指的“赤经”，其起算点应不同于我们通常所用的春分点，而是白道与赤道的升交点）。当月亮的赤经为6h或18h左右时，月轴位置角为0°。《天文年历》中刊载了每天月轴位置角的大小。

最佳高度条件 对任意一个月相，在一年中只有一个时刻月亮在天空中的位置最高，此时它的可观测时间更长而且大气消光最弱，因而观测条件最好。表16给出了南、北半球几种主要月相的最佳观测时刻。

行星及其卫星

围绕太阳的大行星共有9颗，除了水星和金星，其他行星都拥有至少一颗卫星。（译者注：根据国际天文学联合会2006年8月发布的决议，冥王星已不再同其他8颗行星并列，而是被归类为“矮行星”，以下有关部分同此，不再另作注释。）此外，太阳系中还有不计其数的小行星、彗星以及微小的太阳系小天体。

4颗内行星：水星、金星、地球和火星，是相对较小的岩质行星，也统称为“类地行星”。木星、土星、天王星和海王星，根据它们的组分和大小，被划分为气态巨行星。而游弋于太阳系边境的冥王星，在许多方面都与其他行星不同。

水星和金星也称“内行星”，因为它们的公转轨道比地球更靠近太阳。类似的，从火星开始，以外的行星称为“外行星”，即它们的运行轨道位于地球轨道之外。

所有行星的公转轨道都是椭圆，只不过椭率有所不同。冥王星的轨道最扁，甚至穿到了海王星轨道之内。行星到太阳的距离通常用日地的平均距离（即天文单位）作为单位。

表16 几种主要月相的最佳观测时刻（可参考每年出版的天文年历）

	娥眉月（3~4天）	上弦月	满月	下弦月	娥眉月（25~26天）
北半球	4月底	3月	12月	9月	7月底
南半球	10月底	9月	6月	3月	1月底

天文单位（AU） 天文单位是指地球到太阳的平均距离，它是太阳系距离的基本单位，也是度量恒星视差的“基线”。国际天文学联合会给出的天文单位的值为149597870千米。有时人们也把1个天文单位叫做“单位距离”。光走过单位距离的时间是499秒（8.3分钟）。另一个量度太阳系尺度的重要距离是太阳视差，是指在1AU处，地球的赤道半径所张的角度。国际天文学联合会给出的太阳视差为8.794148角秒。

行星的轨道

行星，实际上也包括所有绕日运行的天体，都遵循由德国天文学家开普勒于1609年和1618年之间建立的“行星运动三定律”：

1. 行星围绕太阳公转的轨道为椭圆，太阳位于其中一个焦点上；

2. 行星在轨道上运动时，相同的时间扫过相同的面积。这意味着当行星距离太阳较近时，运动速度更快；

3. 每个行星的公转周期（以年为单位）的平方等于它到太阳的平均距离（以AU为单位）的立方。

行星的椭圆轨道如图21所示，线段AB为轨道的长轴，跨过其最长直径，线段DE为短轴，跨过其最短直径。它们互相垂直，相交于椭圆的中心C。AC或BC称为半长径，它就是行星到太阳的平均距离。S是太阳的位置，是椭圆的一个焦点，F是另一个焦点，这里没有天体。P是在轨道上运动的行星，PS为半径矢量。

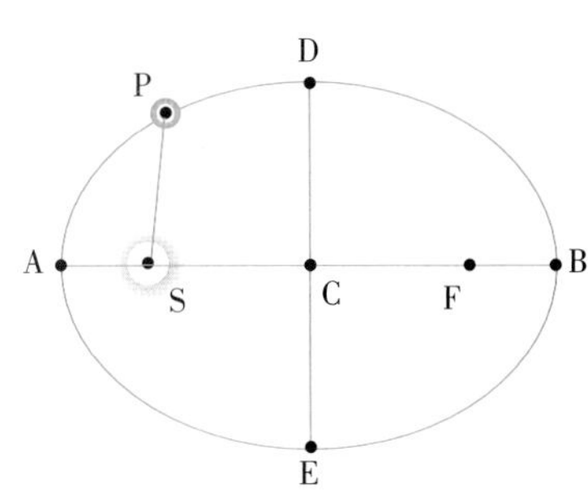

图21 行星的椭圆轨道示意图

SF除以AB的值为椭圆的偏心率。大多数行星轨道的偏心率都很小，地球为0.0167，金星最小，为0.007。只有水星（0.206）和冥王星（0.25）的轨道明显偏离圆形。

近日点和远日点 图21中，行星运动到A点时，离太阳最近，这点称为“近日点”。在B点时离太阳最远，称为“远日点”。近日点距（用q表示）和远日点距（用Q表示）是行星在这两种情况下离太阳的距离。

对于围绕地球公转的轨道，最近和最远的点分别称为近地点和远地点。围绕木星公转的轨道，相应的点称为近木点、远木点，其他行星依此类推。

轨道根素 一个轨道由6个量决定，称为“轨道根素”。它们是：半长径a，偏心率e，轨道倾角i，升交点黄经Ω，近日点黄经ω~，过近日点时刻T或绕行天体在其他时刻的经度L。对双星系统，还有一个轨道周期P。半长径和偏心率决定轨道的大小和形状，轨道倾角和升交点黄经确定轨道平面，近日点黄经确定轨道的朝向。（有时候也用一个称为“近日点角距”的量ω，它加上升交点黄经即为近日点黄经）

对有些受到扰动的轨道，给出的轨道根素是对应于某一时刻的，这些轨道称为“吻切轨道”，用来计算某一时刻前后，受到摄动的天体的位置。

行星的位置 在地球上观测，对行星相对于太阳的某些特定位置，人们赋予了特定的称谓。对外行星，最重要的两个位置是“冲”和“合”（见图22）。

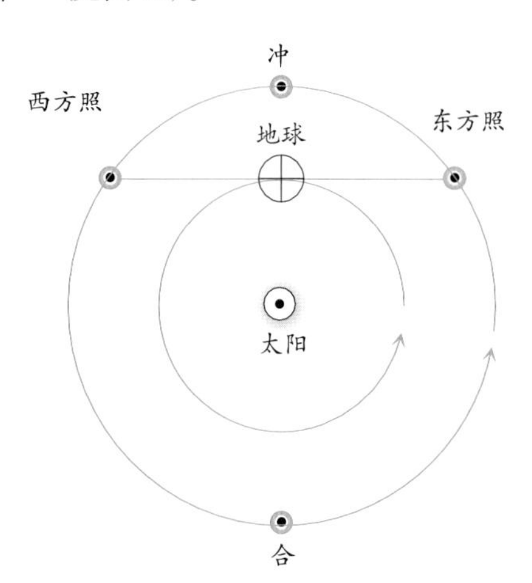

图22 外行星的冲与合

在行星冲日时，它与太阳正好分别位于地球的两侧，即它的黄经与太阳相差180度。冲日时是观测外行星的最佳时机，因为那时它们离地球最近。用望远镜观测一颗轨道比较扁的行星（例如火星）冲日，它的视大小差别极大，这取决于冲日时它位于近日点还是远日点。观测火星的最佳时间，是它于近日点冲日时，尽

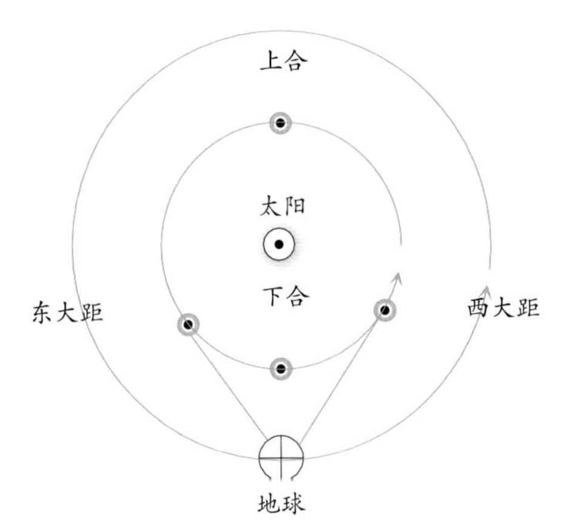

图 23　内行星的合与大距

管对北半球的观测者而言，这时它的高度较低。

行星合日时，它的黄经与太阳相等，在地球上看来它与太阳位于同一侧，这时行星会被太阳的光芒淹没。当行星（还有月亮）与太阳位于同一条直线上时，不管是冲还是合，称为“对日”（syzygy），月亮“对日”时，或为新月或为满月。

外行星还有另外两个次要些的特殊位置，即当它与太阳之间的夹角为 90°时，称为“方照”。在方照时，外行星也能显示出一些相位的变化，对火星尤其明显，在方照附近，它呈凸月状。

水星和金星这样的内行星没有冲和方照，但它们有两种合：上合，当它们位于地球与太阳之间时；下合，与太阳位于地球的同一侧时（见图 23）。水星和金星离太阳的角度最大时，称为“大距”，分为东大距（出现在清晨的夜空中）和西大距（出现在傍晚的夜空中）。

行星的运动

行星围绕太阳自西向东公转，称为方位运动（direct motion）。这是太阳系行星的共同公转方向，也有些彗星的公转方向与此相反，称为“逆向”（retrograde）运动。有些外行星的卫星也是逆向轨道。

外行星在冲日前后，由于地球的公转比它快，先是赶上它然后又超过它，于是它会显示出短暂地逆行。这段时间，行星看起来在天空中来回摆动（相对于不动的背景恒星）。行星从顺行变为逆行以及逆行变为顺行的转折点称为“留”。

公转周期　行星的公转周期通常根据天球上的背景恒星来测定，这一数值称为“恒星周期”（sidereal period），可以视为行星上的“年”。在地球上观测到的行星公转周期称为“会合周期”，这是行星连续两次经过相同视位置（例如冲或合）的时间间隔。会合周期与恒星周期不同，是因为地球本身也围绕太阳公转。对行星的卫星，会合周期是在该行星上看到它连续两次合或冲的时间间隔。

表 17 列出了各行星的周期。

行星的可见度

太阳系的行星，只有水星、金星、火星、木星和土星是肉眼可见的，实际上古代天文学家只知道这几颗行星。天王星的星等最大为 5.5 等，如果知道它在哪里，也能勉强用肉眼找到，用双筒镜则能轻松看到。小行星灶神星在最亮时（5.5 等）也能为肉眼所见，如果用双筒镜更没问题，甚至还能看到一些其他小行星。海王星最亮时可达 8 等，也是双筒镜可见的天体。但是冥王星只有 14 等，只有用大望远镜才能

表 17　行星的周期和运动

行星	平均公转周期	平均会合周期(天)	公转速度 千米/秒	平均每日公转角度(度)	自转周期	轨道倾角(度)
水星	87.969d	115.88	47.87	4.092	58.646d	0.01
金星	224.701d	583.92	35.02	1.602	243.019d (R)	177.36
地球	365.256d	—	29.79	0.986	23.934h	23.44
火星	686.980d	779.94	24.13	0.524	24.623h	25.19
木星	11.863y	398.88	13.07	0.083	9.842h	3.13
土星	29.447y	378.09	9.67	0.033	10.233h	26.73
天王星	84.017y	369.66	6.84	0.012	17.240h (R)	97.77
海王星	164.79y	367.49	5.48	0.006	16.110h	28.32
冥王星	247.92y	366.72	4.75	0.004	6.387d（R）	122.53

R 指退行。木星给出的是赤道上的自转周期（系统 I）。天王星和海王星的自转周期是根据磁场得来。

表 18　行星的观测数据

行星	赤道角直径 在单位距离处（1AU）	赤道角直径 最近处（对 2000~2100 年）	赤道角直径 最远处（对 2000~2100 年）	大距（平均值）	冲日（平均值）	平均视星等
″	″	″	″	″	″	″
水星	6.7	12.3	4.6	7.3	—	0.0
金星	16.7	63.1	9.6	24.2	—	−4.4
火星	9.4	25.1	3.5	—	17.9	−2.0
木星	197.1	49.9	30.5	—	46.9	−2.7
土星	166.2	20.7	15.0	—	19.5	+0.7[b]
天王星	70.5	4.1	3.3	—	3.9	+5.5
海王星	68.3	2.4	2.2	—	2.3	+7.8
冥王星	3.3	0.1	0.1	—	0.1	+15

a 大距：对水星和金星，冲日：从火星到冥王星

b 当环面侧对时；环面展开时为−0.3

表 19　行星的轨道数据（轨道根素为历元 2000）

行星	到太阳的平均距离（AU）	到太阳的平均距离（10^6km）	离太阳的最小距离（AU）	离太阳的最大距离（AU）	偏心率	轨道倾角（度）
水星	0.387	57.9	0.307	0.467	0.206	7.00
金星	0.723	108.2	0.718	0.728	0.007	3.39
地球	1.000	149.6	0.983	1.017	0.017	0.00
火星	1.524	227.9	1.381	1.666	0.093	1.85
木星	5.203	778.4	4.952	5.455	0.048	1.31
土星	9.537	1426.7	9.021	10.054	0.054	2.48
天王星	19.191	2871.0	18.286	20.096	0.047	0.77
海王星	30.069	4498.3	29.811	30.327	0.009	1.77
冥王星	39.482	5906.4	29.658	49.305	0.249	17.14

表 20　行星的物理参数

行星	赤道直径（千米）	质量（地球=1）	体积（地球=1）	平均密度（10^3kg m^{-3}）	扁率	表面重力（地球=1）	逃逸速度（km s^{-1}）	几何反照率	色指数 B−V
水星	4879	0.06	0.06	5.43	0	0.378	4.44	0.11	0.93
金星	12104	0.82	0.86	5.24	0	0.907	10.36	0.65	0.82
地球	12756	1.00	1.00	5.52	0.0034	1.000	11.19	0.37	—
火星	6792	0.11	0.15	3.94	0.0059	0.377	5.03	0.15	1.36
木星	142984	317.83	1321	1.33	0.065	2.364	59.5	0.52	0.83
土星	120536	95.16	764	0.69	0.098	0.916	35.5	0.47	1.04
天王星	51118	14.54	63	1.27	0.023	0.889	21.3	0.51	0.56
海王星	49528	17.15	58	1.64	0.017	1.125	23.5	0.41	0.41
冥王星	2390	0.0022	0.0066	1.8	0	0.067	1.3	0.3	0.80

a：两极直径：地球：12714 千米，火星：6752 千米；木星：133708 千米；土星：108728 千米；天王星：49946 千米，海王星：48682 千米。

b：对木星、土星、天王星、海王星，给出的是大气压强为 1 巴的高度处的值。

表 21 行星的卫星

行星和卫星		到行星中心的平均距离 (10³千米)	(行星半径)	公转周期 (天)	轨道倾角	偏心率	直径 (千米)	质量 (行星=1)	密度 (10³千克/米³)	几何反照率	平均冲日星等
地球											
	Moon	384.4	60.27	27.3217	5.15	0.055	3475	0.0123	3.35	0.12	−12.7
火星											
I	Phobos	9.38	2.76	0.319	1.0	0.015	27 × 22 × 18	1.65×10^{-8}	1.87	0.07	11.3
II	Deimos	23.46	6.91	1.262	0.9～2.7	0.000	15 × 12 × 10	3.71×10^{-9}	2.25	0.08	12.4
水星											
XVI	Metis	128	1.79	0.295	0.02	0.001	43	0.5×10^{-10}	3.0?	0.05	17.5
XV	Adrastea	129	1.80	0.298	0.05	0.002	20 × 16 × 14	0.1×10^{-10}	3.0?	0.05	19.1
V	Amalthea	181	2.53	0.498	0.4	0.003	250 × 146 × 128	38×10^{-10}	0.86	0.07	14.1
XIV	Thebe	222	3.11	0.675	0.8	0.015	116 × 98 × 84	4×10^{-10}	3.0?	0.04	15.7
I	Io	422	5.90	1.769	0.04	0.004	3643	4.70×10^{-5}	3.53	0.63	5.0
II	Europa	671	9.39	3.551	0.47	0.009	3124	2.53×10^{-5}	3.01	0.67	5.3
III	Ganymede	1070	15.0	7.155	0.21	0.002	5265	7.80×10^{-5}	1.94	0.44	4.6
IV	Callisto	1883	26.3	16.689	0.51	0.007	4819	5.67×10^{-5}	1.83	0.20	5.7
XVIII	Themisto	7387	103.3	129.71	45.67	0.204	8	—	2.6?	0.03?	21.7
XIII	Leda	11127	155.6	239.79	27.47	0.179	10	0.03×10^{-10}	2.6?	0.07	20.2
VI	Himalia	11480	160.6	250.57	27.63	0.158	170	50×10^{-10}	2.6?	0.03	14.8
X	Lysithea	11686	163.5	258.07	27.35	0.141	24	0.4×10^{-10}	2.6?	0.06	18.4
VII	Elara	11737	164.2	259.65	24.77	0.207	80	4×10^{-10}	2.6?	0.03	16.8
XII	Ananke	21269	297.5	633.68(R)	150.53	0.358	20	0.2×10^{-10}	2.6?	0.06	18.9
XI	Carme	23350	326.6	728.93(R)	164.95	0.223	30	0.5×10^{-10}	2.6?	0.06	18.0
VIII	Pasiphae	23500	328.7	735(R)	145	0.378	36	1×10^{-10}	2.6?	0.10	17.0
IX	Sinope	23700	331.5	758(R)	153	0.275	28	0.4×10^{-10}	2.6?	0.05	18.3
XVII	Callirrhoe	24314	340.1	774.55(R)	143.15	0.125	8	—	2.6?	0.06?	20.8
土星											
XVIII	Pan	133.58	2.22	0.575	0.0	0.000	20	—	0.63?	0.5?	19.4
XV	Atlas	137.67	2.28	0.602	0.3	0.000	37 × 34 × 27	—	0.63?	0.8?	18?
XVI	Prometheus	139.35	2.31	0.613	0.0	0.003	148 × 100 × 68	—	0.63?	0.5?	16?
XVII	Pandora	141.70	2.35	0.629	0.0	0.004	110 × 88 × 62	—	0.63?	0.7?	16?
XI	Epimetheus	151.42	2.51	0.694	0.34	0.009	138 × 110 × 110	9.5×10^{-10}	0.61	0.8?	15?
X	Janus	151.47	2.51	0.695	0.14	0.007	194 × 190 × 154	3.38×10^{-9}	0.66	0.9?	14?
I	Mimas	185.52	3.08	0.942	1.53	0.020	397	6.6×10^{-8}	1.17	0.5	12.9
II	Enceladus	238.02	3.95	1.370	0.00	0.005	499	1×10^{-7}	1.33	1.0	11.7
III	Tethys	294.66	4.89	1.888	1.86	0.000	1060	1.1×10^{-6}	0.99	0.9	10.2
XIII	Telesto	294.66	4.89	1.888	1.16	0.001	30 × 25 × 15	—	1.0?	1.0?	18.5?
XIV	Calypso	294.66	4.89	1.888	1.47	0.001	30 × 16 × 16	—	1.0?	1.0?	18.7?
IV	Dione	377.40	6.26	2.737	0.02	0.002	1120	1.93×10^{-6}	1.50	0.7	10.4
XII	Helene	377.40	6.26	2.737	0.0	0.005	36 × 32 × 30	—	1.5?	0.7?	18?
V	Rhea	527.04	8.74	4.518	0.35	0.001	1528	4.06×10^{-6}	1.24	0.7	9.7
VI	Titan	1221.8	20.27	15.945	0.33	0.029	5150[c]	2.37×10^{-4}	1.88	0.22	8.3
VII	Hyperion	1481.1	24.58	21.277	0.43	0.104	328 × 260 × 214	4×10^{-8}	1.1	0.3	14.2
VIII	Iapetus	3561.3	59.09	79.330	14.72	0.028	1436	2.8×10^{-6}	1.27	0.05–0.5	10.2–11.9
XXIV	Kiviuq	11205	185.9	442.80	48.74	0.154	14?	—	2.3?	0.06?	22.7
XXII	Ijiraq	11430	189.7	456.22	49.10	0.364	10?	—	2.3?	0.06?	23.1
IX	Phoebe	12952	214.9	550.48(R)	177	0.163	220	7×10^{-10}	1.3	0.06	16.5
XX	Paaliaq	14943	247.9	681.98	47.24	0.464	20?	—	2.3?	0.06?	21.7
XXVII	Skathi	15755	261.4	738.32(R)	148.51	0.206	6?	—	2.3?	0.06?	24.1
XXI	Tarvos	17207	285.5	842.71	34.86	0.619	12?	—	2.3?	0.06?	22.7
XXV	Mundilfari	18131	300.8	911.50(R)	169.41	0.284	6?	—	2.3?	0.06?	24.4
XXVIII	Erriapo	18160	301.3	913.64	33.50	0.625	8?	—	2.3?	0.06?	23.5
XXX	Thrymr	20295	336.7	1079.46(R)	174.98	0.513	6?	—	2.3?	0.06?	24.4

a 轨道倾角是相对于行星的赤道面，只有月亮和土卫九是相对于黄道面。月亮轨道相对于地球赤道面的倾角在 18.28°~28.58°之间变动，月球赤道面相对黄道的倾角是常数，为 1.54 度。

b 外围卫星的轨道根素，尤其是偏心率，受到的扰动很大。

c 固态星体的直径；云层顶部的直径为 5550 千米。

R 指退行

* 木星、土星、天王星、海王星还有大量轨道参数未知的小卫星

续表

行星和卫星		到行星中心的平均距离 (10^3 千米)	(行星半径)	公转周期 (天)	轨道倾角	偏心率	直径 (km)	质量 (行星=1)	密度 (10^3kg/m^3)	几何反照率	平均冲日星等
天王星											
VI	Cordelia	49.77	1.95	0.335	0.08	0.000	26	—	1.3?	0.07?	24.1
VII	Ophelia	53.79	2.10	0.376	0.10	0.010	30	—	1.3?	0.07?	23.8
VIII	Bianca	59.17	2.32	0.435	0.19	0.001	42	—	1.3?	0.07?	23.0
IX	Cressida	61.78	2.42	0.464	0.01	0.000	62	—	1.3?	0.07?	22.2
X	Desdemona	62.68	2.45	0.474	0.11	0.000	54	—	1.3?	0.07?	22.5
XI	Juliet	64.35	2.52	0.493	0.07	0.001	84	—	1.3?	0.07?	21.5
XII	Portia	66.09	2.59	0.513	0.06	0.000	108	—	1.3?	0.07?	21.0
XIII	Rosalind	69.94	2.74	0.558	0.28	0.000	54	—	1.3?	0.07?	22.5
XIV	Belinda	75.26	2.94	0.624	0.03	0.000	66	—	1.3?	0.07?	22.1
XV	Puck	86.01	3.37	0.762	0.32	0.000	154	—	1.3?	0.075	20.2
V	Miranda	129.39	5.06	1.413	4.2	0.003	472	0.08×10^{-5}	1.20	0.27	16.3
I	Ariel	191.02	7.47	2.520	0.3	0.003	1158	1.55×10^{-5}	1.67	0.35	14.2
II	Umbriel	266.30	10.42	4.144	0.36	0.005	1169	1.35×10^{-5}	1.40	0.19	14.8
III	Titania	435.91	17.06	8.706	0.14	0.002	1578	4.06×10^{-5}	1.71	0.28	13.7
IV	Oberon	583.52	22.83	13.463	0.10	0.001	1523	3.47×10^{-5}	1.63	0.25	13.9
XVI	Caliban	7170.4	280.5	579.6(R)	139.8	0.081	60?	—	1.5?	0.07?	22.4
XX	Stephano	7942.4	310.7	675.71(R)	141.5	0.146	22?	—	1.5?	0.07?	24.6
XVII	Sycorax	12216	478.0	1289(R)	152.7	0.512	120?	—	1.5?	0.07?	20.9
XVIII	Prospero	16089	629.5	1948.13(R)	146.3	0.328	32?	—	1.5?	0.07?	23.7
XIX	Setebos	17988	703.8	2303(R)	148.3	0.512	30?	—	1.5?	0.07?	23.8
海王星											
III	Naiad	48.23	1.95	0.294	4.74	0.000	58	—	1.3?	0.06?	24.7
IV	Thalassa	50.07	2.02	0.311	0.21	0.000	80	—	1.3?	0.06?	23.8
V	Despina	52.53	2.12	0.335	0.07	0.000	148	—	1.3?	0.06	22.6
VI	Galatea	61.95	2.50	0.429	0.05	0.000	158	—	1.3?	0.06	22.3
VII	Larissa	73.55	2.97	0.555	0.20	0.001	208 × 178	—	1.3?	0.06	22.0
VIII	Proteus	117.65	4.75	1.122	0.04	0.000	436 × 416 × 402	—	1.3?	0.06	20.3
I	Triton	354.76	14.33	5.877(R)	157.35	0.000	2705	2.09×10^{-4}	2.07	0.77	13.5
II	Nereid	5513.4	222.6	360.136	27.6	0.751	340	2×10^{-7}	1.5?	0.4	18.7
冥王星											
I	Charon	19.6	16.4	6.387(R)	99	0.00	1186	0.125	1.85	0.5	16.8

来源：The Astronomical Almanac and Jet Propulsion Laboratory Solar System Dynamics Group.

[a] 外卫星的轨道根素，尤其是偏心率，受各种引力摄动影响较大。

R 指退行

* 木星、土星、天王星、海王星还有大量轨道参数未知的小卫星

看到。

亮度 行星的星等定义与恒星相同（本书第四章中的“亮度和星等”节）。一颗行星的星等往往变化很大，这取决于它到太阳和地球的距离，还有相位（对内行星而言）。表 18 给出了外行星冲日时的平均星等，实际数值与冲日时地球、行星是位于近日点还是远日点有关（例如火星大冲时可以亮过木星）。土星亮度受环的朝向的影响很大，环完全伸展时土星的亮度是环侧对地球时土星亮度的两倍多。

对内行星（水星和金星），给出的是大距时的平均星等，这取决于当时行星离太阳的实际距离。大距时，水星和金星看上去正好一半亮一半暗，不过这并不是它们最亮的时候。水星最亮是在上合前后，这时它的整个亮面都朝向我们。不过这只具有理论价值，因为太阳光的影响，这时基本上不可能看到水星。

和水星相反，金星最亮的时候不会被我们错过，此时它的亮度仅次于月亮和太阳。金星最亮发生在下合与大距之间，此时它呈弦月形。这时的金星比大距时离地球更近，补偿了它在相位上的不足。

水星和金星在最大亮度时的不同位置，源于它们迥异的表面性质：水星上是裸露的岩石，金星上是高反射率的云层。

水星和金星在围绕太阳公转时，在我们看来都有完整的相位变化：从“新月”（下合）到“满月”（上合）再到“新月”。外行星没有类似

表 22 行星的环系

行星和环	到行星中心的平均距离		宽度（千米）
	（10^3 千米）	（行星半径）	
木星			
Halo	100.0～122.8	1.40～1.72	22800
Main ring	122.8～129.2	1.72～1.81	6400
Gossamer ring	129.2～214.2	1.81～3.0	85000
土星			
D ring	67.0～74.5	1.11～1.24	7500
C ring	74.5～92.0	1.24～1.53	17500
B ring	92.0～117.5	1.53～1.95	25500
Cassini Division	117.5～122.2	1.95～2.03	4700
A ring	122.2～136.8	2.03～2.27	14600
F ring	140.4	2.33	30–500
G ring	170.0	2.82	8000
E ring	180～480	3～8	300000
天王星			
Rings	38.0~51.1	1.49~2.00	
海王星			
Galle	41.9	1.69	15
Le Verrier	53.2	2.15	15
Lassell	55.4	2.24	—
Arago	57.6	2.33	—
Adams	62.9	2.54	<50

来源：USGS Gazetteer of Planetary Nomenclature.

的相位周期，在方照前后，它们的相位最小，呈凸月状。这一现象在火星上最明显，它在方照时的相位是亮部比例为 84%的凸月形。

行星总是位于黄道面附近。因此，任何在本书给出的星图上没有标出的黄道面附近的“亮星”，都是行星（尽管它或许——只是一种可能——是一颗新星或超新星）。行星在任意一天晚上的坐标，都能在《天文年历》上查到，读者可以把它标在这本图册的相应的星图里。

表 19 给出了大行星的轨道数据，表 20 列出了它们的物理参数，表 21 给出了已经精确确定了轨道的行星卫星，表 22 列出了行星的环系。

水　星

水星是最靠近太阳的行星，也是肉眼可见的行星中最难以观测的一颗。它的直径只比月亮大 40%。水星每 88 天围绕太阳一周，每 58.6 天自转一周，恰为公转周期的 2/3。

从地球上看，水星的视运动就是在太阳两侧附近周期性地来回摆动，幅度不大，因此它总是离太阳很近，领先或落后于太阳，不超过 2.25 小时。在晨曦或晚辉中，在地平线附近，不借助望远镜也能在太阳的余晖中看到闪耀的水星。由于它的轨道偏心率很高，大距时（或东或西）它到太阳的角距离变化很大，可以从它位于近日点时的 17°50′ 最大变到远日点时的 27°50′。水星到太阳的实际距离在 4600 万千米（近日点）到 7000 万千米（远日点）之间。

在地球上的南北半球温带区域，水星的最佳观测季节是春天的黄昏（东大距）或秋天的清晨（西大距）。不幸的是，对北半球的观测者，在绝大多数比较适宜观测的水星大距日，它都位于近日点附近，远日点大距发生在它位于天赤道以南的时候，因此南半球的观测者的水星观测条件最好。

通常，只有当水星位于大距附近时，才能被肉眼看到。它一般在达到东大距之前 10 天左右能为肉眼所见，大距后 6~7 天又消失在太阳的光芒里。在西大距时，可见时间与东大距相同，不过次序相反：在达到西大距之前 6~7 天可见，大距后 10 天左右隐匿在阳光中。在热带区域，黄道几乎横跨头顶而且晨昏蒙影的持续时间较短，不需要借助仪器就能周期性地看到水星。但在高纬地区，由于黄道面与地平面的夹角较小，即便水星大距时，高度也较低，经常被建筑物遮挡，因此十分难得一见。

要想看到水星，需要在大距日附近，天气要晴朗，在观测地的地平线附近还必须平坦、没有遮挡。最好的办法是先用双筒望远镜在地平线附近扫视，一旦确定了它的方位，再用肉眼去找时，就容易多了。它在日出前或日落后大约半小时的时间里出现在低空，看上去像一颗闪烁的亮星——注意，别把低空亮星当成了水星！

水星的运动

地球的公转方向与水星相同，但公转速度更低，每过 116 天，它们就回到相同的空间位置。这就是水星的平均会合周期（连续两次下合的时间间隔)。在一年里,水星最多能有七次大距——三次或四次出现于凌晨、三次或四次出现于傍晚。

从东大距开始,水星易见于太阳刚落山时。之后它逐渐向太阳靠近,到达下合,这时它的相位为“新月”,变得不可见。然后它又开始远离太阳,出现在清晨的天空中,一直持续到西大距。从东大距经下合到西大距的时间间隔是44天。西大距后,水星再次接近太阳,随着太阳的步伐运动,到达上合,这时它与地球分列太阳两侧,相位为“满月”,但完全淹没在阳光中。之后它又开始出现在傍晚的天空,然后逐渐回到东大距。从西大距经上合到东大距的时间间隔为72天。

“满月”状的水星的视直径约为4.5角秒。当它在近地点时,这一数值可增大至13角秒,但正如前面提到的,这时并不能看到水星。在大距时,水星差不多有半个亮面朝向地球,它的张角约为7角秒。大距时水星的星等在-0.7~0.7之间变动,这是由它到地球距离的变化以及它的相位变化(范围在37%~64%之间)共同造成的。

水星凌日

如果水星的公转轨道面恰好与黄道面重合,那么在每个会合周期都会有一次水星凌日(从太阳前面穿过)。但实际上它的轨道面相对黄道面有7°的倾角,从地球上看,它往往从日面的上面或下面经过。只有当水星下合时恰好位于它的轨道面与黄道面的某个交点附近,才能发生水星凌日。升交点对应着地球在11月10日时所在的位置,降交点对应着地球在5月8日所处的位置。如果在这两个日期前后水星下合,

表23 21世纪水星凌日时间一览

日期	持续时间	日期	持续时间
2006年11月8日	4h 58m	2062年5月10日	6h 41m
2016年5月9日	7h 30m	2065年11月11日	5h 24m
2019年11月11日	5h 29m	2078年11月14日	3h 57m
2032年11月13日	4h 26m	2085年11月7日	3h 44m
2039年11月7日	2h 57m	2095年5月8日	7h 30m
2049年5月7日	6h 41m	2098年11月10日	5h 22m
2052年11月9日	5h 13m		

来源:Fred Espenak, NASA/Goddard Space Flight Center.

图24 水星凌日。这是发生于2003年5月7日的水星凌日,暗黑的水星圆面靠近太阳的边缘。来源:瑞典皇家科学院

在我们看来,它就像日面上的一个小黑点(宽10~12角秒),慢慢地穿过太阳表面(见图24)。

发生于11月的水星凌日更为常见,其周期有7年、13年和46年等,视具体情况而定。发生于5月的水星凌日有13年和46年两个周期。上一次水星凌日发生于2003年5月7日。(译注:2006年北京时间11月9日也曾发生水星凌日)21世纪里接下来的几次水星凌日参见表23。凌日的持续时间由水星在日面上穿过时走过的弦长决定,最长可持续9小时。

观测水星凌日时,应该记录下水星穿进、穿出日面的时刻。需要记录的时刻有:凌始外切(水星前边缘进入日面)、凌始内切(水星后边缘进入日面)、凌终内切(前边缘离开日面)、凌终外切(后边缘离开日面)。要想准确计时是比较困难的,因为存在所谓“黑滴效应”,即在凌始内切开始前的刹那,水星盘面与日面边缘的接触点附近出现黑色的渐晕,持续约几秒钟后,才能明确看到内切结束。在凌终内切开始前也有类似的现象。黑滴现象由大气视宁度、望远镜衍射和太阳的临边昏暗效应等综合造成,在金星凌日时也会发生。

观测水星

最好在白天用望远镜观测水星,因为当它能被肉眼所见时,往往靠近地平线,观测起来不太舒适。但是要在大白天找到它的位置难度很高,而且打算一试身手的观测者必须采取足

够的安全措施，以防备足以灼瞎眼睛的太阳光。只有拥有操控灵敏的赤道仪并精确调整极轴后，才可进行白天观测。即便如此，由于过于强烈的太阳光以及白昼里糟糕的大气视宁度等因素的影响，也很难保证成功率。

尽管有经验的观测者已经用小至100毫米口径的望远镜成功辨认出了水星的主要表面特征，包括美国的水手10号探测器曾拍摄到的明亮的辐射纹系附近的亮斑等，但对一般观测者而言，观测之路充满了挫折和失望。最为人所抱怨的是水星那苛刻的观测条件以及它细小的尺度，不过真正的原因在于，小镜子根本无法分辨出水星上斑驳凌乱的表面细节。视力超常的观测者们用小镜子也曾得到过一些引人注目的结果，不过对大多数观测者而言，如果想要进行严谨的研究，至少需要口径200毫米以上的望远镜。如果使用数码拍摄装备，也有可能捕捉到细小的水星盘面上的反光细节。拥有精良的器材和很好的观测地点的话，观测水星不失为一个不错的挑战，它会有所回报的。

水星的表面

在1974~1975年间，水手10号几乎拍摄了半个水星表面，揭示出与月亮相似、遍布环形山的地貌。水星上有一个巨大的撞击盆地——卡路里盆地（Caloris Basin），横亘1300千米，还有许多绵亘的悬崖，这意味着水星在形成过程中曾有过收缩。水星的表面温度差别极大，夜晚低至–180°C，而白天高达400°C。

金　星

离太阳第二近的金星，是行星中最亮的，比水星易见得多。在大白天也经常能看到金星，当它亮度最大时，在晴朗无月、远离光害的黑夜里，能投下清晰可见的影子。

在所有行星中，金星的大小与地球最为接近，它的直径为12100千米，是地球的95%。它能比其他任何行星更接近地球，最近时在4000万千米以内，不过我们看不到它表面的任何细节，因为它总是被浓厚的云层覆盖着。云层的存在使得金星的表面反照率达到了65%，比太阳系的其他行星都高，加上它距离我们最近，所以才会如此光彩夺目。

金星沿着与公转方向相反的方向绕轴自转，周期为243天，比它的恒星周期（224.7天）更长。

金星的运动

金星连续两次下合之间的时间间隔为584天，在下合之前或之后大约72天达到大距，这时它与太阳的角距离在45°~47°之间。从东大距到西大距的时间为20周略多一点，从西大距到东大距则需要大约63周。

上合时，金星相位为“满月”，视直径只有10角秒左右，下合时则超过65角秒。大距时金星的亮部比例为50%（±1%），视直径约为24角秒。金星在下合前后36天左右达到最亮，即东大距之后大约5周以及西大距之前大约5周。那时，它是全天除了太阳和月亮外最亮的天体，星等可达–4.7等。最亮时金星的相位约为27%。图25给出了金星在不同相位时的相对大小。

大约每过8年，金星亮度达到最大，此时它在12月底到达近日点。这时，它位于天赤道以南，并且是晨星，在南半球观测效果最佳。北半球观测金星的最佳日期是在3月中旬金星抵达近日点时，虽然这时它比12月达到近日点时暗了不少，但地平高度要高出许多。

使用小望远镜或高质量的双筒镜就能看到金星的相位。甚至还有人用肉眼看到过“娥眉”形的金星。不过这可能已经是肉眼能看到的极限了。

观测金星

和水星一样，虽然在黄昏或凌晨也有可能获得很好的视野，但观测金星效果最好的时段仍是白天。这两颗行星都谈不上易于观测。金星的视圆面

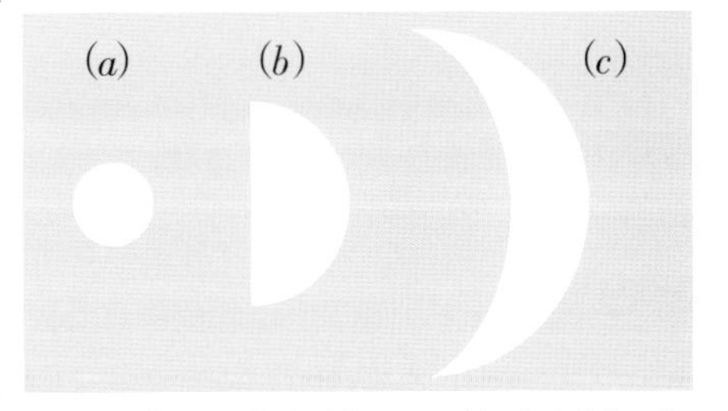

图25 金星公转时的相位。（a）“满月”，出现在上合日，这时它与地球分列太阳两端，但由于阳光的干扰，这时看不到它。（b）“半月”。在大距时或大距前后，金星呈“半月”形。（c）“娥眉”形。金星相位为27%时，亮度最大，如此图所示。它经过下合（位于地球与太阳之间）后会再次出现这样的相位。这几张的大小按它们的真实比例给出。

大很多，但是在望远镜中仅能看到厚厚的云霾，观测老手或许能注意到金星尖角附近的亮区和阴影里的暗斑。

这些暗斑位于金星大气云层顶端，离表面大约65千米。在紫外波段很显眼，而且还在不断变化，时间尺度往往为几个小时，不过也有些斑点能持续几天。对中心位于赤道上的Y形暗斑的详细研究发现，金星上的外层大气在围绕金星运动，方向与自转方向相反，周期为4天左右。要想绘制精细的金星表面图，就必须把看到的所有暗团都画出来。通常用直径50毫米的圆来绘制金星。

有时金星上的某些区域会突然增亮，观测者应准确地记录下这样的区域。对比度最大、最明显的增亮区通常出现在“月牙”形金星的两个角附近，也称为“金星角”（cusp caps），有时周围会有暗淡的云环或云带环绕。金星角和暗云带的大小和亮度常常会发生变化。

金星上的晨昏线常呈不规则形状。有时，在凹月形和凸月形的金星上，一部分晨昏线看上去非常笔直，而不是曲线。但在半月形的金星上，北半球的晨昏线是凹的而南半球的晨昏线是凸的。这种效应可能是晨昏线附近的云团上升时造成的。

人们早就意识到，观测到的金星的相位与计算出的相位不一致，称为Schröter效应（*Schröter Effect*），以18世纪90年代最早指出这一现象的德国天文学家*Johann Schröter*的名字命名。特别是计算出的金星呈半月形的日期，与观测到金星上的晨昏线呈直线的日期并不一致。东大距时，半月形金星出现的日期往往比预计的早，而西大距时则要晚。这一现象原因未明。有人说是观测误差所致，还有人认为这是一种大气效应。

另一个尚未被证实的现象是“灰光”（ashen light），即金星上未被照亮的部分（夜晚区）看上去发出微弱的朦光。这一现象常在金星呈非常窄的月牙形时（下合附近）出现。观测时很难摒除主观因素，因为这时人眼倾向于将两个月牙尖角连接起来，造成一种以为看到了整个金星盘面的错觉，而实际上可能根本没看到。关于灰光的观测，最有效的方法是在望远镜的视场里加上一个遮盖条，把金星的月牙形亮部遮蔽掉。

观测金星时经常用到彩色滤光片。不过必须在对金星的表面特征有了详细了解后，这种观测才能获得有价值的结果，这通常也是观测老手们涉足的领域。使用口径200毫米或更大的反射镜或施密特–卡塞格林型望远镜接数码设备，加上合适的滤光片，可以拍到暗斑的紫外线照片。

金星凌日

金星凌日非常罕见，只有在6月7日（降交点）或12月8日（升交点）前后几天内正好发生金星下合时才可能发生。金星凌日通常“成对”出现，金星会合周期的5倍约为8年，因此一对金星凌日的两次发生时间相隔为8年。每对金星凌日的发生间隔为105.5年或121.5年。过去的一对金星凌日发生于1874年和1882年。正在进行的这一对凌日发生于2004年6月8日和2012年6月5日~6日（每次的持续时间都为6个多小时），下一对则将在2117年和2125年上演。

和水星凌日一样，金星凌日时凌始内切和凌终内切的计时工作也受“黑滴效应”的影响。此外，在凌始外切到凌始内切期间以及凌终内切到凌终外切期间，金星的大气会呈现为环绕黑色的金星本体的一圈亮环，透映在日面的边缘。这是阳光在金星大气中发生折射的结果。

金星的表面和大气

苏联的着陆探测器从金星表面发回了许多一手照片，美国和苏联的轨道器也已利用雷达绘制出了它的表面地图。我们已经知道金星表面有一个巨大的平原，有一条大峡谷镶嵌其间，平原周围则是宽广的环形山，还有两座海拔惊人的山地，它们并肩耸立，比金星表面的平均海拔高出11千米。

金星的表面温度超过400°C，大气压比地球海平面处的气压高90倍。大气的主要成分是二氧化碳，它们形成了剧烈的温室效应，浓厚的云层中则包含大量强腐蚀性的硫酸。大气外层里的风速超过350千米/秒，但表面风速只有这一数值的1%左右。

表 24 2005~2020 年间的火星冲日

日期	离地球的距离（10^6 千米）	赤道视直径（角秒）	星等
2005 年 11 月 7 日	70.35	19.9	−2.3
2007 年 12 月 24 日	88.64	15.8	−1.6
2010 年 1 月 29 日	99.38	14.1	−1.2
2012 年 3 月 3 日	100.87	13.9	−1.2
2014 年 4 月 8 日	92.49	15.1	−1.5
2016 年 5 月 22 日	76.19	18.4	−2.1
2018 年 7 月 27 日	57.72	24.3	−2.8
2020 年 10 月 13 日	62.63	22.4	−2.6

火 星

火星不是一个易于用望远镜观测的天体。不像月亮、木星和土星，火星的视直径太小，初学者往往会对它大失所望。即使是在火星最利于观测时（它位于近日点冲日时），它的视直径也只有木星的一半。不过每次火星冲日时，会连续许多个月都适合观测，每个人都能碰到合适的天气，因此对火星的观测完全取决于观测者的水平和使用的望远镜口径。火星的真实直径只比地球的一半略大，它的自转周期也只比地球长约半个小时。

火星连续两次冲日的平均时间间隔比其他行星都长，为 780 天，或者说略少于 26 个月。因此火星冲日大约每隔一年发生一次。冲日时火星到地球的距离，在 101 百万千米（远日点冲，发生于 2 月前后）到 56 百万千米（近日点冲，发生于 8 月前后）之间。由于火星轨道面与黄道面存在夹角，火星最接近地球的日期与火星冲日的日期往往有几天之差。在近日点冲日时，火星盘面的视直径最大可达 25 角秒，而在远日点冲日时，只有不到 14 角秒。合日时，其视直径还不到4 角秒。

火星在冲日前后，是一颗肉眼可见的明亮天体。位于近日点附近冲日时，火星的星等达−2.9 等，与木星最亮时相当，而即便在远日点冲日时，其星等也有−1.0 等。火星的颜色看上去明显偏红，是因为它的表面岩石中含有大量二氧化铁。

观测条件最好的火星冲日的发生时间间隔为 15 年和 17 年，上一次是 2003 年 8 月，下一次将是 2018 年 7 月。表 24 给出了 2020 年前火星的各次冲日日期。火星也有轻微的相位变化，在方照时相位最小，此时亮部所占比例为 84%。

火星有两颗小卫星：福博斯和德莫斯。它们都很暗淡，最亮星等分别为 10.5 等和 11.5 等，而且它们离火星的角距离从来不大，常常被淹没在母星的光芒之中。要想用一个中等口径的望远镜看到它们，必须把火星置于视场之外或者用一个挡板把它遮住。这两颗卫星的形状都不规则，空间探测器的观测表明，它们很可能是被俘获的小行星。

火星的稀薄大气中，大约 95%是二氧化碳，3%为氮气，1%~2%是氩气。表面大气压约为 7 毫巴，相当于地球表面 30 千米高处的气压值。火星的表面温度范围为 23°C~−133°C。

观测火星

在近日点冲日时，火星的南极倾斜着朝向太阳，因此火星南半球上的表面细节比北半球更利于观测。远日点冲时，情况正好相反，北极倾斜对太阳。

在火星橘红色的表面上，可以看见明暗不一的斑块，正如位于两极的白色极冠。在良好的观测条件下，用口径只有 60 毫米的望远镜就能看到一些细节，但是对正式研究而言，应该使用更大的设备，例如口径 200 毫米的反射镜。

火星上亮区和暗区的命名方式，采用的是地理学和神话中的名称，由意大利天文学家 Giovanni Schiaparelli 创立于 19 世纪。从那时起，大量观测者接续并完善了这一工作，到 1957 年国际天文学联合会出版火星官方图册时达到高潮，其中标出了 128 个已命名的地貌。但是，这些地貌的区别仅仅在于表面反照率不同，并不总是符合实际的地形特征——由空间探测器绘制的环形山、山脉、山谷等。美国地质勘探所出版了真正反映火星地形学特征的地形图。如图 26 所示的反照率图（上图）是南方朝上，这是典型的望远镜中看到的样子，而地形图则是北方朝上。

火星的空间探测正开展得如火如荼，它已不再专属于望远镜观测者了。但是，业余天文学家们仍然在帮助我们丰富着关于火星的知识，因为火星的表面和大气随时都在发生变化，需要他们持之以恒的辛勤观测。

表面细节的变化 火星上较大尺度的反光

南极

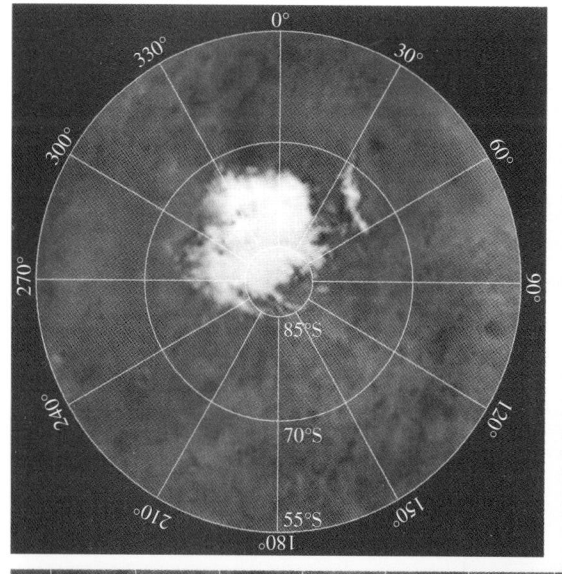

北极

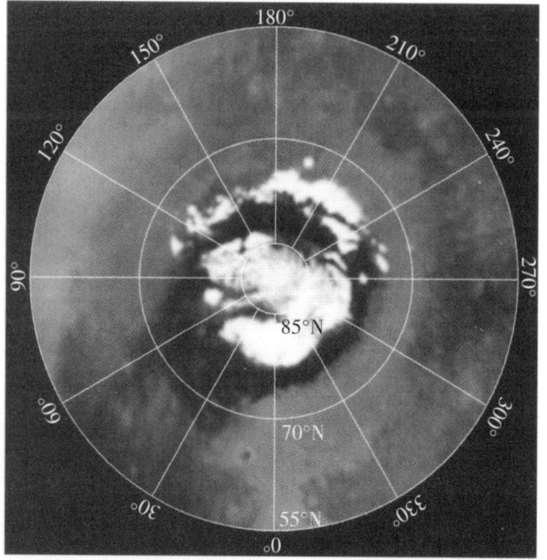

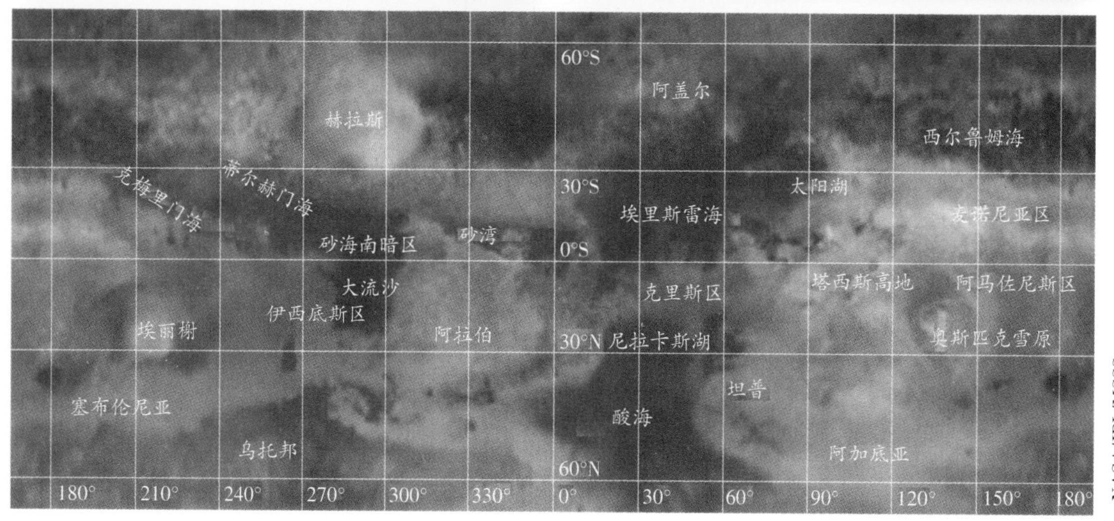

NASA/JPL/MSSS

地貌在你用望远镜观测的这段时间里或许变化不大，但是在一次冲和下次冲时，会发生许多小尺度的变化。有些地方，例如尘土飞扬的潘多拉和赫勒斯庞塔斯（hellespontus）峡谷，在火星春天时很暗，夏天变得相当醒目，而到冬天又再次变暗。还有些地方，例如大流沙（syrtis major）和太阳湖（solis lacus），在一年里发生着细微的长期性变化。火星上的这些变化，归因于表面尘土被从一处吹向另一处，它们时而盖住某些区域的岩石，时而又令另一些地方的岩石显露出来。

白云与霾　虽然在火星稀薄的大气中发现了些微水蒸气的痕迹，但火星温度是如此之低，以至于水汽很容易达到饱和。最常见的是由可挥发物（例如水、干冰）组成的云团。它们在极冠附近尤为醒目，它们的凝结可使极冠增大。常在晨昏线附近看到的模糊的团块，是低空的雾霾和地表上的一层薄霜。白色的云通常在巨大的奥林匹斯火山以及塔西斯山区（Tharsis Ridge）上空凝聚成形，尤其是在火星春天和夏天的下午。云块也常在大的撞击盆地（例如Hellas盆地）上空形成。

沙尘暴　当某些我们熟知的暗淡区域被遮挡时，有时能看到挡住它们的是一些尺度和持续时间都颇为有限的小型尘暴（有时也根据其颜色称之为黄云）。通过对它们的移动路径或者被遮挡区域的重现情况进行几天的观测，就能知道这些遮挡物是沙尘暴。近日点冲日时，火星离太阳最近，因此温度也最高，形成的沙尘暴也更为庞大、壮观。在1909年、1924年、

图 26　火星地貌图。显示的是在最好的观测条件下，地基望远镜能看到的火星表面细节。这张图由“火星全球勘探者”探测器在 1999 年拍摄的照片（来源：Malin Space Science Systems）拼接而成。火星上的主要地貌及其火星经纬度（单位为度）列于下表。这些只是近似值，因为有些地貌很不规则而且认识得并不充分。

FEATURE	经度	纬度	FEATURE	经度	纬度	FEATURE	经度	纬度
阿基里斯	50	30N	埃乌克谢诺斯湖	155	40N	罗亚齐斯大陆	0	45S
艾奥利斯	200	5S	恒河	65	10N	Nodus Alcyonius	265	30N
艾里亚	310	10N	盖杭（“小运河”）	0	20N	奥林匹亚	200	80N
艾塞里亚	230	45N	赫拉斯	294	44S	奥弗尔区	65	10S
埃塞俄比亚	235	10N	赫勒斯凹地	340	60S	阿尔蒂几亚	350	65N
阿马佐尼斯区	140	10N	赫勒斯大运河	340	50S	奥克儿亚沼	17	8N
阿门塞斯	255	5N	赫菲斯托斯	245	20N	奥克萨斯	15	30N
奥尼厄斯湾	105	45S	赫斯普利亚	225	20S	潘查亚	200	65N
阿拉伯	330	30N	北湖	50	75N	潘多拉海峡	350	25S
阿拉克斯河	130	25S	砂海南暗区	290	15S	费索恩蒂斯大陆	140	45S
阿加底亚	100	50N	伊卡利亚	115	35S	法思河	110	30S
阿盖尔	42	51S	伊代奥斯泉	50	35N	菲松	320	15N
阿尔农	330	48N	伊西底斯区	265	20N	菲尼西斯湖	100	10S
黎明湾	50	10S	伊斯门尼斯湖	330	40N	菲尼克斯区	65	30S
奥桑尼亚	250	45S	杰芒纳运河	45	5S	普罗米修斯湾	280	65S
巴尔西亚	80	65N	青年泉	63	5S	普罗庞蒂斯	180	40N
北风湾	275	50N	北极亮区	200	75N	皮雷区	30	15S
卡利洛厄	345	58N	利比亚	265	0	斯堪底亚	150	65N
坎多尔区	73	3N	月湖	70	15N	西奈	75	15S
卡修斯	260	40N	梅欧提斯沼	125	63N	子午线湾	0	5S
卡斯托瑞斯湖	157	52N	酸海	30	45N	砂湾	340	10S
塞布伦尼亚	210	45N	南海	40	65S	太阳湖	90	28S
切克罗匹亚	315	65N	北海	60	60N	斯蒂克斯运河	195	20N
塞劳尼斯	100	35N	克龙尼海	225	58S	叙利亚	90	12S
塞尔伯拉斯	215	13N	克梅里门海	210	20S	大流沙	290	10N
查尔斯	15	50S	埃里斯雷海	40	25S	坦纳伊斯	70	50N
切尔桑内萨斯	280	60S	哈德利亚海	270	45S	坦普	70	35N
克里斯区	25	10N	蛇海	315	30S	塔西斯高地	100	5N
克里索克拉（黄金半岛）	100	55S	西尔鲁姆河	155	30S	索玛希亚	80	30S
克拉里塔斯	97	20S	蒂尔赫门海	240	30S	赛尔 Ⅰ	155	70S
科普拉特斯（大运河）	65	13S	珍珠湾	17	5S	赛尔 Ⅱ	210	70S
西克洛比亚	225	5S	麦诺尼亚区	150	15S	赛米马塔	13	5N
西多尼亚	350	50N	北温带褚岛	285	35N	蒂桑尼斯湖	85	5S
达达里亚	120	30S	莫玻	350	20N	阿尔布斯区	90	15N
德尔多唐湾	310	10S	莫利斯湖	270	8N	查洛蒂三角地	195	13N
德卡莱昂区	345	15S	内克塔尔	70	20S	欧克昂克亚	240	70N
德特龙尼吕斯（运河）	350	40N	尼斯区	270	35N	阴影	290	50N
迪亚克里亚	180	45N	内本塞斯运河	250	15N	乌托邦	255	50N
戴奥斯卡利亚	315	50N	内赖丹峡	55	40S	火山岩	25	32S
伊多岬	345	3S	尼拉卡斯湖	30	30N	克桑斯	45	10N
埃莱克特利斯大陆	190	45S	尼罗克拉斯运河	55	30N	雅昂尼斯区	325	45S
埃丽树	210	20N	尼罗砂海	285	40N	策菲利亚	190	5S
埃里丹尼亚（波江）	210	45S	奥斯匹克雪原	133	18N			

1956 年、1971 年、1973 年、1975 年、1977 年、1982 年和 2001 年，曾产生过席卷火星全球的沙尘暴。这些猛烈的沙尘暴产生于南半球。记录下沙尘暴扫过的位置和次数是很重要的，有时沙尘暴迅猛地扫过全球仅需几天时间。

极冠　在一个火星年里，火星上能看到的最显著的变化，就是极冠的季节性增长和收缩。当一个半球进入秋季时，极冠在一层被称为“极区帷巾”（polar hood）的云幔下增大，云幔由富含二氧化碳和水冰的云团构成，能持续一整个冬季。随着春天的到来，云幔消散了，壮观的白色极冠显露出来，它在步入夏季时迅速收缩，但是不会完全消失，总是会剩下一小片残留极冠（residual cap）。收缩极冠的边缘被一圈暗带勾勒得非常醒目。极冠上可能出现暗黑的裂纹，例如北极冠里的“北极沟”（Rima Borealis）。此外，极冠上也有些区域分离于主体之外，例如南极冠的努沃斯丘（novus mons）。季节性的极冠由干冰构成，温度升高时它们升华到了大气中而不是融化成液体，而残留极冠由水冰组成（至少北半球的如此）。在南半球的夏季，火星位于近日点，南半球的残留极冠收缩至不到北半球的一半大。气候图像的变化意味着年复一年的火星季节更替并不是一成不变的，观测者们应该记录下这些变化。

观测方法 对严谨的火星研究而言，在一个特异景象发生期间，必须进行多次有规律的观测。只有这样观测者才能充分熟悉火星表面，并辨认出诸如云团、沙尘暴等特异现象。多年来，描绘火星一直是天文爱好者们记录火星细节的唯一可操作手段，但随着 CCD 照相技术的发展，爱好者们使用 150 毫米或更大口径的望远镜，也能拍摄到高品质的火星照片。

不过对大多数爱好者而言，最常用的办法仍然是在一张白纸上以 50 毫米为直径绘制火星盘面，并记录下细节。勾勒出主要地貌后，在进一步添加细节之前，应把时间（世界时）注在一旁。同时还必须给出中央子午线的经度，这可从诸如英国天文学会出版的《手册》或《天文年历》上查到。按照 0（明亮的极冠）到 10（黑夜）的等级估计出所见到的细节的相对亮度，也是非常有价值的。通常，大多数沙漠地区的亮度都是 2。

如果想要重点关注某些特殊的表面细节，可以是用彩色滤光片。著名的橙色系滤光片有 Kodark Wratten 系列（见图 10，第 35 页）。15# 黄色和 25# 红色滤光片能增强阴暗团块的可见度，25# 还有助于辨认沙尘暴，使它们看起来更亮。44A# 蓝色、47# 紫色和 58# 绿色滤光片有助于观测白云和表面的霜，令它们比在白光波段看起来更亮。一般阴暗区域很难用 47# 滤光片观测到，但在某些罕见的情形下却能看得很清楚。使用滤光片观测的前提是大气视宁度要好，并且望远镜的口径要足够大。例如 47# 滤光片对使用口径 200 毫米以下的望远镜的目视观测而言，透光率太低了。CCD 照片应该分别通过相互匹配的红、绿、蓝滤光片获得，把它们叠加起来就是彩色合成图。

表 25 2004~2020 年木星冲日时间一览

日期	离地球的距离（10^6 千米）	赤道视直径（角秒）	星等
2004 年 3 月 4 日	662.1	44.5	−2.5
2005 年 4 月 3 日	666.7	44.2	−2.5
2006 年 5 月 4 日	660.1	44.7	−2.5
2007 年 6 月 5 日	644.0	45.8	−2.6
2008 年 7 月 9 日	622.5	47.4	−2.7
2009 年 8 月 14 日	602.6	48.9	−2.9
2010 年 9 月 21 日	591.5	49.9	−2.9
2011 年 10 月 29 日	594.3	49.6	−2.9
2012 年 12 月 3 日	609.0	48.4	−2.8
2014 年 1 月 5 日	630.0	46.8	−2.7
2015 年 2 月 6 日	650.1	45.4	−2.6
2016 年 3 月 8 日	663.4	44.5	−2.5
2017 年 4 月 7 日	666.3	44.3	−2.5
2018 年 5 月 9 日	658.1	44.8	−2.5
2019 年 6 月 10 日	640.9	46.0	−2.6
2020 年 7 月 14 日	619.4	47.6	−2.7

火星的表面

我们已经从空间探测获悉火星南半球的大部分区域都是由陨击坑造成的高地，而北半球则更平滑并且海拔要低 1~2 千米。在望远镜里看到的反光地貌并不总是符合其地形特征，例如大流沙（syrtis major），实际上是高处陆地边缘上的一段不明显的斜坡。有些亮区，例如 Hellas 和 Argyre，是很深的撞击盆地（Hellas 的底部是火星上最低的地方，深度超过 4 千米），而同样明亮的依利森（Elysium）和尼克斯奥林匹亚（Nix Olympia，对应于奥林匹斯火山的火山结构区）却是高耸的火山。在地球上看来呈暗纹状的科普来特斯谷（Coprates），是水手谷（Valles Marineris）一条巨大的峡谷，长 4000 千米、深 4 千米的一部分。

木　星

对天文爱好者们而言，木星是观测“回报率”最高的天体。在物理上它是最大的行星，赤道直径达 142984 千米，在大多数时候它的视圆面也是最大的——直径总是大于 30 角秒，在冲日时为 44~50 角秒。

木星的平均会合周期为 399 天（13 个月多一点），因此每年的冲日时间都比上一年往后推迟一个月左右。木星到地球的距离在 6.7 亿千米

(远日点冲时)~5.9 亿千米(近日点冲时)之间，近日点冲每 12 年左右出现一次，发生在9 月或 10 月。冲日时木星星等为 -2.3~-2.9 等。除了上、下合的一到两个月，木星在一年的大多数时间里都可能看到。表 25 列出了截止到 2020 年的所有木星冲日的时间。

我们看到的木星表面只是它的顶层大气，木星大气厚密多云，主要成分是氢气和氦气，还有大量氨水、甲烷及简单的烃类。木星云中包含大量氨晶、氨盐基氢硫化物以及水冰。云层看上去是一些平行于赤纬线运动的暗带和亮条。

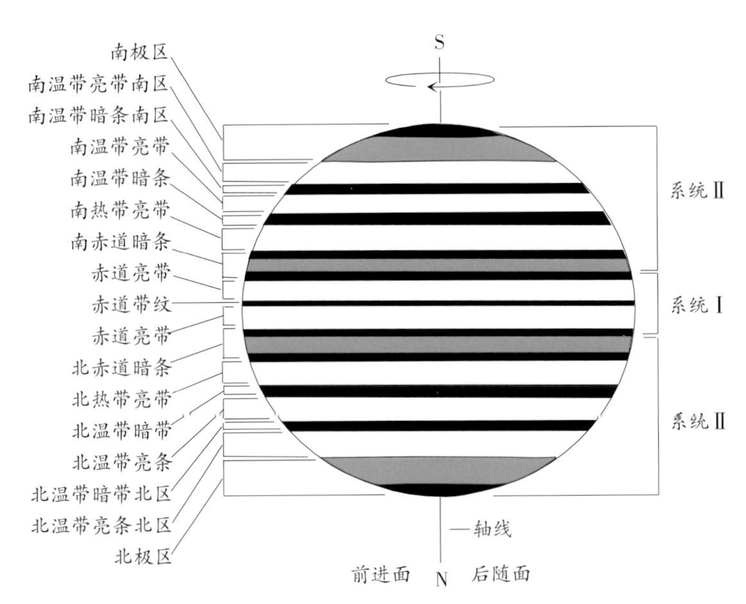

图 27　木星和土星上的暗条与亮带名称。图中画出的各个条带，其实变化非常剧烈。常用的简写符号为：S：南；N：北；P：极；T：温带；Tr：热带；E：赤道；B：暗条或带纹；Z：亮带。在土星上，SSTZ、SSTB、NNTB 和 NNTZ 很难看到。木星的大红斑位于南赤道暗条的南沿。

75 毫米口径的望远镜能分辨出云层里的一些不规则结构和斑点，150 毫米的望远镜则能揭示出可以用于科学研究的大量细节。在木星快速自转的带动下，云层上的斑点在 10 分钟内就会出现可见的移动。即便用最小的天文望远镜或双筒镜，也能看到木星的视圆面和围绕它公转的四颗主要卫星。木星自转轴的倾角只有 3°，因此我们无法看到它的极区。

高速自转使得木星看上去呈椭圆形，两极和赤道的直径比为 15:16，自转也把云团拉成了明显的条形和带状。木星大气的运动多为沿赤纬线的横向走向，因此其中的风也多为横跨不同经度区域的东风或西风。

红外观测揭示出了木星表面各处的温度差异，这种差异也意味着纬度的不同。最高、最冷的是那些呈白色和橙色的区域，也就是亮带(zones)和大红斑。比它们海拔低、温度高的是褐色的暗条(belts)，最低、最热的是赤道暗条的南边缘上的深蓝灰色斑点。木星辐射出的能量是它接收到的太阳能量的两倍，因此它必定有一个炽热的核心。

由于木星的外层是气体，它的自转也与固体不一样。在赤道地区上空充斥着高速涌动的喷射气流，但在更高的纬度，大气中的云带、斑点的运动速度更慢，因此在分析观测结果时，人们采用了两种不同的经度系统。经度系统 I 适用于赤道南北 9°左右的范围，从北赤道带的南边缘到南赤道带的北边缘，这里的自转周期取为 9 小时 50 分 30.003 秒(每天转动 877.90°)。经度系统Ⅱ适用于木星上的气体区域，自转周期取为 9 小时 55 分 40.632 秒(每天转动 870.27°)，与大红斑的平均速率十分接近。射电天文学家还定义了经度系统Ⅲ，自转周期取为 9 小时 55 分 29.711 秒，这是木星磁场(被认为与木星的固态核心相联系)的自转周期。

木星的表面细节

木星表面一些暗条与亮带的密度、颜色或结构的长期性变化，持续时间为若干年。还有些大尺度、长寿命的结构，例如大红斑，外观和运动的演变时间长达几十年。木星上也有大量持续时间为几天到几个月的活跃云团，其中一些也颇为壮观。这些结构许多都会在几年内融入稳定的云图中去，取而代之的是新的云团，这一过程持续达几十年。对这些现象进行长期观测所取得的一手资料，能帮助物理学家研究木星表面下层的性质和在其中起作用的物理过程。

1994 年 7 月 16~22 日的这一周里，发生了极为罕见的苏梅克–列维 9 号彗星撞击木星事件。这颗被木星俘获到绕木轨道上的卫星，被撕裂成了至少20个碎块，在南纬48°上空的木星大气中熊熊燃烧。在地球上用小型望远镜就能看到撞击激起的暗色尘埃团。接下来的几周，这些团块延展开来合并成一个新的暗条，在此后一年多都能看见。

暗条（belts）和亮带（zones） 图27给出的是典型的暗条和亮带，通常缩写为它们的首字母〔除了“Tropical”（热带）缩写为“Tr”，这是为了避免与“Temperature”（温带）混淆〕。虽然暗条看上去总是这个样子，但它们每年也常常会有所变化。一个暗条往往包含两个边缘带，这时就用“N”（表示北）和“S”（表示南）来区分它们，例如SEB（N）〔南赤道暗条（北）〕和SEB（S）〔南赤道暗条（南）〕。边缘带中间的部分，仍以南赤道暗条为例，记为SEBZ（也有人用下角标，例如SEB_n、SEB_s表示暗条的各个部分，但是英国天文学会现在用它们表示暗条的边沿）。有时在两个标准的亮带之间有一条窄带，称为“带纹”（band），例如南温带亮带（STZ）中的STZB。有时暗条会消失，被白色物质所取代，尤其在北温带暗条（NTB）、SEB和STZ，这种现象经常发生。木星云带的颜色有时也会发生轻微变化，暗条可能从暗蓝灰色变为红褐色，有些亮带（尤其是赤道区）会暂时变为黄色或赭石色。

在亮带和暗条附近，观测者能看到各种各样的细节。它们通常被统称为“斑点”（spots），也有描述性更强的名字：在暗条边缘的暗凸起（dark projections）、亮海湾（bright bays）；亮带里或暗条边缘的白椭圆（white ovals）；平底船（barges，极暗的棒状，在NEB南沿尤为明显）；纤丝（festoons，长而弯曲的暗黑色气流）等。下文将介绍其中一些比较引人注目的细节。

尽管这些斑点随着自转周期与经度系统Ⅰ和Ⅱ只有些许差别的气流运动，但有些突然爆发的斑点偶尔会以高得多的速度向东或向西运动，相对于经度系统Ⅱ，每天运行好几度。它们形成了所谓“喷射气流”（jet-stream）。天文爱好者们早就记录到了这种喷射，后来空间探测器的近距离观测表明，喷射气流产生的纬度与暗条边缘的纬度一致，探测器还进一步确认，木星上存在规则的、永久性的喷射气流。它们在暗条朝向赤道的边线上沿着自转方向飞奔（顺行），而在暗条朝向两极的边线上，则以相反方向行进（逆行）。这些喷流只有极少数为地球上的观测者所见，不过一旦被观测到，它们将给木星表面带来最令人印象深刻的变化，例如下文将要介绍的南赤道暗条的“复活”。

下面简述一些能在木星表面见到的最醒目的细节和活动。

大红斑 大红斑是木星上最著名的结构，早在1665年乔凡尼·卡西尼（Giovanni Cassini）可能就已经注意到它了，尽管直到1831年才开始出现连续的观测记录。它是一个巨大的椭圆形结构，横跨南热带亮带并伸入了南赤道带暗条的南边缘。它位于南赤道带暗条边缘上一个巨大的名为红斑洞（Red Spot Hollow）的环形之内，即便在没有大红斑的时候，这个红斑洞也一直可见。大红斑首次引起广泛关注是在1878年，当时它变暗为鲜明的砖红色。在1968~1975年间，它再度变为同样的颜色。在其他时候，大红斑一般呈淡黄褐色或淡灰色，有时可能会显现为一个白色的椭圆，外围包裹一圈纤细的黑环，还有的时候甚至完全消失。观测表明，椭圆形的结构是永久性的，只是它的颜色常常发生变化。

大红斑在东西方向缓慢而无规律地漂移，在过去的一个世纪里，它已经来回绕木星转动了大约三周。因此我们不能把它同木星核心上的任何一个固定点相联系。在20世纪60年代，专业照相观测表明它在逆时针旋转，周期为6~12天，1979年旅行者探测器有力地证实了这一结论。因此大红斑看上去就像是一个在南赤道带暗条南沿和南热带亮带北沿的喷射气流间回环滚动的一个大气球。现在人们认为大红斑是木星大气中一个巨大的、自支撑的、剧烈活动着的反气旋。

南温带暗条上的白斑（white ovals） 这些椭圆形的白斑和大红斑类似，其位置都与暗条相关，而且内部也都有自旋。其中三个称为FA、BC和DE，是由1940年左右从南温带亮带上分离出的三个小团块演化而成。这几个小团块快速收缩，形成了三个椭圆形结构。它们仍在缓慢地收缩，并在慢慢向南温带暗条靠拢。在大红斑的相互作用下，BC、DE在1998年合并，形成了白斑BE。两年后，BE和FA超过大红斑，合并形成白斑BA。在2002年BA再次超过大红斑，并因此而亮度减弱，它最终可能会消失。

南热带扰流（south tropical disturbance）

南热带扰流是一条穿过南温带亮带的栅栏状灰色气流，持续时间为几个月或几年，缓慢地自东向西漂移（逆行）。有记录的最大的扰流出现于1901年，它出现时是一个小暗斑，之后向东西方向极大地膨胀，在1939年消失。它在穿过大红斑时，几次与之发生相互作用。扰流也形成了一个明显的上升环流，斑点状的环流始于南赤道暗条南边缘上的喷射气流层，在其中退行，当接近扰流的内凹前端时，围绕它改变方向，进入南温带暗条北边缘的喷射气流层，然后沿着原路返回。

自1939年以来，至少观测到6个这样的短期扰流，它们通常发源于大红斑的前端。

南赤道暗条的"复活" 这时木星上能看到的最令人瞩目的现象，发生间隔在3~30年之间。随着大红斑的增亮，南赤道暗条（南）消失。当一条细小的暗色气流跨越白色的南赤道暗条区时，"复活"开始。从这一点往外，大量或亮或暗的斑点一股脑儿涌现出来，有些在南赤道暗条南边沿的喷射气流中退行，还有些在南赤道暗条北边沿的喷射气流中顺行。随着这些斑点的剧烈活动，大红斑暗淡下去，最终南赤道带"复活"过来了。

北赤道暗条南边缘的喷射和羽状物 北赤道暗条南边缘经常发生喷射，这也是木星上最引人注目的现象之一。喷射往往与白色的斑点相关联，它们常形成一种"羽毛状结构"(plume)：由一个进入赤道纤丝中的暗淡喷流和一个位于它下面的明亮的白色斑点组成。这种结构随着经度系统Ⅰ自转，持续时间为几个月，不过有时也能看到更加快速的运动和变化。

表26 木星四颗最亮卫星的消失

日期	开始	结束
2008年5月22日	3h 51m	4h 10m
2009年9月3日	4h 44m	6h 30m
2019年11月9日	12h 17m	12h 56m
2020年5月28日	11h 18m	13h 12m
2021年8月15日	15h 40m	15h 48m
2033年7月28日	3h 08m	5h 01m
2038年5月22日	9h 10m	10h 49m
2038年12月9日	8h 20m	10h 36m
2049年10月15日	3h 47m	4h 01m
2050年5月28日	17h 23m	18h 34m

来源：Jean Meeus, Mathematical Astronomy Morsels (Willmann-Bell, 1997)。

观测木星

爱好者们能进行的最重要的观测是确定亮（或暗）斑的经度。为了了解与亮（或暗）斑相联系的各种现象，必须先辨认出单个的亮斑以及这些亮斑构成的气流的运动。由于斑点的变化与运动往往非常迅速，只有精确测量出它们的经度才能找到它们。（测量纬度没有这么重要，可以把它留给专家；斑点的纬度可以参照暗条定出，而且一般变化很小）

测量精度并不难，只需要一只精确的手表或时钟，以及一架口径够大的望远镜——至少是100毫米或150毫米的反射镜。当木星的自转使得斑点穿过中央子午线（一条恰好经过木星视圆面中心并垂直于暗条与亮带的假想的经线）时，就能确定它的经度。观测者只需要记录下斑点正好位于中央子午线上的时刻，精确到分。这就是中天时刻，一般能准确到1~2分钟以内（1分钟对应的经度为0.6°）。

观测者应该记录下中天时刻，并对所见到的现象做出描述。最好把见到的景象或木星的整个表面画出来，以便日后对文字有所怀疑时可以进行验证。对所有的行星观测，望远镜参数、视宁度也都得记录下来。观测完成后，观测者可以参照星历表把中天时刻转换为经度：对赤道附近的细节（例如南/北赤道暗条等）使用经度系统Ⅰ，对其他纬度的细节使用经度系统Ⅱ。

当积累了足够多的中天时刻后，可以把经度相对于时间的关系画在一张图上，以此研究斑点的运动情况。例如，经过几周的观测并记录下木星各表面细节的若干次中天时刻后，可以很容易地发现南温带暗条上的白斑与大红斑的运动速度不同，每天相差0.4°。

画出表面图是很有价值的，尽管不如中天时刻的测量那么重要。其主要价值是给出了亮斑经过中央子午线时的外观和位置，并且同时给出了暗条和亮带的外观的变化。观测者可以画出整个表面，也可以只记录下某个特定区域。持续几个小时的观测可以方便地记录在一个"带形图上"，即当行星自转时，把新出现的表面细节连续地添加到图上，最后可以制作出一张柱形投影全图。

完整的表面图最好画在一张事先打印出了圆形边缘的纸上，标准图的赤道直径为 64 毫米。在开始绘图之前，观测者必须仔细观察行星，然后快速画出包含了主要地貌的表面轮廓，之后再填充细节。重要的是尽可能真实地记录下暗条和亮带的纬度、宽度、亮度，尽管为了清晰起见，一般建议把细节特征的对比度画得更强一些。

估计出亮带和暗条的亮度和颜色也是很有用的。用从 0（最亮）到 10（黑夜）之间的数字估计所看到的行星表面地貌的亮度。因为这是主观的估计值，只有系统地重复观测多次后，这个值才有意义。因此根据单个观测者的累计观测数据，就能得知行星上发生的变化。估计颜色就是给出简单的描述，观测者必须熟知自己看到的行星圆面上产生的各种伪彩色的原因。（尤其是"交通灯效应"，因大气折射而镶嵌的红、绿、蓝边，可能叠加在每个亮带上甚至整个行星表面。）

CCD 照相机的应用，使得现在的观测者可以用一架中等口径的望远镜获得相当精细的照片。使用红色和蓝色滤光片拍摄的照片，能给出关于各个表面细节的颜色的有用信息。

木星的卫星

已知的木星卫星超过了 60 颗（现在为 63 颗——译者），其中有四颗的星等在 5~6 等，其他的都暗于 14 等。如果不是由于木星光芒的遮挡，木星的四颗伽利略发现的卫星——木卫一、木卫二、木卫三、木卫四——用肉眼就能看到。不过用双筒望远镜可以轻易看到它们。由于它们的公转平面非常靠近木星的赤道面，后者又几乎正好侧向对着我们，因此这几颗卫星看上去总是排成一条直线，并且不断从木星视圆面的前后方经过。用一架小型望远镜，就能看到卫星凌木星以及它们的影子扫过木星盘面、卫星被木星的影子以及被木星盘面掩食。当四颗卫星穿过木星盘面时，我们能知道它们的不同：木卫一呈暗淡的灰色或不可见、木卫二通常看不见，但木卫三和木卫四很黑。每过 6 年，当地球经过木卫的轨道平面附近时（持续时间约为几个月），可以看到它们之间的互相掩食。所有这些凌、掩现象在天文年历中都有预报。爱好者们对这些现象进行计时，有助于精确确定木星卫星的轨道。

表 27　2005~2020 年土星冲日一览

时间	离地球的距离（10^6 千米）	赤道视直径（角秒）	星等
2005 年 1 月 13 日	1208	20.6	−0.4
2006 年 1 月 27 日	1216	20.5	−0.2
2007 年 2 月 10 日	1227	20.3	0.0
2008 年 2 月 24 日	1240	20.1	+0.2
2009 年 3 月 8 日	1256	19.8	+0.5
2010 年 3 月 22 日	1272	19.6	+0.5
2011 年 4 月 4 日	1288	19.3	+0.4
2012 年 4 月 15 日	1304	19.1	+0.2
2013 年 4 月 28 日	1319	18.9	+0.1
2014 年 5 月 10 日	1332	18.7	+0.1
2015 年 5 月 23 日	1342	18.5	0.0
2016 年 6 月 3 日	1349	18.4	0.0
2017 年 6 月 15 日	1353	18.4	0.0
2018 年 6 月 27 日	1354	18.4	0.0
2019 年 7 月 9 日	1351	18.4	+0.1
2020 年 7 月 20 日	1346	18.5	+0.1

有时候三颗内伽利略卫星（即木卫一、木卫二、木卫三）中的两颗会在同一个晚上发生相同的现象（例如凌木星），而第三颗发生另一类不同的现象（例如被木星盘面或木星影子掩食）。这一巧合印证了它们的轨道间的一个数学关系，即木卫一的平均经度，减去木卫二的经度的三倍，加上木卫三的经度的两倍，等于 180°。因此它们永远不会在木星的同一侧排成一列。在极少数时候，这四颗主要卫星都不可见，它们或在木星盘面（凌）上或在木星的背后（被木星食）。表 26 给出了 2050 年前四颗伽利略卫星同时不可见的预报时刻。

就算使用大望远镜，也基本上完全看不到伽利略卫星的表面细节。不过空间探测器已为我们揭示出了它们表面不寻常的变化情况。由于其他几颗卫星的潮汐力的影响，木卫一上火山活动不断，火山活动产生的影响，用地面大型专业天文望远镜就能观测到。木卫二有着光滑的冰质表面，其中有许多迂回曲折的线状痕迹。木卫三和木卫四大的冰质表面上遍布着环形山。

木星的其他卫星分为三群，对天文爱好者们而言，它们都太暗淡了，无法观测。第一群

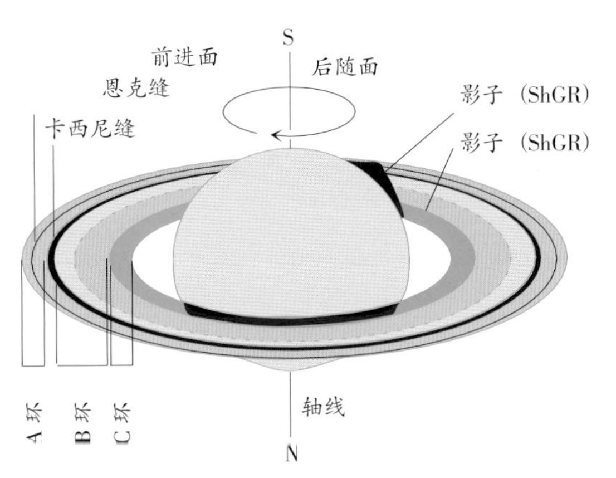

图 28 土星环系的主要部分的名称。这里显示的是地球上所见的土星环面倾角最大时的情形。B 环通常是最亮的，C 环最暗并且是半透明的。卡西尼缝位于 A 环和 B 环之间，在环面倾角不大时已很明显，而 A 环中的恩克缝在倾角最大时也难以看到。环系投在土星视圆面上的影子，能在南、北半球或 C 环里（本图即是如此）看到，这取决于土星环面倾角以及阳光的入射角度。土星投在环面上的影子，在冲日前位于前进面（preceding side）上，冲日后位于后随面上（如图中所示）。土星盘面上各细节的名称与木星类似（见图 27）。

表 28 21 世纪中土星环最宽的日期。正表示土星的北半球面向地球，负则表示南半球。

日期	角度
2017 年 10 月 16 日	+27°.0
2032 年 5 月 12 日	−27°.0
2046 年 11 月 15 日	+26°.9
2062 年 3 月 31 日	−27°.0
2076 年 10 月 9 日	+27°.0
2091 年 5 月 4 日	−27°.0

来源：Jean Meeus, More Mathematical Astronomy Morsels (Willmann-Bell, 2002)。

比木卫一更靠近木星，其中包括大小为 250 千米×146 千米×128 千米的木卫五和其他三颗直径不到 120 千米的小卫星。和木星稀薄暗淡的环一样，这三颗小卫星只能用空间卫星观测，其中最靠近木星的那颗卫星的轨道与木星环一致。另外两个群里只有一颗较大的卫星（木卫六，直径 170 千米，亮度 15 等），其他的都为 17 等或更暗。它们离木星很远，公转平面的倾角很大而且轨道易受扰动，目前普遍认为它们都是被木星俘获的小行星。

土　星

土星是太阳系里的第二大行星（赤道直径为 120536 千米），它离我们比木星远得多，因此在望远镜里看来它的视圆面还不到木星的一半。土星冲日时的距离在 11.97 亿千米（近日点冲）到 13.57 亿千米（远日点冲）之间。冲日时土星赤道的视直径为 18.4 角秒（远日点冲，发生于 6 月）~20.7 角秒（近日点冲，发生于 12 月）。表 27 列出了 2020 年前土星冲日的时间。

土星的平均会合周期为 378 天，因此每年的冲日时间都比上一年往后推迟两周左右。在晚上观测，一年里能看到土星的时间为 9~10 个月。不过由于土星公转平面相对黄道面存在一个倾角，因此对位于某一特定观测地点而言，土星冲日时的观测条件变化极大。发生于 12 月或 1 月的土星冲日最适合北半球观测，但最不利于南半球观测，因为此时土星恰好位于天赤道之北。对发生于 6 月或 7 月的土星冲日，情况正好相反，因为这时土星的位置偏向天赤道之南。土星绕太阳公转一周需要 29.5 年，因此对位于某一固定地点的观测者来说，会有大约 14 年的时间利于观测，之后则是大约 14 年相对不利的时间。

土星的两极直径比赤道直径短 10%左右，它的椭率为太阳系行星之最。如此大的椭率与它的低密度密切相关：它的密度比水还轻。

土星的表面细节

土星和木星一样也有暗条和亮带，它们的命名方式也与木星类似（见图 27）。在亮条和暗带上时不时就看到一些斑点，不过它们的寿命都很短，这也是我们对于土星在不同纬度处的

表 29 21 世纪中地球穿越土星盘面的日期

日期	方向
2009 年 9 月 4 日	由南往北
2025 年 3 月 23 日	由北往南
2038 年 10 月 15 日	由南往北
2039 年 4 月 1 日	由北往南
2039 年 7 月 9 日	由南往北
2054 年 5 月 5 日	由北往南
2054 年 8 月 31 日	由南往北
2055 年 2 月 1 日	由北往南
2068 年 8 月 25 日	由南往北
2084 年 3 月 14 日	由北往南
2097 年 10 月 5 日	由南往北
2098 年 4 月 26 日	由北往南
2098 年 6 月 18 日	由南往北

来源：Richard E. Schmidt, Sky &Telescope, Vol. 58, p. 500 (1979)

自转周期不如对木星了解的那么精确的原因。土星赤道上的自转周期为10小时14分，纬度越高，周期越长。土星上没有定义像木星那样的不连续经度系统Ⅰ和Ⅱ，它的周期是随着向两极靠近而连续递增的。

大约每过30年，土星的北极斜对太阳的角度达到最大时，在赤道地区就会出现大白斑（Great White Spots）。它们由高反射率的氨晶云组成。在1933年、1960年和1990年都出现过大白斑，1990年随后的几年里，还能看到一些小斑点。1933年和1990年出现的斑点迅速增大，很快就盖满了整个赤道区，直到几个月后才消失。

土星大气的主要成分是氢气，还有甲烷、氨水、磷化氢、乙炔和乙烷等。"旅行者"探测器发现了一个厚约70千米、延伸广阔的雾霾层，它对暗条和亮带的外观有所影响。土星赤道地区的风速是行星中最高的。和木星类似，土星辐射的能量比它从太阳上接收到的多，它的表面有效温度为96.5开，如果它自身没有热量来源，这一温度应比现在低摄氏20度左右。

土星的环

用一架小望远镜采用50倍左右的放大率，即可看到环绕整个土星赤道的环系，不过如果想要看清三个主要的环：A环（外环）、B环（最亮的环）和C环（内环，由于透明度较高也称绉纱环），就需要用更大的望远镜和更高的放大倍数。图28给出了土星环的主要组成部分，所有已知的环的数据列于表22中。在土星明亮的表面上，有时能在赤道附近看到一道薄纱似的暗影横亘其上，这就是C环，此时的C环在土星亮面的映衬下能见度最好。土星环会以各种不同的角度向我们展现它的身姿，从正好侧对我们时的0°到最大时的27°。表28列出了21世纪土星环倾角最大时的日期。平均而言，环面从最大倾角到侧对我们的时间约为7.25年。土星冲日时的亮度变化很大，在0.8等到-0.5等之间，其主要原因就是由于土星环倾角的不同。

在土星围绕太阳公转的一个周期里，地球有两次经过土星盘所在的平面，时间间隔分别为13.75年和15.75年（因为土星的轨道是椭圆，所以间隔并不等长）。每次穿越期，地球最多可以穿过土星盘面3次，例如1995年5月22日（由北往南）、1995年8月11日（由南往北）和1996年2月12日（由北往南）。地球穿越土星盘面的日期列于表29中。当正好侧向我们时，用小望远镜看不到土星环，因为它的厚度最多只有几百米。不过当侧向角为1°左右时，环系如薄网般舒展，而这时的土星卫星就像附着在丝网上的小水滴般晶亮，华美之极。

土星环掩恒星的现象极其罕见，最近这些年仅在1989年发生过一次，当时人马座28号星先是被土星环遮掩，然后又被土星最大的卫星——泰坦掩食。这次掩食带来了土星环的结构和泰坦大气的信息。在两个"旅行者"号探测器于1980年和1981年探访土星之前，这是了解土星环的结构的主要渠道。

A环上有个裂缝，称为"恩克缝"（由Johann Encke最先发现），关于它是否存在曾有过争论，不过"旅行者"探测器最终证实了它的存在。A环和B环之间的间隙，称为"卡西尼缝"（由Giovanni Cassini最先发现），如果环面倾角合适并且大气视宁度较好的话，用口径75毫米的望远镜就能看到。这个非常显眼的缝隙宽4800千米，其中并不是空无一物，而是包含许多细如毫发的小环。在地球上可见的各个环系中，最暗的是C环。不过如果在极好的天气条件下利用大型望远镜观测，就会发现在C环的内边缘与土星的视圆面之间还有另外一个环——D环。"旅行者"号探测器在A环之外也发现了至少三个环，按照到土星的距离排列是：F环、G环和E环。

土星环并不是一整块，而是由不计其数的小微粒组成，"缝隙"就是环上微粒极少的区域。目前已发现了许多缝隙，它们位于离土星的某些特殊距离处，研究表明，其中的微粒已被土星的某些卫星的周期性引力拽离了原处，与小行星带里的科克伍德带类似。

观测土星

在确定土星表面特征的经度方面，任何天文爱好者都可以一显身手。和观测木星类似，斑点的经度通过精确记录下它穿过中央子午线（这条假想的线正好平分土星盘面，并且与云带垂直）的时间来确定。实际观测中，观测者的测时精度都能达到1~2分钟。然后可以查阅经度表，它给出了中央子午线在每天世界时零时的经度。尽管前文曾提到土星上靠近两极时，自转周期渐次递增，但为了研究方便，也经常引入（与木星类似）经度系统，系统Ⅰ适用于整个赤道区（包括两个暗条和两个亮带），自转周期为10小时14分（844.3°/d）。经度系统Ⅱ适用于其他区域，采用的自转周期为10小时38分25秒（812°/d）。

在土星自转5、7、12圈和14圈后，同一经度区会再次出现在盘面上相同的地方，使得我们可以重复观测以前看到过的那些细节，而且观测的时刻与第一次看到它们的时刻相差一般不超过3小时。重要的是，必须保证在每次观测时记录下的中天时刻的细节与上次看到的确实是同一个。当需要将你的观测记录与其他观测者的记录进行比对时，这么做会极大地增强你观测的价值。

尽管不像记录中天时刻那么关键，但画图依然是很重要的观测项目。在出现特异景象时，图像能记录下土星的表面特征的相应变化。

由于土星的外观形状随着环面倾角的变化而持续改变，不能像木星那样事先做好标准空板。土星的外形取决于数值B（以土星环面为基准的地球的“土星纬度”），通常可以一系列标准土星轮廓中（可以从全国观测组里那里得到）拷贝出来。观测时应该做好详细的记录：日期、观测时间（世界时）、设备、放大倍数、大气条件等，这都是永久记录中不可缺少的部分。对重要细节的详细注释应该附加在当时的观测记录里。

如果有条件进行系统地持续性监测，可以开展另一种有价值的观测：估计土星盘面各区域以及土星环的相对亮度。把它们的亮度分为一系列等级，欧洲天文学家的惯例是1代表B环的亮度（最亮值），10代表夜空的黑度（最暗值）。美国人采用的等级正好相反，从最亮的8（B环的亮度）到暗夜的0（最暗值）。有些介于中间的细节可以标记成1/2，不过没必要精确到1/10，这几乎没什么意义。

有色滤光片常被使用，推荐使用的滤光片有Wratten 25（红色）和Wratten 44A（蓝色）或Wratten 47（蓝色，适用于超过300毫米的大口径望远镜）。红、蓝和白光波段的不同强度能显示出不同的颜色细节，另外，显示的暗条和亮带的宽度也可能会有差别。人们注意到了一种令人疑惑的效应，称为环的“双色相”（bicoloured aspect）效应，即通过一个给定的滤光片进行观察，土星环的一端和另一端会显示出不同的亮度。这一效应通常在A环上出现，是分别用红色和蓝色滤光片比较了A环两端的亮度后被发现的。有时候仅用一个滤光片也会发现亮度差。这一效应的真实性已经被CCD相机和摄像机观测证实。

土星的卫星

土星有10颗主要的卫星，最大的是泰坦（即土卫六，冲日时的星等为8.3等）。空间探测器和地基观测又发现了许多小卫星，总数已经超过了30（目前已超过60颗——译者）。大多数主卫星的公转平面与土星赤道面十分接近，但土卫八的轨道比较倾斜、土卫九则是逆行轨道。这些卫星的亮度都有变化，变化最大的是土卫八，西大距时要比东大距时亮大约2个星等。旅行者探测的观测表明，土卫八的表面一半为高反光物质，另一半却很暗。

泰坦的亮度和颜色都随时间而变：它可以呈白色、黄色、粉红色甚至红色。这是因为泰坦有一层主要由氮气构成的大气，其中还包含各种各样的有机成分。它的表面温度为93开，要比平衡状态下的黑体温度高大约7开，因此它的大气中应该也存在轻度的温室效应。

由于土星的赤道平面倾角很大，因此我们不能经常看到土卫的掩食现象，只有在地球穿越土星盘面时，才能看到像木卫那样的掩食。在土星的公转周期里，大致有两段时间看不到任何卫星食，每段持续10年左右。

仅当土星环面侧对我们或环面倾角很小时，才会发生土星卫星的凌与食。泰坦凌土星时，用小望远镜即可看到，它显示为土星圆面上的一个暗点，几乎和它的影子一样暗。绘制卫星的运动轨迹是很有意思的事情，但如果想要把最好的观测时间留出来，用来尝试估计它们的星等，注定是要失望而归的。如果没有测光仪器的帮忙，这是很难做得可靠的，部分原因是土星的反光太亮了。真正有价值的工作，是记录下卫星凌、食等现象发生的时间。

天王星，海王星和冥王星

天王星

天王星的星等为 5.5 等，差不多是肉眼能见的极限，不过它一点儿也不显眼。在高质量的双筒镜或小型天文望远镜中看来，它显示为一个蓝绿色的模糊斑点，视直径最大为 4 角秒左右。

天王星的距离太远，使得它在冲和合时的视亮度变化只有大约 20%，而且它在冲日和方照时，外表上没有可察觉的区别。不过由于它的大气的变化而导致的亮度差（约 0.5 等）已经被探测到了，应用观测变星的方法，用双筒镜即可监测到这一变化。更精确的测量可用 CCD 光度计完成，已经确认了目视观测者报告的变暗情况。这种变暗通常持续时间不超过几周，尽管已知的最长时间是 6 个月。

和其他行星不同，天王星是“躺”着自转的，也就是说，它的自转轴几乎就在公转平面内。与地球相反，逆时针方向旋转的轴是南极轴，它与公转平面的倾角为 98°。因此在天王星绕日公转的过程中，它的朝向是独一无二的：极对我们，如 1985~1986 年；侧对我们，如 2007~2008 年；或介于两者之间。

目视观测上，它最显著的特征是非常柔和。淡色的带纹侧围着朦胧的窄带，已经被报道了当它侧对着我们时，同时在边缘还有大尺度的增亮现象。这些细节大多都几近人类视觉的极限，因此有理由提出怀疑，不过哈勃空间望远镜也拍摄到了类似的细节。

已知的天王星卫星有 20 多颗。其中最亮的，也必须在大型望远镜中才能看到，不过能用小望远镜加 CCD 相机拍摄下来，如果能有效地屏蔽掉天王星的散光的话（或减短曝光时间，或用遮光板挡住天王星）。空间探测器还发现了 11 个暗淡、细小的环。环和最靠近天王星的卫星在天王星的赤道上沿几乎正圆形的轨道运动，因此不管是什么原因导致天王星的自转轴倒在了公转平面内，它并没有摧毁其卫星和环系。

海王星

海王星星等为 8 等左右，小望远镜或双筒镜可见。它的视直径约为 2.3 角秒，在中等口径的望远镜中呈带蓝色的盘状。使用通常的仪器无法看到任何细节。只有用威力强大的设备，才能发现出带纹的痕迹，勾勒出了明亮的赤道区的边界，令人联想起别的气态巨行星上的云带。有报告称随着行星的自转，它的亮度也有变化，但是变化幅度还不清楚。此外，有理论认为海王星的亮度随太阳活动而变化，在太阳活动极大时，变得更暗，但这一效应还有待证实。

海王星实在太远，在小型设备上使用 CCD 相机也无法拍摄到比目视观测到的更多的细节。在英国天文学会出版的《手册》或天文学杂志上刊载的星图上，可以找到它的位置；或者相反，从星历表或星图软件上查出它的坐标后，把它标在星图上，然后据此搜寻。

海王星有一颗大卫星——海卫一，星等为 13.5 等，有爱好者用 CCD 相机拍到过它。它的运动是退行，公转平面与海王星的赤道成 23°的夹角。最大的外侧卫星是海卫二，它很小很暗，公转轨道极扁。它暗至 18.7 等，只有最好的设备才可能捕捉到它。海王星还有一些其他的卫星，但都在普通爱好者们的观测能力范围之外了。

冥王星

冥王星的目视星等为 14.5 等，照相星等为 15.4 等，口径 250 毫米以上的望远镜才能看到它。当然，如果曝光时间够长的话，也能用 CCD 相机或照相底片捕捉到它，但你需要一份高质量的星图来确认它的位置，或者在间隔几小时后再次拍摄一张照片，通过其运动来证认它的所在。

冥王星比其他大行星小得多，直径只有 2390 千米——比月亮还小。它的轨道偏心率和倾角也比其他行星大很多。更出格的是，当它位于近日点附近时（例如 1979~1999 年），会跑到海王星轨道里面去。这些与其他海王星外天体相同的性质，引发了关于它究竟是不是一颗大行星的争论。

冥王星的卫星——卡戎，发现于 1978 年。卡戎距冥王星的最大角距离只有 0.8 角秒，因此只有在极好的天气条件下用大型观测设备才能看到它，即便如此，它看上去也不过是冥王星上面的一个鼓包而已。卡戎到冥王星的距离为19600千米，公转周期为6.39天。它的直径为冥王星的一半，是太阳系中与行星的质量比最大的卫星。冥卫系统是目前已知的唯一一个既同步自转又同步公转的行星-卫星系统（指冥王星与卡戎的自转周期都与卡戎的公转周期相同——译者）。

海王外天体

从1992年以来，已发现了几百个海王外天体（tans-Neptunian objects），它们的轨道半长径都超过30天文单位，都属于柯伊伯带天体（见下文）。其中许多天体的轨道都与冥王星相似，也被称为“类冥天体”（Plutinos）或“小冥王星”。最大的海王外天体——创神星（Quaoar），直径约为1200千米，与卡戎相当，最亮星等为21等。目前已经发现了几例像冥王星和卡戎这样成对出现的柯伊伯带天体。因此人们已普遍认为冥王星只不过是柯伊伯带天体中个头较大的一个而已。

小行星

这些被称作小行星的天体，是一些围绕太阳运动的小天体。它们当中即便是最大的一颗——谷神星，直径也不到1000千米，大多数都小于10千米。唯一一个亮到裸眼能够看到的是4号小行星灶神星，它的直径大约580千米，有着较高的反照率。最早被发现的五个小行星列在表30中。

在木星轨道内，大约有100万颗小行星的直径超过1千米，它们大多分布在火星轨道和木星轨道之间的小行星带或称主带中。

最有趣的小行星是那些不在主带中的小行星（见表31）。例如433号小行星，1989年被发现，1975年最接近地球的时候，距离我们只有2400万千米。还有一些小行星从地球和月球之间经过，现在实施了很多巡天计划就是要发现这些对地球构成威胁的小行星。

已知有超过1300颗小行星与地球轨道相交。一个名叫2000BD19的小行星，近日距竟然小于0.1天文单位，除了少数彗星之外，是最接近太阳的天体了。自从1992年以来，数以百计的冰质小行星在海王星以外的轨道上被发现，说明存在第二个小行星带，称为柯伊伯带或者Edgeworth-Kuiper带，这个区域被认为是大多数周期彗星的仓库。一些归作半人马群的个头很大的小行星，轨道位于木星和海王星之间，其中第一颗被发现的是2060号喀戎星，它在过近日点的时候表现出一些彗星的特征。

木星轨道上，在木星前方60°和后方60°的地方有两群小行星，按照特洛伊战争的英雄来命名。第一个被发现的特洛伊群内的小行星是588号Achilles，于1906年被发现。目前还发现了一些轨道位于火星和海王星之间的特洛伊群的小行星。

一些运行在主带外侧的小行星的公转周期是木星周期的分数值（3/4和2/3）。小行星分布上这明显的间隔（柯克伍德空隙）一般是木星周期的整分数（例如1/2，1/3，3/5等），其余的小行星在距离太阳2.0天文单位~3.3天文单位处则是均匀分布的。

从地球上看，小行星反射太阳光变化较大，说明它们具有不规则的形状和粗糙的表面。这些变化，主要是由于小行星的旋转引起的，它们自转的周期是若干小时，已知的一些介于5~8小时之间，只有很少的一些是短于1小时或者长于24小时。通过光谱摄影，利用不同的滤光镜，只在特定的波长来观测小行星，可以发现关于它们的反照、表面组成和直径的更多信息。雷达观测则提供了其他的信息，包括发现了一些小行星实际是双星系统，空间探测器拍摄的

表30 最初发现的五颗小行星

编号和星名	发现年	恒星周期（年）	和太阳的平均距离（天文单位）	轨道面倾角	偏心率（度）	反照率	直径（千米）	最亮时的星等
(1) Ceres	1801	4.60	2.77	10.6	0.079	0.11	948	6.7
(2) Pallas	1802	4.62	2.77	34.8	0.230	0.16	532	6.7
(3) Juno	1804	4.36	2.67	13.0	0.259	0.24	234	7.4
(4) Vesta	1807	3.63	2.36	7.1	0.089	0.42	530	5.5
(5) Astraea	1845	4.13	2.57	5.4	0.193	0.23	119	8.8

表 31　一些有趣的小行星

编号和星名	发现年	恒星周期（年）	和太阳的最近和最远距离（天文单位）		轨道交角(度)	扁率	绝对星等	说明
			最小	最大				
(69230) Hermes	1937	2.13	0.622	2.688	6.1	0.624	18.0	2003 年重新发现
(279) Thule	1888	8.86	4.23	4.33	2.3	0.012	8.57	位于小行星主带的最外侧
(433) Eros	1898	1.76	1.133	1.783	10.8	0.223	11.16	经常接近地球。拉长的外形，长 33 千米，宽 13 千米
(588) Achilles	1906	11.8	4.422	5.956	10.3	0.148	8.67	木星特洛伊群中已知的第一颗
(944) Hidalgo	1920	13.8	1.950	9.544	42.6	0.661	10.77	已知第一颗远日点在木星以外的小行星
(1221) Amor	1932	2.66	1.085	2.754	11.9	0.435	17.7	
(1566) Icarus	1949	1.12	0.187	1.969	22.9	0.827	16.9	经常接近地球
(1862) Apollo	1932	1.78	0.647	2.296	6.4	0.560	16.25	已知第一颗穿越地球轨道的小行星
(2060) Chiron	1977	50.33	8.433	18.831	6.9	0.381	6.5	已知第一颗半人马群小行星
(2062) Aten	1976	0.95	0.790	1.143	18.9	0.183	16.80	已知第一颗轨道半长径小于地球的小行星
(2212) Hephaistos	1978	3.19	0.360	3.973	11.8	0.834	13.87	可能与恩克彗星拥有共同的母体
(3200) Phaethon	1983	1.43	0.140	2.403	22.2	0.890	14.6	双子流星雨的母体
(3753) Cruithne	1986	0.997	0.484	1.511	19.8	0.515	15.1	与地球成 1:1 轨道共振
(4015) Wilson-Harrington	1979	4.29	0.997	4.285	2.8	0.623	15.99	1949 年发现是彗星
(4179) Toutatis	1989	3.98	0.920	4.102	0.5	0.634	15.30	近地小行星。双体结构
(5261) Eureka	1990	1.88	1.425	1.622	20.3	0.065	16.1	火星特洛伊群
(15760) 1992 QB_1	1992	290.5	40.902	46.825	2.2	0.068	7.2	已知第一颗柯伊伯带天体
(15789) 1993 SC	1993	247.8	32.225	46.671	5.2	0.183	6.9	第一颗确认的与海王星轨道成 2:3 共振的小行星
1996 PW	1996	4460	2.544	540	29.8	0.991	14.0	类似彗星轨道的小行星
2000 BD_{19}	2000	0.82	0.092	1.661	25.7	0.895	17.2	已知最小近日点的小行星
(50000) Quaoar	2002	284.4	41.732	44.765	8.0	0.035	2.6	最大的柯伊伯带天体，直径 1200 千米

绝对星等：当该行星距离太阳和地球都是 1 天文单位的时候，并且完全被照亮，此时的亮度。根据反照率可以转化为大小，但是反照率往往并不确定。

影像揭示了它们有的还有卫星呢。

小行星按照它们的光谱或者反照率来分类，大约 75%的是 C 类——反照率低于 3%，它们也许含有相当多的碳质。另外的 15%是 S 类的，具有中等的反照率（平均 16%），多数属硅质。还有一些是金属质的，具有很高的反照率，例如 44 号小行星 Nysa 的就达到 40%。

大多数小行星被认为是太阳早期的碎片，而木星的存在则使它附近的一大片区域内这些碎片无法再形成其他的大行星。后来的演化则取决于相互之间的碰撞和破裂。这一理论从一些小行星群的存在得到证据，群内的小行星都拥有相似的轨道和组成。三个主要的族群分别与 221 号小行星 Eos、158 号小行星 Koronis 和 24 号小行星 Themis 相关。

术语和命名

小行星通过 CCD 图像或者照片被发现，在一定的曝光时间内它们有运动的轨迹，这与图像上的固定不动的恒星不同。专业天文台有自动的搜寻程序，它们发现了大多数新的小行星，但是这其中只有那些不寻常地快速移动的（近地的）或者慢速（遥远的）小行星才被仔细地研究过。在收到一颗小行星的天体测量观测数据后，国际天文学联合会小行星中心（位于麻省剑桥的史密松天文台）会给它一个临时名称。一些新的主带小行星是在爱好者拍摄的 CCD 图像中发现的。

小行星临时的名称按照发现的日期来指定。名称中含有年代，后面是 A 到 Y 的字母代表一年中的每一个上下半月，接下来的字母表示在这个半月中发现的先后顺序（字母 I 都不使用）。例如，2003DE 表示了它是至 2003 年 2 月下半月（D）中被发现的第五颗（E）小行星。如果在半个月中发现了超过 25 颗小行星，则第二个字母循环，并加上一个数字下标表示第二个字母在这半个月中是第几次被循环使用。很多被临时命名的小行星最终都被证明是再次发现的已知的小行星，对不同年份中同一小行星的认证观测是一项富有挑战性的任务。

小行星在至少有了三次冲日的精确观测结果，从而计算得到可靠的轨道后，才被赋予正式的编号。(如果有早于发现的小行星照片，这个过程可以缩短)。一旦小行星被永久编号，则发现者可以为它命名。到 2003 年年中，有 65000 颗已经永久编号的小行星，其中超过 1 万颗被命名。在每两年中新小行星的发现数目就会增加一倍。

引用永久编号小行星的法则是它们的编号（通常括在括号中）加上名称。例如（429）Ohio，(1677)Tycho Brache 和(3869)Norton。小行星的提名由发现者提交给小行星中心，由一个委员会审批，新编号和名称会在小行星会刊上刊登，上面还有天体测量的数据、轨道参数。

小行星观测

使用小望远镜甚至双筒镜找到那些诸如灶神星一类明亮的小行星是一个很简单的事情。在一个熟悉的天区，如果出现了一颗异常明亮的小行星，往往会被误认为是发现了新星。每年明亮的小行星的位置都会在天文年历上刊登。

在天区中搜寻并认证闯入者是发现过程中主要的工作。暗弱的小行星要通过发现它们的移动才能被确定。这需要先画下视场内的星星，然后几个小时以后再与望远镜中的观测情况进行比对，移动了的小行星就能被发现了。一旦被认证，就能够利用背景恒星，对小行星每夜进行跟踪观测。利用屏幕的闪视，也可以在 CCD 图像中发现小行星的移动。

对小行星相关的简单的观测是有趣和有意义的。通过对比已知亮度的恒星，可以估计小行星的亮度，这与变星亮度的估计方法相同。小行星在旋转中会改变亮度，有时候是可以目视观测到的，例如（216）Kleopatra 小行星亮度变化达到一个星等，而扁长的小行星（433）Eros 则能够变化 1.5 个星等。

即使小行星的亮度在一个夜晚没有表现出变化，但是在一个运行的周期内，与地球接近时会变亮，离开时就会变暗。随着时间画下小行星的亮度曲线，能够揭示出它的轨道是否是接近正圆（亮度曲线是对称的）或者偏心（亮度曲线不对称）。

当把亮度被归一到小行星距离太阳和地球都是 1 天文单位，而且相位角是 0°的时候，就是小行星的绝对亮度值。通过分析小行星的绝对亮度随着相位角的变化，可能得出它的反照率、直径和其他几个重要的物理属性。如果把不同观测数据汇总在一起，能够提高这些数据的精确度。

对 CCD 图像或照片进行精确的位置测量，可以改进小行星的轨道参数，并且在小行星会刊上发表。一些爱好者进行光电测光观测，从而得到精确的亮度曲线，并从中估计小行星的自转周期和物理属性。

彗　星

根据第 15 版的《彗星轨道目录》，至 2003 年初共有 1642 颗彗星，被充分地观测并确定了轨道。其中有 83%是长周期彗星，要几百年、几千年甚至数百万年围绕太阳一周。许多这样的彗星都是“新”彗星，都是离开那个远离太阳 2 万到 10 万天文单位的奥尔特云，第一次接近太阳。相反，“老”彗星则是指那些受到大行星（主要是木星和土星）的扰动，多次进入内太阳系的彗星，它们的轨道比最初要小很多。极少数彗星，例如 Bowell （C/1980E1）彗星就在 1980 年曾很接近木星，从而被永久地弹出了太阳系。

周期彗星一般是指短周期彗星，它们的周期短于 200 年（有点任意性的划分），在第 16 版的《彗星轨道目录》中列出了 341 颗。它们多数来自于海王星外的柯伊伯带。标准的短周期彗星的公转周期在 5 到 9 年之间。对于小望远镜来说它们多数是太暗弱了，但是偶尔也有可以通过双筒镜可以看到的。在超过 270 颗已知的短周期彗星中，只有哈雷彗星始终可以用肉眼看到。然而，即便是非常亮的彗星，也会因为它从太阳的方向接近我们，从而无法看到。多数彗星都有扁长的轨道，所以只有当它们过近日点前后的很短一段时间才能被看到。

每年大约有 30 颗彗星被地面观测者看到，其中大约有十几颗是已知的彗星回归，其余则

表 32　一些彗星的轨道要素。在彗星轨道要素中，特别是周期一项，可能在跨越行星轨道时，受行星扰动而改变。

彗星	轨道周期（年）	倾角（度）	近日点距离（天文单位）	偏心率	说明
2P/Encke	3.3	12	0.34	0.85	金牛座流星雨的母体
26P/Grigg-Skiellerup	5.1	21	1.00	0.66	
96P/Machholz 1	5.2	60	0.12	0.96	象限仪座流星雨的母体
10P/Tempel 2	5.5	12	1.48	0.52	
22P/Kopff	6.5	5	1.58	0.54	
21P/Giacobini-Zinner	6.6	32	1.03	0.71	天龙座流星雨的母体
3D/Biela	6.6	13	0.86	0.76	仙女座流星雨的母体，已分裂
36P/Whipple	8.5	10	3.09	0.26	
29P/Schwassmann-Wachmann 1	14.7	9	5.72	0.04	
55P/ Tempel-Tuttle	33.2	163	0.98	0.91	狮子座流星雨的母体
1P/Halley	76.0	162	0.59	0.97	宝瓶座 η 和猎户座流星雨的母体
109P/Swift-Tuttle	135	113	0.96	0.96	英仙座流星雨的母体
153P/Ikeya-Zhang	364	28	0.51	0.99	可见多于一次的长周期彗星
C/1861 G1（Thatcher）	415	80	0.92	0.98	天琴座流星雨的母体
C/1956 R1（Arend-Roland）	—	120	0.32	1.00	
C/1965 S1（Ikeya-Seki）	880	142	0.008	1.00	克鲁兹掠日彗星群的成员，曾是更大的天体的一部分
C/1969 Y1（Bennett）	—	90	0.54	1.00	
C/1973 E1（Kohoutek）	—	14	0.14	1.00	
C/1974 V2（Bennett）	—	135	0.86	1.00	过近日点后消失了（分裂了?）
C/1975 V1（West）	—	43	0.20	1.00	
C/1980 E1（Bowell）	—	2	3.36	1.06	
C/1983 H1（IRAS-Araki-Alcock）	—	73	0.99	0.99	1983 年 5 月 11 日距离地球 0.03 天文单位
C/1995 O1（Hale-Bopp）	—	89	0.91	1.00	
C/1996 B2（Hyakutake）	—	125	0.23	1.00	1996 年 3 月 25 日距离地球 0.10 天文单位

资料来源：Brian G. Marsden and Gareth V. Williams, Catalogue of Cometary Orbits, 15th edition（2003）。

是新发现的。目前一些专业的巡天观测项目大大限制了业余发现彗星的数目，但是每年仍有若干新彗星是被爱好者发现的。此外，近些年，一颗名叫 SOHO 的太阳环境探测器每年能够记录下上百颗接近太阳的彗星，而它们也许恰恰逃过了地面的观测。这些彗星多数都是爱好者通过 SOHO 拍摄的图像发现的。

一颗新彗星在刚被发现时，一般是又暗又小，呈雾状的天体，像一个星云，但却是移动的。在彗星的中心有一个很小的不规则的核，直径几千米，由冰和尘埃颗粒组成。当彗星进入内太阳系，冰开始汽化，释放出尘埃颗粒，形成一个气态和尘埃颗粒的层，这就是我们观测到的彗星的模糊的头部，称为彗发。靠近彗核部分有着更高的密度，使得彗发形成了中心凝结的形态，从而也使彗核变得朦胧。有时，这种强烈的凝结使得看上去像一颗恒星，就称作彗核凝结，或者伪彗核。

由于彗核的冰蒸发，很多彗星同时具有尘埃彗尾和气体彗尾，气体（等离子体）彗尾由彗发中的离子形成，它们被太阳风沿磁力线方向加速。气体彗尾通常是直的，与太阳反方向。而尘埃彗尾则是尘埃颗粒被太阳光压而形成的。当辐射遇上大约直径为入射光波长的 1/3 的小颗粒的时候，太阳光对它的压力可达到了颗粒所受引力大小的 20～30 倍，这样，尘埃颗粒就被吹出，沿着自己的轨道，在稍落后于彗发的位置上运动，因此，尘埃彗尾可以是弯曲的，或者扇形的。

当彗星越接近太阳的时候，它会将越多的物质散失到彗发和彗尾中，而当它远离太阳的时候，物质散失的速度就会减慢。不同彗星，其物质的释放和行为都不相同，这使得预测彗星的亮度很困难。一个经常使用的彗发总体目视亮度 m_1 的方程是一个幂率公式，它能够大致给出彗星亮度的变化，但只当彗星运行在轨道的一小部分时适用，公式如下：

$$m_1=H+5\log\Delta+2.5n\log r$$

这里，n 是幂指数，Δ 和 r 是彗星的地心和日心距离，单位为天文单位。对于新发现的彗星来说，为了计算星历表，n 通常被设定为 4。当计算彗核亮度的时候，n 被设定为 2。公式中的 H 是彗星的绝对星等，定义为当彗星距离太阳和地球都是 1 天文单位的时候的亮度。

彗星以发现者名字来命名（偶尔是发现彗星的天文台或者人造卫星的名字，少数是以计算彗星轨道的人命名，例如哈雷、恩克等）。每颗彗星最多可以有三个人的名字。按照 1995 年规定的彗星命名方式，彗星按照发现的年和月来命名，每一个月被分成上下各半月，1~15 号是上半月，16 号到月末是下半月，以从 A（1 月 1~15 日）到 Y（12 月 16~31 日）的大写字母表示，字母 I 不使用。外加一个数字表示在这半个月中被发现的先后顺序。

前缀 P/或 C/表示这颗彗星是否是周期的。例如，海尔-波普彗星是 1995 年 7 月 23 日被发现，是 7 月 16～31 日（字母 O）中第一个被发现的彗星，因此就被命名为 C/1995 O1（Hale-Bopp）。当周期彗星至少两次回归被观测到时，才会给它一个数字，表示它的周期被确定的顺序，例如 1P/Halley 或者 109P/Swift-Tuttle。目前，一些周期彗星在整个周期中都能被观测到了。

当彗星丢失或者不再存在时，被赋予前缀字母 D/(不存在)，例如，D/1993 F2（Shoemaker-Levy 9），它于 1994 年 7 月分裂成 20 块，并且撞上了木星。前缀 X/用来表示没有可靠轨道的彗星，前缀 A/表示随后的观测发现其呈星状，或者不再活跃（没有彗发）。

一些彗星会突然大量释放气体和尘埃，形成爆发或者短时间的增亮，一个偶然增亮的例子是 29P/Schwassmann-Wachmann 1 彗星。而一些彗星则发现分裂成两个或多个部分，例如 3D/Biela 彗星，它分裂后在 1846 年和 1852 年回归时变成了两颗彗星。C/1975 V1（West）彗星在 1976 年分裂成 4 大块。释放出来的尘埃大多分布在彗星的轨道上，当地球和这些尘埃物质相交的时候，就会形成流星雨。很多流星雨都与已知的周期彗星有关，但是 12 月的双子座流星雨是一个例外，它属于一颗小行星（3200）Phaethon 的轨道。

彗星的轨道参数有近日点时刻 T，近日距 q，偏心率 e，定义轨道空间位置的三个角度：近日点角距 ω、升交点黄经 Ω、轨道倾角 i。表 32 中列出了一些彗星的轨道参数。彗星的轨道会受到行星的引力摄动，还需要规定这些参数采用的历元。此外，从彗核喷出的物质会带来“非引力作用”，对彗星的回归预测带来影响。

观测彗星

业余天文学家可以做出贡献的领域有 4 个：搜寻新彗星、测量已知彗星的位置、估计彗星的亮度、通过目视摄影或光电设备记录彗星的物理结构的细节。

对于彗星搜寻使用一个中等口径的设备和低放大率是最好的。选择一款口径 100～150 毫米的大型双筒镜是不错的，放大率要在 20～30 倍之间。多数彗星都是在与太阳的夹角在 100° 以内时发现的，位于黎明前东方的天空中，或者日落后西方的天空中。因为只有当彗星相当接近太阳的时候才能够亮到 10 等或者 11 等以上。

目视搜寻者应仔细地沿路径扫视天空，每次扫视路径之间要有一些重复的天区，如果一个星云状的天体进入视野，彗星猎手们会查询一个或多个星图以及彗星历表看看这个目标是星系、星云，抑或是一颗已知的彗星。一群距离很近的暗星容易被误认为是一个模糊的目标，观测者还要留意是不是鬼影。为了检查确认发现，要更换目镜（或者更换望远镜）再观察目标。如果在摄影的时候，至少要拍摄两张以上的照片才好。一般彗星在一两个小时内会显现出移动。可能的发现应该提交给最近的官方天文组织，由它们上报给美国史密森天文台的天文电报中心局，以便进一步验证，乃至发布新彗星发现的消息。

在报告发现的时候，要提供如下信息：观测的日期和时间（UT）、观测的位置和使用的设备，发现者的全名和地址、电话号码和 E-mail 地址，以及日标的形态（包括亮度、凝结度、弥散情况和是否有彗尾）、位置（注明采用的历元）。

拍摄彗星能提供更有用的信息，诸如亮彗星的彗尾结构的变化情况。天体测量是业余人士长期以来可以提供有用资料的领域，尤其是对于新发现的彗星要计算它的初轨。对天体测量来说，精度要达到 1 角秒，因此观测的望远

表 33 主要的流星雨

名称	出现期		最多时 ZHR	彗星					已知母彗星	说明
				辐射点（2000.0）			已知日运动			
	正常	最多		赤经		赤纬	赤经	赤纬		
				h m	°	°	°	°		
象限仪座流星雨[a]	1 月 1～6 日	1 月 3 日	100	15 30	(232)	+50			小行星 2003 EH1	中速，蓝色
南冕座流星雨	3 月 14～18	3 月 16 日	5	16 24	(246)	−48				
天琴座流星雨	4 月 19～25 日	4 月 22 日	10	18 10	(272)	+32	+1.1	0.0	C/1861 G1 （Thatcher）彗星	迅速，明亮
宝瓶座 η 流星雨	5 月 1～10 日	5 月 6 日	35	22 23	(336)	−01	+0.9	+0.4	1P/Halley 彗星	极快，行径长
蛇夫座流星雨	6 月 17～26 日	6 月 20 日	5	17 23	(261)	−20				
摩羯座流星雨	7 月 10 日～8 月 15 日	7 月 25 日	5	21 03	(316)	−15				黄色，很慢
宝瓶座 δ 流星雨	7 月 15 日～8 月 15 日	7 月 29 日	20	22 39	(340)	−17	+0.8	+0.18		双辐射源，流星较暗
		8 月 7 日	10	23 07	(347)	+02	+1.0	+0.2		
南鱼座流星雨	7 月 15 日～8 月 20 日	7 月 31 日	5	22 43	(341)	−30				
摩羯座 α 流星雨	7 月 15 日～8 月 25 日	8 月 2 日	5	20 39	(310)	−10	+0.9	+0.3	45P/Honda–Mrkos–Pajdušáková 彗星	亮黄色，慢
宝瓶座 ι 流星雨	7 月 15 日～8 月 25 日	8 月 6 日	8	22 15	(334)	−15	+1.07	+0.18		双辐射源，流星较暗
				22 07	(332)	−06	+0.13	+0.13		
英仙座流星雨	7 月 23 日～8 月 20 日	8 月 12 日	80	03 08	(047)	+58	+1.35	+0.12	109P/Swift–Tuttle 彗星	迅速，片段的，有些亮而长
天龙座流星雨	10 月 6～10 日	10 月 8 日	<5	17 25	(261)	+57			21P/Giacobini–Zinner 彗星	只有当这颗彗星在近日点时才活跃
猎户座流星雨	10 月 16～27 日	10 月 20~22 日	25	06 27	(097)	+15	+1.23	+0.13	1P/Halley 彗星	极快而长
金牛座流星雨	10 月 20 日～11 月 30 日	11 月 3 日	10	03 47	(057)	+14	+0.79	+0.15	2P/Encke 彗星	双辐射源，非常慢
				03 47	(057)	+22	+0.76	+0.10		
狮子座流星雨	11 月 15～20 日	11 月 17 日	15	10 11	(153)	+22	+0.70	−0.42	55P/ Tempel–Tuttle 彗星	亮而长，每 33 年有大活跃
双子座流星雨	12 月 7～15 日	12 月 13 日	100	07 28	(112)	+32	+1.1	−0.07	小行星（3200）Phaethon	中速，亮而短
小熊座流星雨	12 月 17～25 日	12 月 22 日	10	14 27	(217)	+78	+0.88	−0.45	8P/ Tuttle	经常微弱

[a] 象限仪座现已不存在，辐射点在今牧夫座内。

镜或相机的焦距要在 1 到 2 米才能够提供足够精确测量的图像。目前很多彗星的位置是由 CCD 设备记录的，由软件快速而精确地计算出彗星的位置，这个过程比摄影快，而且不需要机械测量设备。

对彗星结构的目视观测最好使用望远镜观察，并用铅笔画在纸上。仔细记录可见结构的相对大小和密度，图上还要有两个方向，如北和东，以及 1 角分的比例尺线段。

彗发的总体亮度很有用，尽管测量很困难，即使天气状况、望远镜口径和放大率的很小的改变，都可能导致目视亮度上巨大的变化。人们经常使用散焦法，来比较恒星和彗星的亮度，从而得到彗发总体的亮度。三个常用的方法如下：

1. 博勃罗尼科夫方法：调节望远镜焦距，使得彗星和比较的恒星具有相同的视大小，然后直接比较彗星和已知恒星的亮度。这种方法只是在彗星具有强烈凝结的时候使用。

2. 西奇威克方法：记住彗星的亮度，然后把它和散焦的比较星进行比较，散焦的恒星的视大小要与彗星相同。当彗发较大或者彗星有亮凝结时，这个方法有问题。

3. 莫里斯方法：将彗星适当散焦直到它有较为均匀的表面亮度，记住这个彗星星像，然后把恒星散焦到同样大小，然后比较它们的亮度（为了得到相同的大小，恒星散焦要比彗星多一些）。

每种方法都要使用三个以上的比较恒星，还要记录下估计亮度所使用的设备信息（包括口径、类型、焦比和放大率），以及彗星彗发直径和凝结度（通常是一个 0～9 的数值来表示，0 代表强度极低，而 9 则代表强度极高类似恒星）。

流　星

流星，是行星际尘埃或者流星体颗粒高速进入地球大气层时形成的。流星体和空气分子碰撞产生摩擦热，将颗粒直接气化，从流星体上气化的原子与更多的空气分子碰撞，碰撞的能量剥离了原子和分子中的电子，这个过程就是电离。电离在流星体后面形成了一个很长的余迹，由带正电的离子和带负电的自由电子组成。

典型的流星余迹产生在离地面 80~100 千米的高空，持续几分之一秒，有一些会延续几秒钟的时间，在这个很短的过程中，离子和电子重新组合，发出光。这是一段很短的光线，人们称为流星。大多数产生流星的尘埃颗粒都来自于彗星。

流星的亮度，从需要通过望远镜观测到的很短很暗的一瞬，到可以持续几秒的很亮的火球。在一个晴朗无月的夜晚，每个小时都有几颗流星出现，称为偶发流星，它们随机地进入大气层。

流星雨

在每年特定的时间，地球遇上彗星留下的尘埃颗粒物质流的时候，就会发生流星雨。流星雨群内的流星看上去像是从天球上的一个固定的地方散发出来似的，这一点就叫辐射点。每年大约有 10 个主要的流星雨，流量从每小时 10 颗到 100 颗不等，还有大量的暗弱的流星活动。基本上所有的流星雨都以辐射点所在的星座名称来命名。例如英仙座流星雨辐射点在英仙座中，而双子座的辐射点在双子座。

每个流星雨都有很大的不同。一些流星运动得很快，而另一些则相当慢；一些含有大量的火流星，而另一些则没有；一些流星雨的流星余迹比其他的持续得较久。

每个流星雨的流量不同时间也不一样。例如，象限仪流星雨的活动高峰只有几个小时，而猎户座流星雨则没有明显的高峰，最大流量很平均，而且会持续两三天。

对于一个流星雨每年的情况也不尽相同。很多流星雨例如金牛座流星雨和双子座流星雨，每年的活动水平都差不多，而狮子座流星雨平时年份较少，而每 33 年会出现非常高的流量，在短短的时间内达到每小时几千颗。1966 年爆发之后，1999 年到 2002 年的流量曾达到每小时 4000 颗。流星雨的活动水平用每小时天顶流量（ZHR）来表示，指的是对于一个观测者在理想的晴夜，当辐射点位于头顶位置时，每小时看到的流星数目。

表 33 列出了夜间出现的一些主要的流星雨。活动水平和 ZHR 值只是一个参考，因为每

次流星雨的表现都不相同。

辐射点标的是在活动极大时的位置，实际上，每晚辐射点都在移动，每日的移动速度在表中也有，其他日期的辐射点位置要通过加减计算出来。

闰年的情况会影响给出的流星雨日期。例如英仙座流星雨活动高峰是 8 月 11、12 日，也可能是 8 月 12、13 日。每年特殊的流星雨最好参考当年的天文年历。

目视观测

目视流星雨观测的目的在于确定流量和亮度分布。通常每次观测要持续一个小时以上，而一个观测者一晚要进行若干次观测。

每次观测都要记录以下数据：观测者姓名、通信地址、观测地点及其经纬度、日期、开始和结束的时间（UT）、观测期间平均目视极限星等、观测天区的平均云遮率。

观察期间，对于每一颗流星，观测者应记录如下数据：精确到分钟的时间（UT）、流星亮度、是否偶发流星或群内流星、余迹的持续时间、速度、颜色、爆炸等。不一定要画下流星的轨迹，但是在出现火流星，或者要确定一个新的流星群辐射点的时候，这是必需的。

所有的观测可以上报国际流星组织（地址见附录）。

望远镜观测

从事这种观测需要一架望远镜或者双筒镜，它要拥有较宽的视野，较低的倍率。望远镜观测需要提供和目视观测差不多的数据，额外加上所使用的设备、目镜视野、视野中心的天球坐标。观测者要以星为背景画下流星的路径。望远镜观测需要极大的耐心，因为观测到的流星数目一般会大大低于直接目视的数目。

摄影观测

具备光圈大于 f/4.5 的普通相机，配上感光度大于 400 的胶卷就适合进行流星摄影。

通常每次曝光要 5～30 分钟，这依赖于设备和观测条件。拍摄的开始和结束的时刻要以 UT 的形式记录下来，精确到 0.1 分钟。拍摄时间、地点和可能经过视场的亮流星的情况也要记录。一般来说，只有亮度大于 0 等的流星才能被摄影记录下来。可以使用多个相机来增加拍摄到流星的机会。

附加上旋转快门，就可以用以测量流星的速度，如果利用三角成像的原理，在另外一个地方也用同样方法拍摄到同一颗流星，就可以从拍摄结果计算出流星的真正的路径和轨道参数。

火流星观测

进入大气层的流星体如果比较大，就会出现一个火流星（亮于–5 等），视面大小相当于太阳和月亮。有时流星体在落地之前并没有完全气化，剩余的石块叫做陨星，在坠落之后尽快找到，就有利于分析它们。专门的火流星机构接受有关信息，可以尽快地确定坠落地点。很少的火流星会产生陨星，但是如果能听到“隆隆”的声音，就很可能有陨星了。

自然的火流星和人造天体的再入大气层，往往极其相似，但后者运动的速度往往比较慢，经过天空可能会要 1 分钟的时间。

没有人能预测火流星的到来，看到火流星往往是运气比较好而已，有关的报告都是偶然观测到的。目击者可以联系当地的官方机构或者国际流星组织。需要上报如下信息：

1. 观测者姓名和地址，观测地点和时间（UT）
2. 轨迹，经过星空背景的运动轨迹。如果提供不了，目击目标在天空中最高点和消失点的方向和高度角。如果目标经过头顶，要报告观测者面向流星来的方向，是向左手飞去，还是右手那边。
3. 亮度、大小、形状和颜色、余迹的细节、有没有尘埃余迹、是否分裂或者消失。
4. 声音，估计飞行到爆裂的声音的长短。

流星流量的计算

流星雨和偶发流星的流量依赖于极限星等、云遮率和观测者的感知情况。月光可以显著减少观测到的流星的数目。满月前后的各 5 天内只有亮流星才能看到。流量还和辐射点的地平高度有关，辐射点越低，看到的流星越少。

流星雨的活动用ZHR来表示，它指的是对于一个观测者在理想的晴夜，极限星等为6.5等，当辐射点位于头顶位置时，每小时看到的流星数目。每小时偶发量（SHR）定义为晴夜下一个观测者每小时看到的偶发流星数目。有：

$$ZHR=(N_{sh}/t)\times R\times C_{sh}\times F$$

$$SHR=(N_{sp}/t)\times C_{sp}\times F$$

这里，N_{sh}和N_{sp}分别是流星雨和偶发流星目视的数目，t是观测的时间段（小时），R是辐射点高度的修正因子，C_{sh}和C_{sp}是流星雨和偶发流星的观测极限星等的修正因子。F是云遮修正参数。下面会详细介绍各个修正参数的使用。

辐射点高度修正因子R：

$$R=1/\sin a$$

这里，a是辐射点高度角。这个公式比较简单，高度角越大，不同的公式得到的结果越相近。表34中就是用这个公式计算的。可见，当辐射点低于30°时，可以看到的流量将大大低于ZHR值。

天空极限星等修正因子C：

$$C=r^{6.5-LM}$$

r是数量指数（相邻星等的流星的数量比），LM是极限星等。每个流星雨的数量指数不一样，而偶发流星的要比群内的高，没有精确的数值。主要流星雨的r值在2.2～2.5之间，而偶发流星的r值在2.5～3.0之间。

对于晴好的夜晚，LM=6.5，这样调整因子就是1。天空越晴朗，C就越接近1，对于r值就越不敏感。天空越差，算出的流量越不可靠。

云遮修正因子F：

$$F=100/(100-K)$$

K是观测期间，视野天空中的云遮率，对于晴天，F=1。

注释：上面的计算只涉及单个观测者。修正因子可以来自于多个观测者，也胜于引入其他的因子到计算中来造成的不确定。观测者应保持个人记录的独立性。

上面忽略了最后一个因子，就是群内流星雨被偶发流星所影响。既然偶发流星有着随机的方向，它们中的一部分的路径就会经过辐射点，而被观测者错误地记录在群内流星数目里面了。一般来说这个影响不大，除非群内流星的流量很小。

表34 不同辐射点高度的辐射点仰角修正因子R

高度（度）	R	高度（度）	R
5	11.5	35	1.7
10	5.8	40	1.6
15	3.9	45	1.4
20	2.9	50	1.3
25	2.4	65	1.1
30	2.0		

食

日食是在月亮遮住太阳的时候发生，只在月朔期间。每次日食只能在地球上的一小部分地区内看到。月食是当月亮进入地球的阴影中时发生，只能在月望期间。每次月食可以被地球上一半地区的人看到，只要月亮升起在地平以上。

每年至少有两次日食，有时会达到5次之多。有些年可以没有月食，也可以有三次，包括全食和偏食（但不含半影月食，此时月亮进入地球的半影中，只是比平时暗了一点）。日食发生的数量比月食多5～3倍。在2001年到2100年间，共有224次日全食和日偏食。虽然对于一个地方来说，月食发生的数目却是日食发生的两倍。

平均讲，每年四次食：一次日食和月食，再一次日食和月食。相隔6个月。一年内最多发生7次食：5次日食2次月食，或者4次日食3次月食。这要看太阳和月亮的运行情况。在出现7次食的年份里，日食都是偏食，月食则可以是全食或者偏食。上一个出现7次食的年份是1982年（3次月食都是全食），下两次7次食要到2094年和2159年，都是4次日食和3次月食。

另外一种食，是卫星经过它所围绕的行星或者其他卫星的阴影。还有一种食（确切地叫掩）发生在掩食双星系统中。

在天文年历中都有每年食的预报。2004年到2018年的食列在表35中。

食分 描述日月食的一个数字，对于日食，就是指太阳直径被月亮遮住的比例。对于月食，是指月面被地球阴影遮住部分所占的月面直径的比例。全食的食分都大于或等于1.00（100%）。

表35 2004至2018年日月食（不包括月偏食和半影月食）

日期	食	类型	极大点全食时长	可见区域
2004年4月19日	日食	偏食		非洲南部，南大西洋南部
2004年5月4日	月食	全食		南极洲，澳大利亚，新几内亚，印度尼西亚，菲律宾，亚洲除东北部，非洲，欧洲除极北部，南美洲极东部
2004年10月14日	日食	偏食		亚洲东部，夏威夷，阿拉斯加西部
2004年10月28日	月食	全食		亚洲西部，非洲除极东部，欧洲，冰岛，格陵兰，北极区域，美洲
2005年4月8日	日食	混合食	0:42	南太平洋，南极洲部分，美国南部，中美洲，南美洲极西部
2005年10月3日	日食	环食	4:31	非洲除南端，欧洲，亚洲西部，阿拉伯半岛，印度西部
2006年3月29日	日食	全食	4:07	非洲除东南部，欧洲，亚洲西部，印度西部
2006年9月22日	日食	环食	7:09	南美洲东部，大西洋，南极洲部分，非洲西部和南部，马达加斯加南部
2007年3月3～4日	月食	全食		亚洲西部和中部，印度，非洲，欧洲，南极洲部分，冰岛，格陵兰，北美东北部，加勒比海，南美洲除南端
2007年3月19日	日食	偏食		亚洲东部，日本西部，阿拉斯加西部
2007年8月28日	月食	全食		北美洲除东北部，加拿大，南美洲西部，太平洋，南极洲部分，西伯利亚，日本，澳大利亚，亚洲东部
2007年9月11日	日食	偏食		南美洲南部，大西洋西南部，南极洲部分
2008年2月7日	日食	环食	2:08	南极洲，澳大利亚东南部，新西兰
2008年2月21日	月食	全食		亚洲西部，阿拉伯半岛东部，非洲，欧洲，冰岛，格陵兰，北极，大西洋，美洲除阿拉斯加西南部
2008年8月1日	日食	全食	2:27	格陵兰，冰岛，北冰洋，欧洲北部，亚洲除极东部和东南部，阿拉伯半岛，印度
2009年1月26日	日食	环食	7:54	非洲南部，马达加斯加，南极洲部分，印度洋，印度南部，亚洲东南部，印度尼西亚西部，澳大利亚南部和西部
2009年7月22日	日食	全食	6:39	中国，蒙古，亚洲东南部，日本，印度尼西亚，太平洋西部
2010年1月15日	日食	环食	11:08	非洲东部，马达加斯加，阿拉伯半岛，印度洋，中亚南部，印度，亚洲东南部
2010年7月11日	日食	全食	5:20	太平洋，中南美洲极西部
2010年12月21日	月食	全食		欧洲北部，亚洲北部，冰岛，格陵兰，北冰洋，美洲，太平洋，新西兰，日本
2011年1月4日	日食	偏食		非洲北部，欧洲东部，阿拉伯半岛，东中亚，印度西北部
2011年6月1日	日食	偏食		亚洲东北部，北冰洋，阿拉斯加北部，加拿大北部，格陵兰，冰岛
2011年6月15日	月食	全食		澳洲，中亚，印度，非洲，阿拉伯半岛，欧洲南部，大西洋南部
2011年7月1日	日食	偏食		印度洋南部
2011年11月25日	日食	偏食		南极洲，印度洋南部，塔斯马尼亚南部
2011年12月10日	月食	全食		北美洲西北部，夏威夷，澳洲，亚洲，阿拉伯半岛，欧洲东部，北极区，斯堪的纳维亚，冰岛，格陵兰
2012年5月20日	日食	环食	5:46	亚洲东北部，菲律宾北部，太平洋北部，北美洲西北部，格陵兰北部，北极区
2012年11月13日	日食	全食	4:02	澳大利亚东部，新西兰，太平洋南部，南极洲部分
2013年5月10日	日食	环食	6:04	印度尼西亚，澳大利亚东部，太平洋，新西兰，夏威夷
2013年11月3日	日食	混合食	1:40	大西洋，欧洲南部，非洲除极东部和南端
2014年4月15日	月食	全食		大西洋西部，格陵兰西南部，美洲，太平洋，西伯利亚东部，新西兰，澳大利亚东部，南极洲部分
2014年4月29日	日食	环食	0:00	印度洋南部，澳大利亚西部，南极洲部分
2014年10月8日	月食	全食		南极洲部分，南美洲西部，中美洲，北美洲除加拿大东北部，北极区，太平洋，澳洲，日本，亚洲东部
2014年10月23日	日食	偏食		太平洋北部，西伯利亚东部，北美洲西部，墨西哥
2015年3月20日	日食	全食	2:47	格陵兰东部，冰岛，大西洋东北部，欧洲，非洲西北部，亚洲西部
2015年4月4日	月食	全食		北美洲西部，太平洋，南极洲，澳大利亚，亚洲东部
2015年9月13日	日食	偏食		南非，马达加斯加南部，印度洋南部，南极洲部分
2015年9月28日	月食	全食		南极洲，非洲除极东部，欧洲，北极，大西洋，冰岛，格陵兰，美洲除阿拉斯加
2016年3月9日	日食	全食	4:10	亚洲东南部，印度尼西亚，澳大利亚除东南部，日本，太平洋西部
2016年9月1日	日食	环食	3:06	非洲除极南部，阿拉伯半岛西南部，马达加斯加，印度洋
2017年2月26日	日食	环食	0:44	南美洲南部，南极洲，大西洋南部，非洲西部
2017年8月21日	日食	全食	2:40	太平洋东北部，北冰洋，中北美洲，加勒比，南美洲北部，格陵兰，冰岛，欧洲极西北部
2018年1月31日	月食	全食		格陵兰北部，北美洲西部，墨西哥，太平洋，澳洲，亚洲，印度，斯堪的纳维亚北部
2018年2月15日	日食	偏食		太平洋南部，南极洲，南美洲南部
2018年7月13日	日食	偏食		澳大利亚南端，塔斯马尼亚，塔斯马尼亚海
2018年7月27日	月食	全食		澳洲除新西兰，亚洲东南部，日本南部，印度洋，非洲，欧洲，大西洋东南部，南美洲东部，南极洲部分
2018年8月11日	日食	偏食		加拿大东北部，格陵兰，北冰洋，冰岛，斯堪的纳维亚，中亚和亚洲北部

来源：HM Nautical Almanac Office

表 36 未来全食长度超过 7 分钟的日全食预报

日期	全食时长	日期	全食时长
2150 年 6 月 25 日	7 分 14 秒	2222 年 8 月 8 日	7 分 05 秒
2168 年 7 月 5 日	7 分 26 秒	2504 年 6 月 14 日	7 分 10 秒
2186 年 7 月 16 日	7 分 29 秒	2522 年 6 月 25 日	7 分 12 秒
2204 年 7 月 27 日	7 分 22 秒	2540 年 7 月 5 日	7 分 03 秒

来源：Jean Meeus, More Mathematical Astronomy Morsels (Willmann-Bell, 2002)

日 食

日食有全食、偏食和环食三种，取决于太阳、月亮和地球的位置和距离。日食从初亏到复圆要 3 个小时的时间，但是全食阶段却只有 3~4 分钟，当月球位于近地点，从地球赤道上看，可见到地球上最长的全食，时间不过是 7 分 31 秒。在以后几个世纪中（表 36），最长的一次日全食是在 2186 年的 7 月 16 号，全食持续 7 分 29 秒。

月亮的本影投射在地球上的宽度可达 273 千米，平均小于 160 千米。但是当投影与地面倾斜的时候，则宽度就大多了，在极区附近就是这样。例如 2033 年 3 月 30 日的日全食，北极圈内都可见到，日食带宽度达到 777 千米，全食带两侧的偏食区域至少达到 3200 千米。对于一个地方的观测者来说，全食是难得一见的。

当月球位于远地点的时候，可能发生日环食。这时它的大小无法完全遮挡住太阳，月亮四周露出了一圈太阳，这就是环食。地面的环食带最宽 313 千米，同样如果投影是与地面倾斜的话，环食带也会很宽，例如 2003 年 5 月 31 日的环食带宽度达到 4500 千米。日环有时是瞬时的现象（1966 年 5 月 20 日的环食就是在月亮周围布满了倍利珠）。当月亮位于远地点，在赤道上可以有最长的日环食发生，大约 12 分 30 秒，但这只是理论上的，实际上很少有这么长的。据计算，公元元年到公元 3000 年之内，只有公元 150 年日环食达到 12 分 23 秒。

偏食一般不是很重要，但是环食却可以为研究太阳直径提供证据。最重要的是日全食，它提供了唯一不需要借助专用设备就能够观测到太阳色球层、日珥和日冕的机会。当太阳完全被遮住后，天空变暗，就像黄昏一样，明亮的行星和恒星就会出现，月亮像一轮黑盘子，周围是明亮的内层日冕，向外逐渐变成丝丝缕缕和羽状的外层日冕，有时会略带红色。

倍利珠 当全食即将发生或者刚刚结束的时候，或者在短暂的环食期间能够出现几秒钟，此时太阳露出的一弯月牙形，被月面的起伏分割成一系列亮点，就像闪光的珠子一样。这个名称来源于英国科学家弗兰西斯·倍利，他在 1836 年的日食中描述和讨论了这一现象。几秒钟后，当倍利珠变细减少到只有一个珠子，月亮周围出现了内层的日冕，这就是钻石环现象。

影带 在全食前后的很短时间内出现。是 100~150 毫米宽，间隔 1 米左右的暗带，在亮色的物体表面容易观察到它们的移动，就像水面的波纹在水底的投影类似，需要非常晴朗透明的天空才会出现这种现象。可能是由弯月状的太阳光通过地球大气层的不规则折射造成的。

月 食

月食持续的时间比日食长，从本影的初亏到复圆可以达到 4 个小时，如果考虑到半影阶段，则要有 6 个小时。2000 年 7 月 16 日发生了最长的月食，全食阶段持续 1 小时 47 分。不同的月食，月亮的表面亮度会非常不同。月全食时通常月亮不会完全消失，这是由于地球大气折射了一部分太阳光照亮月球造成的。月食时月面通常呈现红铜色，但具体的颜色和亮度要看当时地球大气层的云、雾和高层尘埃的条件。月食期间，地球的阴影扫过，使得月球表面迅速冷却，仔细测量会发现称为“热点”的现象，例如第谷环形山就比它附近的地方冷得慢一些。在半影月食时，月亮只进入了地球的半影中，一般肉眼无法感知到月亮表面的变暗。

丹戎级 得名于法国天文学家安德烈·丹戎。用来描述在月全食期间，通过肉眼或者双筒镜观察的月亮表面的亮度；

L=0：很暗，月亮几乎不可见到。

L=1：暗，灰色或者褐色，月面很难看清细节。

L=2：深红色或者铁锈色，阴影中心很暗，本影的外圈比较亮。

L=3：砖红色，本影有亮边，呈现黄色。

L=4：很亮的铜红色或者橘红色，本影有非常亮的边，有时呈现蓝色。

掩　食

当一个天体遮挡住了另一个远一些的天体的时候，就是掩食现象。因此，日食严格地说就是一次掩食。行星和小行星会掩恒星，木星的卫星之间会相互遮掩。更多的掩食是月亮遮掩恒星。

月掩星

当月亮围绕地球运动的时候，月亮经常会遮住天空中的一些恒星。由于月球没有大气层，被掩恒星的消失和出现都是一瞬间的事情。因此对于使用普通的设备的爱好者来说，掩食可以被精确计时。这些计时可以揭示出月球轨道的轻微改变，以及由于潮汐摩擦引起的地球自转的减慢。月球的运动可以用来确定陆地时间（Terrestrial Time），利用它可以剔除地球自转短时期不规则变化，从而进行平滑的时间测量。此外，掩食计时还可以揭示恒星公认位置和运动的误差，如果恒星是阶梯式逐步消失而非瞬间消失的话，则意味着可能存在着以前没有发现的双星或者多重星。

既然月亮在天空中 2 秒钟内移动 1 弧秒的距离，因此，要将月亮位置测定到 0.1 弧秒的精确度，计时要精确到 0.2 秒，对应月球轨道上运动 200 米的距离。掠掩，是当恒星从月亮的上边缘或者下边缘处经过时的现象，它对于测定月球的精确位置更有价值。

月掩星的观测　一个小望远镜就可以观测到月掩亮于 6.5 等恒星。在月球的暗边缘观测恒星的消失和再现比在亮边缘观测要容易一些，恒星的消失定时比再现的定时要精确一些，因为消失前可以一直看到恒星。月亮接近恒星的方向大约是月面尖角连线成直角的方向，接近的速度是每小时半个弧度（月球的直径），或是 1.5 分钟经过哥白尼环形山的速度。

简单的掩星计时需要一个高质量的跑表，在恒星消失和再现的时候尽可能及时地按下。电话报时很方便，地球上多数地方都可以收到报时的短波无线电信号。新近的系统可以快速连续地记录掩星的过程，这对于掠掩来说是必需的，此时恒星会掩在高低不平的月球边缘后面很多次。通常，对掩星进行录像，并且在背景中加入报时信号，在消失和再现时发出声响。目前越来越多的人把磁带录像机接在望远镜上记录掩星过程，而且时间显示可以同时被录下来。以上的方法都可以在事后空闲的时候对记录进行精确的分析，对于所有的掩星观测，观测者所处的位置和高度都要精确地记录。

掩星的预报和后续简报发布的国际中心是位于日本的国际月掩星中心（International Lunar Occultation Centre），美国还有国际掩星计时协会（International Occultation Timing Association 地址见附录）。很多国家天文协会也协调他们自己的观察成员并发布预告。

其他掩星

有时候，小行星也会掩恒星。国际掩星计时协会会发布这类掩星预报，说明地球上可见掩食的路径。观测技术和月掩星基本一样，除了掩食的小行星一般不可见到，因为一般被掩的恒星都会比小行星更明亮。掩食过程中的若干个观测者的精确计时，可以得到小行星的横截面，并导出它的大小和形状，以及进一步确定运动的轨道。

有时，行星和它们的卫星也会掩食恒星。有两类情况，视行星或者卫星是否有大气而定。如果没有大气，恒星的星光会瞬间消失（如果是双星会分两步消失），就像在月掩星时一样。如果被掩的恒星很大，高速的光电测光仪就能够显示衍射的边缘，从而得到恒星的视直径。如果有大气，则恒星的亮度会经历一个快速的阶段性的衰减变化。接近掩食带中心的观测者也许可以看到一次闪光，这是由于星光被行星或卫星的大气所聚焦的缘故，这在 1989 年土卫六掩人马座 28 号星的时候就出现过。计时和对亮度变化的光电测光对于模拟行星或卫星的大气结构很有价值。

卫星的互掩　对于木星和土星的卫星，在它们的轨道方向合适的时候，它们之间会出现互相掩食现象。这在地球经过它们的轨道平面的很短的时间内发生。对木星，这种掩食每六年发生一回，而对土星则是每 13 年和 15 年才发生一回。这种现象可以给出这些卫星的最精确的位置，对于确定它们的轨道很有价值。英国天文学会的手册上有这类预报，一般持续 5

分钟。最有利的情况下目视可以看到，有时亮度的变化达到 1 等。剩余的情况下，需要用到 CCD 相机或者光电测光设备。

极光、夜光云和黄道光

极　光

当从太阳风来的高速的原子粒子（质子和电子）到达地球的高层大气时，就会出现极光。电子与大气氮、氧原子和分子在 100 千米以上的高空撞击时，会出现发光现象，就是极光。极光经常发生在太阳黑子活动高峰时期，此时太阳耀斑或日冕物质喷出携带着高能粒子形成太阳风。从日冕洞来的粒子流持久发射，也会带来极光（经常以 27 天为周期，对应于太阳的自转周期），但是这种极光的活动比较弱，比耀斑引起的极光范围更广。

极光常出现在接近极圈的高纬度地区。地球的北磁极和南磁极周围有直径 4000~5000 千米的持久的极光圈。强烈的太阳活动引起的地球磁场的扰动，会使极光圈向赤道地区扩展。此时较低纬度的观测者例如英伦各岛、北美和大洋洲也能看到极光。

中纬度极光每次都不同，但是基本模式类似。大多开始于在南北地平方向很弱的光影，保持不动或者慢慢消失，最高潮部分比较简单，比不上高纬度地区的令人印象深刻。

在干扰比较大的情况下，极光会变亮升高，呈弓形，下边缘比上边缘更加锐利。弓形折叠变成衣带状。活跃时，垂直光线就像沿着弧或带子的探照灯束一样，光线时而向东，时而向西。如果极光距离观测者比较远，那么两极方向地平上空孤立的光线就是唯一能够看到的迹象了。

在太阳干扰极强的时候，在温带地区的头顶上空也能看到罕见的极光。由于透视的缘故，光线似乎汇聚于天空中的一个小区域，像一个皇冠。有时也能看到一些比较分散的极光，偶尔会从头到尾都是这样。

极光的亮度以 i（最弱）到 iv（最亮）定级。温带地区的极光，弱的时候类似银河（i 亮级），亮的时候像月光下的卷云（ii 亮级），很亮的时候像月光下的积云（iii 亮级），高纬度地区最亮的时候能够使物体出现阴影（iv 亮级）。极光的亮度经常变化，可以在几分钟之内是缓慢的脉冲式，到极快的持续几秒的燃烧式，在此时波涛式的光线从地平向上涌起，也就到了衰退期。

观测极光　极光是弥散的光源，最好是用肉眼直接观察。使用简单仪器（如照准仪）可以进行精确的高度和方位角的测定，对于评定一次极光的地理分布范围时有一定的价值，尤其是不同的观测者在广阔的范围内进行的观测。

两个高度度量有用：弧形或带状光下边缘的最高点的以度为单位的高度角（h 表示），极光最高处的高度角（右上的箭头表示）。观测者的时间、估计的亮度，对于极光的估测都有用。极光的特征用安静和活跃来描述，因此一个观测者可以这样记录一次极光：

2000（UT）安静的极光，亮度 i，右上箭头 10°，方位角 330–010

2025（UT）活跃的弧形光，亮度 iii，h12° 右上箭头 40°，方位角 320–040

对于极光的观测记录最好使用简洁的描述。

摄影可以快速和精确地记录极光，有条必须遵循的规则，就是要使用感光度 400 以上来曝光。光圈 2，曝光 40~60 秒钟，可以记录暗弱静态的极光，对于亮的活跃的极光，可以使用 5~10 秒的曝光，可以防止由于极光的移动造成的模糊。

暗弱的极光看上去是无色的，但是活跃一些的极光则呈现显著的绿色和红色。对于肉眼来说绿色很明显，波长 558 纳米，由氧原子被激发则发出波长 630 纳米的红色的光。其他的颜色是由氮原子和分子被激发产生的，摄影往往能加强极光的绿色和红色，这是由于感光乳剂的特性决定的。

很多机构都收集极光观测的报告，例如英国天文学会的极光分会和新西兰皇家天文学会等等。

夜光云

夏季，从南北两极的极地区域上升的底层大气中的冷空气，将水蒸气带到了高空。这些水蒸气以流星物质或火山尘埃为核凝结，形成了很细的云，主要分布在纬度 60°~80°之间。这就是又细又薄的夜光云，高度在 80~85 千米，比卷云（最高 15 千米）要高得多，尽管它们看上去很相像。

在这个高度上，夜光云被日光照射的时间比进入地球影子里面的较低的云要长很多，因此在温带较高纬度的位置的夏季晚上，当太阳已经落入地平线 6°~16°以后，还能够清楚地看到夜光云。夜光云因此得名。底层大气中的云在夜光云明亮的背景上呈现出黑暗的轮廓。

夜光云经常呈现浅蓝色，在太阳的方向上有金色的阴影。在刚黄昏或者黎明前的时候范围最广（午夜当太阳落入地平太多时变暗）。像极光一样，夜光云有小范围的结构，按以下分类：

Ⅰ型：幕状。无结构的薄云，通常只呈现背景亮光。

Ⅱ型：带状。长的水平条纹，清晰或模糊，与地平线平行。

Ⅲ型：波浪状。短的交织的线型或波纹，像低潮时沙滩上留下的波纹。

Ⅳ型：旋涡状。大规模的曲线或环。

夜光云经常在太阳活动极小期的夏天出现。也许是地球上层大气被从太阳耀斑来的短波辐射加热，从而制约了夜光云的形成。这就是极光和夜光云很少同时出现的原因。观测表明高空的复杂的天气系统中的风吹动夜光云向西每小时运动 400 千米。

不列颠岛、斯堪的纳维亚和加拿大是观测夜光云的很好的地方，那里在夏季夜晚有很长的黄昏和黎明，并且正好在夜光云形成的纬度带附近。南半球大陆块则不适合观看夜光云，尽管那里也有人看到过。

像极光一样，夜光云的测量也包括高度和方位角。简单的亮度估计结果可用如下的数字来表示：1=弱，2=显著，3=极亮。夜光云很少出现快速的结构变化，观测只需要每 15 分钟进行一次。用设备描绘夜光云则更加有用。摄影就很直接，使用彩色胶卷就能得到很好的结果。典型的曝光数据是光圈 2.8，ISO 400，2~4 秒曝光时间。

夜光云的目视报告，乃至确实无夜光云的夜晚的报告都是有价值的。极光有关的机构都收集类似的报告。

黄道光

这是一柱朦胧暗淡的锥形光线，底部大约宽 15°~20°，日落后出现在西方，日出前出现在东方。这柱光线的主轴大约在黄道上，延伸到距离地平 90°或者更远，相对于地平下的太阳略偏南（在南半球则偏北）黄道光最亮的部分比银河亮两三倍，但是它的两端异常暗淡。它的亮度好像随时变化，与太阳活动的波动有关，太阳活动极小期，黄道光亮一些。在赤道上看，比在温带看要亮一些，这是因为在赤道上，光锥的主轴大约与地平正交，另外，晨昏朦影期较短的缘故。

在北半球中纬度观测最好的时期是春分前后的黄昏，还有秋分前后的黎明（南半球则春分与秋分互换）。表 30 给出了在短暂的观测季节中黄道几乎垂直地平的日期和时间。这个时间前后三四个小时黄道光底部在地平上的方位很容易找到，因为那时黄道光在方位角上向西运动，大约每小时 6°，同样在垂直前后大约每小时对铅垂线倾斜 2°。

目前公认黄道光是在黄道面上围绕太阳运动的尘埃粒子（微流星）散射日光形成的。黄道光的光谱和太阳的基本相同。这些粒子的大小在 1~350 微米范围内。黄道光是 F 日冕（或尘埃日冕）的延长。

表 37 南北半球黄道几乎直立时的日期和时刻，此时黄道光最易看到

北半球	2月5日	2月12日	2月20日	2月27日	3月7日	3月14日	3月22日
	21:00	20:30	20:00	19:30	19:00	18:30	18:00
南半球	8月6日	8月13日	8月21日	8月29日	9月6日	9月13日	9月21日
北半球	9月22日	9月29日	10月7日	10月14日	10月22日	10月30日	11月7日
	6:00	5:30	5:00	4:30	4:00	3:30	3:00
南半球	3月23日	3月31日	4月8日	4月15日	4月23日	4月30日	5月8日

对日照 这是一团暗弱的光斑，出现在背向太阳位置附近，即它在黄道上与太阳的位置做对径相反的位置。对日照的一般形状近似椭圆形，视大小为 10°×20°，在赤道上长径可延伸到 30°。对日照只在晴朗无月的黑夜才能见到，最好的日期是黄道在地平上最高，即北半球的 12 月和 1 月，南半球的 6 月和 7 月。

对日照是围绕太阳运行的尘埃粒子对太阳的散射光，有时看上去好像“黄道带光”里的平行光束和黄道光连接在一起。

人造卫星

人造卫星像一颗恒星那样的光点，在恒星背景上缓慢地移动。卫星有时会因为翻滚而闪亮一下，或者因为走进地球的阴影中而慢慢暗下去。很多人造卫星都有光亮的表面可以反射太阳光，这样当它们在几百或者上千千米的高空时很容易被发现。

军方的雷达实时监控的在轨的人造天体有 8500 多个，其中包括尚在工作和已经废弃的卫星、废弃的火箭、碎片和其他的太空垃圾。在某一时刻大约有 10%的人造卫星在地平线以上。一些人造卫星比最亮的恒星还亮，肉眼就轻易能看到，例如国际空间站，而大多数的要通过双筒镜观察。爱好者的目视观测对于跟踪这些经常改变轨道的人造卫星来说有一定的价值。

观察人造卫星最好的时间是在日落后或者黎明前的短时间内，此时它们被太阳光照亮，而天空背景又比较暗。亮的人造卫星在太阳落入地平以下 6°就能看到，而暗一些的则需要太阳落下地平 9°甚至 12°以后才可以看到。在这一早一晚的两段时间内，人造卫星的可见时间长度依赖于卫星的高度和处于一年中的时间，取决于地球阴影的位置。在夏季对于中高纬度的观察者来说两段时间重合了，也就是说卫星彻夜可见。

人造卫星进入地球的阴影后不可见，这在卫星跨越头顶天空时候发生。在黎明前这个情况相反，即人造卫星从地球的阴影中走出来。

卫星移动的速度依赖于它的高度。最低的人造卫星大约有几百千米高，移动的最快，大约 90 分钟绕地球一圈。当经过头顶的时候，人造卫星的移动速度大约每秒钟 2°（或 4 个月亮的直径），也就是说从地平线出来到落入另一侧地平线大约需要两三分钟的时间，这比流星慢得多。对于未知的卫星的精确的角速度测定有助于确定它的身份。

亮度 影响人造卫星亮度的因素很多，包括它的大小和表面材质。黑色或者覆盖深色太阳能板的卫星比浅色的同样大小的卫星看上去要亮一些。对于同一个卫星，当它距离近（经过头顶）的时候，比距离远（地平附近）的时候要亮。

就像月亮一样，卫星的亮度也随着相位角而变化，这就是太阳和卫星的角度。当相位角较小（太阳和卫星几乎在一条线上），卫星被太阳照亮的部分地球上看不到，因此就较暗，相反，当相位角大时（接近 180°）则意味着卫星被照亮的部分都对着地球，因此也最亮。

如果卫星不是球形的，它的亮度就会变化。大的平面会产生瞬间的亮反射，表现为夜空中突然的闪亮，这在任何晴夜都可能看到。反射光典型的例子就是铱星系列，它们闪亮时可以亮度高达–8 等，持续几秒钟的时间，就是它们的平板天线反射了太阳光的缘故，这种现象称作“闪光”。

轨道变化 有几种作用力影响卫星使它改变轨道。大气阻力使得卫星螺旋状下降最终落回地球，这会造成轨道变小，周期变短，直到它再入大气层内烧掉。此外还有其他的作用力，包括地球赤道隆起的引力效应和太阳光压。

受到轨道朝向的改变和地球围绕太阳运动的影响，卫星不是每个夜晚都能看到，但是有一个可见的周期，低轨非极地卫星大约几天，中高轨的轨道倾角 90°的极地卫星是几个月。

预报 人造卫星的预报常见的形式是“视角”数据。这是对于一个地球表面的已知位置的观测者来说，卫星经过天空的轨道。视角数据从卫星的轨道计算而来。包括铱星的亮卫星的预报可以参考网站：

http://www.heavens-above.com/

观测 根据预报，把卫星的轨迹画在一个星图上，背景星用于确定卫星的位置。要尽量精确地记下卫星通过两颗恒星的连线之间的时刻和位置。例如，你估测卫星经过恒星 A 和 B 之间连线 2/5 的位置。两颗恒星越近，估测的卫星的位置就越精确。如果它们相距几度之遥，那么估测的结果精确度就比较差了。观测的结果可以通过度量星图或者通过计算机星图程序转化为天球坐标。

人造卫星的观测最好使用 7×50 或者 11×80 以及更大的双筒镜。一些有经验的观测者进行过同步轨道卫星的观测，这需要很多经验，尤其是认证出卫星。跑表对于计时观测很有用，同时还可以利用报时信号，电话报时或者无线电报时广播都可以。当卫星经过两星连线的时候启动跑表，而在有报时信号时停表。两次计时观测比一次更有价值。

卫星的时刻、位置以及尽可能的亮度估计可以发给预报中心，他们综合观测者的数据来调整卫星轨道参数，用来预报以后的情况，以及研究扰动轨道的因素。

命名 有三种方法命名轨道运行的不同的人造天体。第一种是美国联邦空军空间委员会对每一个新人造天体进行观测和跟踪轨道的目录编号。第二种是卫星所有者对它的称呼，例如 Cosmos 1500、Rosat、铱星 96 或者哈勃空间望远镜。

第三种命名系统是国际编号，1963 年之前使用希腊字母，而目前有三部分组成：发射的年份、一年中发射的序号和字母。对于有效载荷赋予字母 A，轨道火箭是字母 B，其他的例如废弃的平板等被赋予字母 C、D 等。为避免和数字混淆，字母 I 和 O 不使用。因此最多有 24 个字母来命名它们，如果不够用的话，例如卫星在轨爆炸产生很多的碎片，则使用两个字母，从 AA 到 ZZ，这样就可以命名 600 多个对象了。

第四章　恒星、星云和星系

恒　星

星座和命名法则

星　座

表 38 入载了覆盖全天的总计 88 个星座。现代的星座主要关切的是固定的天区，而不是着眼于古代希腊人最初想象的星辰图像，尽管它们的名称仍保留至今，这是为了便于认识天体的方位。

我们今日的星座源于公元 150 年前后希腊天文学家托勒玫（Ptolemy）的著作《天文学大成》表列的 48 个星座名录。当时，星座关注的是星辰图像，而没有确切的边界。尤其是公元前 2000 年之前，很可能是巴比伦人创立的黄道带 12 个星座，其中许多就是这种只注重星象的星座。

托勒玫的星座图表一直到 16 世纪末基本保持不变，在此之后两位荷兰航海家 P.D.凯泽（Keyzer）和 F.德·豪特曼（Houtman）在南极天区又添加上 12 个新星座。又过了一个世纪后，波兰天文学家 J.赫维留（Hevelius）在北天星空的托勒玫星座图像之间的空区添上 7 个新星座。18 世纪，法国天文学家 N.L.德·拉塞勒（de Lacaille）在南半天球又增加了 14 个星座，并将托勒玫的大而失当的南船座划分为船底座、船尾座和船帆座。

星座边界　现代的 88 个星座名录是国际天文联合会（IAU）于 1922 年成立之初确认的。然而，仍存在未经普遍认同的星座边界，以至于早年版本的《诺顿星图》只能用虚线迂回于含混不清的恒星之间。比利时天文学家 E.德尔波（Delporte）代表 IAU 用 1875 年历元的赤经和赤纬拟定了星座边界（他之所以选定该日期是由于美国天文学家 B.A.古尔德（Gould）已经用 1875 年历元重建了南天星座的边界。德尔波的边界问世于 1930 年）。它们相对于恒星已被固定（未计及恒星的自行），但岁差效应表明，它们将沿本星图可见的原始绘制赤经线和赤纬线逐渐偏离。

星座的标准名和缩称　1922 年，当 IAU 确认了 88 个星座的正式名录之际，还同时拟定了每一个星座的如表 38 所示的由 3 个字母组成的缩称。因此一个恒星，例如大熊座 α，可以简化为 αUMa。请注意，当涉及星座内的一个恒星时，此时的星座名是所有格。表 38 也入载了每一个星座所有格的名称。

恒星命名法则

许多最明亮的恒星都有专名（表 39）。有些专名源出希腊或罗马，例如，Sirius（中文专名“天狼”）和 Spica（中文专名“角宿一”）；另一些则源于阿拉伯，例如，Aldebaran（中文专名“毕宿五”）。天文学家不大使用专用名，而更倾向采用德国天文学家 J.拜尔（Bayer）于 1603 年创建的希腊字母命名系统，如今称为“拜尔星名字母”（Bayer letters）（参见表 40）。

拜尔将一个星座内的恒星通常按照亮度大小（并非总是）冠以字母 α、β、γ 等排序。有的恒星也用数字命名，例如，天鹅 61，这类数字称为“弗兰斯蒂德星号”（Flamsteed numbers）。该星号出自英国皇家天文学家 J.弗兰斯蒂德（Flamsteed）1725 年出版的一部星表。在该星表中，每个星座内的恒星按赤经排序，不过，弗兰斯蒂德星号并非全是他本人所为，有些则是后来人所加。这样，一个恒星就会有几个星名和别称，例如，毕宿五，同时又称猎户 α、猎户 58 。暗弱恒星通常以它们所在的星表编号命名。变星则另有一套专门的命名法则（参见下文“变星”）附表 41 和表 42 分别载有一批最知名的星表和星图的名录。

辐射、星等和光度

辐　射

我们所知的大多数天体的全部信息，实际上都是来自对这些天体辐射的能量的分析，它

表 38 星座

汉文名	国际通用名	所有格	简号	AREA	%	SIZE
仙女座	Andromeda	Andromedae	And	722	1.750	19
唧筒座	Antlia	Antliae	Ant	239	0.579	62
天燕座	Apus	Apodis	Aps	206	0.499	67
宝瓶座	Aquarius	Aquarii	Aqr	980	2.376	10
天鹰座	Aquila	Aquilae	Aql	652	1.580	22
天坛座	Ara	Arae	Ara	237	0.575	63
白羊座	Aries	Arietis	Ari	441	1.069	39
御夫座	Auriga	Aurigae	Aur	657	1.593	21
牧夫座	Boötes	Boötis	Boo	907	2.199	13
雕具座	Caelum	Caeli	Cae	125	0.303	81
鹿豹座	Camelopardalis	Camelopardalis	Cam	757	1.835	18
巨蟹座	Cancer	Cancri	Cnc	506	1.227	31
猎犬座	Canes Venatici	Canum Venaticorum	CVn	465	1.127	38
大犬座	Canis Major	Canis Majoris	CMa	380	0.921	43
小犬座	Canis Minor	Canis Minoris	CMi	183	0.444	71
摩羯座	Capricornus	Capricorni	Cap	414	1.004	40
船底座	Carina	Carinae	Car	494	1.197	34
仙后座	Cassiopeia	Cassiopeiae	Cas	598	1.450	25
半人马座	Centaurus	Centauri	Cen	1060	2.570	9
仙王府	Cepheus	Cephei	Cep	588	1.425	27
鲸鱼座	Cetus	Ceti	Cet	1231	2.984	4
蝘蜓座	Chamaeleon	Chamaeleontis	Cha	132	0.320	79
圆规座	Circinus	Circini	Cir	93	0.225	85
天鸽座	Columba	Columbae	Col	270	0.654	54
后发座	Coma Berenices	Comae Berenices	Com	386	0.936	42
南冕座	Corona Australis	Coronae Australis	CrA	128	0.310	80
北冕座	Corona Borealis	Coronae Borealis	CrB	179	0.434	73
乌鸦座	Corvus	Corvi	Crv	184	0.446	70
巨爵座	Crater	Crateris	Crt	282	0.684	53
南十字座	Crux	Crucis	Cru	68	0.165	88
天鹅座	Cygnus	Cygni	Cyg	804	1.949	16
海豚座	Delphinus	Delphini	Del	189	0.458	69
剑鱼座	Dorado	Doradus	Dor	179	0.434	72
天龙座	Draco	Draconis	Dra	1083	2.625	8
小马座	Equuleus	Equulei	Equ	72	0.175	87
波江座	Eridanus	Eridani	Eri	1138	2.759	6
天炉座	Fornax	Fornacis	For	398	0.965	41
双子座	Gemini	Geminorum	Gem	514	1.246	30
天鹤座	Grus	Gruis	Gru	366	0.887	45
武仙座	Hercules	Herculis	Her	1225	2.969	5
时钟座	Horologium	Horologii	Hor	249	0.604	58
长蛇座	Hydra	Hydrae	Hya	1303	3.159	1
水蛇座	Hydrus	Hydri	Hyi	243	0.589	61
印第安座	Indus	Indi	Ind	294	0.713	49
蝎虎座	Lacerta	Lacertae	Lac	201	0.487	68

汉文名	国际通用名	所有格	简号	AREA	%	SIZE
狮子座	Leo	Leonis	Leo	947	2.296	12
小狮座	Leo Minor	Leonis Minoris	LMi	232	0.562	64
天兔座	Lepus	Leporis	Lep	290	0.703	51
天秤座	Libra	Librae	Lib	538	1.304	29
豺狼座	Lupus	Lupi	Lup	334	0.810	46
天猫座	Lynx	Lyncis	Lyn	545	1.321	28
天琴座	Lyra	Lyrae	Lyr	286	0.693	52
山案座	Mensa	Mensae	Men	153	0.371	75
显微镜座	Microscopium	Microscopii	Mic	210	0.509	66
麒麟座	Monoceros	Monocerotis	Mon	482	1.168	35
苍蝇座	Musca	Muscae	Mus	138	0.335	77
矩尺座	Norma	Normae	Nor	165	0.400	74
南极座	Octans	Octantis	Oct	291	0.705	50
蛇夫座	Ophiuchus	Ophiuchi	Oph	948	2.298	11
猎户座	Orion	Orionis	Ori	594	1.440	26
孔雀座	Pavo	Pavonis	Pav	378	0.916	44
飞马座	Pegasus	Pegasi	Peg	1121	2.717	7
英仙座	Perseus	Persei	Per	615	1.491	24
凤凰座	Phoenix	Phoenicis	Phe	469	1.137	37
绘架座	Pictor	Pictoris	Pic	247	0.599	59
双鱼座	Pisces	Piscium	Psc	889	2.155	14
南鱼座	Piscis Austrinus	Piscis Austrini	PsA	245	0.594	60
船尾座	Puppis	Puppis	Pup	673	1.631	20
罗盘座	Pyxis	Pyxidis	Pyx	221	0.536	65
网罟座	Reticulum	Reticuli	Ret	114	0.276	82
天箭座	Sagitta	Sagittae	Sge	80	0.194	86
人马座	Sagittarius	Sagittarii	Sgr	867	2.102	15
天蝎座	Scorpius	Scorpii	Sco	497	1.205	33
玉夫座	Sculptor	Sculptoris	Scl	475	1.151	36
盾牌座	Scutum	Scuti	Sct	109	0.264	84
巨蛇座	Serpens	Serpentis	Ser	637	1.544	23
六分仪座	Sextans	Sextantis	Sex	314	0.761	47
金牛座	Taurus	Tauri	Tau	797	1.932	17
望远镜座	Telescopium	Telescopii	Tel	252	0.611	57
三角座	Triangulum	Trianguli	Tri	132	0.320	78
南三角座	Triangulum Australe	Trianguli Australis	TrA	110	0.267	83
杜鹃座	Tucana	Tucanae	Tuc	295	0.715	48
大熊座	Ursa Major	Ursae Majoris	UMa	1280	3.103	3
小熊座	Ursa Minor	Ursae Minoris	UMi	256	0.621	56
船帆座	Vela	Velorum	Vel	500	1.212	32
室女座	Virgo	Virginis	Vir	1294	3.137	2
飞鱼座	Volans	Volantis	Vol	141	0.342	76
狐狸座	Vulpecula	Vulpeculae	Vul	268	0.650	55

表 39　恒星专名　出现频率最高的专名的精选表，附有对应的 Bayer 或 Flamsteed 恒星编号。注意：一些恒星拥有不止一个专名，例如，仙女 α 有两个出自阿拉伯文的名称——Alpheratz 和 Sirrah 。在不同的文献中，还会见到不同字母拼法。

恒星专名	恒星编号
Acamar	θ Eridani
Achernar	α Eridani
Acrab	β Scorpii
Acrux	α Crucis
Acubens	α Cancri
Adhara	ε Canis Majoris
Agena	β Centauri
Albireo	β Cygni
Alcor	80 Ursae Majoris
Alcyone	η Tauri
Aldebaran	α Tauri
Alderamin	α Cephei
Alfirk	β Cephei
Algedi	α Capricorni
Algenib	γ Pegasi
Algieba	γ Leonis
Algol	β Persei
Alhena	γ Geminorum
Alioth	ε Ursae Majoris
Alkaid	η Ursae Majoris
Alkalurops	μ Boötis
Almaak or Almach	γ Andromedae
Alnair	α Gruis
Alnasl	γ Sagittarii
Alnath	β Tauri
Alnilam	ε Orionis
Alnitak	ζ Orionis
Alphard	α Hydrae
Alphecca or Alphekka	α Coronae Borealis
Alpheratz	α Andromedae
Alrami	α Sagittarii
Alrescha	α Piscium
Alshain	β Aquilae
Altair	α Aquilae
Alya	θ Serpentis
Ankaa	α Phoenicis
Antares	α Scorpii
Arcturus	α Boötis
Arkab	β Sagittarii
Arneb	α Leporis
Asellus Australis	δ Cancri
Asellus Borealis	γ Cancri
Asterope	21 Tauri
Atlas	27 Tauri
Atria	α Trianguli Australis
Becrux	β Crucis
Bellatrix	γ Orionis
Benetnasch	η Ursae Majoris
Betelgeuse	α Orionis
Canopus	α Carinae
Capella	α Aurigae
Caph	β Cassiopeiae
Castor	α Geminorum
Cebalrai	β Ophiuchi
Celaeno	16 Tauri
Chara	β Canum Venaticorum
Cor Caroli	α Canum Venaticorum
Cursa	β Eridani
Dabih	β Capricorni
Deneb	α Cygni
Deneb Algedi	δ Capricorni
Deneb Kaitos	β Ceti
Denebola	β Leonis
Diphda	β Ceti
Dschubba	δ Scorpii
Dubhe	α Ursae Majoris
Electra	17 Tauri
Elnath	β Tauri
Eltanin	γ Draconis
Enif	ε Pegasi
Errai	γ Cephei
Etamin	γ Draconis
Fomalhaut	α Piscis Austrini
Gacrux	γ Crucis
Gemma	α Coronae Borealis
Giedi	α Capricorni
Girtab	θ Scorpii
Gomeisa	β Canis Minoris
Graffias	β Scorpii
Hadar	β Centauri
Hamal	α Arietis
Homam	ζ Pegasi
Izar	ε Boötis
Kitalpha	α Equulei
Kocab or Kochab	β Ursae Minoris
Kornephoros	β Herculis
Lesath	υ Scorpii
Maia	20 Tauri
Markab	α Pegasi
Megrez	δ Ursae Majoris
Menkalinan	β Aurigae
Menkar	α Ceti
Merak	β Ursae Majoris
Merope	23 Tauri
Mesarthim	γ Arietis
Miaplacidus	β Carinae
Mimosa	β Crucis
Mintaka	δ Orionis
Mira	ο Ceti
Mirach	β Andromedae
Mirfak or Mirphak	α Persei
Mirzam	β Canis Majoris
Mizar	ζ Ursae Majoris
Mothallah	α Trianguli
Muliphein	γ Canis Majoris
Naos	ζ Puppis
Nashira	γ Capricorni
Nekkar	β Boötis
Nihal	β Leporis
Nunki	σ Sagittarii
Peacock	α Pavonis
Phact	α Columbae
Phecda	γ Ursae Majoris
Pherkad	γ Ursae Minoris
Pleione	28 Tauri
Polaris	α Ursae Minoris
Pollux	β Geminorum
Porrima	γ Virginis
Procyon	α Canis Minoris
Propus	η Geminorum
Pulcherrima	ε Boötis
Rasalgethi	α Herculis
Rasalhague	α Ophiuchi
Rastaban	β Draconis
Regulus	α Leonis
Rigel	β Orionis
Rigil Kentaurus	α Centauri
Ruchbah	δ Cassiopeiae
Rukbat	α Sagittarii
Sabik	η Ophiuchi
Sadachbia	γ Aquarii
Sadalmelik	α Aquarii
Sadalsuud	β Aquarii
Sadr	γ Cygni
Saiph	κ Orionis
Scheat	β Pegasi
Seginus	γ Boötis
Shaula	λ Scorpii
Schedar or Shedar	α Cassiopeiae
Sheliak	β Lyrae
Sheratan	β Arietis
Sirius	α Canis Majoris
Sirrah	α Andromedae
Spica	α Virginis
Tarazed	γ Aquilae
Taygeta	19 Tauri
Thuban	α Draconis
Toliman	α Centauri
Unukalhai	α Serpentis
Vega	α Lyrae
Vindemiatrix	ε Virginis
Wasat	δ Geminorum
Wezen	δ Canis Majoris
Yed Posterior	ε Ophiuchi
Yed Prior	δ Ophiuchi
Yildun	δ Ursae Minoris
Zaurak	γ Eridani
Zavijava	β Virginis
Zosma	δ Leonis
Zubenelgenubi	α Librae
Zubeneschamali	β Librae

表 40　希腊字母

Α	α	Alpha
Β	β	Beta
Γ	γ	Gamma
Δ	δ	Delta
Ε	ε	Epsilon
Ζ	ζ	Zeta
Η	η	Eta
Θ	θ	Theta
Ι	ι	Iota
Κ	κ	Kappa
Λ	λ	Lambda
Μ	μ	Mu
Ν	ν	Nu
Ξ	ξ	Xi
Ο	ο	Omicron
Π	π	Pi
Ρ	ρ	Rho
Σ	σ	Sigma
Τ	τ	Tau
Υ	υ	Upsilon
Φ	φ	Phi
Χ	χ	Chi
Ψ	ψ	Psi
Ω	ω	Omega

表 41　星表

名称	历元	作者	日期	复盖天区	极限星等	所列星数
位置和综合						
Astronomische Gesellschaft Katalog(AGK3)	1950.0	O.Heckmann and W. Dieckvoss	1975	+90° to -2°	12	183000
Bonner Durchmusterung(BD)	1855.0	F.W.A. Argelander	1859-1862[b]	+90° to -2°	9.5	324000
Bonner Durchmusterung(BD)extension	1855.0	E.Schönfeld	1886	-2° to -23°	9.5	133000
Bright Star Catalogue(BS)[c]	1900.0&2000.0	D.Hoffleit and W.H.Warren Jr	1991(5th edn)	w.s.	6.5	9110
Supplement to the Bright Star Catalogue	1900.0&2000.0	D.Hoffleit *et al.*	1983	w.s.	7.1	2603
Cape Photographic Durchmusterung(CPD)	1875.0	D.Gill and J.C.Kapteyn	1895-1900	-18° to -90°	10	455000
Catalog of 3539 Zodiacal Stars(ZC)	1950.0	J.Robertson	1940	z.b.		3539
Cordoba Durchmusterung(CoD or CD)	1875.0	J.M.Thome	1892-1932	-22° to -90°	10	614000
Sixth Catalogue of Fundamental Stars(FK6)	2000.0	R.Wielen *et al.*	1999+(in progress)	w.s.	9.5	c.5650
General Catalogue of 33342 Stars(GC)	1950.0	B.Boss	1937	w.s.	7	33342
Hipparcos Catalogue	1991.25	M.A.C.Perryman *et al.*	1997	w.s.	12.4	118218
PPM Star Catalogue	2000.0	S.Roeser *et al.*	1991(north) 1993(south)	w.s.	12	378910
Sky Catalogue 2000.0 Vol. 1	2000.0	A.Hirshfeld *et al.*	1991(2nd edn)	w.s.	8.0	50071
Smithsonian Astrophysical Observatory Star Catalog(SAO)	1950.0	K.L.Haramundanis	1966	w.s.	9	259000
Tycho 2 Catalogue	2000.0	E.Høg *et al.*	2000	w.s.	11.5	2539913
US Naval Observatory CCD Astrograph Catalog(UCAC)	2000.0	N.Zacharias *et al.*	2005?	w.s.	16[d]	80000000
光度						
Catalogue of Mean UBV Data on Stars		J.C.and M.Mermilliod	1994	w.s.	—	103000
光谱						
Henry Draper Catalogue(HD)	1900.0	A.J.Cannon and E.C.Pickering	1918-1924	w.s.	8.5	225300
Henry Draper Extension (HDE)	1900.0	A.J.Cannon	1925-1936	w.s.	11	47000
Henry Draper Extension2(HDE)	1900.0	A.J.Cannon and M.W.Mayall	1949	w.s.	11	86000
Michigan Catalogue of Two -Dimensional Spectral Types for the HD stars	1900.0	N.Houk *et al.*	1975+(in progress)	w.s.	11	225300
双星						
NEw General Catalogue of Double Stars (ADS)	1900.0&2000.0	R.G.Aitken	1932	+90° to -30°	—	17180
Câtalogue of the Components of Double and Multiple Stars (CCDM)	2000.0	J.Dommanget and O.Nys	1994	w.s.	—	34031
Sixth Catalog of Orbits of Visual Binary Stars	2000.0	W.I.Hartkopf and B.D.Mason	ongoing	w.s.	—	1692
Washington Visual Double Star Catalog (WDS)	2000.0	B.D.Mason *et al.*	ongoing	w.s.	—	98084
Tycho Double Star Catalogue (TDSC)	2000.0	C.Fabricius *et al.*	2002	w.s.	—	32631
变星						
General Catalogue of Variable Stars(GCVS)	1950.0&2000.0	P.N.Kholopov *et al.*	1985-1988(4th edn)	w.s.	—	28484
New Catalogue of Suspected Variable Stars (NSV)	1950.0	B.V.Kukarkin *et al.*	1982	w.s.	—	14811
New Catalogue of Suspected Variable Stars. Supplement	1950.0&2000.0	E.V.Kazarovets	1999	w.s.	—	11206

a w.s.：全天；z.b.：黄道带
b 1903 年重印
c 与 HR 星表证认为一的《亮星星表》（BC）的恒星编号
d 不载亮于 7.5 星等的恒星
许多上列的星表均可从 *Centre de Données astronomiques de Strasbourg*（CDS）的网站查阅：*http://cdsweb.u-strasbg.fr/*

表 42　星图						
名称	历元	作者	日期	覆盖天区	极限星等	比例尺（mm 每度）
目视						
Millennium Star Atlas	2000.0	R.W.Sinnott and M.Perryman	1997	w.s.	11	36
Norton's Star Atlas	2000.0	Ian Ridpath *et al.*	2003(20th edn)	w.s.	6.5	3.3
Sky Atlas 2000.0	2000.0	W.Tirion and R.W.Sinnott	1998(2nd edn)	w.s.	8.5	8.2
SAO Star Atlas	1950.0	Smithsonian Institution	1969	w.s.	9	8.6
Uranometria 2000.0	2000.0	W.Tirion et al.	2001(2nd edn)	w.s.	9.75	18.5
AAVSO Variable Star Atlas	1950.0	C.E.Scovil	1980	w.s.	9	15
照相						
True Visual Magnitude Photographic Star Atlas	1950.0	C.Papadopoulos	1979–1980	w.s.	14	30
Atlas Stellarum	1950.0	H.Vehrenberg	1977	w.s.	14	30
Palomar Observatory Sky Survey(POSS Ⅰ)	1950.0	National Geographic Society/Palomar Observatory	1959–1963	+90° to −30°	20(red) 21(blue)	54
Second Palomar Observatory Sky Survey (POSS Ⅱ)	1950.0	Palomar Observatory	1991–2002	+90° to 0°	20.8(red) 22.5(blue)	54
Southern Sky Atlas	1950.0	ESO/SERC	1975–1991	−20° to −90°	22(red) 23(blue)	53(ESO) 54(SERC)

[a] w.s.：全天

们是射电波、热辐射、光波、X 射线 和 γ 射线。这些就是能量在太空以波的形式传播的所有形态的电磁辐射。

电磁波谱是全部波长范围的电磁辐射，从波长最长的射电波到最短的 γ 射线。辐射通常按某种主观性划分为几个不同波长（或频率）范围，如图 29 所示。地球大气对于大多数波长的辐射是不透明的。图 29 载有可观测“视窗”，这些“视窗”内的大气对于地基天文台的观测或多或少地透明，天体的其他波段辐射只能在太空才能加以探究。

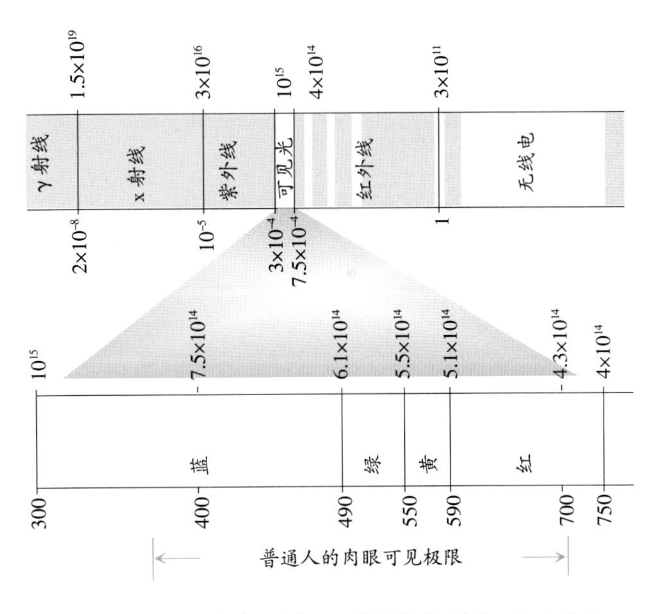

图 29　电磁波谱　图中无阴影区是“天窗”—即对地球大气整个深度均透明的波段。

亮度和星等

一个天体的视亮度取决于肉眼（或测量仪器）接收天体的辐射量。亮度通常用一个下文将加以说明的星等尺度表示。亮度可以利用称为光度计的光敏仪器加以精确测定。已在不同波段进行了星等测量，其中有与人眼反应十分接近的 V 波带。在本图谱的所有星图上，恒星都按 V 星等绘制。

在根据公元前 2 世纪的依巴谷（Hipparchus）星表编制的公元前 2 世纪的托勒玫密表上，将肉眼恒星的亮度划分为 6 个等级，即 6 个星等。最亮的恒星定为 1 星等，次亮的为 2 星等，依次类推。肉眼将能清晰可见的最暗恒星定为 6 星等。后来，又将望远镜得见的暗星延伸为 7 星等、8 星等，等等。

当 19 世纪发展了恒星亮度的仪器测量方法之际，天文学家发现昔日估计的相差 1 星等的两个恒星具有一个近乎恒定的亮度比，约为 2.5。因此，5 个星等的间隔对应的亮度比则约是 2.5^5，即近于 100 。这一发现致使取而代之的

表 43 亮度和合成星等之比。两个恒星在给定的量化范围内的星等差（“Diff.”）。附表载有两者的亮度比，以及超过亮星的合成星等值（“Comb.”）。这样，二子星星等在 6.00 和 6.50（Diff.-0.5）的双星的合成星等则是 6.00-0.53 = 5.47 。采用的公式：

Ratio = antilog（0.4 × Diff.）

Comb. = 2.5 × log［1 + antilog（-0.4 × Diff.)］

DIFF.	RATIO	COMB.	DIFF.	RATIO	COMB.	DIFF.	RATIO	COMB.
0.00	1.00	0.75	1.20	3.02	0.31	4.00	39.81	0.03
0.10	1.10	0.70	1.30	3.31	0.29	4.50	63.10	0.02
0.20	1.20	0.66	1.40	3.63	0.26	5.00	100.00	0.01
0.30	1.32	0.61	1.50	3.98	0.24	5.50	158.49	0.01
0.40	1.45	0.57	1.60	4.37	0.22	6.00	251.19	—
0.50	1.58	0.53	1.70	4.79	0.21	6.50	398.11	—
0.60	1.74	0.49	1.80	5.25	0.19	7.00	630.96	—
0.70	1.91	0.46	1.90	5.75	0.17	7.50	1000.00	—
0.80	2.09	0.42	2.00	6.31	0.16	8.00	1585	—
0.90	2.29	0.39	2.50	10.00	0.10	9.00	3981	—
1.00	2.51	0.36	3.00	15.85	0.07	10.00	10000	—
1.10	2.75	0.34	3.50	25.12	0.04	12.50	100000	—

是建立了一个更为精确定义的星等连续尺度。

如今，星等可以记录到 1 星等的 1/10、1/100，甚至 1/1000 。星等数字越小，代表的亮度越大，例如，3.00 星等比 3.01 星等略亮，但比 2.99 星等略暗。有些天体比 1 星等还亮些，于是尺度从 1 反向延至 0 星等，再向后延至负数，即 -1 星等。例如，天狼（-1.44）、金星(-4.4)、满月(平均-12.7)、太阳(-26.8)。凡未标明正负号的，总是理解为 + 号。

现代的星等都是归算到地球大气之上。甚至天顶恒星还要计及随不同时间和不同地点而变的、对不同波长光线的吸收和散射。对天空低处恒星而言，大气作用更多地削弱恒星亮度，因而在对比不同高度的恒星亮度时，必须加以考虑。

测算星等差的关系式 星等标度的精确定义是：当两个恒星的亮度之比为 1:100 ，则其星等之差为精确的 5 个星等。一个公认的标准恒星星表一定要有效地定义星等标度的零点。如果两个恒星的亮度分别为 B_1 和 B_2 ，则下式给出两者的星等差 m_1 和 m_2

$$m_2 - m_1 = 2.5 \log(B_1/B_2) \text{或} B_1/B_2 = \text{antilog}[0.4(m_2 - m_1)] \approx 2.512^{m_2 - m_1}$$

表 43 刊载的亮度比即按上列关系式推算。

合成星等 两个恒星的合成星等（即两个恒星方位靠近，以致视之为一个单星）当然就是各自亮度的合成。星等分别为 m_1 和 m_2 的两个恒星的合成星等 m 可由下列较为复杂的公式求出：

$$m = m_1 2.5 \log \{1 + \text{antilog}[-0.4(m_2 - m_1)]\}$$

表 43 列出的两个恒星的合成星等的比较亮的子星的星等数字小，即比较亮的子星更亮。三个或更多个恒星的合成星等可重复使用上列公式求出。一个延展天体，例如星系或彗星的累积星等（或总星等）的亮度也能用星等度量，即将全部光会聚为一个类星的光点。

视星等 一个天体的视星等是指用肉眼直接估计、或在照相底片上测定、或用光度计金星仪器测量、但不计入天体距离的任何订正，所求出的星等。视星等用符号 m 表示。在天文测光中，用不同的波段测量视星等。肉眼观察所得的是“目视星等”，用符号 m_v 表示。在照相底片上估计或测定的是“照相星等”，如果用的是传统的蓝敏底片或胶片，则用符号 m_{pg} 表示；如果用底片和滤光片组合，使其颜色响应近似于人眼，则用符号 m_{pv}（“仿视星等”）表示。

至于精确测光，则采用 CCD 和光电光度计。测光可以用各种不同的波段。最通用的是 UBV 系统。U 是紫外，B 是蓝，V 是目视。B 星等与老标度 m_{pg} 近似；V 星等与老标度 m_v 或 m_{pv} 相似。某些光度计的波段延伸大片红波长和红外波长。表 44 载有 U、B、和 V 波带，以及最

表 44 光度测量中光带的波长
U：紫外；B：蓝；V：可见光；R：红；I–Q：红外

波段	U	B	V	R	I	J
波长(nm)	360	440	550	700	900	1250
波段	H	K	L	M	N	Q
波长(μm)	1.62	2.2	3.4	5.0	10.2	19.5

常用的红和红外波带的“有效波长”。

另一种重要的光电测光系统是 B.斯特龙根（Stroemgren）创建的，应用 4 个不同的滤光片，通过比 UBV 系统更窄的波段。这 4 个波段是 u（紫外）、v（紫）、b（蓝）和 y（黄），其中心波长分别是 350 纳米、410 纳米、470 纳米和 550 纳米。

作为一项普适规则，可以认定光电星等精度应能达到百分之一个星等以内。最佳的地基 CCD 测光也能具备这一精度。任务的成果已于 1997 年问世的“依巴谷卫星”确立了测光精度新的标准。在载有超过 118000 个恒星星等的《依巴谷星表》的精度为 0.0015 星等。

色指数 一个恒星的两个不同波段的星等之间的差值称为“色指数”。最常用的是 B 和 V，U 和 B 。一个白色恒星色指数 B-V 接近于 0 ，而最红的恒星的 B-V 可以超过 2 个星等。表 45 载有几个著名恒星的 B-V 的色指数数据。

绝对星等 视星等并非判断恒星本征光度的标度，正如许多近距恒星看上去远比光度大得多，但距离却远得多的恒星更亮。绝对星等是一个恒星若处在一个标准距离上的亮度。绝对星等是一个恒星处在 10 秒差距距离（约合 33 光年）而计算出的观测亮度，相当于 0.1 角秒的视差。计算绝对星等需要具备恒星距离的信息。反之，如果能借助其他方法求出绝对星等，则可得知恒星的距离。

由于根据绝对星等能够比对恒星的光度，所以在恒星科研中，绝对星等具有极为重要的意义。太阳的目视绝对星等是 4.82 。表 45 载有几个极为知名的恒星的视星等和绝对星等。矮星的绝对星等在每个连续的光谱型中的减弱超过 1 星等；红矮星半人马比邻星的绝对星等的减弱直达 + 15.5 。在光谱型从 G 变更到 M 的典型的巨星的绝对星等的变幅，仅仅有 2 星等（从 + 1.1 到 –0.8）。超巨星天津四的绝对星等为

表 45 几个著名恒星的视星等（m_V）、B–V 色指数、绝对星等（M_V）和光谱型

恒星	m_V	色指数	M_V	光谱型
Aldebaran(α Tauri)	0.87	+1.54	–0.6	K5
α Centauri A	–0.01	+0.71	4.3	G2
Vega(α Lyrae)	0.03	0.00	0.6	A0
Spica(α Virginis)	0.98	–0.23	–3.6	B1

表 46 距离和星等从 1～20 的不同星等差（“Diff.”）在无星际消光前提下所对应的距离增长（“Dist.”）。这样，一个 5 星等的恒星，假如距离远 10 倍，将是 15 星等，即暗了 10 星等。采用的公式：
Dist. = antilog（0.2 × Diff.）

DIFF.	DIST.	DIFF.	DIST.	DIFF.	DIST.	DIFF.	DIST.
1	1.585	6	15.85	11	158.5	16	1585
2	2.512	7	25.12	12	251.2	17	2512
3	3.981	8	39.81	13	398.1	18	3981
4	6.310	9	63.10	14	631.0	19	6310
5	10.00	10	100.00	15	1000	20	10000

–8.7 ，而超新星在极大光度时的变幅约从 –16.5 到 –21 。已知光度最大的星是剑鱼 S ，其绝对星等约为 –9.2 。光度最小的一个是范比斯布鲁克（Van Biesbroeck）星（天鹰 V1289），它的绝对星等是 18.6。

一个恒星的绝对星等 M 可以从其视星等 m 和以角秒量度的视差 π 中算出：

$$M = m + 5 + 5 \log \pi$$

表 46 给出距离和星等之间的关系。

星际消光和距离模数 上文列出的推求绝对星等的公式，只有在不存在星际气体和尘埃的光吸收或光散射的条件下，才严格正确。对于距离遥远的天体，一定需要进行吸光和散光的订正。如果能够估计消光 A 的量，则本征视星等 m_0 可以用算式 $m_0 = m - A$ 求出。利用下列算式推算出“距离模数” $m–M$ 。

$$m-M = 5 \log(\text{以秒差距表示的距离}) - 5 + A$$

订正后的距离模数（或称绝对距离模数）则是：

$$m_0-M = 5 \log(\text{以秒差距表示的距离}) - 5$$

一个恒星的光经受消光量的多寡取决于恒星在银河系中的部位。其最大值在银河平面上，目视波段的消光量的平均值约为每千秒差距 1 个星等，不过在某些区域的消光量可达几个星等。随着远离银道面的距离增大，消光迅速减

小。有一些根据统计得出的描述不同银纬处的消光量的公式，但要获得足信的估计，一定得查阅标出不同方向的星际消光的专用星图。

本征色指数 在观测色指数内计入星际消光改正即是本征色指数。光测色指数$(B-V)_{obs}$和本征色指数$(B-V)_i$之间的差值称为“色余”，用$E(B-V)$表示。于是：

$$E(B-V) = (B-V)_{obs} - (B-V)_i = A(B) - A(V)$$

式中$A(B)$和$A(V)$分别是B波段和V波段的消光量。

热星等 热星等是来自一个恒星的总辐射，即紫外、光、热、射电等辐射之和的一种量度。利用测热计可以测量热星等。测热计是一种检测器件，它给出的输出信号仅取决于总入射辐射，而与波长无关；但却只限于能够贯穿地球大气的辐射。另外一种方法是根据各种不同波段的分段测量的估算而得。在地球大气之外接收到的一个热星等为0.00的恒星能量等于每平方米2.48×10^{-8}瓦。

热改正（BC） 热改正是热星等m_{bol}和视目视星等m_v之间的差值，所以，热改正表示为：

$$BC = m_v - m_{bol}$$

表面温度为6500 K的恒星的热改正值为0。由于热星在紫外波段和冷星在红外波段的辐射都比目视波段的辐射多，所以这两类恒星的热改正都是正值。不过，有时热改正也会表示为：

$$BC = m_{bol} - m_v$$

此时，BC的正值则应改为负值。

偏振测量 光是波动，以波式传播，即波沿传播方向呈直角振荡。如果电场的方向与协同的辐射保持恒定不变，此时的辐射称为“面偏振”。有些天体辐射的光是部分偏振化，则可以运用配有偏振滤波片的光电光度计测量偏振量和偏振方向。星光的偏振可以揭示星际尘埃和强磁场的存在。

光　度

恒星光度是恒星的本征亮度，或称绝对亮度；恒星光度是恒星发射的全部辐射的一个量度。光度可以是任一特定波段的光度，也可以是覆盖所有波长的热光度。光度的符号是L，单位是W（瓦特）。例如，太阳的热光度约为3.8×10^{26}W，对应的表面辐射为每平方米6.2×10^7W；另外，对应的视热星等$m_{bol} = -26.85$；对应的绝对热星等$M_{bol} = +4.75$，比绝对视星等$M_V = +4.82$略亮。

太阳的光度和绝对星等（$L_\odot$，$M_\odot$）以及另一个恒星的光度和绝对星等（L，M）两者之间的关系式如下：

$$\log(L/L_\odot) = 0.4(M_\odot - M)$$

如果能够测定出一个恒星的绝对星等，利用上式就能求出该恒星的光度。天狼星（大犬α）的视目视星等是−1.44，视差是0.379角秒，求出的绝对目视星等为+1.45。一个A0光谱型的主序星，例如天狼星，其热改正是−0.30，于是，其绝对热星等是1.15。因此，天狼星本征地比太阳亮3.37星等。运用上式，我们求出天狼星的目视光度是太阳的22.3倍，热光度则是太阳的27.5倍。

质光关系 对于主序星而言，光度随质量增加按比例增大。质量M和光度L二者之间的普适关系可以用下式表示：

$$L = M^k$$

式中的L和M分别以太阳光度和太阳质量为单位。这个关系式称为质光关系。因子k的确切数值沿主星序而变，但其平均值可取为3.3。例如，一个质量2倍于太阳的恒星的光度近似地为$2^{3.3} = 10$，即是太阳光度的10倍。利用质光关系可以估算非双星成员和非聚星成员的单星的质量。超巨星、巨星和白矮星均不遵循此质光关系，因为它们虽具有和相应的主序星相同的质量，却或者光度过高，或者光度过低。

距离、运动和物理参数

最近星和最亮星

表47载有包括太阳在内的28个最近星，表48则刊载26个目视视星等最亮星，并给出每个恒星的方位、视星等、绝对星等、光谱分类、视差和距离。

恒星距离

光年（l.y.） 光年是经常用来表示恒星和星系的距离单位。它是一束光线以每秒

表 47　最近星

恒 星	赤经 2000.0 h m	赤纬 ° ′	亮度	光谱类型	视差	距离(光年)	绝对星等
Sun	—	—	-26.78	G2V	—	—	4.82
Proxima Centauri (V645 Cen)	14 29.8	-62 41	11.01(var.)	M5Ve	0.77233	4.22	15.45
Alpha Centauri A	14 39.7	-60 50	-0.01	G2V	0.74212	4.39	4.34
B			1.35	K1V			5.70
Barnard's Star	17 57.8	+04 40	9.54	M4V	0.54901	5.94	13.24
CN Leo(Wolf 359)	10 56.5	+07 01	13.44(var.)	M6Ve	0.419	7.8	16.55
Lalande 21185(HD 95735)	11 03.3	+35 59	7.49	M2V	0.39240	8.31	10.46
Sirius A	06 45.2	-16 43	-1.44	A0m	0.37921	8.60	1.45
B			8.44	DA2			11.34
UV Ceti A	01 39.0	-17 57	12.54(var.)	M5.5Ve	0.374	8.7	15.40
B			12.99(var.)	M6Ve			15.85
V1216 Sgr(Ross 154)	18 49.8	-23 50	10.37	M3.5Ve	0.33648	9.69	13.00
Ross 248	23 41.9	+44 10	12.29	M5.5Ve	0.316	10.3	14.79
Epsilon Eridani	03 32.9	-09 27	3.72	K2V	0.31075	10.50	6.18
HD 217987(CoD-36°15693)	23 05.8	-35 51	7.35	M2/M3V	0.30390	10.73	9.76
FI Vir(Ross 128)	11 47.7	+00 48	11.12(var.)	M4.5V	0.29958	10.89	13.50
EZ Aqr(L 789-6 ABC)	22 38.6	-15 18	13.33(var.)	M5Ve	0.290	11.2	15.64
61 CygA(V1803 Cyg)	21 06.8	+38 44	5.20(var.)	K5V	0.28713	11.36	7.49
ProcyonA	07 39.3	+05 14	0.40	F5IV-V	0.28593	11.41	2.68
B			10.7	DF			13.0
61 CygB	21 06.9	+38 44	6.05(var.)	K7V	0.28542	11.43	8.33
HD173740(BD+59°1915B)	18 42.8	+59 37	9.70	M4V	0.28448	11.47	11.97
HD173739(BD+59°1915A)	18 42.8	+59 38	8.94	M3.5V	0.28028	11.64	11.18
GXAnd(BD+43°44A)	00 18.3	+44 01	8.09(var.)	M1V	0.28027	11.64	10.33
(BD+43°44B)			11.10	M4V			13.35
DX Cnc(G51-15)	08 29.8	+26 47	14.78(var.)	M6.5Ve	0.276	11.8	16.98
Epsilon Indi	22 03.3	-56 47	4.69	K5V	0.27576	11.83	6.89
Tau Ceti	01 44.1	-15 56	3.49	G8V	0.27417	11.90	5.68

资料来源：亮于 11 星等的恒星数据取自 Hipparcos Cataloque ；暗星取自 Research Consortium on Nearby Stars (RECONS)。http://www.chara.gsu.edu/RECONS/TOP100.htm

表 48　最亮星

恒 星	名称	赤经 2000.0 h m	赤纬 ° ′	亮度	光谱类型	视差	距离(光年)	绝对星等
	Sun	—	—	-26.78	G2V	—	—	4.82
α CMa	Sirius	06 45.2	-16 43	-1.44	A0m	0.37921	8.60	1.45
α Car	Canopus	06 24.0	-52 42	-0.62	A9II	0.01043	313	-5.53
α Cen	Rigil Kentaurus	14 39.7	-60 50	-0.28[b]	G2V+K1V	0.74212	4.39	4.07[b]
α Boo	Arcturus	14 15.7	+19 11	-0.05	K1.5III	0.08885	36.71	-0.31
α Lyr	Vega	18. 36.9	+38 47	0.03(var.)	A0V	0.12892	25.30	0.58
α Aur	Capella	05 16.7	+46 00	0.08	G6III+G2III	0.07729	42.20	-0.48
β Ori	Rigel	05 14.5	-08 12	0.18(var.)	B8Ia	0.00422	773	-6.69
α CMi	Procyon	07 39.3	+05 14	0.40	F5IV-V	0.28593	11.41	2.68
α Eri	Achernar	01 37.7	-57 14	0.45	B3Vnp	0.02268	144	-2.77
α Ori	Betelgeuse	05 55.2	+07 24	0.45(var.)	MI-M2Ia-Iab	0.00763	427	-5.14
β Cen	Hadar	14 03.8	-60 22	0.61(var.)	B1III	0.00621	525	-5.42
α Aql	Altair	19 50.8	+08 52	0.76(var.)	A7V	0.19444	16.77	2.20
α Cru	Acrux	12 26.6	-63 06	0.77[b]	B0.5IV+B1V	0.01017	321	-4.19[b]
α Tau	Aldebaran	04 35.9	+16 31	0.87	K5^{+}III	0.05009	65.11	-0.63
α Vir	Spica	13 25.2	-11 10	0.98(var.)	BIV	0.01244	262	-3.55
α Sco	Antares	16 29.4	-26 26	1.05(var.)	M1.5Iab-Ib+B2.5V	0.00540	604	-5.29
β Gem	Pollux	07 45.3	+28 02	1.16	K0III	0.09674	33.72	1.09
α PsA	Fomalhaut	22 57.6	29 37	1.16	A3V	0.13008	25.07	1.73
β Cru	Mimosa	12 47.7	-59 41	1.25(var.)	B0.5III	0.00925	353	-3.92
α Cyg	Deneb	20 41.4	+45 17	1.25(var.)	A2Ia	0.00101	3230	-8.73
α Leo	Regulus	10 08.4	+11 58	1.36	B7V	0.04209	77.49	-0.52
ε CMa	Adhara	06 58.6	-28 58	1.50	B2II	0.00757	431	-4.10
α Gem	Castor	07 34.6	+31 53	1.58[b]	Alm	0.06327	51.55	0.59[b]
γ Cru	Gacrux	12 31.2	-57 07	1.59	M3.5III	0.03709	87.49	-0.56
λ Sco	Shaula	17 33.6	-37 06	1.62(var.)	B1.5IV+B	0.00464	703	-5.05

a.星际吸收忽略不计

b.双星的合成星等。半人马 α 的成员子星的信息，参见表 47

资料来源：Hipparcos Catalogue　光谱型资料取自：Astronomical Almanac

表 49 对应于视差（π 角秒）的秒差距（pc）距离和光年（l.y.）距离。
对于 0.0001、0.0002 等等的视差，将 pc 和 l.y. 的数值的小数点向右移一位。

π	pc	l.y.	π	pc	l.y.	π	pc	l.y.	π	pc	l.y.	π	pc	l.y.	π	pc	l.y.
0.001	1000	3262.0	0.021	47.62	155.3	0.041	24.39	79.55	0.061	16.39	53.47	0.081	12.35	40.27	0.12	8.33	27.18
0.002	500.0	1631.0	0.022	45.45	148.3	0.042	23.81	77.66	0.062	16.13	52.61	0.082	12.20	39.78	0.14	7.14	23.30
0.003	333.3	1087.0	0.023	43.48	141.8	0.043	23.26	75.85	0.063	15.87	51.77	0.083	12.05	39.30	0.16	6.25	20.39
0.004	250.0	815.4	0.024	41.67	135.9	0.044	22.73	74.13	0.064	15.63	50.96	0.084	11.90	38.83	0.18	5.56	18.12
0.005	200.0	652.3	0.025	40.00	130.5	0.045	22.22	72.48	0.065	15.38	50.18	0.085	11.76	38.37	0.20	5.00	16.31
0.006	166.7	543.6	0.026	38.46	125.4	0.046	21.74	70.90	0.066	15.15	49.42	0.086	11.63	37.93	0.22	4.55	14.83
0.007	142.9	465.9	0.027	37.04	120.8	0.047	21.28	69.40	0.067	14.93	48.68	0.087	11.49	37.49	0.24	4.17	13.59
0.008	125.0	407.7	0.028	35.71	116.5	0.048	20.83	67.95	0.068	14.71	47.96	0.088	11.36	37.06	0.25	4.00	13.05
0.009	111.1	362.4	0.029	34.48	112.5	0.049	20.41	66.56	0.069	14.49	47.27	0.089	11.24	36.65	0.26	3.85	12.54
0.010	100.0	326.2	0.030	33.33	108.7	0.050	20.00	65.23	0.070	14.29	46.59	0.090	11.11	36.24	0.28	3.57	11.65
0.011	90.91	296.5	0.031	32.36	105.2	0.051	19.61	63.95	0.071	14.08	45.94	0.091	10.99	35.84	0.30	3.33	10.87
0.012	83.33	271.8	0.032	31.25	101.9	0.052	19.23	62.72	0.072	13.89	45.30	0.092	10.87	35.45	0.35	2.86	9.319
0.013	76.92	250.9	0.033	30.30	98.84	0.053	18.87	61.54	0.073	13.70	44.68	0.093	10.75	35.07	0.40	2.50	8.154
0.014	71.43	233.0	0.034	29.41	95.93	0.054	18.52	60.40	0.074	13.51	40.08	0.094	10.64	34.70	0.45	2.22	7.248
0.015	66.67	217.4	0.035	28.57	93.19	0.055	18.18	59.30	0.075	13.33	43.49	0.095	10.53	34.33	0.50	2.00	6.523
0.016	62.50	203.9	0.036	27.78	90.60	0.056	17.86	58.24	0.076	13.16	42.92	0.096	10.42	33.98	0.55	1.82	5.930
0.017	58.82	191.9	0.037	27.03	88.15	0.057	17.54	57.22	0.077	12.99	42.36	0.097	10.31	33.62	0.60	1.67	5.436
0.018	55.56	181.2	0.038	26.32	85.83	0.058	17.24	56.23	0.078	12.82	41.82	0.098	10.20	33.28	0.65	1.54	5.018
0.019	52.63	171.7	0.039	25.64	83.63	0.059	16.95	55.28	0.079	12.66	41.29	0.099	10.10	32.95	0.70	1.43	4.659
0.020	50.00	163.1	0.040	25.00	81.54	0.060	16.67	54.36	0.080	12.50	40.77	0.100	10.00	32.62	0.75	1.33	4.349

299797.458 千米的运行速度在一个历书年内所途经的距离。1 光年是 9.46×10^{12} 千米，相当于 63240 天文单位，或 0.3066 秒差距。离太阳最近的恒星是半人马比邻星，其距离是 4.22 光年。有时还会用到较小些的单位，诸如光月、光周、光日、光分和光秒，它们对应于各自的时间段内光束运行的距离，有时会应用于太阳系尺度上的距离测量。例如，月球的距离约为 1.3 光秒，太阳的距离是 8.3 光分。

秒差距（pc） 1 秒差距是周年视差为 1 角秒的恒星或其他天体的距离。1 秒差距为 30.857×10^{12} 千米，等于 206265 天文单位，或 3.2616 光年。已知没有一个视差大于 1 角秒的恒星。已测定的最大视差是半人马比邻星的 0.772 角秒，相当于约 1.3 秒差距的距离。通常使用秒差距的倍数有千秒差距（kpc）和兆秒差距（Mpc）。

三角视差 从两个不同地点观看一个物体的位置的角度差。图 30 表示观看在遥远恒星背景上的一个相对近距恒星，一个想象位于太阳处的观测者和另一个位于地球上 E_1 处的观测者，二人所观测到的恒星位置差，就称为‘三角视差’。原则上，根据地球位于 E_1 的恒星观测，以及 6 个月之后，当地球位于轨道的另一端 E_2 是的观测，能够求出三角视差数值。

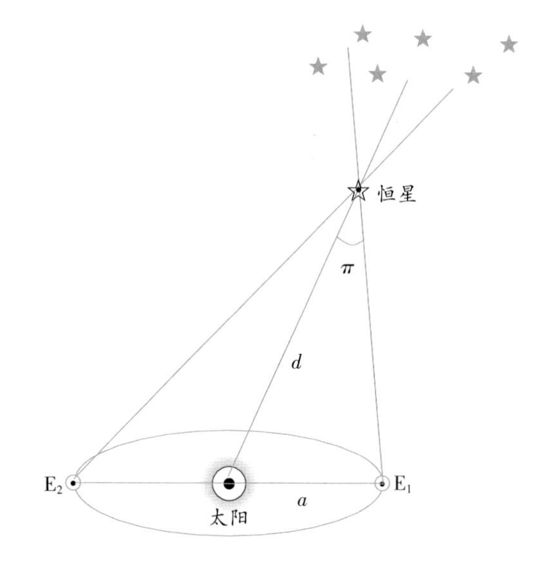

图 30 三角视差 根据地球在轨道的运行之际，观测到的一个近星的位置相对于背景星的变化，可以测定该近星的距离。

实际上，在地球环绕太阳在历时一年的进程中，所观测到的恒星在天球上的轨迹为一椭圆。如果恒星位于黄道附近，该椭圆则高度扁椭；如果位于南黄极或北黄极附近，该椭圆就会近圆（地球轨道的微小椭率可以忽略不计）。恒星运动所呈现的椭圆轨迹的半长轴的值即是所谓的恒星“周年视差”（π）。此值是恒星偏离其“平位置”（视差的一种结果）的最大位移值，即图 30 中恒星-太阳-地球三者构成的直角三角形的顶角。如果日地距离是 a，恒星距离是 d，又如果 π 以弧度表示，则有 $\pi = a / d$。如果 a 已知，π 已测定，则即能求出 d。附表 49 为视差 π 和光年（1.y.）以及秒差距（pc）的换算值。

a 值是天文单位（AU）。原则上，可以利用“行星视差”加以测定。根据地球上两个不同位置的观测者，测量太阳或其他太阳系天体的方位差。位于地平的天体的行星视差效应最大，这就是所谓的“地平视差”。（地平）太阳视差为 8.79 角秒。它是在 1AU 的太阳平均距离的地球之赤道半径的张角，于是，根据地球大小的数据，即能计算出天文单位的大小。实际上，已采用的还有更为精确的方法，其中有利用雷达测量太阳系天体的距离。

视差取决于距离，最近的天体具有最大的视差。太阳系之外的天体的已知最大视差值的是半人马比邻星，其视差为 0.772 角秒。大多数恒星视差都比该值小得多，已知仅有约 1000 个恒星的视差大于 0.05 角秒，以及仅有 3000 个恒星的视差大于 0.04 角秒（对应的距离为 25 秒差距）。

作为一种距离测定方法，能够供地基望远镜的三角视差，最多仅仅适用于几百光年的距离范围之内，因为很微小的角度的测量很困难。不过，依巴谷卫星却还能在 500 光年的远处获得高度精确的视差。还有其他形式的视差，其中有的可获取距离遥远恒星的“距离模数”。下文将介绍其中一些。

分光视差　检视恒星光谱能够获得许多恒星的绝对星等的良好估量信息。将绝对星等和观测到的视星等比对，再加上星际消光改正，则可推求出距离或视差。

对某些特定类型的恒星而言，还有其他方法估量绝对星等。尤其是对于造父变星，它们的绝对星等和光变周期之间有着良好确定的关系，即所谓周光定律。这样，变光周期的测量就提供了能够计算距离模数的绝对星等值。由于造父变星的巨大光度，它们能够在距离遥远的测量中作为“标准烛光”之用。

动力学视差　对于良好测定了轨道的双星而言，根据其合成质量为二个太阳质量的最初假定，运用表示双星公转周期和轨道线长度的开普勒（Kepler）第三定律的牛顿公式，就可以估算出距离。将恒星轨道的线大小和观测到的轨道角大小两者比对，则给出距离的初步估计值。由于已知二子星的视星等，从而计算出二子星的绝对星等，在应用质光关系去改进二子星的质量估算值。反复地运作同一计算程序，直至求出的质量估算值之差足够小为止。幸运的是，双星的估算质量的误差对于动力学视差值并不构成巨大误差。

长期视差　太阳附近空间 100 pc 以内的所有近星确定出一个相对于它们的平均运动速度为零的“局域静止标准”。这些恒星整体以每秒约 250 千米的速度环绕银心运行。该运动在当前正在带动这一群体奔向天鹅座方向的一点。太阳相对这一运动中的近星群体，以每秒约 19.5 千米的自身速度朝向武仙座内的一点。这一空间运动为视差测量提供了一个持续增大的基线。根据恒星的自行观测资料（见下文），就能如此推导出一群恒星的平均距离。

恒星运动

可以认为恒星相对于太阳的运动包含二个分量：一个是视向分量 R（“视向速度”），即视线方向的运动;另一个是切向分量 T（“切向速度”）。如果 R 和 T 两者均能测定，则根据 $V = \sqrt{(R^2 + T^2)}$，可以求出速度 V；并根据 $\tan\theta = T / R$，可以求出相对于太阳视向的运动方向。

视向速度　根据‘多普勒效应’形成的恒星光谱谱线位移，可以求出视向速度。能够直接获得速度，而无须先知恒星距离。视向速度为正，是指恒星退行，而视向速度为负，则指恒星趋近。在恒星世界，罕见超过每秒 100 千米的视向速度；大多数的速度值在每秒 − 40 千米和 + 40 千米之间。视向速度的周期变化揭示了分光双星（目视方法不能区分的近距双星）的轨道运动。

自行　恒星运动的切向分量指出恒星方位具有长期变化。观测到的一年期间的角位移，称为“周年自行”，通常用角秒表示，其符号是

μ。已知最大的自行值是巴纳德（Barnard）星的每年 10.4 角秒。若要将自行转换为切向速度，则必须要知道恒星视差。公式 $V_\mu = 4.74\,\mu/\pi$ 千米秒给出切向速度 V_μ。在已知视差、光行差等信息后，求出的自行给出相对于太阳的切向速度分量；但欲获得太阳相对局域静止标准的太阳运动，还需先知太阳运动（参见长期视差）。由于自行，星座的形状缓缓地变化，不过在人的寿命期间，这一变化效应小到难以察觉。

高速星　在太阳附近空间有一些恒星具有极高的、超过每秒 200 千米的相对于太阳的运动速度。对这种视高速的解释是，太阳自身以及太阳附近空间的大多数恒星均以每秒约 250 千米的速度环绕银河系中心沿近似圆形轨道运行。然而，高速星并不参与这种圆周运动，却通常是沿偏心轨道环绕银心运行。它们一般都是晕族成员星。

速逃星　它们是具有反常的高空间速度（即相对于太阳的速度）的光谱型为 O 或早 B 的恒星。现在认为它们形成于经历过超新星爆发的密近双星系统。最有名的 3 个分别是：白羊 53、御夫 AE 和 天鸽 μ 。它们均从猎户星座内的一个相当狭小的天区中发散出。

恒星质量

只有双星能够直接提供恒星的质量信息。如果轨道周期 P 以年计，平均角间距 a 和视差 π 已知，根据下式则可获得用太阳质量表示的双星的合成质量。

$$(M_1 + M_2) / M_\odot = a^3 / \pi^3 P^2$$

如果能够得知质量中心的位置，则两个子星与质量中心的距离比就能给出质量比，并随之求出二子星的各自质量。仅有几十个恒星具有精确的质量数据。

如果主序星的绝对星等已知，则根据质光关系，也可以估算出它们的质量。

恒星温度

恒星温度难以用单一一种数值表述，所以使用的有好几种定义。其中一些讲述如下。

有效温度（T_{eff}）　一个恒星的有效温度就是“黑体温度”，即一个与恒星半径相同，并辐射出相同总量的辐射的理想辐射体，亦即一个具有相同热光度的恒星所具有的温度。例如太阳，它的有效温度就是光球温度，约为 5800 开。

色温度（T_c）　它所对应的黑体温度与测量的两个波长之间的观测到的能量分布斜率吻合一致。色温度可以与色指数相关。如果用 I 表示 B－V 色指数，则以开为单位的色温度为：

$$T_c = 7200 / (I + 0.64)$$

由于恒星的辐射并不是严格确切的黑体辐射，所以用上述方法测定的色温度值与有效温度值有所差别。对太阳（$I = 0.63$）而言，色温度是 5700 开。

恒星的中心温度要比表面温度高得多。据悉，太阳中心温度约为 1500 万开。太阳广袤的外大气——日冕——的动力学温度（即对应于原子粒子运动的温度）的量级是 200 万开。

恒星直径

直至今日，恒星直径已知的只有几十个，这是因为地基望远镜不能揭示恒星的圆面。利用“恒星干涉测量方法”，已经直接测定了第一批恒星直径。该方法基于一个有限大小的天体的不同部位的光干涉原理的应用。已应用过 3 种主要类型的干涉仪：迈克尔孙（Michelson）（相位）干涉仪、布朗-特威斯（Brown-Twiss）（强度）干涉仪以及拉贝利（Labeyrie）（斑点）干涉仪。这些干涉测量提供了包括参宿四在内的几个红巨星的角直径的数值。最近，哈勃空间望远镜直接测量了参宿四的直径，取得的数据是 0.05 角秒。如果采用“依巴谷星表”的距离值 427 光年，则参宿四的直径约 10^9 千米，折合 6.5 天文单位，相当于火星轨道直径的 2 倍。

当不可能运用干涉仪观测时，采用月掩星观测也能估算恒星直径。对于食双星而言，根据观测到的交食过程，再配合上能够提供二子星的轨道速度的视向速度观测数据，也能计算出相互交食的二子星的直径。然而，一般而言，恒星直径和有效温度以及光度有关，所以利用斯特藩（Stefan）定律也能获得恒星直径的信息。斯特藩定律表述的是：一个黑体的辐射流量和其半径的平方呈正比，也与其温度的 4 次方呈正比。这样，假如两个恒星具有相同的有效温度，但两者的光度不同，按照该定律，较高光度的恒星的半径一定比另一个的大。

典型的恒星直径的变幅是从超巨星的几亿千米、太阳的 140 万千米、直到白矮星的几千千米。据悉，中子星的直径仅为几十千米。

恒星密度

虽然恒星半径的变幅巨大，但恒星质量的变化幅度却没有那么大。其后果就是恒星密度变量巨大。太阳的平均密度是 1.4×10^3 千克/立方米；超巨星的平均密度约为 0.01 千克/立方米；白矮星的密度幅度是每立方米 10^8~10^{11} 千克/立方米；中子星的密度或许高达 10^{16}~10^{18} 千克/立方米。

恒星光谱分类

恒星按照其光谱的基本特征，可以划分为不同的类型。19 世纪 60 年代，意大利天文学家 A.塞奇（Secchi）首次试图根据目视观测到的光谱为恒星分类，并将恒星划分为 4 群。后来，则按照光谱的照片分类。哈佛分类法是今日还在使用的分类系统的直系先驱。该分类法最早于 1890 年由 E.皮克林（Pickering）首先引进，随后，经由 A.坎农（Cannon）和 W.弗莱明（Fleming）发展完善。现行的分类系统有几种不同称谓：MKK（Morgan-Keenan-Kellman）系统、MK（Morgan-Keenan）系统、以及叶凯士（Yerkes）系统。

MKK 系统对于一个光谱有两个标识。首先是与恒星温度密切相关的‘光谱型’；其次是与恒星本征亮度相关的“光度级”。将恒星和该系统已定义的标准星比对，即可确认该星的光谱型和光度级。

光谱型

超过 90%的恒星均可划分为 7 个光谱型中的 1 个。按早年的哈佛系统，7 个光谱型分别用 7 个字母表示，依温度递减排序：

O　B　A　F　G　K　M

一种传统的记忆法是“Oh Be A Fine Girl Kiss Me”。原则上，每个光谱型均潜在地能细分为 10 个次型。1985 年，P.基南（Keenan）确认，每个光谱型中实际仅能细分为 4～9 个次型，但有些天文学家却采用更多的次型。次型以后缀的数码表示，例如 O5，B9.5。一个分类为 A5 的恒星，它的光谱粗略地位于 AO 和 FO 的恒星光谱的中间值。

将一个恒星准确地置入它应有的光谱型中所采用的判据极端复杂。每一个主光谱型内由吸收线显示的主要光谱特征如下：

O　电离氦（He Ⅱ）

B　中性氦；首次出现氢

A　氢占主导地位；出现微量电离金属

F　氢减弱；电离钙（Ca Ⅱ）

G　电离钙突显；氢更弱；中性金属

K　中性金属突显

M　分子谱带；氧化钛（TiO）突显

附加在上述系列中的还有多种侧支以及新增字符。W 型（沃尔夫-拉叶星）是炙热星，呈现宽而强的发射线，其中有 He Ⅱ。C 型（以前曾分为 R 型和 N 型）包括冷碳星，将 M 型中的 TiO 谱带换置为氰谱带、一氧化碳谱带以及碳分子谱带（C_2）。S 型星的光谱具有氧化锗谱带。虽然白矮星并不分属 MKK 分类系统，但也将其标为 D 型。有时 P 型和 Q 型分别代表行星状星云的发射线光谱以及新星的特殊光谱。近年，在 M 型之后，还附加上 L 型和 T 型，分别代表极低光度的红矮星和亚恒星，亦即在红外波段发现的褐矮星。

由于历史因素，热星（O、B、A）的光谱往往称为‘早型’；冷星（K、M、C、S）的光谱称为‘晚型’；而 F 型星和 G 型星的光谱称为“中介型”。

光度级

在一个给定的光谱型内，亮星要比暗星更大，其外围区域也要比暗星更稀薄。因此，由于压力是谱线致宽的一个主要机制，光度越大的恒星，谱线就越窄。这样，在谱线质量优劣（在某些情况下，还有强度差别）的基础上，在一个给定光谱型内，恒星还能进一步划分不同的光度级。它的表示法是在光谱型之后，加上罗马数字Ⅰ-Ⅵ中的一个数字。例如，F2Ⅲ。6 个主光度级如下：

Ⅰ　超巨星

Ⅱ　亮巨星

Ⅲ　巨星

Ⅳ　亚巨星

Ⅴ　　主序矮星

Ⅵ或 sd　亚矮星

（参见图 31）某些光度级（特别是超巨星）还附加后缀 a、ab 和 b 以细化。此外，光度级Ⅲ～Ⅳ 表示介于二级之间。

一个正常恒星的完整 MKK 分类包括表示温度级的一个字母和一个阿拉伯数码，以及表示光度级的一个罗马数码。

几个亮星的完整光谱型列举如下：

猎户 α：O9.5Ⅱ

金牛 β：B7Ⅲ

狮子 β：A3Ⅴa

仙后 β：F2Ⅲ

小熊 α：F5–8Ⅰb

室女 ε：G8Ⅲab

长蛇 α：K3Ⅱ–Ⅲ

飞马 β：M2.5Ⅱ–Ⅲ

除标准光谱型表示法之外，还可以在光度级之后，另加上小写字母以表示光谱中的某些非标准特征。例如：

e　发射线（在某些 O 型星中则用字母 f）

m　金属线

n　星云线

p　特殊光谱

q　蓝移吸收线和红移发射线，显示出现膨胀气壳（天鹅 P 型星）

v　变星光谱

上述符号的应用举例如下；

仙后 γ：BO Ⅳnpe

天鹅 P：B1Ⅰapeq

大犬 α：AO m

船尾 ζ：O5Ⅰafn

完整的分类系统能够处理所有的恒星光谱中的 90%～95% 。余下不能纳入的是合成光谱，即无法分辨的双星或聚星的光谱，以及具有重大独特特征的恒星的光谱。

附表 50 载有《亮星星表》中的恒星按光谱型的分布。表 51 刊载矮星、巨星和超巨星的光谱型、绝对星等 M_V、绝对热星等 M_{bol}、有效温度 T_{eff}、质量、直径、光度以及平均密度。光谱型、光度级和色指数密切相关，所以常常用色指数取代光谱型。表 52 载有恒星的光谱型和光度级与其色指数 B–V 和 U–B 的关系。

表 50　恒星按光谱型的分布　本表给出 Bright Star Catalogue 中具有主光谱型的恒星的百分比。

O	B	A	F	G	K	M	OTHERS
0.5	19	22	14	13	25	6	0.4

恒星演化

赫罗（HR）图

赫罗图是显示恒星的光谱型（色指数，温度）和光度（绝对星等）之间的关系的便捷图示。图 31 即是 HR 图，沿水平轴是光谱型，冷星向右，热星向左；垂直轴是绝对星等。大多数恒星均聚集在从左上端走向右下端的区带中，称为“主星序”。其余的是超巨星、巨星、以及白矮星，等等，则分布在图的其他角落。HR 图为了解恒星演化提供了一幅有助益的可观察的工具。

恒星形成　如今的共识，恒星是由主要成分为氢的气体云凝聚而成。恒星随着收缩而增温，于是在 HR 图上从右侧横穿移向左侧。当原始星的中心区内的温度达到约千万开时，氢聚变为氦的核反应启动，并释放大量能量。在此阶段，随着恒星靠上主要取决于与其质量的主星序上的一个位置，恒星达到稳定态。质量越大的恒星，光度越大，进入主星序的位置越靠上方。所有位于主星序的恒星，甚至直径比太阳大许多倍的大多数大质量星，在技术上也被分类为“矮星”。

恒星的质量有物理上的限。一个质量小于 $0.08M_\odot$的收缩气体云的中心区产生的热不足以启动核反应，所以永远不会成为一个真正的恒星，取而代之的是被分类为“褐矮星”。它们比位于主星序右下角的红矮星还要冷，还要暗。位于主星序左顶端的恒星的质量约达 $120M_\odot$。比此质量更大的恒星的光度将大到其辐射压促使恒星裂碎。

主星序寿命　恒星寿命中的最长岁月均耗在主星序上。消耗的寿命有多长，可由“钱德拉赛卡–勋伯格（Chandrasekhar-Schoenberg）极限”测定。该定理认为恒星中心核的氦总量不得超过恒星质量的 12% 。正如质光关系所揭示，质量越大的恒星消耗能量的速率越快，于是，它们拥有的氢消耗的越快，驻留在主星序上的寿命越短。预期太阳具有的主星序寿命约为 10^{10}

表 51 各种光度级和光谱型的恒星的典型物理参数

光谱类型	M_V	M_{bol}	T_{eff}（开）	质量（相对太阳）	直径（相对太阳）	光度（相对太阳）	平均密度（千米/立方米）
主序(V)							
O5	−5.7	−10.1	44500	60	12	790000	0.05
B0	−4.0	−7.1	30000	17.5	7.4	52000	0.06
B5	−1.2	−2.7	15400	5.9	3.9	830	0.14
A0	+0.6	+0.3	9520	2.9	2.4	54	0.30
A5	+1.9	+1.7	8200	2.0	1.7	14	0.58
F0	+2.7	+2.6	7200	1.6	1.5	6.5	0.67
F5	+3.5	+3.4	6440	1.4	1.3	3.2	0.90
G0	+4.4	+4.2	6030	1.05	1.1	1.5	1.11
G5	+5.1	+4.9	5770	0.92	0.92	0.79	1.67
K0	+5.9	+5.6	5250	0.79	0.85	0.42	1.80
K5	+7.4	+6.7	4350	0.67	0.72	0.15	2.54
M0	+8.8	+7.4	3850	0.51	0.60	0.077	3.33
M5	+12.3	+9.6	3240	0.21	0.27	0.011	15.1
M8	+16.0	+11.9	2640	0.06	0.1	0.0012	84.7
巨星(Ⅲ)							
B0	−5.1	−8.0	29000	20	15	110000	0.008
B5	−2.2	−3.5	15000	7	8	1800	0.019
A0	+0.0	−0.4	10100	4	5	106	0.045
G0	+1.0	+0.8	5850	1.0	6	34	0.007
G5	+0.9	+0.6	5150	1.1	10	43	0.002
K0	+0.7	+0.2	4750	1.1	15	60	0.0005
K5	−0.2	−1.2	3950	1.2	25	220	0.0001
M0	−0.4	−1.6	3800	1.2	40	330	0.00003
M5	−0.3	−2.8	3330	—	—	930	—
超巨星(Iab)							
O5	−6.6	−10.5	40300	70	30	1100000	0.0037
B0	−6.4	−8.9	26000	25	30	260000	0.0013
A0	−6.3	−6.7	9730	16	60	35000	0.00010
F0	−6.6	−6.6	7700	12	80	32000	0.000033
G0	−6.4	−6.6	5550	10	120	30000	0.0000082
G5	−6.2	−6.5	4850	12	150	29000	0.0000051
K0	−6.0	−6.5	4420	13	200	29000	0.0000023
K5	−5.8	−6.8	3850	13	400	38000	0.0000006
M0	−5.6	−6.9	3650	13	500	41000	0.0000001

资料来源：取自 K.R.Lang 主编的 Astrophysical Data（Springer-Verlag ,1992）

年，而一个高光度 BO 型星在主星序上驻留的时间仅有几百万年。

红巨星 主星序阶段之后是核心周围的壳层内的氢燃烧启动，同时，开始的恒星演化是相当快速地移出主星序，并进入 HR 图的右上部。在此演化阶段，通常是表面温度下降，恒星半径增大，同时光度增长，变成红巨星。

一个红巨星的下一个阶段演化走向取决其质量，并可能会很复杂地前后几次地跨过 HR 图。对于质量更大的恒星，核心的密度和温度达到一个闪耀点，遂启动一个新的核反应系列：首先是氦变碳的燃烧，随后是碳变更重元素的燃烧。质量小于 $0.4M_{\odot}$的红矮星不会有氦燃烧阶段，但它们的演化很缓慢，或许在我们银河系

表 52　光谱型和色指数的关系

光谱型	色指数					
	主序		巨星		超巨星	
	B － V	U － B	B － V	U － B	B － V	U － B
O5	−0.33	−1.19	−0.32	−1.18	−0.31	−1.17
B0	−0.30	−1.08	−0.30	−1.08	−0.23	−1.06
B5	−0.17	−0.58	−0.17	−0.58	−0.10	−0.72
A0	−0.02	−0.02	−0.03	−0.07	−0.01	−0.38
A5	+0.15	+0.10	+0.15	+0.11	+0.09	−0.08
F0	+0.30	+0.03	+0.30	+0.08	+0.17	+0.15
F5	+0.44	+0.02	+0.43	+0.09	+0.32	+0.27
G0	+0.58	+0.06	+0.65	+0.21	+0.76	+0.52
G5	+0.68	+0.20	+0.86	+0.56	+1.02	+0.83
K0	+0.81	+0.45	+1.00	+0.84	+1.25	+1.17
K5	+1.15	+0.98	+1.50	+1.81	+1.60	+1.80
M0	+1.40	+1.22	+1.56	+1.87	+1.67	+1.90
M5	+1.64	+1.24	+1.63	+1.58	+1.80	+1.60

资料来源：取自 K.R.Lang 主编的 Astrophysical Data （Springer-Verlag，1992）

内，还不曾有足够的时间使它们能度完主星序阶段。

任一恒星终将耗尽其核燃料，到那时它将息止支撑其结构所必需的产生辐射的活动。尽管恒星外层能够以星风形式向外推拉（或许因此形成一个行星状星云），或许还会出现更为激烈的过程，但其核心终将收缩。

白矮星　一个像太阳这样的相对小质量的恒星，当处在红巨星阶段的终端，在它失掉了外层结构之后，就将演化成一个白矮星，其直径仅约为 10000 千米，但密度至少是每立方米 10^8 千克 。光度虽然很小，但表面温度很高，因此可以在 HR 图的左下方找到这种星。在白矮星内没有产能过程，所以它们最终冷却，直至变成无光度的天体（“黑矮星”，但切勿与“黑洞”混淆）。

中子星　一个质量大于 $1.4M_\odot$的恒星不会变成白矮星，除非它以某种方式丢掉足够的物质使之达到质量限之下。一个质量大于 $1.4M_\odot$ 的恒星和恒星遗迹，会坍缩成超密态，其中原子裂碎，原子核成分合并，形成由中子构成的天体，这就是“中子星”。这种天体的密度的量级为每立方米 10^{18} 千克 ，并于 1967 年认证为“脉冲星”。恒星中心区的坍缩触发，致使某些超新星爆发，并进入中子星阶段。

黑洞　质量非常大的天体可以进入一个尚无已知物理过程能够制止其收缩的引力坍缩态。天体将收缩到一个临界半径之内，即所谓的“史瓦西（Schwarzschild）半径”，该点的引力场强大到任何辐射均不能从其中逃逸出来的程度。这样的天体就是所谓的“黑洞”。

星　族　一般而言，旋涡星系的旋臂内的恒星要比星系核中或椭圆星系内的恒星更蓝，重元素更丰富。旋臂中的恒星称为“星族Ⅰ恒星”。它们比星系核心区的恒星和椭圆星系内的恒星更为年轻。星系核心区和椭圆星系之中的恒星称为“星族Ⅱ恒星”。在我们银河系中，星族Ⅰ恒星出现在银河系的扁平圆盘上，而星族Ⅱ恒星则存在于拥有球状星团的球状银晕中，以及存在于银心区。星族恒星中的重元素成分多，或许是由于它们是从前一代恒星中已经生成的物质，例如，由于星风或超新星爆发而重新回归到星际空间的物质之中形成的后果。

双　星

双星用肉眼来看是单一一个光点，但通过望远镜看则是两个恒星。双星可以是由引力联系的“真双星”，也可能是正好处在近于同一方向的“光学星对”。三合星有三个子星，四合星有四个子星，聚星有许多成员子星。聚星中的

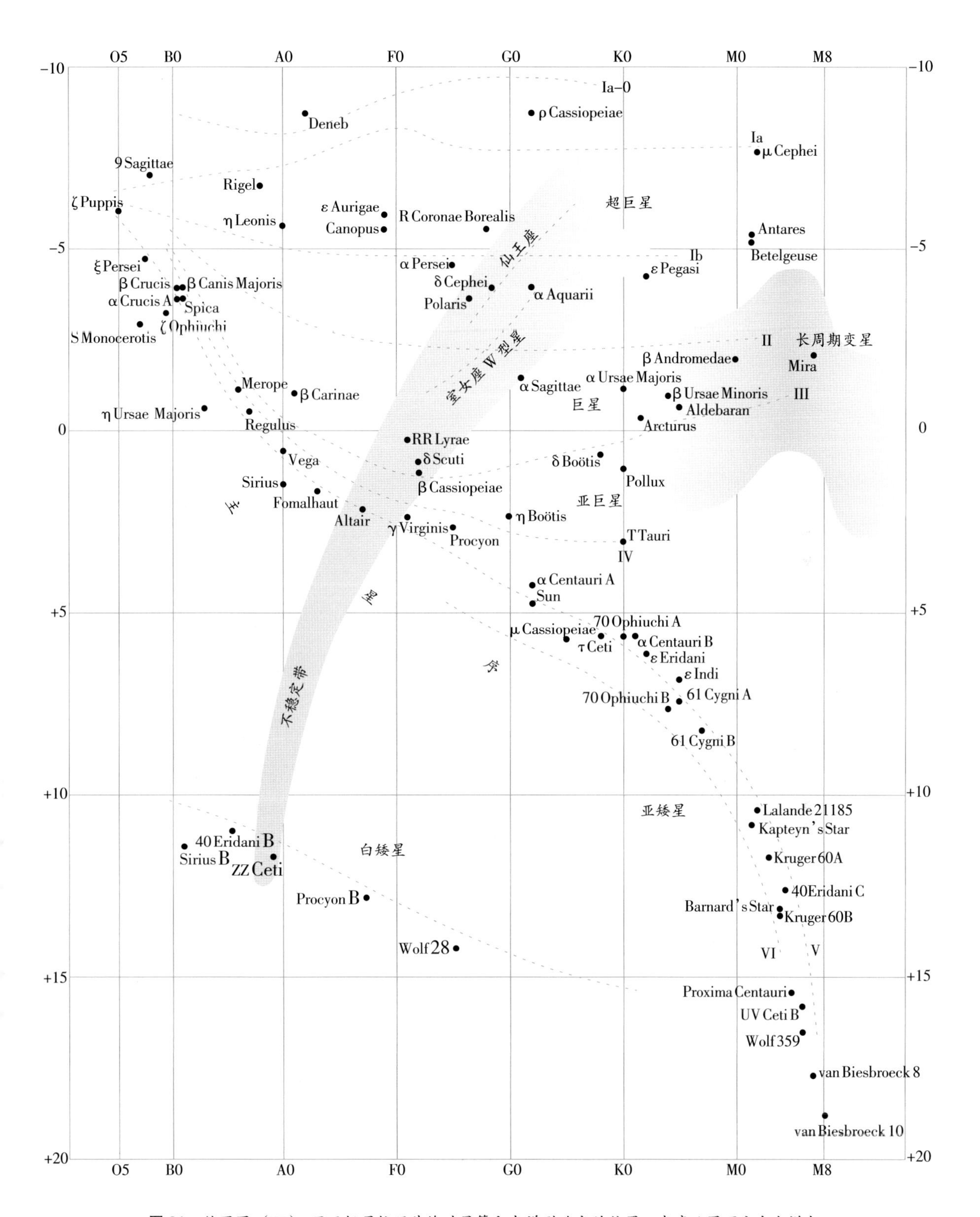

图 31 赫罗图（HR）显示恒星按照其绝对星等和光谱型确定的位置。光度从图下方向上增大；温度从右向左增大；色指数则是从左向右增大。罗马数字表示光度级。得见许多恒星处在主星序上；不稳定带是脉动变星聚集区。本图由 B. Kaler 提供，Sky & Telescope , Vol. 75, p.482（1988）。

双星程序

这个基本程序需要输入 7 个二进制的轨道参数，就可以计算出达到足够的观测精度的任意指定日期的位置角和角距离数据。

```
10 DEF FNC(W) = 1.745329252E-2*W
20 PX = 3.141591 : C = 6.283185
30 INPUT "Period,P(years)                ";P
40 INPUT "Date of periastron,T           ";T
50 input "Semi-major axis , a            ";a1
60 INPUT "Eccentricity,e                 ";S
70 INPUT "Inclination,i                  ";I
80 INPUT "Arg. of periastron,w           ";W
90 INPUT "PA of ascending node           ";L
100 I = FNC(I) : L = FNC(L) : W = FNC(W)
110N = C/P
120 INPUT "Date of obs. (year)           ";D
130 MA = N*(D-T)
140 GOSUB 300
150 R = A1-A1*S*COS(EA)
160 Y = SIN(NU+W) *COS(I)
170 X = COS(NU+W)
180 Q = ARCTAN(Y/X)
190 IF X < 0 THEN Q = Q+PX : GOTO 210
200 IF Q < 0 THEN Q = Q+C
210 TH = Q+L : IF TH > C THEN TH = TH-C
220 RH =  R*X/COS(Q)
230 PRINT "PA = ";INT(TH/FNC(1)*10+0.5)/10 ;" deg."
240 PRINT "Sep. = ";INT(RH*100+0.5)/100 ;" arcsec"
250 INPUT "New date?(Y/N) ;" AN$"
260 IF AN$ = "Y" THEN GOTO 120
270 INPUT "New binary? (Y/N) ;" AN$"
280 IF AN$ "Y" THEN GOTO 10
290 IF AN$ = "N" THEN END
300 M = MA-C*INT(MA/C) : EA = M
310 A = EA-(S*COS(EA)) -M
320 IF ABS(A) <1E-06 THEN GOTO 350
330 A = A/(1-(S*SOS (EA)))
340 EA = EA-A : GOTO 310
350 TU = SQR((1+S) / (1-S))*TAN(EA/2)
360 NU = 2*ARCTAN(TU)
370 RETURN
```

例如，大熊座 X 星的轨道参数输入后，程序会计算它的位置角和角距离，历元分别为 2000 年 1 月 1 日（2000.0）和 2010 年 7 月 1 日（2010.5）。

```
Period, P(years)        59.88
Date of periastron, T       1995.07
Semi-major axis, a       2.536
Eccentricity, e       0.398
Inclination, i       122.13
Arg. of periastron, w       127.94
P. A. of ascending node       101.85
Date of obs. (year)       2000
P.A. = 274.4 deg.
Sep. = 1.8 arcsec
Date of obs. (year)        2010.5
P.A = 207.5 deg.
Sep. = 1.61 arcsec
```

最亮子星通常的标记为 A，其他子星分别是 B、C 等。例如，天狼 A、天狼 B。双星中较暗的子星有时也称为‘伴星’。

真双星

真双星是具有物理联系的双星，其轨道环绕一个共同的引力中心。所谓的双星就是其二子星用望远镜可以分解，而且其轨道运动可以测定出时间周期的“目视双星”。如果二子星的相对运动恒定，并且在一直线上，那么，它们或许并非双星，而是光学星对。凡在光谱上检测出谱线双重周期或周期位移的是“分光双星”；凡检测出星等值周期变化的则是“食变星”（参见变星章节）。一个真双星可能同时既是目视双星，又是分光双星；还可能既是分光双星，又是食双星。轨道周期的长度幅度从不足一日，直到几个世纪的都有。目视双星的周期通常为至少 2 年；而另两种类型的双星的轨道周期通常都短得多。

如果两个恒星出现在近似的距离处，并且在空间具有相同的视向运动和切向运动，则即便检测不出相对运动，它们也还可能是物理成协。虽然，往往这仅显示这对恒星具有“共自行”（c.p.m.）而已。

聚星很可能都是有引力联系的，往往还会发现拥有沿更大的轨道环绕另一个恒星运行的一个“密近双星”，而该恒星可能也是一个密近双星。猎户 θ^1 是知名的“猎户四边形天体”，它包含 4 个明亮、间距明晰的成员子星，用小型望远镜可见。它们彼此肯定具有物理联系，但看来却不像是能够沿稳定轨道运行。其中两个亮成员子星都是食双星，所以这个聚星系统至少含有 6 个恒星。该系统中还有几个暗弱的成员子星，彼此都有物理联系。可以将“类猎户四边形天体”视为小型星团。在太阳附近空间内约有一半恒星是双星或聚星的成员星。

观测双星

在本手册的附加星图中，刊载了一些十分引人入胜的双星。“PA”栏给出的是伴星相对于亮成员子星的位置角，“Dist.”栏入载的是二子星的间距，单位是角秒。

双星的二子星距离越近，将它们区分开所需的望远镜口径越大。一个口径 D 毫米的良好望远镜，如果二子星的间距是 116 / D 角秒〔道

表 53 一些目视双星的轨道根数：轨道根数 P、近星点日期 T、轨道半长轴 a、轨道偏心率 e、轨道相对天空平面的倾角 I 、近星点幅角 ω 和升交点 Ω 的 PA 。

ADS[a]	恒星	RA 2000.0 h m	DEC. 2000.0 ° ′	星等		P（Y）	T	a ″	e	i °	ω °	Ω °
17175	85 Peg	00 02.2	+27 05	5.8	8.9	26.28	1989.4	0.83	0.38	49.0	96.0	290.0
434	λ Cas	00 31.8	+54 31	5.3	5.6	515	1930.0	0.58	0.0	56.5	0.0	163.4
520	β 395	00 37.3	−24 46	6.2	6.6	25.09	1998.86	0.667	0.235	77.6	317.0	291.8
671	η Cas	00 49.1	+57 49	3.5	7.4	480	1889.6	11.994	0.497	34.76	268.59	278.42
755	36 And	00 55.0	+23 38	6.1	6.5	167.71	1956.2	1.002	0.304	45.8	359.1	173.1
1538	Σ 186	01 55.9	+01 51	6.8	6.8	162.02	1893.31	1.033	0.695	72.87	220.89	40.03
1598	48 Cas	02 02.0	+70 54	4.7	6.7	60.55	1965.8	0.628	0.386	19.4	244.0	188.4
1615	α Psc	02 02.0	+02 46	4.1	5.2	933	2098.6	4.0	0.696	120.9	225.4	23.3
1631	10 Ari	02 03.7	+25 56	5.8	7.9	325	1931.6	1.39	0.59	51.0	165.0	20.5
2402	α For	03 12.1	−28 59	4.0	7.2	269	1947	4.0	0.73	81.0	43.0	117.0
2616	7 Tau	03 34.4	+24 28	6.6	6.9	522.16	1911.62	0.625	0.679	157.2	238.1	13.0
2799	OΣ 65	03 50.3	+25 35	5.7	6.5	60.59	1998.32	0.437	0.641	83.9	344.6	26.2
4241	σ Ori	05 38.7	−02 36	3.7	6.3	155.3	1997	0.264	0.051	160.4	18.0	136.0
5423	α CMa	06 45.1	−16 43	−1.4	8.5	50.09	1994.31	7.500	0.592	136.53	147.27	44.57
5400	12 LynAB	06 46.2	+59 27	5.4	6.0	706.09	2446.21	1.66	0.03	178.03	244.86	90.0
5514	14 Lyn	06 53.1	+59 27	6.0	6.5	290.45	1963.14	0.621	0.41	68.1	170.7	54.0
6175	α Gem	07 34.6	+31 53	1.9	3.0	444.95	1960.10	6.593	0.323	114.61	253.31	41.46
6420	9 Pup	07 51.8	−13 54	5.6	6.5	22.7	1985.92	0.602	0.741	80.4	73.1	102.9
6650	ζ CncAB	08 12.2	+17 39	5.3	6.3	59.56	1989.19	0.862	0.32	167.0	187.0	13.0
6650	ζ CncAB-C	08 12.2	+17 39	5.1	6.2	1115	1970	7.7	0.24	146.0	345.5	74.2
6914	β 208	08 39.1	−22 40	5.4	6.8	123.0	1986.6	1.705	0.33	82.9	309.2	31.8
	I 314	08 39.4	−36 36	6.4	7.9	66.5	1992.2	0.527	0.86	102.0	341.0	55.7
	δ Vel	08 44.7	−54 43	var.	5.1	142	2000.8	1.99	0.47	105.2	188.0	163.6
6993	ε Hya	08 46.8	+06 25	3.5	6.7	990	1920	4.66	0.30	39.0	200.0	49.3
7307	Σ 1338	09 21.0	+38 11	6.7	7.1	303.27	2023.25	1.336	0.254	29.9	191.9	137.3
7390	ω Leo	09 28.5	+09 03	5.7	7.3	118.23	1959.40	0.880	0.557	66.05	302.65	325.69
	ψ Vel	09 30.7	−40 28	3.9	5.1	33.95	1969.68	0.862	0.433	58.0	44.3	291.0
7545	φ UMa	09 52.1	+54 04	5.3	5.4	105.4	1987.4	0.349	0.45	24.5	35.0	130.3
7555	γ Sex	09 52.5	−08 06	5.4	6.4	77.55	1957.92	0.383	0.691	145.1	141.5	31.0
7724	γ Leo	10 20.0	+19 51	2.4	3.6	618.56	1743.32	2.505	0.843	36.37	162.54	143.24
7846	β 411	10 36.1	−26 41	6.7	7.8	170.14	1948.39	0.886	0.765	128.2	37.9	145.1
8119	ξ UMa	11 18.2	+31 32	4.3	4.8	59.88	1995.07	2.536	0.398	122.13	127.94	101.85
8148	ι Leo	11 23.9	+10 32	4.1	6.7	186.0	1948.8	1.91	0.53	128.0	325.0	235.0
8197	OΣ 235	11 32.4	+61 05	5.7	7.6	52.7	1981.8	0.79	0.40	46.0	132.0	80.0
8539	Σ 1639	12 24.4	+25 35	6.7	7.8	575.44	1891.75	1.224	0.926	150.4	9.7	140.8
8573	β 28	12 30.1	−13 24	6.5	9.6	151	1944	1.4	0.71	24.0	75.0	94.0
	γ Cen	12 41.5	−48 58	2.8	2.9	84.49	2015.71	0.936	0.791	113.5	187.2	2.4
8630	γ Vir	12 41.7	−01 27	3.5	3.5	168.9	2005.3	3.68	0.89	148.0	257.0	37.0
8695	35 Com	12 53.3	+21 15	5.2	7.1	359	2038.0	1.181	0.145	34.0	30.0	201.4
8974	25 CVn	13 37.5	+36 18	5.0	7.0	228.0	1864.0	1.02	0.80	147.0	159.0	87.0
	α Cen	14 39.6	−60 50	0.0	1.3	79.914	2035.49	17.575	0.518	79.21	231.65	204.85
9343	ζ Boo	14 41.1	+13 44	4.5	4.6	123.44	2021.03	0.595	0.957	142.0	1.47	129.99
9413	ξ Boo	14 51.4	+19 06	4.8	7.0	151.6	1909.3	4.94	0.51	139.0	203.0	347.0
9425	OΣ 288	14 53.4	+15 42	6.9	7.6	313	1824	1.36	0.50	108.5	49.0	12.5
9494	44,i Boo	15 03.8	+47 39	5.2	var.	206.0	2013.0	3.80	0.55	84.0	45.0	57.0
9617	η CrB	15 23.2	+30 17	5.6	6.0	41.585	2016.89	0.868	0.262	59.03	38.42	203.19
9626	μ^2 Boo	15 24.5	+37 23	7.1	7.6	257.0	1864.2	1.47	0.58	134.0	336.0	174.0
	γ Lup	15 35.1	−41 10	3.5	3.6	190	1885.0	0.655	0.51	95.0	311.5	94.6
9909	ξ ScoAB	16 04.4	−11 22	5.2	4.9	45.68	1997.0	0.663	0.75	33.0	343.0	206.0
9979	σ CrB	16 14.7	+33 52	5.6	6.5	889.0	1826.9	5.93	0.76	31.8	72.2	16.9
10087	λ Oph	16 30.9	+01 59	4.2	5.2	129.0	1939.7	0.91	0.611	23.0	157.5	53.3
10157	ζ Her	16 41.3	+31 36	3.0	5.4	34.45	1967.7	1.33	0.46	131.0	111.0	50.0
10279	20 Dra	16 56.4	+65 02	7.1	7.3	422.22	1838.91	1.044	0.143	96.0	216.2	68.3
10345	μ Dra	17 05.3	+54 28	5.7	5.7	672	1949.0	3.95	0.45	144.7	197.0	282.8
	MIbO4 AB	17 19.0	−34 59	6.4	7.4	42.15	1975.9	1.81	0.58	128.0	247.0	313.0
10660	26 Dra	17 35.0	+61 52	5.3	8.5	76.1	1947.0	1.53	0.18	104.0	307.0	151.0
11005	τ Oph	18 03.1	−08 11	5.3	5.9	257.0	1829.0	1.40	0.77	52.0	42.0	60.0
11046	70 Oph	18 05.5	+02 30	4.2	6.2	88.38	1984.32	4.554	0.499	121.16	14.0	302.12
	h 5014	18 06.8	−43 25	5.7	5.7	450	1854.7	2.04	0.65	123.1	282.7	85.8
11483	OΣ 358	18 35.9	+16 59	6.9	7.1	380	1816	1.84	0.57	119.0	74.0	30.8

The ADS 序号是涵盖 − 30°以北的 New General Catalogue of Double Stars 的编号。

表 53　(续) 一些目视双星的轨道根数。

ADS[a]	恒星	RA 2000.0 h m	DEC. 2000.0 ° ′	星等		P (y)	T	a ″	e	i °	ω °	Ω °
11635	ε^1 LyrAB	18 44.3	+39 40	5.0	6.1	1165.6	1152.4	2.78	0.19	138	165.7	29.0
11635	ε^2 LyrCD	18 44.4	+39 37	5.3	5.4	724.3	2223.9	2.92	0.35	126.1	73.8	26.2
	γ CrA	19 06.4	−37 04	4.5	6.4	121.76	2000.64	1.896	0.320	149.6	349.0	50.3
12880	δ Cyg	19 45.0	+45 08	2.9	6.3	780.3	1880.0	3.0	0.47	151.0	120.2	91.4
14296	λ Cyg	20 47.4	+36 29	4.7	6.3	391.3	1795.0	0.78	0.45	133.8	298.4	138.6
14360	4 Aqr	20 51.4	−05 38	6.4	7.4	194.0	1896.3	0.86	0.489	67.3	46.2	174.5
14499	ε Equ AB	20 59.1	+04 18	6.0	6.3	101.485	2021.855	0.647	0.705	92.17	340.19	105.15
14636	61 Cyg	21 06.9	+38 45	5.4	6.1	659	1697	24.4	0.48	54.0	146.0	176.0
14787	τ Cyg	21 14.8	+38 03	3.8	6.6	49.6	1989.0	0.91	0.24	133.0	118.0	159.0
15270	μ Cyg	21 44.1	+28 45	4.8	6.2	789	1958.0	5.32	0.66	75.5	145.7	110.1
15971	ζ Aqr	22 28.8	−00 01	4.3	4.5	760	1968.0	4.51	0.50	135.9	63.4	304.6
16538	π Cep	23 07.9	+75 23	4.6	6.8	160.0	1933.95	0.84	0.58	28.4	115.3	63.5
16836	72 Peg	23 34.0	+31 20	5.7	6.1	246.17	1856.09	0.447	0.28	35.6	129.0	123.8

The ADS 序号是涵盖 – 30°以北的 New General Catalogue of Double Stars 的编号。

资料来源：轨道根数取自 W. I. Hartkopf & B. D. Mason 主编的 6th Catalog of Orbits of Visual Binary Stars http://ad.usno.navy.mil/wds/orb6.html

斯 (Dawes) 极限；参见表 10〕，就能正好地以强光力将 6 星等的星对区分开。如果二子星的亮度不相等，或是它们的亮度比 6 星等亮得多或暗得多，则要求要有比上述公式推荐的口径更大的才能区分开给定的星对。

对于已计算出轨道的双星，运用上面给出的基本运算程序，可以求出任一要求的日期的 PA 和距离的预期值。计算需要 7 个 "轨道根数"：

P　轨道周期（年）

T　近星点日期（十进制）

a　轨道半长轴（角秒）

e　轨道偏心率

I　轨道相对天空平面的倾角（度）

ω　近星点幅角（度）

Ω　升交点 PA（度）

在目视双星系统中，当伴星距离主星的真实距离（不是视距离）值最小时，该点称为"近星点"；当距离最大时，称为"远星点"。*a* 和 *e* 共同确定伴星相对于亮子星的轨道大小和轨道空间形状。将其投影在天球的视轨道的大小和形状转换为真实的大小和形状并非易事。*I*、*ω* 和 *Ω* 三者决定轨道的定向。当伴星的位置角增大时，认定其运动为"顺行"；当缩小时，为"逆行"。顺行时，倾角 i 在 0°～90°之间；逆行时，在 90°～180°之间。

许多双星和聚星在望远镜中都呈现出迷人的景观，尤其是二成员子星展示出强烈反差的色彩之际。利用测微计从事常规的双星 PA 和距离的测定，乃是有益的工作。只有双星的观测能够直接求出恒星质量。已有近 400 个目视双星拥有良好测定轨道。表 53 给出若干轨道根数（并非全都是测定良好的）。

变　星

亮度随时间而变的恒星称为变星。图 32 展示不同类型变星的星等–时间关系（"光变曲线"）的一些典型图。变星的'变幅'是指其星等在极大值和极小值之间之差。光变可以是周期性的、半周期性的以及不规则的；时间尺度可从 1 时秒的小数直到几百年。恒星的另一些表现，诸如视向速度、光谱等往往也有变化。

变星命名法　对于没有用拜尔 (Bayer) 星名字母或罗马字母命名的各个星座中的变星，德国天文学家 F.W.A.阿格兰德 (Argelander) 选用大写的从 R 到 Z 的罗马字母命名。在字母 Z 之后，则用双字母形式。即从 RR 到 RZ，SS 到 SZ，直到 ZZ。这样，为每一星座都能提供 54 个变星的星名。随着数目的不够用，再启用 AA 到 AZ，BB 到 BZ，等等。其中字母 J 排除不用。于是每个星座都有命名 334 格变星的潜力。当最后一个双字母 QZ 也用上之后，接着出现的是一个最简单的变星命名法，即在大写字母 V 之后加上数码。第一个从 V 335 开始，数目容量的潜力无限。每当光变类型一经确认，即可按顺序使用上述命名法。对于未经确认的变光天体，现有多种暂定标记，其中最重要的是 New Catalogue of Suspected Variable Stars 的 NSV 序号例如，NSV 14811。

现在，新星也用与其他变星相同的命名法标记，但在它们得到最终命名之前，其暂定标记是所属星座加上发现年份，例如，仙女 1986 新星（Nova And 1986）的最终标记是 OS And，狐狸 1984 第二新星（Nova Vul 1984 No.2）是 QU Vul。超新星的名号是在发现年份之后，加上一个大写字母，从 A 到 Z 。在第 26 个之后，则用双小写字母，从 aa 到 az，随后是 ba 到 bz ，等等。

变星类型

表 54 刊载现在确认的变星类型，它们共分 6 类。爆发类、脉动类、激变类 和 X 射线类，这 4 类有时也称为‘内因变星’，这是由于光变出自恒星自身的物理变化；转动类和交食类这 2 类则称“外因变星”，这是因为光变由于几何效应。下文将讲述重要的一些变星类型。

外因变星

食变星是双星系统，其中的恒星轨道平面位于我们的视线内，于是从地球看上去，两个恒星周期性地互相交食。随之形成的光变呈现出两个不同的极小值。当具有较大表面亮度的恒星被食时，出现较深的极小值，称为“主星食”；而较浅的极小值，称为“次星食”。如果星食是全食和环食，则极小值是平底的。在所有已知变星中，食双星约占 1/5 。光变周期的微小变化是探索的对象，所以，交食的计时是项有意义的工作，或是目视估计，或是利用光电光度计精确测量。根据光变曲线的形状，食变星划分为 3 个类型。

“大陵型系统”（EA 型）——根据光变曲线能够认证食始和食终的时间，而且在连续的星食之间，存在微小变化。两个子星彼此距离足够远（或至少其中一个具有较高的表面亮度）的双星系统可以形成保持正常形状和结构的大陵型光变曲线〔不接双星，图 33（a)〕。“洛希瓣”是恒星周围的一个空间，在另一子星方向上，没有物质流失的前提下，恒星就不能膨胀到该空间之外。

“天琴 β 型系统”（EB 型）——双星亮度连续变化，根据光变曲线不能认证食始和食终的时间。它们是拥有椭球体子星的相接系统，或者是较大表面亮度的子星充满其洛希瓣的半接系统〔半接双星，图 33（b)〕。大部分光变是由

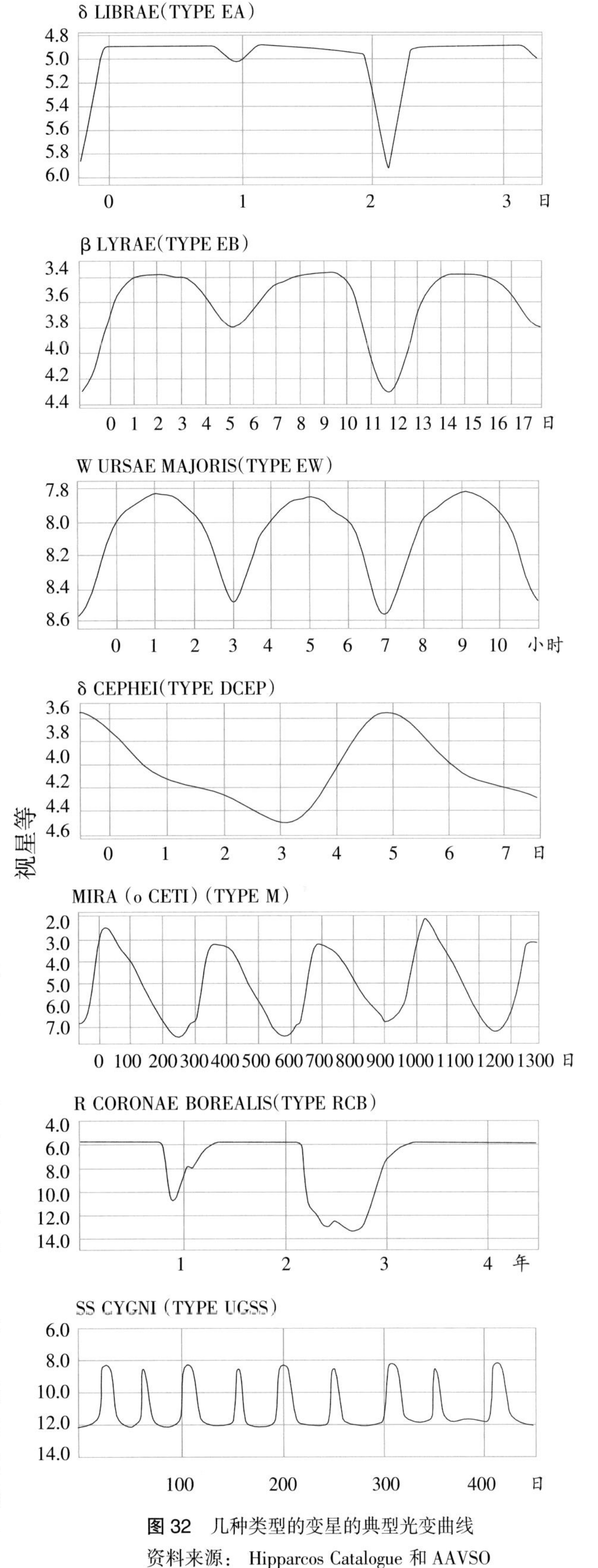

图 32 几种类型的变星的典型光变曲线
资料来源：Hipparcos Catalogue 和 AAVSO

表 54　变星类型

类型	类型符号	变幅(目视星等)	周期[a]	光谱	星数[b] (%)	简　注
爆发变星						
猎户 FU	FU	6	—	Ae-Ge	0.01	几个月内逐渐升到最亮，最亮状态保持多年
仙后 γ 不规则	GCAS	大到 1.5	—	BⅢ-Ve	0.4	Shell stars：短暂变暗
Be	BE	—	—	Be		研究得很差，光谱型不了解
不规则	I	—	—	—		研究得很差的早型不规则变星
	IA	—	—	O-A		研究得很差的中晚型不规则变星
	IB	—	—	F-M		弥漫星云中的年轻星；符号中加 S 表示快速变化
猎户	IN,INS	大到几个星等	—	—		
	INA, INSA	—	—	B-AorAe		早型猎户变星；偶尔像大陵变星那样突然变暗；例如，猎户 T
	INB, INSB	—	—	F-M,Fe-Me		中晚型猎户变星；其中的 F 型星可能出现像大陵变星那样的变暗现象；例如，仙王 BH
金牛 T	IT	—	—	Fe-Me		4046 与4132，埃中性铁发射线很强的猎户变星；例如，御夫RW
	INT	—	—	Fe-Me		弥漫星云中的金牛 T 型星；例如，金牛 T 本身
	IS	0.5～0.10	—	—		不在星云中的快变不规则变星
	ISA	—	—	B-AorAe		早型快变不规则变星
	ISB	—	—	F-M,Fe-Me		中晚型快变不规则变星
A 型总计					5	
北冕 R	RCB	1～9	—	Bpe-R	0.1	周期性脉动与不规则大幅度变暗
猎犬 RS	RS	0.2	—	—	0.05	活动色球密近双星
剑鱼 S	SDOR	1～7	—	Bpeq-Fpeq	0.05	通常处在弥漫星云中并有膨胀气壳的强光度星
LPB	LPB	0.01	>6 h to centuries	B		
鲸鱼 UV	UV	大到 6	—	KVe-MVe	3	耀星
	UVN	—	—	Ke-Me	1	耀变猎户变星；例如，猎户 V389
沃尔夫-拉叶	WR	大到 0.1	—	W	0.03	物质不稳定外抛；例如，天鹅 V1042
脉动变星						
天津四	ACYG	0.1	几天到几星期	B-AIaeq	0.09	非径向脉动超巨星；例如，天津四(天鹅 α)本身
仙王 β	BCEP	0.01～0.3	0.1～0.6	O8-B6I-V	0.3	径自由式或非径向脉动
	BCEPS	0.15～0.025	0.02～0.4	B2-B3IV-V		仙王 β 型变星中的短周期次型
造父变星	CEP	大到 2	1～135	F-KIb-II	0.6	期次型
室女 W	CW	0.3～1.2	0.8～35	—	0.01	径向脉动
	CWA	—	8～35	—	0.4	星族 II 造父变星
	CWB	—	0.8～8	—	0.2	长周期室女 W 型星；例如，武仙 BL
经典造父变星	DCEP	—	—	—	1	星族 I 造父变星
	DCEPS	大到 0.5	长到 7	—	0.2	经典造父变星中的短周期次型；例如，造父——(仙王 δ) 本身
盾牌 δ	DSCT	0.003～0.9	0.01～0.02	A0-F5III-V	0.3	径向或非径向脉动；星族 I
	DSCTC	大到 0.1	—	—	0.4	盾牌 δ 型星中的小变幅次型；疏散星团中有：例如，宝瓶 EW
不规则	L	—	—	—	3	慢变不规则变星
	LB	—	—	K,M,C,S	6	晚型慢变不规则变星：例如，天鹅 CO

a. 单位是“日”，除非另加说明

b. 百分比是根据 General Catalogue of Variable Stars 中每一类型的变星数目。它们并不必然反映真实的分布，例如，亮变星和光变幅度大的变星就比暗变星和光变幅度小的变星被检测出的多

表 54 变星类型（续）

类型	类型符号	变幅(目视星等)	周期[a]	光谱	星数[b] (%)	简 注
	LC	1	—	K,M,C,S	0.2	晚型慢变不规则超巨星变星；例如，仙后 TZ
蒭藁变星	M	2.5～11	80～1000	Me,Ce,Se	21	长周期变光巨星
望远镜 PV	PVTEL	0.1	0.1 天至 1 年	Bp	0.01	气超巨星；例如，望远镜 PV 本身
天琴 RR	RR	0.2～2	0.2～1.2	A–F	6	星族Ⅱ径向脉动星：曾称短周期造父变星或星团型变星
	RRAB	0.5～2	0.3～1.2	—	14	光变曲线上升段较陡；例如，天琴 RR 本身
	RRC	大到 0.8	0.2～0.5	—	1	光变曲线近似对称；例如，大熊 SX
金牛 RV	RV	大到 4	30～150	F–M	0.3	径向脉动超巨星，光变曲线较深变暗段与较浅变暗段交替出现
	RVA	—	—	—	0.09	平均星等不变的金牛 RV 型星；例如武仙 AC
	RVB	—	—	—	0.05	平均星等以 600～1500 天的周期在变化，平均星等变化的变幅可大到 2 等的金牛 RV 型星；例如，天鹅 DF
半规则	SR	1～2	20～2000+	—	5	周期性可察，但有不规则性
	SRA	大到 2.5	35～1200	M,C,S	3	一直保持周期性的红巨星；例如，宝瓶 Z
	SRB	—	20～2300	M,C,S	3	周期难定的红巨星；例如，北冕 RR
	SRC	1	30 天～几年	M,C,S	0.2	红超巨星；例如仙王 μ
	SRD	0.1～4	30～1100	F–K	0.3	F–K 型巨星及超巨星；例如，武仙 SX
	SRS	大到 0.25?	3～30?	—	—	
凤凰 SX	SXPHE	大到 0.7	0.04~0.08	A2–F5	0.05	类似盾牌 δ 型星的星族 II 亚矮星
鲸鱼 ZZ	ZZ	0.001～0.2	30～1500s	—		非径身脉动白矮星
	ZZA	—	—	DA		光谱中只有氢吸收线的鲸鱼 ZZ 型星；例如，鲸鱼 ZZ 本身
	ZZB	—	—	DB		光谱中只有氦吸收线的鲸鱼 ZZ 型星；例如武仙 V777
	ZZO	—	—	DO		有电离氦和三次电离碳吸收谱线的甚高温鲸鱼 ZZ 型星；例如，室女 GW
ZZ 型总计					0.08	
有时最后加字母 B，如 CEP（B）						
	B	—	—	—		两种脉动模式同时存在所产生的拍频现象
自转变星						
常陈变星	ACV	0.01～0.1	0.5～160	B8p–A7p	0.6	有强磁场并且硅、锶、铬和稀土元素谱线异常强的主序星：如猎犬 α（常陈）本身
	ACVO	0.01	0.004～0.1	Ap	0.02	快速非径向脉动 A 型特殊星；所列变幅和周期只指脉动，实际上还叠加自转光变；如波江 DO
天龙 BY	BY	大到 0.5	长到 120	G–M,Ge–Me	0.1	有黑子和显著色球活动的发射线矮星
椭球变星	ELL	大到 0.1	—	—	0.2	无食，但所见表面面积不断变化的密近双星；如英仙 b
后发 FK	FKCOM	约 0.5	长到几天	G–K	0.01	表面亮度不均匀的快速自转晚型巨星
光学脉冲星	PSR	大到 0.8	0.001～4 秒	—	0.004	发出方向性窄光速的快速自转中子星；如金牛 CM
	R	05~1.0	—	—		可能无食，热星的光被冷星表面反射，高度随两星运转而不断变化的密近双星；如船帆 KV
白羊 SX	SXARI	0.1	1	B0p–B9p	0.06	常陈变星的较高温对应变星，也称氦变星

a. 单位是“日”，除非另加说明。

b. 百分比是根据 General Catalogue of Variable Stars 中每一类型的变星数目。它们并不必然反映真实的分布，例如，亮变星和光变幅度大的变星就比暗变星和光变幅度小的变星被检测出的多

表 54 变星类型（续）

类型	类型符号	变幅(目视星等)	周期[a]	光谱	星数[b] (%)	简　注
激变变星						
武仙 AM	AM	大到 5	—	—	0.004	高偏振星；包含强磁场白矮星的密近双星；磁极吸积产生偏振光；例如，武仙 AM 本身
新星	N	7～19	—	—	0.2	密近双星中白矮星表面发生热核暴涨
	NA	—	—	—	0.3	快新星，由最亮下降 3 个星等不超过 100 天；如英仙 GK
	NAB	—	—	—	0.004	中速新星；如英仙 V_{400}
	NB	—	—	—	0.1	慢新星，由最亮变暗 3 个星等至少需 150 天；如绘架 RR
	NC	大到 10	—	—	0.03	甚慢新星，保持最亮状态 10 年以上；往往有人把这种星和仙女 Z 型星归成同一类型；如望远镜 RR
类新星变星	NL	—	—	—	0.1	发亮情况类似新星或光谱类似老新星（发亮后多年，基本上恢复发亮前状态的新星)的，研究得显然不够的变星；如天箭 V
再发新星	NR	—	10～80 年	—	0.03	变幅(约 7～11 等)比一般新星小,观测到不止一次发亮(间隔短于约 100 年)，往往出现强电离氦发射谱线；如北冕 T
超新星	SN	大到 20 以上	—	—		恒星演化导致爆炸和光度猛增，抛散大部或全部质量
	SNI	—	—	—		I 型超新星，没有氢线；最亮后 20-30 天每天变暗 0.1 等，此后每天变暗约 0.01 等；如半人马 Z
	SNII	—	—	—		II 型超新星，有氢线；通常在最亮后 40~100 天每天变暗 0.1 等；如出现在大麦哲伦云中的 1987A 超新星
超新星					0.02	
双子 U	UG	2～9	10 至 1000 以上	—	0.6	矮新星：密近双星中白矮星周围的吸积盘脉冲式释放引力能
天鹅 SS	UGSS	2～6	—	—	0.3	发亮持续几天的矮新星
大熊 SU	UGSU	4～9	—	—	0.08	一般短暂发亮类似天鹅 SS 型星；偶尔出现的超长发亮比一般发亮最亮时更亮 2 等并历时 5 倍以上的矮新星
鹿豹 Z	UGZ	2～5	10～40	—	0.2	一次次发亮，但有时从最亮变暗时，不是直接回到最暗亮度而是相当长时间停留在某中间亮度的矮新星
仙女 Z	ZAND	大到 4	—	—	0.2	一颗红巨星和一颗激发厚包层的高温白矮星或别的热星组成的周期数白天或更长的不接或半接双星，不规则与爆发性光变；其中的次型共生新星和甚慢新星有所类似，例如，飞马 AG
食变星						
食变星	E	—	—	—	3	一颗星周期性地掩食另一星的物理双星
大陵型	EA	—	0.2 至 10000 以上	—	11	食外亮度变化很小，由光变曲线可识别食始食终时刻
渐台型	EB	大到 2	1 以上	B–A	2	亮度平滑连续变化，主食显著比次食更深
大熊 W	EW	大到 1	长到 0.8	F–G	2	相接或近相接双星，主食与次食深度很接近
	EP	大到 0.02	1 日长到 1 年	—	—	
超新星各型总计						
	AR	—	—	—		由一对都不充满其临等位面(洛希瓣)的亚巨星组成的蝎虎 AR 型不接双星
	D	—	—	—		不接双星
	DM	—	—	—		主序不接双星
	DS	—	—	—		包含亚巨星的不接双星
	DW	—	—	—		物理特性类似大熊 W 型相接双星的非相接双星
	GS	—	—	—		包含至少一颗巨星或超巨星
	K	—	—	—		相撞双星，两星都充满各自的洛希瓣

a. 单位是“日”，除非另加说明

b. 百分比是根据 General Catalogue of Variable Stars 中每一类型的变星数目。它们并不必然反映真实的分布，例如，亮变星和光变幅度大的变星就比暗变星和光变幅度小的变星被检测出的多

表 54 变星类型（续）

类型	类型符号	变幅（目视星等）	周期[a]	光谱	星数[b]（%）	简　注
	KE	—	—	O–A		早型相接双星
	KW	—	—	F0–K		大熊 W 型相接双星；赫罗图中主星在主序上而次星在其左下方
	PN	—	—	—		行星状星云的核心
	RS	—	—	—		猎犬 RS 型双星；见前面爆发双星中的一条
	SD	—	—	—		半接双星；一般为质量较小的亚巨星充满其洛希瓣
	WD	—	—	—		包含白矮星
	WR	—	—	—		包含沃尔夫–拉叶星
X 射线双星						
	X	—	—	—		狭义的 X 射线双星指包含白矮星或中子星或理论推测的“黑洞”这类高密度天体并测得 X 射线的密近双星
爆发源	XB	0.1	—	—		延续时间以秒或分计的 X 射线和光学暴；如天坛 V801
	XF	—	—	—		时间尺度在 1 秒以下的 X 射线和光学辐射快速起伏；如天鹅 V1357 即天鹅 X–1
不规则	XI	1	—	—		时间尺度以分或小时计的不规则亮度变化，可能叠加在轨道运动所致的周期性变化上；如天蝎 V818 即天蝎 X–1
	XJ	—	—	—		X 射线，光学和射电波段都测得相对论性喷流；如天鹰 V1343 即 SS433
	XND	4～9	—	—		X 射线新星或暂现 X 射线源，包含一颗 G–M 型矮星或亚巨星；发亮时间可长达几个月；如麒麟 V616
	XNG	1～2	—	—		包含一颗早型巨星或超巨星的 X 射线新星或暂现 X 射线源；如金牛 V725
	XP	<1	1～10	—		X 射线脉冲星，脉冲周期 1 秒至 100 分钟；通常包含椭球状早型超巨星，其自转造成周期 1～10 天的光变；如船帆 GP 即船帆 X–1
	XPR	2～3	—	—		反射效应显著的包含 X 射线脉冲星的双星，X 射线射到矮星上，双星运转而亮度变化；还有其他光变；如武仙 HZ
高偏振星	XPRM	1～5	—	—		强磁场 X 射线脉冲星，磁极吸积形成偏振光；如水蛇 BL
	XR.XRM	—	—	—		与 XPR 及 XPRM 型类似，但认为是 X 射线速在空间转动中扫不到地球而没有观测到 X 射线脉冲星；如大熊 AN
X 型总计					0.2	
其他类型						
	S	—	—	—	0.6	亮度快速变化的待研究变星
	★	—	—	—	0.2	不能纳入以上各种分类的特例；如大犬 VY

a. 单位是“日”，除非另加说明

b. 百分比是根据 General Catalogue of Variable Stars 中每一类型的变星数目。它们并不必然反映真实的分布，例如，亮变星和光变幅度大的变星就比暗变星和光变幅度小的变星被检测出的多。

于在双星系统转动过程中，恒星的可见表面不断改变所致。

“大熊 W 型系统”（EW 型）——两个子星几乎充满各自的洛希瓣，或者是完全充满，以至于子星实际上已经相接〔相接双星，图 33 (c)〕。光变曲线与天琴 β 型系统的相似，但光变周期一般都短得多，而且主极小和次极小的深度近似。

“脉冲星”（PSR 型）——正常的都是射电变星，只有两个例外，蟹状星云脉冲星和船帆脉冲星，它们都呈现周期性光变。确信脉冲星就是超新星爆发后遗留下的中子星。光变的起因是天体的自旋再加上定向的光发射所致。蟹状星云脉冲星（CM Tau）具有 0.033 时秒的周期。船帆脉冲星是已知的最暗弱的变星，光变幅在 B 星等 23.2～25.2 之间，光变周期是 0.089 时秒。

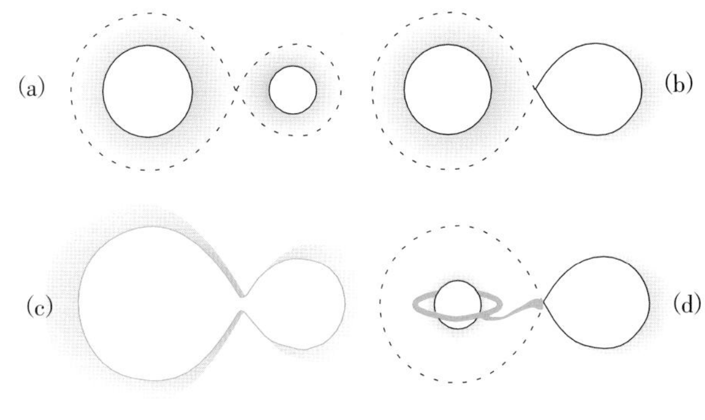

图 33 相互作用双星的示意图

(a) 不接双星　(b) 半接双星　(c) 相接双星

(d) 拥有吸积盘的半接双星

示意图中的虚线表示在双星旋转构架中的等引力势面。

内因变星

在已知的变星中，2/3 是脉动变星。它们或是径向脉动，并保持球状外形；或是非径向脉动，并周期性地偏离球状外貌。“造父变星”是明亮的、径向脉动变星，其脉动周期与平均星等密切相关。它们又细分为经典造父变星（DCEP 型）和室女 W 型星（CW 型）两类。与其密切相关的还有：仙王 β 型星或大犬 β 型星（BCEP 型）、盾牌 δ 型星（DSCT 型）、天琴 RR 型星（RR 型）以及凤凰 SX 型星（SXPHE 型）。光变的原因显示是恒星大气中氦的一种自传播性和周期性的电离和复合，致使不透明度产生周期性变化。变化的不透明度依次引起恒星温度和半径的变化，从而改变光度。

“刍藁型星”（M 型）是一种长周期变星。为晚型巨星，典型的周期是几个月到 1 年以上，变幅达几个星等。刍藁型星的周期和变幅均是从一周期到另一周期具有显著地变化，成为可供业余观测者进行有意义的研究对象。

“半规则变星”（SR 型）——有时类似于小变幅刍藁型星，但光变往往具有巨大的不规则性，又有些类似于“不规则变星”（L 型）和“金牛 RV 型星”（RV 型）。这些天体的光变周期一般均知之甚少，虽然它们均典型性的变幅小和颜色偏红，虽然目视观测困难，但值得进一步研究。

“爆发变星”是多种类型因激烈过程而光变，并在色球和星冕中耀发的恒星的混合体。它们约占已知变星总数的 1/10 。“北冕 R 型星”（RCB 型）是富碳星，光变由于黑烟云的抛射而使变星突然变暗的现象，特别值得跟踪观测。

表 55　亮于 6.5 星等的再发新星

新星	爆发年份	星等范围	RA 2000.0 h m	DEC. 2000.0 ° ′
T CrB	1866，1946	2.0～10.8	15 59.5	+25 55
T Pyx	1890，1902，1920，1944，1966	6.5～15.3	09 04.7	−32 23
RS Oph	1898，1933，1958，1967，1985，2006	4.3～12.5	17 50.2	−06 43

“激变变星”——仅占已知变星总数的 2% 。然而，它们却是天文爱好者的一种最重要的研究对象。它们大多是密近双星，其中一个子星通常都是白矮星，另一个子星一般都是冷星。后者丢失的物质在前者周围形成一个吸积盘〔图 33（d）〕。它们会遭受到偶尔地爆发。在“矮新星”（UG 型）中，爆发是半周期性的，以几天到几个月的时间间隔，吸积盘中的物质脉冲式的释放引力能。“新星”（N 型）的爆发是热核溢出的结果，即白矮星表面上的氢变氦的爆发燃烧。所有的新星或许都是很长周期的“再发新星”，在大多数情况下，新星就只是被观测到的一次爆发。表 55 载有最亮的 3 个再发新星的已知爆发。我们银河系的新星爆发频率的估计值是每年 12～100 次，尽管实际每年仅观测到 2～3 个。“共生星”（NC 型 和 ZAND 型）均是“类新星”（NL 型），它们可能或是爆前新星，或是爆后新星。共生星也是跟踪观测的重要对象，以期发现可能出现的爆发。典型的‘超新星’（SN 型）爆发的能量超过新星的百万倍，光度极大时能够和整个星系的亮度相当。“Ⅰa 型超新星”比较少见，它们是密近双星中的爆发白矮星；“Ⅱ型超新星”则是大质量恒星，当其核燃料耗尽后，内核经历的灾变性坍缩所致。

表 56 列有已知最亮的银河系的超新星和新星。许多新星在发现时已处在变暗阶段，但根据与其他新星的光变曲线的比较，可以获得极大亮度的估计值。在早年岁月曾记录了许多所谓的“暂星”。据说公元前 150 年前后一个“暂星”的出现，促使依巴谷实施他的星表编纂，但由于古老记录普遍地不确切和不精确，其中某些事例，无疑并非新星，实为彗星。

大多数亮新星已出现在银纬 10°以内的银河区域，它们通常也趋向人马座内的银心方向会

表 56　最亮的银河系新星和超新星

年份	新星	类型	最亮星等	近似经度 °	银纬 °	RA 2000.0 h m	DEC. 2000.0 ° ′
185	Cen	SN	−6	313	0	14 20	−60
1006	Lup	SN	−8	327	+14	15 02.8	−41 57
1054	CM Tau	SN	−6	185	−6	05 34.5	+22 01
1572	B Cas	SNI	−4.0	120	+1	00 25.3	+64 08
1604	V843 Oph	SNI	−3	5	+7	17 30.6	−21 29
1670	CK Vul	NB	2.7	63	+1	19 47.6	+27 19
1866	T CrB[b]	NR	2.0	42	+48	15 59.5	+25 55
1876	Q Cyg	NA	3.0	90	−8	21 41.7	+42 50
1901	GK Per	NA	0.2	151	−10	03 31.2	+43 54
1918	V603 Aql	NA+E	−1.4	33	+1	18 48.9	+00 35
1920	V476 Cyg	NA	2.0	87	+12	19 58.4	+53 37
1925	RR Pic	NB	1.2	272	−26	06 35.6	−62 38
1934	DQ Her	NB+EA	1.3	73	+26	18 07.5	+45 51
1936	CP Lac	NA	2.1	102	−1	22 15.7	+55 37
1936	V630 Sgr	NA	1.6	358	−7	18 08.0	−34 20
1942	CP Pup	NA	0.5	253	−1	08 11.8	−35 21
1960	V446 Her	NA	2.8	45	+5	18 57.4	+13 14
1963	V533 Her	NA	3	69	+24	18 14.3	+41 51
1975	V1500 Cyg	NA	1.7	90	0	21 11.6	+48 09
1999	V382 Vel	NA	2.7	284	+6	10 44.8	−52 26

a. 变星星名缩称的说明参见表 54
b. 参见表 55
资料来源：General Catalogue of Variable Stars

聚。已检测到的亮新星的半数位于银经 0°～90°之间的人马座到天鹅座的天区内，但很有可能也有类似的数量出现在银经 270°～360°之间的未经充分观测的南天船帆座到人马座中。天文爱好者利用双目望远镜和照相巡天对于新星的发现已经做出过可观的成就。

‘X 射线双星’和激变变星类似，只不过其致密天体不是白矮星，而是一中子星，甚至是一黑洞。迄今只有十几、二十个已认证为变光天体。

“长期变星”是疑似具有很长周期的缓慢而持续地变暗，复又增亮的天体。还没有一个确切的事例，不过在昴星团中有一长期变星，可能就是“金牛 28”，这就是为什么既然称为“七姊妹”，却有时肉眼显然地只见六星。

观测变星

目视估计法是将变星与亮度恒定的比较星进行比对，需要具备专用的星图。这些可由诸如美国变星观测者协会（AAVSO）和国家天文学会变星部等机构（地址参见附录）提供。每一次亮度估计至少要有 2 个比较星，这样才能将目视估计的精度达到 0.1 星等以内。

有少数几个变星的亮度大到可以肉眼观测。双目镜能将观测对象扩大许多，但更多的变星则是望远镜天体。表列并附有星图的有趣天体均是亮度极大值达到 6.5 星等以上、光变幅至少 0.4 星等的。此外，已知光变幅至少 0.1 星等的变星则在星图上标有特殊符号。

欲达到精确的亮度估计，应运用光电方法。变星的 CCD 测光日益为更多的天文爱好者采用，该手段能够达到很暗的星等。不过，这种测光要求将 CCD 数据转换为一个公认的测光系统，以便获得的星等值能够用其他方法的结果加以比对。更多的信息可以从国家天文学会变星部以及一个名为“国际业余–专业光电测光”的机构（参见附录）获得。

大气消光　如果作为估计变星亮度的比较星，与变星不处在近似的地平高度，这在某些情况下难以避免，于是随着变星的光和比较星的光各自途径不同厚度的地球大气，测定亮度

表 57 大气消光随着星光贯穿地球大气厚度的增长，亦即天顶的增大，大气散射和大气吸收使星光减弱。在估算恒星亮度时，必须计及这一效应。本表给出在晴夜与天顶对比的近似消光量

天顶距	47°	58°	64°	69°	71°	73°	75°	77°	79°	80°	82°	84°	86°	88°	89°
消光星等	0.1	0.2	0.3	0.4	0.5	0.6	0.7	0.8	0.9	1.0	1.2	1.5	2.0	2.5	3.0
地平高度	43°	32°	26°	21°	19°	17°	15°	13°	11°	10°	8°	6°	4°	2°	1°

结果就有误差。一定程度地扩大既估计位于变星之上的，又估计之下的比较星，则能使误差平衡化。此外，已有变星和每一个比较星的消光差的补偿表。表 57 载有没有雾气的条件下，可采用的近似补偿数据。

星团、星云和星系

命名法则　亮星团、亮星云和亮星系常常以法国天文学家 C.梅西叶（Messier）编制并于 1771～1784 年期间出版的星表编号命名。表 58 刊载了这批所谓的“梅西叶天体”。在本手册所附的星图上，用 M 加数码表示梅西叶天体；其他天体则采用 J.L.E.德雷尔（Dreyer）的 NGC 星表（1888），或其二卷补编 IC 星表（1895）和 2ndIC 星表（1908）的编号。

星　团

沿着银河系的旋臂，我们得见无序地散布着许多恒星，但还有大量的恒星却聚集成相当致密的星群，它们被称为“星团”。星团分为两大主要类型：“疏散星团”和“球状星团”。每个类型均有各自的特征。

疏散星团　已知共有 1000 多个疏散星团。由于它们分布在银河系的银道面上，所以往往也被称为“银河星团”。疏散星团正像其名称所示，乃是松散和稀疏的恒星集合体，不具有确定的外观形状，其直径一般不超过几十光年。疏散星团内的恒星数量的变化幅度相当大。例如，人马座疏散星团 M18（NGC6613）仅有几十个成员恒星，而盾牌座疏散星团 M11（NGC 6705）中拥有 500 多个恒星，后者是已知的一个成员最富的疏散星团。

有一些疏散星团肉眼可见，例如著名的金牛座昴星团（M45）。昴星团也和其他疏散星团一样，它们的成员恒星是在同一空间区域内同时形成的。昴星团的年龄据信约为 5000 万年，相当年轻。一个星团一经形成，银河系静止的引力摄动将缓慢地分裂族群，最终解散为单个恒星。不过，某些致密星团，例如，仙王座 NGC188 和天琴座 NGC6791，迄今约束成团超过了 50 亿年。

星协　晚近才在银河系旋臂上诞生的年轻恒星，松散聚合而成的群体称为“星协”。“OB 星协”拥有光谱型 O 和 B 的炙热而质量大、总数为 10～100 的恒星，稀疏地分布于直径达几百光年区域内。OB 星协的中心往往是一个疏散星团。例如，英仙座 OB 1 星协的中心就是英仙座双星团 h 和 χ。“猎户大星云”是一个大 OB 星协的中心。离我们最近的是“天蝎–半人马星协”，距离我们约 500 光年，从天蝎座延伸到南十字座。“T 星协”也是类似的星群，但拥有的是暗弱的、小质量的金牛 T 型星，所以，远不如 OB 星协醒目。

移动星团　当一个疏散星团在空间运行，它的成员恒星的运行轨迹或多或少地彼此平行，但由于从地球上看去，轨道的投影呈现为会聚于天球上一特定的点（或是从该特定一点发散）。该点称为“会聚点”。这一现象为天文学家提供了一个测定星团距离的方法，即测定移动星团中单个成员恒星的 3 个数据：一是根据其光谱的多普勒谱线位移，测出它们趋近或远离的视线速度；二是测定它们的自行；三是测定它们与会聚点之间的角距离。一经获得尽可能多的成员恒星的精确测定值，则运用简单几何学即可计算出星团的距离。

显然，距离我们越近的星团越容易进行所需的测量，这是由于近星横跨天空的运动远比距离遥远的恒星更易于检测。金牛座毕星团是距离最近的富团。迄今已经存世大量有关利用上述方法测定其精确距离的成果。毕星团的距离是 150 光年，已经由依巴谷卫星的直接视差测量证实。

有许多移动星团，例如，大熊座移动星团，远比毕星团更为松散。这个星团包括北斗七星中的五个——大熊 β、γ、δ、ε 和 ζ，还包括天狼星。实际上，正在横穿这个星团的外围区域。

球状星团　和分布在银河系旋臂上的疏散星团不同，球状星团主要存在于环绕银河系的球状空间内的银晕中。

表 58 梅西叶天体

序号		RA	DEC.	星座	尺寸	视星等	种类
		2000.0					
M	NGC	h m	° ′				
1	1952	05 34.5	+22 01	Tau	6×4	c. 8.4	超新星遗迹
2	7089	21 33.5	−00 49	Aqr	13	6.5	球状星团
3	5272	13 42.2	+28 23	CVn	16	6.4	球状星团
4	6121	16 23.6	−26 32	Sco	26	5.9	球状星团
5	5904	15 18.6	+02 05	Ser	17	5.8	球状星团
6	6405	17 40.1	−32 13	Sco	15	4.2	疏散星团
7	6475	17 53.9	−34 49	Sco	80	3.3	疏散星团
8	6523	18 03.8	−24 23	Sgr	90×40	c. 5.8	弥散星云
9	6333	17 19.2	−18 31	Oph	9	c. 7.9	球状星团
10	6254	16 57.1	−04 06	Oph	15	6.6	球状星团
11	6705	18 51.1	−06 16	Sct	14	5.8	疏散星团
12	6218	16 47.2	−01 57	Oph	14	6.6	球状星团
13	6205	16 41.7	+36 28	Her	17	5.9	球状星团
14	6402	17 37.6	−03 15	Oph	12	7.6	球状星团
15	7078	21 30.0	+12 10	Peg	12	6.4	球状星团
16	6611	18 18.8	−13 47	Ser	7	6.0	疏散星团
17	6618	18 20.8	−16 11	Sgr	46×37	7	弥散星云
18	6613	18 19.9	−17 08	Sgr	9	6.9	疏散星团
19	6273	17 02.6	−26 16	Oph	14	7.2	球状星团
20	6514	18 02.6	−23 02	Sgr	29×27	c. 8.5	弥散星云
21	6531	18 04.6	−22 30	Sgr	13	5.9	疏散星团
22	6656	18 36.4	−23 54	Sgr	24	5.1	球状星团
23	6494	17 56.8	−19 01	Sgr	27	5.5	疏散星团
24	—	18 16.9	−18 29	Sgr	90	c. 4.5	见注释
25	IC 4725	18 31.6	−19 15	Sgr	32	4.6	疏散星团
26	6694	18 45.2	−09 24	Sct	15	8.0	疏散星团
27	6853	19 59.6	+22 43	Vul	8×4	c. 8.1	行星状星云
28	6626	18 24.5	−24 52	Sgr	11	c. 6.9	球状星团
29	6913	20 23.9	+38 32	Cyg	7	6.6	疏散星团
30	7099	21 40.4	−23 11	Cap	11	7.5	球状星团
31	224	00 42.7	+41 16	And	178×63	3.4	旋涡星系
32	221	00 42.7	+40 52	And	8×6	8.2	椭圆星系
33	598	01 33.9	+30 39	Tri	62×39	5.7	旋涡星系
34	1039	02 42.0	+42 47	Per	35	5.2	疏散星团
35	2168	06 08.9	+24 20	Gem	28	5.1	疏散星团
36	1960	05 36.1	+34 08	Aur	12	6.0	疏散星团
37	2099	05 52.4	+32 33	Aur	24	5.6	疏散星团
38	1912	05 28.7	+35 50	Aur	21	6.4	疏散星团
39	7092	21 32.2	+48 26	Cyg	32	4.6	疏散星团
40	—	12 22.4	+58 05	UMa	—	8	见注释
41	2287	06 47.0	−20 44	CMa	38	4.5	疏散星团
42	1976	05 35.4	−05 27	Ori	66×60	4	弥散星云
43	1982	05 35.6	−05 16	Ori	20×15	9	弥散星云
44	2632	08 40.1	+19 59	Cnc	95	3.1	疏散星团
45	—	03 47.0	+24 07	Tau	110	1.2	疏散星团
46	2437	07 41.8	−14 49	Pup	27	6.1	疏散星团
47	2422	07 36.6	−14 30	Pup	30	4.4	疏散星团
48	2548	08 13.8	−05 48	Hya	54	5.8	疏散星团
49	4472	12 29.8	+08 00	Vir	9×7	8.4	椭圆星系
50	2323	07 03.2	−08 20	Mon	16	5.9	疏散星团
51	5194−5	13 29.9	+47 12	CVn	11×8	8.1	旋涡星系
52	7654	23 24.2	+61 35	Cas	13	6.9	疏散星团
53	5024	13 12.9	+18 10	Com	13	7.7	球状星团
54	6715	18 55.1	−30 29	Sgr	9	7.7	球状星团

a. 表列的天体大小根据的是长时间曝光的底片，尤其是星系，其大小要比目视所见的大

M1 蟹状星云	M27 哑铃星云
M8 礁湖星云	M31 仙女座星系
M11 野鸭星团	M40 暗双星
M16 鹰状星云	M42，M43 猎户座星云
M17 欧米加星云	M44 鬼星团
M20 三叶星云	M45 昴星团
M24 人马座中包含疏散星团 NGC6603 的一些星	M51 涡状星系

表 58　梅西叶天体（续）

序号 M	NGC	RA 2000.0 h m	DEC. ° ′	星座	尺寸	视星等	种类
55	6809	19 40.0	−30 58	Sgr	19	7.0	球状星团
56	6779	19 16.6	+30 11	Lyr	7	8.2	球状星团
57	6720	18 53.6	+33 02	Lyr	1	*c*. 9.0	行星状星云
58	4579	12 37.7	+11 49	Vir	5×4	9.8	旋涡星系
59	4621	12 42.0	+11 39	Vir	5×3	9.8	椭圆星系
60	4649	12 43.7	+11 33	Vir	7×6	8.8	椭圆星系
61	4303	12 21.9	+04 28	Vir	6×5	9.7	旋涡星系
62	6266	17 01.2	−30 07	Oph	14	6.6	球状星团
63	5055	13 15.8	+42 02	CVn	12×8	8.6	旋涡星系
64	4826	12 56.7	+21 41	Com	9×5	8.5	旋涡星系
65	3623	11 18.9	+13 05	Leo	10×3	9.3	旋涡星系
66	3627	11 20.2	+12 59	Leo	9×4	9.0	旋涡星系
67	2682	08 50.4	+11 49	Cnc	30	6.9	疏散星团
68	4590	12 39.5	−26 45	Hya	12	8.2	球状星团
69	6637	18 31.4	−32 31	Sgr	7	7.7	球状星团
70	6681	18 43.2	−32 18	Sgr	8	8.1	球状星团
71	6838	19 53.8	+18 47	Sge	7	8.3	球状星团
72	6981	20 53.5	−12 32	Aqr	6	9.4	球状星团
73	6994	20 58.9	−12 38	Aqr	—	—	见注释
74	628	01 36.7	+15 47	Psc	10×9	9.2	旋涡星系
75	6864	20 06.1	−21 55	Sgr	6	8.6	球状星团
76	650–1	01 42.4	+51 34	Per	2×1	*c*. 11.5	行星状星云
77	1068	02 42.7	−00 01	Cet	7×6	8.8	旋涡星系
78	2068	05 46.7	+00 03	Ori	8×6	8	弥散星云
79	1904	05 24.5	−24 33	Lep	9	8.0	球状星团
80	6093	16 17.0	−22 59	Sco	9	7.2	球状星团
81	3031	09 55.6	+69 04	UMa	26×14	6.8	旋涡星系
82	3034	09 55.8	+69 41	UMa	11×5	8.4	不规则星系
83	5236	13 37.0	−29 52	Hya	11×10	*c*. 7.6	旋涡星系
84	4374	12 25.1	+12 53	Vir	5×4	9.3	椭圆星系
85	4382	12 25.4	+18 11	Com	7×5	9.2	椭圆星系
86	4406	12 26.2	+12 57	Vir	7×6	9.2	椭圆星系
87	4486	12 30.8	+12 24	Vir	7	8.6	椭圆星系
88	4501	12 32.0	+14 25	Com	7×4	9.5	旋涡星系
89	4552	12 35.7	+12 33	Vir	4	9.8	椭圆星系
90	4569	12 36.8	+13 10	Vir	10×5	9.5	旋涡星系
91	4548	12 35.4	+14 30	Com	5×4	10.2	旋涡星系
92	6341	17 17.1	+43 08	Her	11	6.5	球状星团
93	2447	07 44.6	−23 52	Pup	22	*c*. 6.2	疏散星团
94	4736	12 50.9	+41 07	CVn	11×9	8.1	旋涡星系
95	3351	10 44.0	+11 42	Leo	7×5	9.7	旋涡星系
96	3368	10 46.8	+11 49	Leo	7×5	9.2	旋涡星系
97	3587	11 14.8	+55 01	UMa	3	*c*. 11.2	行星状星云
98	4192	12 13.8	+14 54	Com	10×3	10.1	旋涡星系
99	4254	12 18.8	+14 25	Com	5	9.8	旋涡星系
100	4321	12 22.9	+15 49	Com	7×6	9.4	旋涡星系
101	5457	14 03.2	+54 21	UMa	27×26	7.7	旋涡星系
102	—						见注释
103	581	01 33.2	+60 42	Cas	6	*c*. 7.4	疏散星团
104	4594	12 40.0	−11 37	Vir	9×4	8.3	旋涡星系
105	3379	10 47.8	+12 35	Leo	4×4	9.3	椭圆星系
106	4258	12 19.0	+47 18	CVn	18×8	8.3	旋涡星系
107	6371	16 32.5	−13 03	Oph	10	8.1	球状星团
108	3556	11 11.5	+55 40	UMa	8×2	10.0	旋涡星系
109	3992	11 57.6	+53 23	UMa	8×5	9.8	旋涡星系
110	205	00 40.4	+41 41	And	17×10	8.0	椭圆星系

a. 表列的天体大小根据的是长时间曝光的底片，尤其是星系，其大小要比目视所见的大

资料来源：A.Hirshfeld & R.W. Sinnott , Sky Catalogue2000.0 , Vol.2 1985

M57 环状星云	M97 夜枭星云
M64 黑眼星系	M102 M101 的副本
M73 四颗星	M104 草帽星系

球状星团是巨大的、球状的恒星密集体，直径从几十光年到几百光年。它们拥有的恒星通常都要比疏散星团中的年老得多。球状星团中的恒星密度高，每立方光年约有 1 个恒星，足以抗阻银河系潮汐力的撕裂。球状星团是宇宙中已知的最年老的天体，年龄超过 100 亿年。

已知我们银河系约有 150 个球状星团。有一些不用借助光学仪器即可得见，最佳的例子是 4 星等的半人马 ω 和杜鹃 47，它们均在南半球星空。半人马 ω 距离约 17000 光年，是星空最亮的球状星团，其中拥有 100 万个以上的恒星。北半球星空最亮的是 6 星等的武仙座 M13。用肉眼观察，M13 呈现为一个朦胧的类星天体，要用望远镜才能分辨其中密集的上百万的恒星。

星　云

银河系中存在大量的气体和尘埃。星际物质中，最多的是气体氢，约占银河系总质量的 10%。星际物质中约有 1%的物质形式是细微尘埃，它们通过对星光的效应显示自身的存在。遥远恒星的光穿过星际尘埃而变暗，还变红，这是由于对于越短的波长（蓝色），消光越强。沿银河平面的星际吸收最为显著，这是由于大多数星际物质均聚集该处。

发射星云　某些星际物质聚集成云，称为“星云”。星云有几种类型。如果一片星云的近处有一个或几个炙热而明亮的恒星，后者的能量就致使星云自身发射出光。近距恒星的紫外辐射电离了其中的氢，星云则发光，遂称为‘HⅡ区’。已知存在许多“发射星云”，其中最为知名的是猎户大星云（M42），肉眼可见，在“猎户腰带”之南，形似一小块光斑。猎户大星云位于约 1600 光年的距离处，直径 30 光年左右。这个巨大气体星云的内部深处，有一聚星——猎户 θ，它的最亮的 4 个成员子星构成一个引人注目的星群，按照其外形，称为“猎户四边形天体”。其中的最炙热的子星的能量致使猎户大星云中的气体发光。

反射星云　含有反射来自附近恒星之光的尘埃的星云称为“反射星云”。它们具有特征性的蓝色，与占有优势的红色光辉的发射星云明显不同。环绕昴星团成员星的反射星云是最著名的一个。过去曾认为这个星云是诞生昴星团的星云的残留遗物，今日则已确认，它乃是与星团并无关联、却偶然遭遇的星云。

暗星云　它们在星空显现为黑暗天区，其中不含恒星；实际上却是暗星云遮挡住其后的星光。它们能够呈现多种形态的外形，从相对均匀的南十字座中的“煤袋”，直到蛇夫座内的“卷蛇星云”。暗星云根据所处的区域，它们或是形似星空中的空区，或是像似叠加在明亮背景上鲜明的一片暗云。后者一个著名事例是猎户 ζ 之南的“马头星云”，它反衬在亮星云 IC 434 之前。当首次在 1889 年拍摄的照片上发现它时，曾直观地被认为“马头”是亮星云中的一个空区。美国天文学家 E.E.巴纳德（Barnard）后来识破了其真相，并促使他编篡了一部暗星云表，如今许多暗星云仍按巴纳德星云表编号分类。

“博克（Bok）球状体”是小型、近似球状的暗星云状物质，它们乃是处在形成的极早阶段的恒星。博克球状体是以首先发现它们的丹麦天文学家 B.B.博克的姓氏命名。在许多星云背景上，例如人马座“礁湖星云”（M 8）和麒麟座“玫瑰星云”（NGC 2237–2244），都能见到博克球状体。

行星状星云　用望远镜观察，有的有时呈现为形似行星圆盘的外观，1782 年，W.赫歇尔遂称之为“行星状星云”。行星状星云是老年恒星抛射出的外层大气。这种被抛射出的物质随后形成一个环绕行星的膨胀气壳。由于其炙热的内围区裸露在外，行星状星云的中心星具有很高的表面温度，可高达 10 万开。一经抛射物质，中心星随即开始坍缩为白矮星。行星状星云的存在期相当短暂，膨胀气壳在几万年之内即消散于周围空间之中。并非所有行星状星云均具有对称的形态，其中许多的外形很不寻常，例如，狐狸座“哑铃星云”（M 27）和“小哑铃星云”（M 76），还有英仙座“蝴蝶星云”。行星状星云是因与发射星云中进行的同样的电离过程而发光。如今已知有 1000 多个行星状星云，其中许多都是爱好者望远镜能够观测到的。

超新星遗迹　像金牛座“蟹状星云”（M1）和天鹅座“帷幕星云”（NGC 6960–6992）这样的天体乃是经历了超新星爆发的恒星的气体遗迹。在经历这种壮观的和毁灭性的事件之际，恒星抛射了它们的大部分物质，形成膨胀的物质云，并最终消散在太空。上述两个天体的外观十分不同。蟹状星云看上去像是一个暗淡的弥散光斑，它是中国天文学家于 1054 年观测到的一个超新星的遗迹；而帷幕星云则是约 5000 年之前抛射出的巨大的物质环的一部分。蟹状星云和帷幕星云的最明亮的部分均能用双目镜在晴朗的无月夜空条件下加以浏览，但要观察它们的细微结构，则要有更大的仪器才行。

我们的银河系

太阳是银河系的一个成员恒星，银河系是一个庞大的、旋涡形态的恒星系统，拥有至少1000亿个恒星。银河系共有3个主要区域："中央核球"、"银盘"和"银晕"。核球的最致密的部位即是'银核'。核球自身拥有老年的星族Ⅱ恒星，以及少量的星际物质。核球直径约2万光年，厚度约1万光年。

银盘与中央核球不同，它含有众多的年轻的星族Ⅰ恒星，其中许多位于疏散星团中。银盘直径约10万光年，太阳位于从银心到银盘边缘的2/3处。银盘的厚薄起伏很大，但平均厚度约2000光年。银盘内的恒星以近圆轨道围绕银心运行。距离银心越近的恒星和气体，比距离越远的恒星和气体运行的速率越快。太阳距离银心约26000光年，绕行一整周约2亿2000万年。

银晕形成一个以银心为中心的由恒星组成球体。银晕中的恒星的大多数都积聚为球状星团，它们沿椭圆轨道围绕银心运行。银晕内的恒星年龄很老，与核球中的恒星一样，也是贫重元素的星族Ⅱ天体。

星际消光局限了沿银河平面能够观察恒星的范围。位于人马座的银心，用光学手段不能得见，但射电和红外波段的观测却使天文学家探测到银心，并能绘制银河系结构的全貌图。银心已被证认为强射电源"人马A"。氢云的分布揭示，银盘具有旋涡结构，银盘内的大多数星族Ⅰ恒星和气体均群居从银河辐射出的旋臂上。在旋臂中，新的恒星仍然从星际云内不断地诞生。

"银河"由银盘内的几百亿个恒星组成，看上去像是一道巨大的暗淡光环，环绕天球延伸一周，与黄道面呈63°倾斜。北半天的天鹅座和天鹰座内的，以及南半天的天蝎座和人马座中的银河最明亮，麒麟座内的最暗淡。"煤袋"（参见星图16）在银河内的许多"暗区"中，最为著名，这类暗区都是位于我们和群星之间，靠近银道面的暗星云。一条称为"天鹅大裂缝"的庞大暗星云将银河劈裂为二，始于天鹅座，南行，贯穿天鹰座，进入蛇夫座（参见星图13～14）。它是由一个沿银河系的局域旋臂的暗星云所致。

银河系附近有两个不规则矮星系——"大麦哲伦云"和"小麦哲伦云"。在南半球，它们肉眼可见，呈现为延展的云状天体（参见星图15），实际上，它们是银河系的伴星系。大麦哲伦云是离银河系最近的河外星系，距离约17万光年，位于剑鱼座和山案座的边界处。小麦哲伦云距离约20万光年，在杜鹃座内。

星　系

在宇宙中，银河系绝非唯一的星系。在今日望远镜威力可及的范围内，在我们银河系之外，还有几十亿个星系。"仙女星系"（M31）是最为知名的一个河外星系，在良好条件下，用肉眼可以看到它像是一片朦胧暗淡的光斑。仙女星系比我们银河系还大，也有旋涡结构，距离250万光年左右。

尽管银河系和M 31都是漩涡星系，可并非所有星系均有旋涡结构。星系有多种形态，图34载有概括性的分类图。

椭圆星系　这是一种高度对称的恒星系统，没有旋涡结构或其他结构。椭圆星系的代号是E加上0～7中的一个数码，用以表示其形态型，从球形的（E0）到最扁椭的（E7）。E0型星系形似于巨大的球状星团。椭圆星系的星际物质贫瘠。最大的椭圆星系的质量比我们银河系的还大得多。矮椭圆星系的代号是E加上前缀d，即dE，而超巨椭圆星系则加上前缀c，即cE。

正常旋涡星系　此类星系拥有从中央核伸展出的，含有恒星、气体和尘埃的旋臂。按照核球与旋臂之间的关系，它们被划分为Sa、Sb和Sc3个形态型。Sa星系具有较大的中央核球和缠绕紧密的旋臂；Sb星系的旋臂和核心区两者规模大体相当；Sc星系的核心物质少，旋臂稀而疏散。S0星系也称"透镜状星系"，乃是椭圆星系和旋涡星系之间的中介形态。

棒旋星系　此类星系和普通旋涡星系相似，但其旋臂却是从跨在核心处的明亮的物质棒状体之两端溢流而出。棒旋星系也和旋涡星系类似，划分为3个形态型：SBa、SBb和SBc。有迹象显示，我们银河系拥有一个中等大小的中央棒。

不规则星系　这类星系无有序的结构。小型不规则星系的质量比银河系小，在许多方面都与大型恒星云类似。大型不规则星系或许是因与正常星系之间的相互作用，以及相互并合而形成的。它们的代号是I或Irr。

活动星系和类星体　它们是占总数的百分

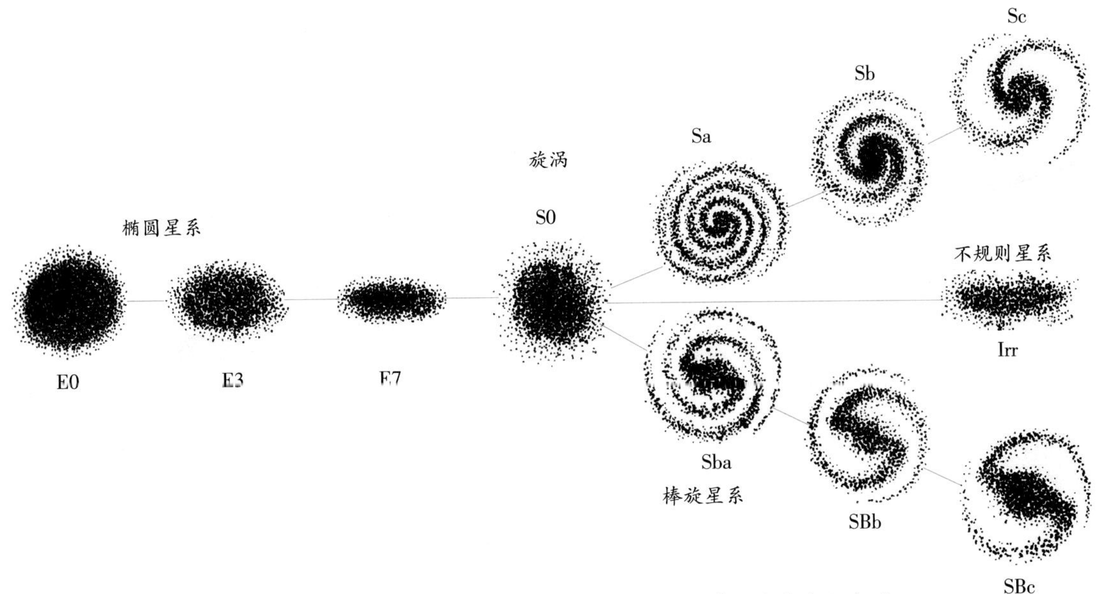

图 34 星系分类 此图有时也称“音叉”图；它并不反映演化序列。

比很小的星系，具有异常的亮核。显然，每当下落的气体在星系中心的大质量黑洞周围形成一个强烈的炙热而明亮的“吸积盘”之际，这样的亮核星系就出现了。例如，“塞弗特星系”和‘蝎虎 BL 天体’就是这类星系。

“塞弗特星系”几乎全是旋涡星系，以 1943 年发现它们的美国天文学家 C.塞弗特（Seyfert）的姓氏命名。公认它们是“活动星系”，其方位定向正好处在使观测者得见未被屏蔽的明亮的中央吸积盘的视角。最亮的塞弗特星系是 9 星等的鲸鱼座 M77。“蝎虎 BL 天体”的代表原型是蝎虎 BL，起初以为它是反常的 14 星等变星，遂分类为变星。现在已知它们是从端向被看到的、沿星系的吸积盘自转轴、所抛射出的气体股流。

“类星体”（QSO）是具有类星外观的天体，每一个都能从不比太阳系更大的空间体积内，发射出比整个星系的还多几百倍的能量。它们的“红移”显示它们位于宇宙的遥远深处。现在已有相当可信的证据表明，类星体是居于正在进行，或是刚刚进行了与另一个星系相互并合的星系。并合活动为中央黑洞提供了恒星和气体，于是导致出现爆发活动。可以将它们视为极端形态的塞弗特星系。最亮的类星体是位于室女座内的 13 星等的 3C273。

星系团 大多数星系都会聚成团或群，它们包含从几个星系，直至几千个成员。我们银河系就是“本星系群”中的一员，它是拥有 36 个左右的星系的集合体，其中含有另外两个旋涡星系（M31 和 M33）、大小麦哲伦云、以及众多的矮椭圆星系和不规则星系（参见表 59）。

宇宙各处散布着为数众多的星系团，最近的一个是“室女团”，距离约 5500 万光年。室女团的一些最亮的成员星系，用爱好者望远镜可以得见。“本星系群”和“室女团”都是一个更大得多的、称为“本超团”的巨型群体的成员。“本超团”以“室女团”为中心，拥有许多其他的近距星系团和一些单个的星系。表 60 载有‘本星系群’以外的 20 个最亮的星系团的信息。

星系退行 本星系群以外所有星系的关构全都呈现谱线“红移”，这表明它们远离我们退行而去。此外，星系的退行速度和它们的距离成正比。E.哈勃于 20 世纪 20 年代末建立了速度和距离之间的关系，即所谓的“哈勃定律”。联系退行速度和距离之间的比例常数是“哈勃常数”H_0。H_0 当前的公认值是每兆秒差距每秒 70 千米左右。哈勃定律表明一经 H_0 精确测定，则根据星系的红移即可确定该星系的距离。

通常将星系的退行解释为宇宙的普遍膨胀。按照“大爆炸学说”，整个宇宙——空间、时间和辐射等所有的一切——都曾聚集在一个极端热和超致密的状态，因大爆炸而激烈向外飞散，于是启动了今日的宇宙膨胀。现今估计大爆炸发生于约 140 亿年前。

观测深空天体 星团、星云和星系为天文爱好者提供了许多令人感兴趣的和有挑战性的观测目标。好几千个这类天体均在中小型望远

表 59　本星系群

星系	RA 2000.0 h m	DEC. 2000.0 ° ′	类型	绝对星等	视星等	与太阳距离(kpc)
Andromeda Galaxy(M31)	00 42.7	+41 16	Sb Ⅰ-Ⅱ	-21.2	3.4	770
Milky Way	—	—	S(B)bc Ⅰ-Ⅱ	-20.9	—	—
Triangulum Galaxy(M33)	01 33.9	+30 39	Sc Ⅱ-Ⅲ	-18.9	5.9	850
LMC[M]	05 24	-69 45	Ir Ⅲ-Ⅳ	-18.5	0.2	50
SMC[M]	00 53	-72 50	Ir Ⅳ/Ir Ⅳ-Ⅴ	-17.1	2.0	63
M32(NGC 221)[A]	00 42.7	+40 52	dE2	-16.5	8.1	770
M110(NGC 205)[A]	00 40.4	+41 41	dE5p	-16.4	8.4	830
IC 10[A]	00 20.3	+59 18	dIr Ⅳ	-16.0	10.3	660
NGC 6822(Barnard's Galaxy)[M]	19 44.9	-14 52	dIr Ⅳ-Ⅴ	-16.0	8.3	500
NGC 185[A]	00 39.0	+48 20	dE3p	-15.6	9.0	620
IC 1613[A]	01 04.8	+02 07	dIr Ⅴ	-15.3	9.1	715
NGC 147[A]	00 33.2	+48 30	dE5	-15.1	9.9	755
Sagittarius I Dwarf[M]	18 55.0	-30 29	dSph	-15.0	7.7	28
Wolf-Lundmark-Melotte(DDO 221)	00 02.0	+15 28	dIr Ⅳ-Ⅴ	-14.4	10.6	945
Fornax Dwarf[M]	02 40.0	-34 27	dSph	-13.1	7.7	138
Pegasus Dwarf(DDO 216,PegdIG)[A]	23 28.6	+14 45	dIr/dSph	-12.9	12.3	760
Cassiopeia Dwarf(Andromeda VII)[A]	23 26.5	+50 42	dSph	-12.0	13.0	760
Sagittarius(SagdIG)	19 30.0	-17 41	dIr Ⅴ	-12.0	13.8	1060
LeoI(DDO74)[M]	10 08.4	+12 18	dSph	-11.9	10.4	270
Andromeda I[A]	00 45.7	+38 00	dSph	-11.8	12.9	790
Andromeda II[A]	01 16.5	+33 25	dSph	-11.8	12.6	680
Leo A(Leo III,DDO69)	09 59.4	+30 45	dIr Ⅴ	-11.7	12.8	800
Andromeda VI(Pegasus II)[A]	23 51.8	+24 35	dSph	-11.3	13.4	775
Aquarius Dwarf(DDO210)	20 46.9	-12 51	dIr/dSph	-10.9	14.2	950
Andromeda III[A]	00 35.6	+36 30	dSph	-10.2	14.4	760
Cetus Dwarf	00 26.2	-11 03	dSph	-10.1	14.4	775
LeoB(Leo II,DDO93)[M]	11 13.5	+22 09	dSph	-10.1	11.5	205
Phoenix Dwarf[M]	01 51.1	-44 27	dIr/dSph	-9.8	13.3	405
Pisces Dwarf(LGS 3)[A]	01 03.9	+21 53	dIr/dSph	-9.8	14.3	620
Sculptor Dwarf[M]	01 00.1	-33 43	dSph	-9.8	10.0	88
Tucana Dwarf	22 41.8	-64 25	dSph	-9.6	15.2	870
Sextans Dwarf[M]	10 13.0	-01 37	dSph	-9.5	10.3	86
Carina Dwarf[M]	06 41.6	-50 58	dSph	-9.4	10.7	94
Draco Dwarf(DDO208)[M]	17 20.2	+57 55	dSph	-9.4	11.0	79
Andromeda V[A]	01 10.3	+47 38	dSph	-9.1	15.9	810
Ursa Minor Dwarf(DDO199)[M]	15 09.2	+67 13	dSph	-8.9	10.4	69

[a]*dIr* = 不规则矮星系

dSph = 矮球状星系

M 银河系的伴星系

A 仙女星系的伴星系

资料来源： E. K. Grebel et al , AJ , Vol , 125 , p.1928 (April 2003) 的附表

镜的视力可及的范围之内，尽管由于它们暗弱且弥散，对其定位可能会有麻烦。在认真地观测开始之前，观测者的眼睛一定先要很好地适应全黑环境。理想的是要有一个晴朗而无月之夜。

巡视深空天体　有一种可用于深空天体的方位难以锁定的方法，有时称为“拖拉法”。先选出一个与待观测天体几乎具有相同赤纬，但略微偏西的恒星，并将其置于视场中心，查出该天体在恒星之东的角分数据，然后停止望远镜的随动，使之静止，以便使星空在所需的时间内，在视场中东移，直至欲观测的天体在视场中出现。这个方法除了要求有一些耐心，还得具备合适又合用的恒星。

另一个更为先进的方法是使用“定位度盘”。所有赤道装置的望远镜均有这种度盘，一个安装在赤经轴上，另一个在赤纬轴上。当一个天体的赤经和赤纬均从星表中或星图上获知时，即能利用定位度盘显示坐标。不过，对于简易的便携式望远镜而言，这一方法有时难以令人满意的运作：安置就绪望远镜装置可能要花费太多时间，除非对校准的精度要求不高，但这样又会使待测天体难以在视场呈现。

现代的电脑程控望远镜相当程度地简化了操作程序。与精密电子器件匹配的仪器，甚至是便携装置也能快速而准确地安置就绪。利用一个载有几

表 60 本星系群以外的 20 个最亮星系

星系	RA 2000.0 h m	DEC. 2000.0 ° ′	类型	尺度	视星等
NGC 5128 = Cen A	13 25	−43 01	S0(pec)	25.7×20.0	6.8
NGC 3031 = M81	09 56	+69 04	Sb	26.9×14.1	6.9
NGC 253	00 48	−25 17	Sc	27.5×6.8	7.2
NGC 5236 = M83	13 37	−29 52	SBc	12.9×11.5	7.5
NGC 55	00 15	−39 13	Sc	32.4×5.6	7.9
NGC 5457 = M101	14 03	+54 21	Sc	28.8×26.9	7.9
NGC 4594 = M104	12 40	−11 37	Sa/b	8.7×3.5	8.0
NGC 300	00 54	−37 41	Sc	21.9×15.5	8.1
NGC 4736 = M94	12 51	+41 07	Sab	11.2×9.1	8.2
NGC 3034 = M82	09 56	+69 41	Amorphous	11.2×4.3	8.4
NGC 4258 = M106	12 19	+47 18	Sb	18.6×7.2	8.4
NGC 4472 = M49[V]	12 30	+08 00	E1/S0	10.2×8.3	8.4
NGC 5194 = M51	13 30	+47 12	Sbc	11.2×6.9	8.4
NGC 1291	03 17	−41 06	SBa	9.8×8.1	8.5
NGC 1316 = Fornax A	03 23	−37 12	Sa(pec)	12.0×8.5	8.5
NGC 2403	07 37	+65 36	Sc	21.9×12.3	8.5
NGC 4826 = M64	12 57	+21 41	Sab	10.0×5.4	8.5
NGC 4486 = M87[V]	12 31	+12 23	E0	8.3×6.6	8.6
NGC 5055 = M63	13 16	+42 02	Sbc	12.6×7.2	8.6
NGC 1313	03 18	−66 30	SBc	9.1×6.9	8.7

a. 在照相底片上测定的大小的最大值；目视所见的大小要小些

V 室女星系团的成员星系

资料来源：星等和大小取自 Astronomical Almanac；类型取自 A. Sandage & G Tammann，Revised Shapley-Ames Catalog of Bright Galaxies（1987）

千个天体方位的联机数据库，能够锁定天体，还可以订正任一驱动装置误差，全自动地跟踪观测。

迄今，最令人满意的方法是“恒星调换”代测天体法。在定位一个十分明亮的近距恒星之后，观测者借助寻星镜精确地从一个恒星“调换”到另一个恒星，开和关主望远镜，直到目标所在天区进入视场。当一个天体观测了几次之后，则会更容易地再次定位。

为了深空天体的定位，尤其是当采用“恒星调换”时，一个优质的寻星镜很有必要。建议备置的规格至少是 7 × 50 。

深空观测仪器装备 深空观测要求添置一组不同放大倍率和不同大小视场的目镜。具有广角的低倍率目镜主要用于观测大型疏散星团和大面积云状天体。当然，还有些深空天体形体很小，甚至呈现为恒星状，为此就必须高倍率的目镜。一组良好选择的深空天体观测目镜是一个 32 毫米广角目镜、一个 10 毫米的和一个 6 毫米的，外加一个 1×2 巴罗（Barlow）目镜。后者能够一共给出 6 个不同的放大倍率。

深空观测者面临的最大的一个问题是湮没暗弱天体的“光污染”。为了消减它，可选用专用的滤光片，即所谓的“星云滤光片”。正如其名所示，这类滤光片主要是用于观测星云，能阻断宽波段影响，却又很少干扰星系和星团。

滤光片暗化视场的背景，于是强化了天体和星空背景之间的反差，不过也革除了一些星光，有时给天区的认证带来困难。大多数星云滤光片最好与低放大率的广角目镜配合使用，以期提供更亮的、反差更大的深空天体像。星云滤光片价值昂贵，不过采用了它就像是将望远镜的尺码加倍，或是如同迁移到另一个星空更暗的地址。这种滤光片也同样有益于采用 CCD 和照相胶片的深空天体成像（见第二章的 CCD Autoguiders 节）。

市场上现有 4 种类型的滤光片。最常用的“宽带滤光片”或称‘光污染减光片’（LPR），能增强所有天体的反差。它具有相当宽的“带通”，约 90 纳米，因而还是会使一些光污染通过。

第二种类型的是“窄带通滤光片”，平均带通 25 纳米，带通中心是氧发射的 2 条 O_{III}谱线。这类滤光片十分显著地改善了发射星云和行星状星云的影像，甚至用中等大小口径的望远镜也能

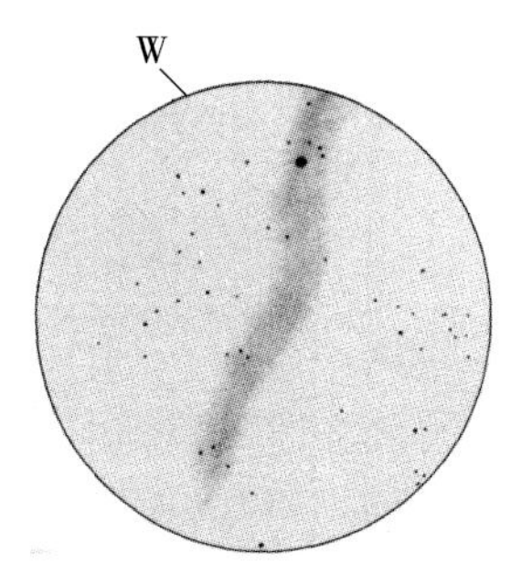

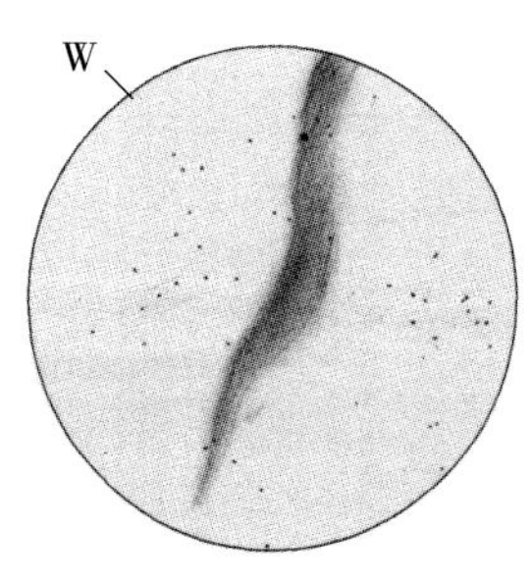

图 35 220 毫米反射望远镜所见的天鹅座“帷幕星云” 星云滤光片的作用——左图不加滤光片，右图加 O_{III}滤光片。
通过滤光片，星云显得更亮，得见亮条结构，并有明确边缘，但周围的恒星却显得暗弱。

看到迷离错杂的细节（参见图 35）。在观测起步之时，采用这类滤光片是个很好的选择。

另二种类型的滤光片均是“谱线滤波片”，带通中心都是特定的发射谱线。O_{III} 滤波片有 11 纳米的带通，只允许 O_{III} 发射谱线通过，给出星云状物质的细节图像。Hβ 滤波片的带通为 9 纳米，仅能透过一条氢的 β 谱线。该片用于观测极暗的星云。

观测深空天体的方法 疏散星团是小型望远镜的良好观测目标，而双目镜也能显示许多这类天体。由于疏散星团中的恒星分布松散，广角是首要的。每当试图从有亮星的背景中将疏散星团认出时，广角就更显重要。要计数星团中的成员恒星、要确认双星和色彩突出的恒星。当绘制所见之际，在添加暗星之前，先要精确标出最亮星的位置。

虽然球状星团拥有更多的恒星，但它们更为致密，通常呈现为暗弱而弥散的天体。大的放大倍率有助于检测出最亮的成员恒星，为此，要检验不同的放大倍率和不同的视场大小。当绘制一个球状星团时，先画个光环代表晕，随后再添上单个恒星，注意任何结构细节，诸如链状物、结节状物或暗带。再分辨良好的星团中，有必要对靠近星团中心的恒星分布给出一个总的认知，而不是试图标点出每个恒星。

某些弥漫星云，例如‘猎户大星云’(M 42)，既可用大放大倍率，也可用小放大倍率，加以观测，尽管其中许多巨大而暗淡，与周围星空的反差又小。此刻，侧移视力会管用。如果，将望远镜前后横穿视场摆动，星云可能会更容易地自显出来。这两个小技巧均有助于增强星云和星空之间的反差。当已经找出目标星云之后，需要用大的放大倍率消减来自近距亮星的光芒。同样的普通规则也适用于星系观测。

观测行星状星云可用小至中等放大倍率，它们一般都小但相对明晰。采用很低的放大倍率，某些行星状星云呈类星外观，很难轻易地将其认证。然而，当使用大口径望远镜或是加上了星云滤光片，发射星云和行星状星云会显示出很难加以描绘的结构复杂的细节。这个最佳方法同样也适用于观测星系。

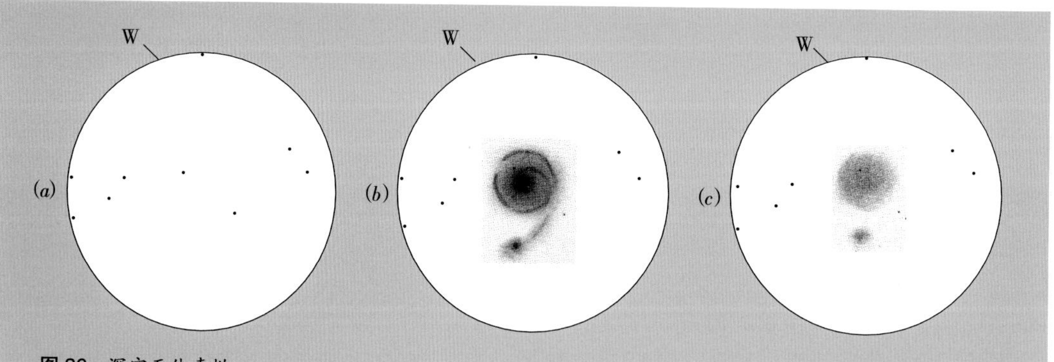

图 36 深空天体素描
当素描深空天体时（本例为 星系 M51），首先画一个代表望远镜视场大小的直径约 100 毫米的圆。在目镜中，标定暗星中的亮星。
(*a*) 随后，用软铅笔勾画天体的外形，在用一个手指涂抹，使之产生云雾效应。
(*b*) 继续添加铅粉，并继续涂抹，直到呈现出该天体的负影像，亦即最亮处，最黑。接着，用铅笔增添任何引人入胜的细节，诸如类型核心、旋臂上的明亮气体云（H_{II} 区）。再用该铅笔标出每一暗带。
(*c*) 为素描图定方位：先将天体拉出视场，确认天体的一侧在正西。
标记出观测的时间、仪器大小、放大倍率以及观测环境和条件。

第五章　星　图

星座索引

星座	星图	可见范围[a]		晚10时中天[b]
		全部	局部	
仙女座	3,5	90°N～37°S	37°S～68°S	10月,11月
唧筒座	8,10	49°N～90°S	65°N～49°N	3月,4月
天燕座	16	7°N～90°S	22°N～7°N	5月,6月,7月
宝瓶座	4,14	65°N～86°S	90°N～65°N	9月,10月
天鹰座	13,14	78°N～71°S	90°N～78°N 71°S～90°S	8月
白羊座	5	90°N～58°S	58°S～79°S	11月,12月
御夫座	5,7	90°N～34°S	34°S～62°S	12月,1月
牧夫座	11	90°N～35°S	35°S～82°S	5月,6月
雕具座	6	41°N～90°S	62°N～41°N	12月,1月
鹿豹座	1,2	90°N～3°S	3°S～37°S	12月,1月,2月
巨蟹座	7	90°N～57°S	57°S～83°S	2月,3月
猎犬座	9	90°N～37°S	37°S～62°S	4月,5月
大犬座	8	56°N～90°S	78°N～56°N	1月,2月
小犬座	7	89°N～77°S	77°S～90°S	2月
摩羯座	14	62°N～90°S	78°N～62°N	8月,9月
船底座	8,16	14°N～90°S	39°N～14°N	1月,2月,3月,4月
仙后座	2,3	90°N～12°S	12°S～43°S	10月,11月,12月
半人马座	10,12,16	35°N～90°S	59°N～35°N	4月,5月,6月
仙王座	2	90°N～1°S	1°S～36°S	9月,10月
鲸鱼座	4,6	65°N～79°S	90°N～65°N, 79°S～90°S	10月,11月,12月
蝘蜓座	16	7°N～90°S	14°N～7°N	2月,3月,4月,5月
圆规座	16	19°N～90°S	34°N～19°N	5月,6月
天鸽座	6,8	46°N～90°S	62°N～46°N	1月

星座	星图	可见范围[a]		晚10时中天[b]
		全部	局部	
天兔座	6	62°N～90°S	79°N～62°N	1月
天秤座	12	60°N～90°S	89°N～60°N	5月,6月
豺狼座	12	34°N～90°S	60°N～34°N	5月,6月
天猫座	1,7	90°N～28°S	28°S～57°S	2月,3月
天琴座	13	90°N～42°S	42°S～64°S	7月,8月
山案座	15,16	5°N～90°S	20°N～5°N	12月,1月,2月
显微镜座	14	45°N～90°S	62°N～45°N	8月,9月
麒麟座	7,8	78°N～78°S	90°N～78°N, 78°S～90°S	1月,2月
苍蝇座	16	14°N～90°S	25°N～14°N	4月,5月
矩尺座	12	29°N～90°S	48°N～29°N	6月
南极座	15,16	0°～90°S	25°N～0°	8月,9月,10月
蛇夫座	11,12	59°N～75°S	90°N～59°N, 75°S～90°S	6月,7月
猎户座	5,6	79°N～67°S	90°N～79°N, 67°S～90°S	1月
孔雀座	15	15°N～90°S	33°N～15°N	7月,8月,9月
飞马座	3,13	90°N～53°S	53°S～87°S	9月,10月
英仙座	5	90°N～31°S	31°S～59°S	11月,12月
凤凰座	4	32°N～90°S	50°N～32°N	10月,11月
绘架座	6,15,16	26°N～90°S	47°N～26°N	1月
双鱼座	3	83°N～56°S	56°S～90°S	10月,11月
南鱼座	4,14	53°N～90°S	65°N～53°N	9月,10月
船尾座	8	39°N～90°S	78°N～39°N	1月,2月
罗盘座	8	52°N～90°S	72°N～52°N	2月,3月
网罟座	15	23°N～90°S	37°N～23°N	12月
天箭座	13	90°N～69°S	69°S～73°S	8月

星座	星图	可见范围[a]		晚10时中天[b]	星座	星图	可见范围[a]		晚10时中天[b]
		全部	局部				全部	局部	
后发座	9	90°N～57°S	57°S～77°S	4月,5月	人马座	14	46°N～90°S	78°N～46°N	7月,8月
南冕座	14	44°N～90°S	53°N～44°N	7月,8月	天蝎座	12	44°N～90°S	81°N～44°N	6月,7月
北冕座	11	90°N～50°S	50°S～64°S	6月	玉夫座	4	50°N～90°S	65°N～50°N	10月,11月
乌鸦座	10	65°N～90°S	78°N～65°N	4月,5月	盾牌座	14	74°N～90°S	86°N～74°N	7月,8月
巨爵座	10	65°N～90°S	83°N～65°N	4月	巨蛇座（头）	11,12	86°N～64°S	90°N～86°N,64°S～90°S	6月
南十字座	16	25°N～90°S	34°N～25°N	4月,5月	巨蛇座（尾）	13,14	73°N～83°S	90°N～73°N,83°S～90°S	7月,8月
天鹅座	13	90°N～28°S	28°S～62°S	8月,9月	六分仪座	9,10	78°N～83°S	90°N～78°N,83°S～90°S	8月,4月
海豚座	13	90°N～69°S	69°S～87°S	8月,9月	金牛座	5	88°N～58°S	58°S～90°S	12月,1月
剑鱼座	15	20°N～90°S	41°N～20°N	12月,1月	望远镜座	14	33°N～90°S	44°N～33°N	7月,8月
天龙座	1,2,13	90°N～4°S	4°S～42°S	4月,5月,6月,7月,8月	三角座	5	90°N～52°S	52°S～64°S	11月,12月
小马座	13	90°N～77°S	77°S～87°S	9月	南三角	16	19°N～90°S	29°N～19°N	6月,7月
波江座	6	32°N～89°S	90°N～32°N	11月,12月,1月	杜鹃座	15	14°N～90°S	33°N～14°N	9月,10月,11月
天炉座	6	50°N～90°S	66°N～50°N	11月,12月	大熊座	1,7,9	90°N～16°S	16°S～62°S	2月,3月,4月,5月
双子座	7	90°N～55°S	55°S～80°S	1月,2月	小熊座	1	90°N～0°	0°～24°S	5月,6月,7月
天鹤座	4	33°N～90°S	53°N～33°N	9月,10月	船帆座	8,10	32°N～90°S	52°N～32°N	2月,3月,4月
武仙座	11,13	90°N～38°S	38°S～86°S	6月,7月	室女座	9,10	67°N～75°S	90°N～67°N	4月,5月
时钟座	6,15	23°N～90°S	50°N～23°N	11月,12月		11,12		75°S～90°S	6月
长蛇座	8,10,12	54°N～83°S	90°N～54°N	3月,4月,5月	飞鱼座	16	14°N～90°S	25°N～14°N	2月,3月
水蛇座	15	8°N～90°S	32°N～8°N	10月,11月,12月	狐狸座	13	90°N～61°S	61°N～71°N	8月,9月
印第安座	14,15	15°N～90°S	43°N～15°N	9月,10月					
蝎虎座	3	90°N～33°S	33°S～54°S	9月,10月					
狮子座	7,9	82°N～57°S	57°N～90°S	3月,4月					
小狮座	9	90°N～48°S	48°S～67°S	3月,4月					

a. 此栏给出该星座的全部或局部在地平线可见的范围。但是当星座正好接近地平线时会受到大气消光而看不清。
b. 此栏中给出的是每个星座大约在晚10时正好在或比较接近子午圈时的月份。

北天索引星图

历元 2000.0

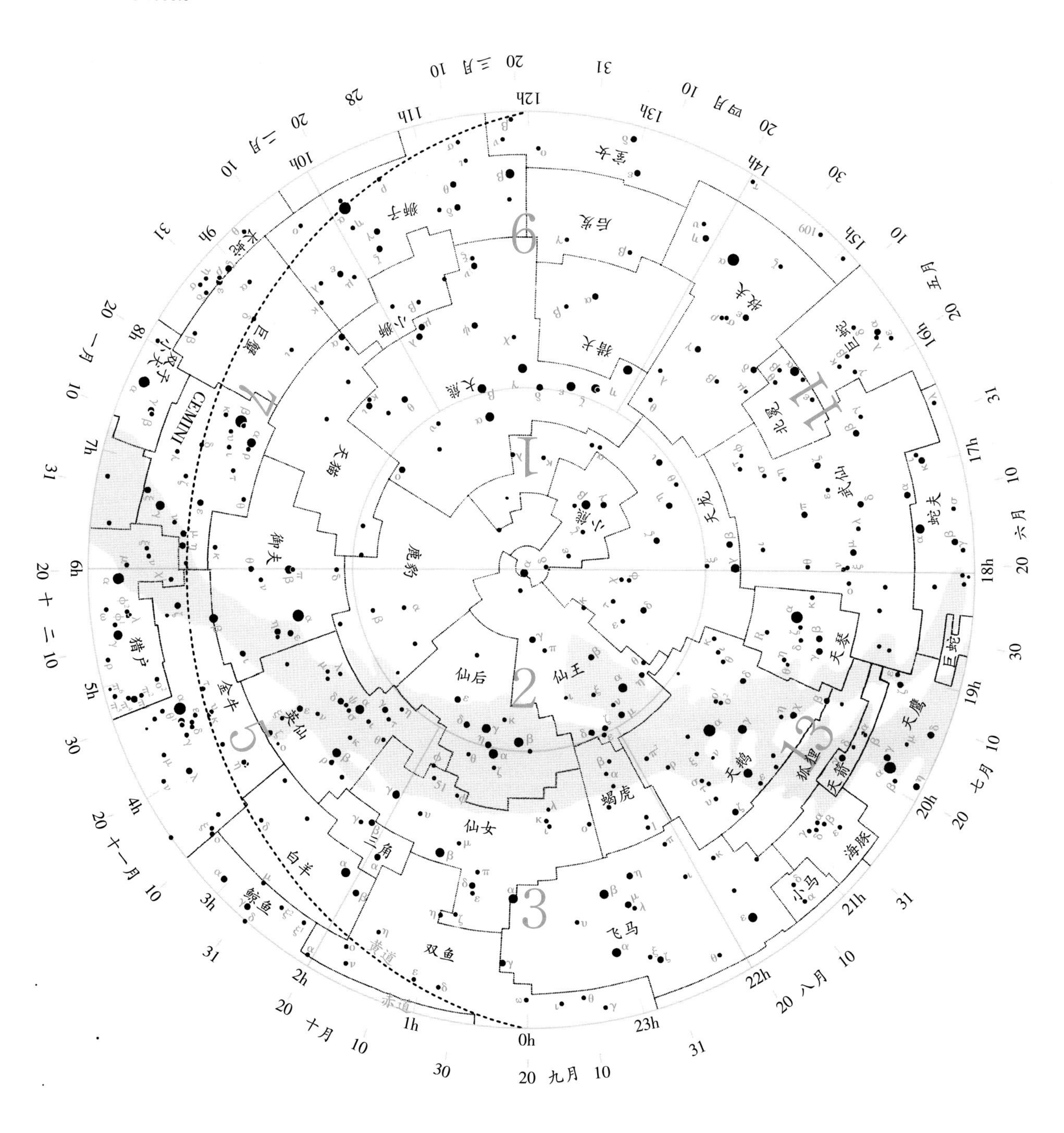

本图外圈标明的日期表示对应的赤经圈将在该日的子夜上中天（在北半球）

南天索引星图

历元 2000.0

本图外圈标明的日期表示对应的赤经图将在该日的子夜上中天（在南半球）

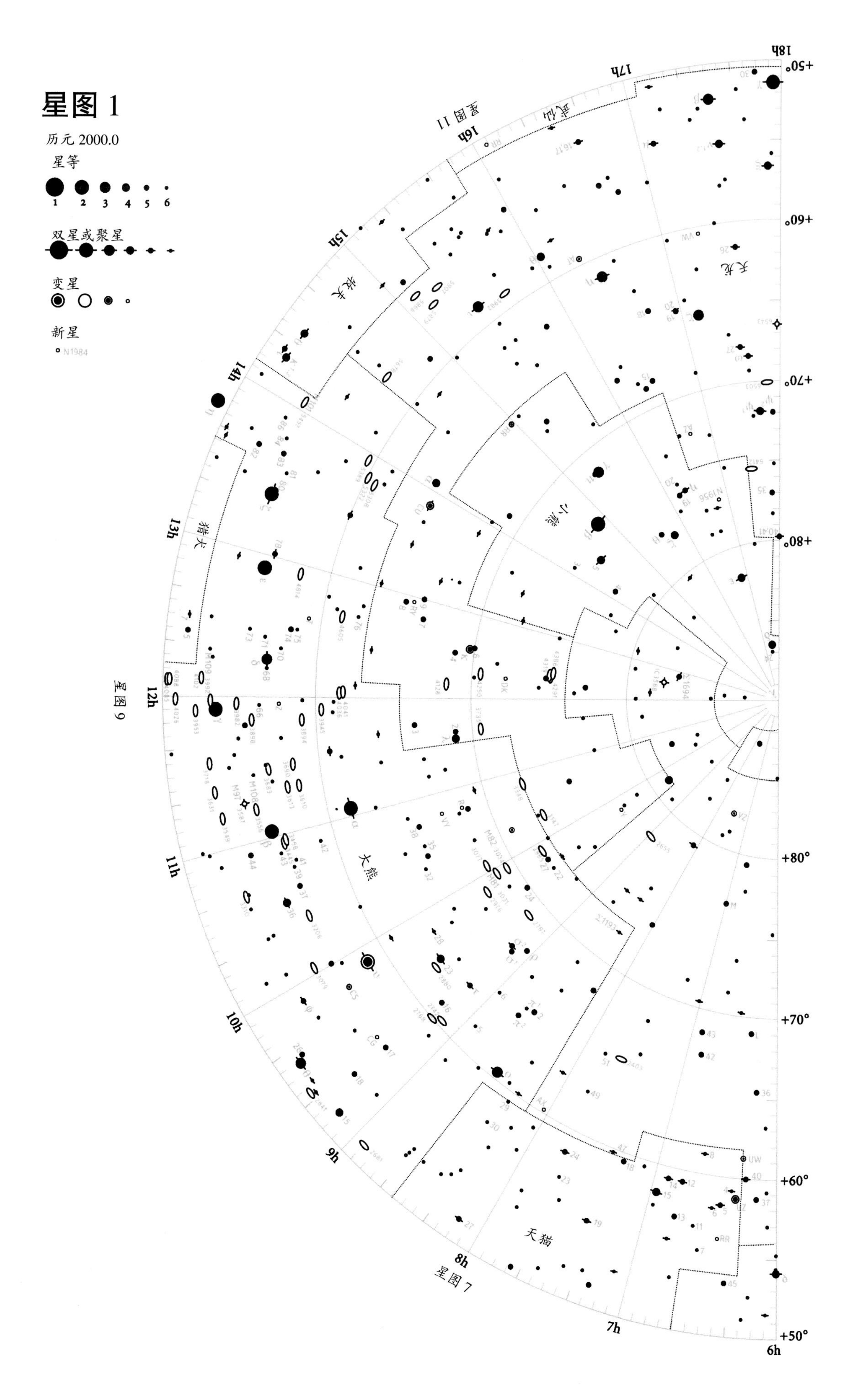

星图 1
历元 2000.0
星等
1 2 3 4 5 6
双星或聚星
变星
新星
N1984
星图 11
星图 9
星图 7
天龙
小熊
大熊
猎犬
牧夫
武仙
天猫
18h
17h
16h
15h
14h
13h
12h
11h
10h
9h
8h
7h
6h
+50°
+60°
+70°
+80°

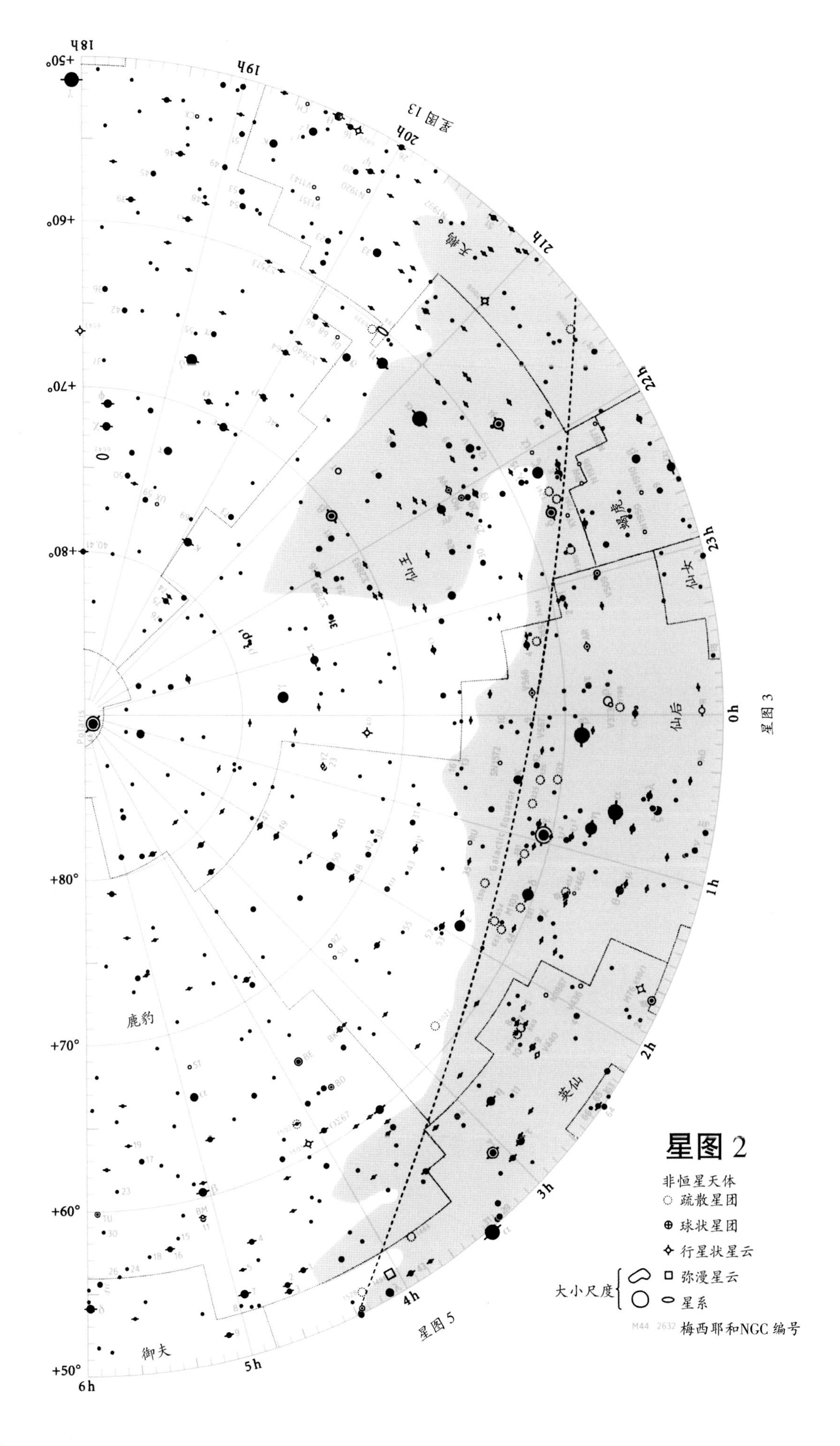

星图 2
非恒星天体
疏散星团
球状星团
行星状星云
大小尺度
弥漫星云
星系
M44 2632 梅西耶和NGC 编号
星图 13
星图 3
星图 5
天鹅
蝎虎
仙王
仙女
仙后
英仙
鹿豹
御夫
Polaris
Galactic Equator
18h
19h
20h
21h
22h
23h
0h
1h
2h
3h
4h
5h
6h
+50°
+60°
+70°
+80°

图 1 和图 2 中的有趣天体

赤纬在+60°～+90°

双星

ADS	星名	赤经 2000.0 h m	赤纬 ° ′	星等	方位角 °	角距 ″	简注
624	HN122	00 45.7	+74 59	变 10.4	161	35.8	光学变星；相对固定；A 为仙后座 YZ
782	仙后 γ	00 56.7	+60 43	变 10.9	252	2.3	变化小
1129	仙后 ψ	01 25.9	+68 08	4.7 6.9	123	22.1	接近中，方位角正在增大。B 为双星：9.4，10.0；252°，2″.6；缓慢靠近
1598	仙后 48	02 02.0	+70 54	4.7 6.7	267	0.8	双星，60 年[a]
1860	仙后 ι	02 29.1	+67 24	4.6 6.9 9.1	231 116	2.8 7.3	AB 为双星，600 年？C 在缓慢靠近中，方位角在增大，在 100mm 镜中甚美
1477	小熊 α	02 31.8	+89 16	2.0 9.0	216	17.8	北极星，物理双星
2867	鹿豹 OΣ67	03 57.1	+61 07	5.3 8.1	49	1.7	相对固定；淡黄，淡绿（相比而言）
3615	鹿豹 β	05 03.4	+60 27	4.1 7.4	209	82.4	相对固定
4177	鹿豹 19	05 37.3	+64 09	6.2 9.8	56	1.5	角距缓慢增大
6724	大熊 Σ1193	08 20.7	+72 24	6.2 9.7	90	42.7	变化小
7203	大熊 σ^2	09 10.4	+67 08	4.9 8.9	352	3.9	双星，1100 年？
7402	大熊 23	09 31.5	+63 04	3.7 9.2	268	22.9	相对固定
8197	大熊 OΣ235	11 32.3	+61 05	5.7 7.6	349	0.6	双星，73 年[a]
8682	鹿豹 Σ1694	12 49.2	+83 25	5.3 5.7	329	21.5	相对固定
10058	天龙 η	16 24.0	+61 31	2.8 8.2	139	4.8	方位角减小，角距增加
10279	天龙 20	16 56.4	+65 02	7.1 7.3	68	1.1	双星，420 年[a]
10660	天龙 26	17 35.0	+61 52	5.3 8.5	331	1.6	双星，76 年[a]
10759	天龙 ψ^1	17 41.9	+72 09	4.6 5.6	17	30.2	相对固定
11061	天龙 40/41	18 00.2	+80 00	5.7 6.0	232	18.6	变化小；橙色双星
12789	天龙 Σ2573	19 40.2	+60 30	6.5 8.9	26	18.4	相对固定
13007	天龙 ε	19 48.2	+70 16	4.0 6.9	20	3.2	方位角增大
13371	天龙 Σ2640	20 04.7	+63 53	6.3 9.5	15	5.5	角距缓慢增大，方位角减小
13524	仙王 κ	20 08.9	+77 43	4.4 8.3	121	7.3	变化小
15032	仙王 β	21 28.7	+70 34	3.2 8.6	250	13.3	相对固定
15600	仙王 ξ	22 03.8	+64 38	4.5 6.4	275	7.9	双星，3800 年？
15719	仙王 Σ2883	22 10.6	+70 08	5.6 8.6	252	14.6	相对固定
15764	仙王 Σ2893	22 12.9	+73 18	6.2 7.9	347	28.8	相对固定
16538	仙王 π	23 07.9	+75 23	4.6 6.8	350	1.1	双星，160 年[a]
16666	仙王 o	23 18.6	+68 07	5.0 7.3	219	3.3	双星，1500 年？50mm 镜的检验星
17022	仙后 6	23 48.8	+62 13	5.7 8.0	197	1.4	相对固定

a. 该双星轨道要素已在表 53 中给出，方位角和角距来自最新的观测

变星

星名	赤经 2000.0 h m	赤纬 2000.0 ° ′	类型	变幅（米）	周期（天）	光谱型	简　注
仙后 YZ	00 45.7	+74 59	EA/DM	5.7–6.1	4.47	A2+F2	见“双星”栏
仙后 γ	00 56.7	+60 43	GCAS	1.6–3.0	—	B0	X 射线源，见“双星”栏
仙后 RZ	02 48.9	+69 38	EA/SD	6.2–7.7	1.2	A3	
仙后 SU	02 52.0	+68 53	DCEPS	5.7–6.2	1.95	F	
鹿豹 ST	04 51.2	+68 10	SRB	6–8	300?	C	
天龙 Y	09 42.4	+77 51	M	6.2–15.0	325.79	M	
大熊 R	10 44.6	+68 47	M	6.5–13.7	301.62	M	平均变幅 7.5—13.0
大熊 VY	10 45.1	+67 25	LB	5.9–7.0	—	C	
天龙 RY	12 56.4	+66 00	SRB?	6.0–8.0	200?	C	
天龙 AZ	16 40.7	+72 40	LB	6.4–7.2	—	M	
天龙 VW	17 16.5	+60 40	SRD?	6.0–7.0	170?	K	
天龙 UX	19 21.6	+76 34	SRA?	5.9–7.1	168	C	交食双星？
仙王 T	21 09.5	+68 29	M	5.2–11.3	388.14	M	平均变幅 6.0—10.3
仙王 VV	21 56.7	+63 38	EA/GS + SRC	4.8–5.4	7430	M+B8	主脉动周期为 118 天，另外还有 25 天、58 天、150 天的周期，交食程度太浅，目视难于观测

星团、星云和星系

NGC	M	赤经 2000.0 h m	赤纬 2000.0 ° ′	简　注
225	—	00 43	+61 47	仙后座疏散星团；7 等
581	103	01 33	+60 42	仙后座疏散星团；7 等，由暗星组成
663	—	01 46	+61 15	仙后座疏散星团；在双筒镜中甚美
1502	—	04 08	+62 20	鹿豹座疏散星团；6 等
2403	—	07 37	+65 36	鹿豹座旋涡星系；8 等
3031	81	09 56	+69 04	大熊座旋涡星系；7 等
3034	82	09 56	+69 41	大熊座不规则星系；8 等；侧向；与 M81 构成双星系
6543	—	17 59	+66 38	天龙座行星状星云；9 等；最亮的行星状星云之一
7654	52	23 24	+61 35	仙后座疏散星团；7 等

星图 3

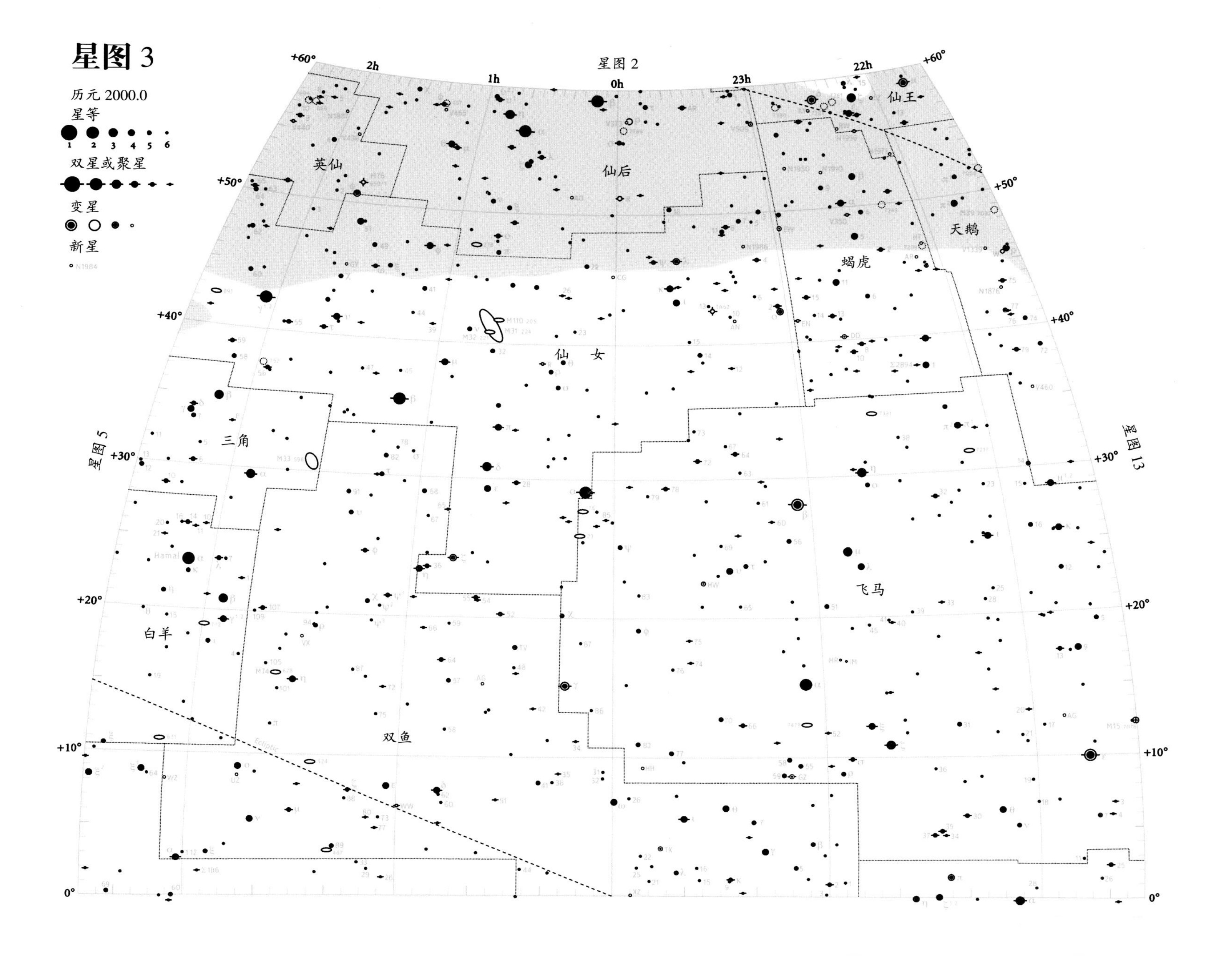
历元 2000.0
星等
1 2 3 4 5 6
双星或聚星
变星
新星
N1984
星图 2
星图 5
星图 13
+60°
+50°
+40°
+30°
+20°
+10°
0°
2h
1h
0h
23h
22h
仙王
英仙
仙后
天鹅
蝎虎
仙 女
三角
飞马
白羊
双鱼
M31
M32
M110
M33
M76
M74
M15
M39
Hamal
Ecliptic

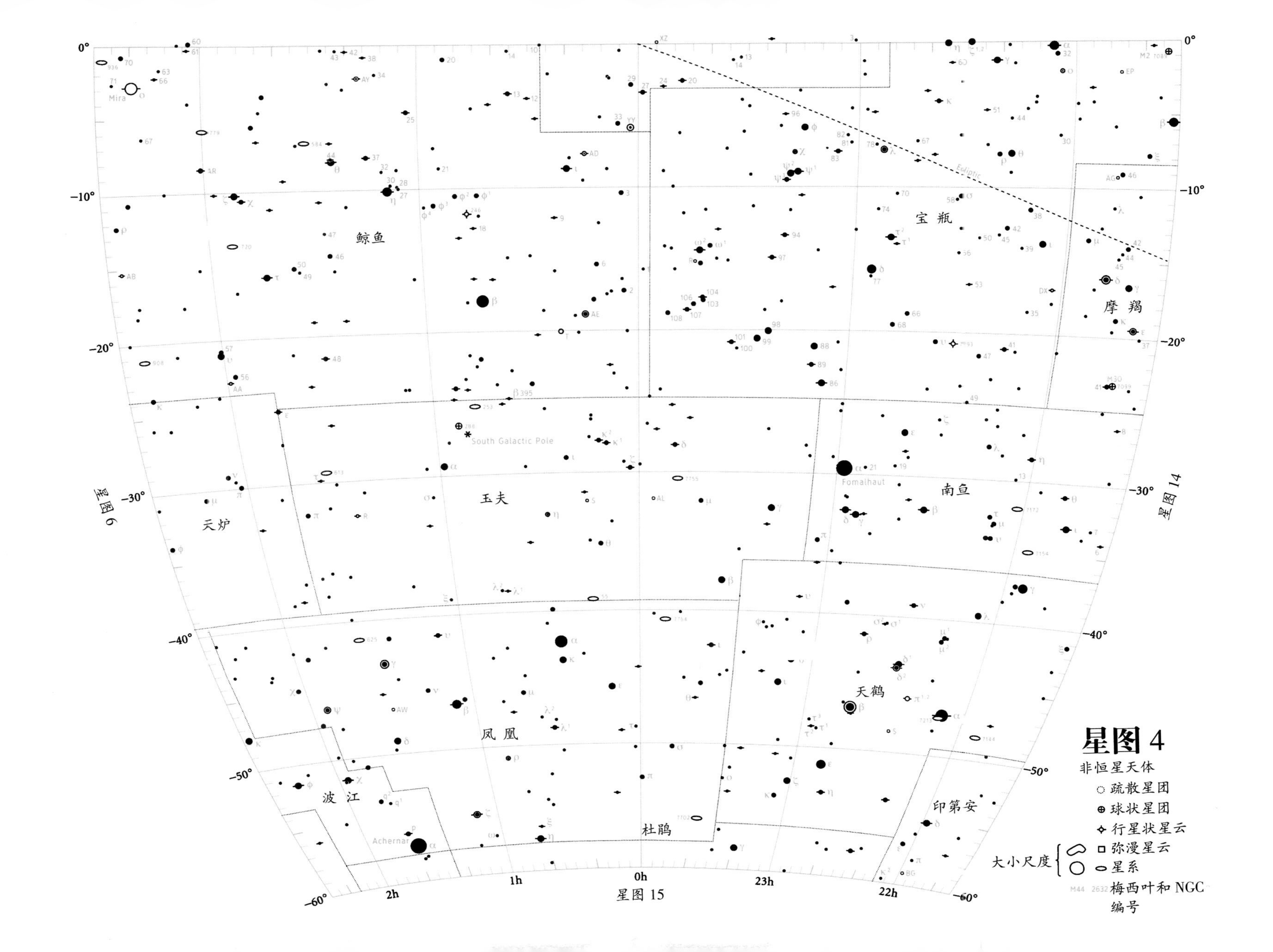
星图 4
非恒星天体
疏散星团
球状星团
行星状星云
弥漫星云
星系
大小尺度
梅西叶和 NGC 编号
M44
2632
鲸鱼
宝瓶
摩羯
南鱼
玉夫
天炉
凤凰
天鹤
波江
杜鹃
印第安
Mira
Fomalhaut
Achernar
South Galactic Pole
Ecliptic
星图 6
星图 14
星图 15
0h
1h
2h
22h
23h
0°
−10°
−20°
−30°
−40°
−50°
−60°

图 3 和图 4 中的有趣天体

赤经：22h～02h，赤纬：+60°～-60°

双星

ADS	星名	赤经 2000.0 h m	赤纬 ° ′	星等	方位角 °	角距 ″	简　注
15536	南鱼 η	22 00.8	−28 27	5.7 6.8	113	1.8	相对固定
15753	宝瓶 41	22 14.3	−21 04	5.6 6.7	112	5.1	变化小
15828	蝎虎 Σ2894	22 18.9	+37 46	6.2 8.9	194	15.8	相对固定
15934	宝瓶 53	22 26.6	−16 45	6.3 6.4	14	1.6	靠近中，方位角正缓慢增加；双星，3500 年?
15971	宝瓶 ζ	22 28.8	−00 01	4.3 4.5	183	1.9	双星，760 年[a]；角距增大中，方位角在减小，60mm 镜的检验星
15987	仙王 δ	22 29.2	+58 25	变 6.1	191	40.9	相对固定；黄色，淡蓝
	南鱼 β	22 31.5	−32 21	4.3 7.1	172	30.3	相对固定；光学双星
16095	蝎虎 8	22 35.9	+39 38	5.7 6.3	185	22.2	相对固定；C，9.1，168°，48″.9；D，10.5，144°，81″.6
16268	宝瓶 τ^1	22 47.7	−14 03	5.7 9.0	126	21.5	光学双星；靠近中，方位角在增大
	南鱼 γ	22 52.5	−32 53	4.5 5.0	258	4.0	角距逐渐增大；方位角在减小
	天鹤 θ	23 06.9	−43 31	4.5 6.6	107	1.4	靠近中；方位角在增大
16633	宝瓶 ψ^1	23 15.9	−09 05	4.4 9.9	312	49.6	共同自行；B 为两颗非常近的双星，0″.4
16672	宝瓶 94	23 19.1	−13 28	5.3 7.0	351	12.3	变化小；淡黄，淡蓝
16836	飞马 72	23 34.0	+31 20	5.7 6.1	97	0.6	双星，246 年[a]
	凤凰 θ	23 39.5	−46 38	6.5 7.3	276	3.9	变化小
16957	飞马 78	23 44.0	+29 22	5.1 8.1	268	0.8	双星，600 年?
16979	宝瓶 107	23 46.0	−18 41	5.7 6.5	136	6.7	角距在增大
17140	仙后 σ	23 59.0	+55 45	5.0 7.2	328	2.4	相对固定；淡绿，淡蓝；低倍镜视场中很美
17175	飞马 85	00 02.2	+27 05	5.8 8.9	194	0.7	双星，26 年[a]
111	玉夫 κ^1	00 09.3	−27 59	6.1 6.2	260	1.4	角距在增大，方位角在减小
191	双鱼 35	00 15.0	+08 49	6.1 7.5	147	11.6	相对固定
434	仙后 λ	00 31.8	+54 31	5.3 5.6	199	0.4	双星，500 年[a]
513	仙女 π	00 36.9	+33 43	4.3 7.1	173	36.0	相对固定
520	鲸鱼 β395	00 37.3	−24 46	6.2 6.6	288	0.5	双星，25 年[a]
558	双鱼 55	00 39.9	+21 26	5.6 8.5	195	6.6	相对固定；黄色，淡蓝
671	仙后 η	00 49.1	+57 49	3.5 7.4	319	12.8	双星，480 年[a]；黄色，红色
683	双鱼 65	00 49.9	+27 43	6.3 6.3	296	4.3	方位角在增大
755	仙女 36	00 55.0	+23 38	6.1 6.5	313	0.9	双星，168 年[a]
899	双鱼 ψ^1	01 05.6	+21 28	5.3 5.5	159	29.6	相对固定
	凤凰 β	01 06.1	−46 43	4.1 4.2	258	0.3	双星，200 年? 2003 年两颗星的角距最小
	凤凰 ζ	01 08.4	−55 15	变 8.2	242	6.8	共同自行；A 为两颗非常近的双星，距离为 0″.6
996	双鱼 ζ	01 13.7	+07 35	5.2 6.2	62	22.7	共同自行
1003	鲸鱼 37	01 14.4	−07 55	5.2 7.9	331	49.4	相对固定
1081	鲸鱼 42	01 19.8	−00 31	6.5 7.0	18	1.6	共同自行；方位角在增大；B 为两颗非常近的双星
	波江 P	01 39.8	−56 12	5.8 5.9	192	11.3	双星，500 年? 两颗星都是橙色
1394	玉夫 ε	01 45.6	−25 03	5.4 8.5	25	5.1	双星，1200 年?
1457	白羊 1	01 50.1	+22 17	6.3 7.2	165	2.8	变化小；50mm 镜的检验星
1507	白羊 γ	01 53.5	+19 18	4.5 4.6	1	7.5	缓慢靠近中；美丽且极易分辨
1538	鲸鱼 Σ186	01 55.9	+01 51	6.8 6.8	64	1.0	双星，160 年[a]
1563	白羊 λ	01 57.9	+23 36	4.8 6.7	47	37.1	相对固定

*a.*该双星轨道要素已在表 53 中给出，方位角和角距来自最新的观测

变星

星名	赤经 2000.0 h m	赤纬 2000.0 ° ′	类型	变幅（米）	周期（天）	光谱型	简　注
宝瓶 DX	22 02.4	−16 58	EA/KE?	6.4～6.8	0.95	A2	次极小 6.7 等
蝎虎 AR	22 08.7	+45 44	EA/AR/RS	6.1～6.8	1.98	G2+K0	次极小 6.4 等
天鹤 π^1	22 22.7	−45 57	SRB	5.4～6.7	150?	S	
仙王 RW	22 23.1	+55 58	SRD	6.2～7.6	346?	K	
天鹤 S	22 26.1	−48 26	M	6.0～15.0	401.51	M	平均变幅 7.7~14.4
仙王 δ	22 29.2	+58 25	DCEP	3.5～4.4	5.37	G	见“双星”栏
仙王 KY	22 32.3	+57 40	★	4?～13?	—	Pec	有 65 秒的耀发期
仙后 V509	23 00.1	+56 57	SRD	4.8～5.5	—	G+B1	脉动周期为 3 年；外壳于 1975 年抛出
飞马 β	23 03.8	+28 05	LB	2.3～2.7	—	M	
宝瓶 R	23 43.8	−15 17	M	5.8～12.4	386.96	M+Pec	变幅不固定，可能存在 24 年的变化周期
双鱼 TX	23 46.4	+03 29	LB	4.8～5.2	—	C	
仙后 ρ	23 54.4	+57 30	SRD	4.1～6.2	—	G	变幅通常为 4.4~5.2，但是在 1945~1947 年两度曾降到最小值
仙后 V373	23 55.6	+57 25	E?/GS	5.9～6.3	13.42	B0+B0	独特的变星，子星间可能存在交食现象或者物理变化，变幅一般仅为 0.1 等
仙后 R	23 58.4	+51 24	M	4.7～13.5	430.46	M	平均变幅 7.0~12.6
玉夫 S	00 15.4	−32 03	M	5.5～13.6	362.57	M	平均变幅 6.7~12.9
鲸鱼 T	00 21.8	−20 03	SRC	5.0～6.9	158.9	M	
仙女 R	00 24.0	+38 35	M	5.8～14.9	409.33	S	平均变幅 6.9~14.3
双鱼 TV	00 28.0	+17 54	SR	4.7～5.4	49.1	M	
凤凰 ζ	01 08.4	−55 15	EA/DM	3.9～4.4	1.67	B6+B9	次极小 4.2 等
仙后 V465	01 18.2	+57 48	SRB	6.2～7.2	60	M	
鲸鱼 AA	01 59.0	−22 55	EW/KE	6.0～6.5	0.54	F2	次极小 6.5 等

星团、星云和星系

NGC	M	赤经 2000.0 h m	赤纬 2000.0 ° ′	简　注
7293	—	22 30	−20 48	宝瓶座螺旋星云，全天最大的行星状星云，0°.2，用双筒镜在暗空观测最佳
7662	—	23 26	+42 33	用小望远镜最容易观测到的行星状星云之一，位于仙女座，9 等，低倍镜中呈恒星状
55	—	00 15	−39 11	玉夫座旋涡星系，侧向，8 等
205	110	00 40	+41 41	椭圆星系，仙女大星云的两个伴星系之一，较大但不易见到，8 等
221	32	00 43	+40 52	椭圆星系，8 等，仙女大星云的伴星系
224	31	00 43	+41 16	仙女大星云，肉眼可见的旋涡星系，距离 220 万光年，用双筒镜和低倍镜观测的理想天体
253	—	00 48	−25 17	7 等，玉夫座旋涡星系，侧向
457	—	01 19	+58 20	仙后座旋涡星系，5 等星仙后 φ 在其中
598	33	01 34	+30 39	三角座旋涡星系，视面积大但表面亮度低，在双筒镜中好看
628	74	01 37	+15 47	双鱼座旋涡星系，9 等，最难于观测的梅西叶天体之一
650–1	76	01 42	+51 34	小哑铃星云，英仙座行星状星云，12 等，最暗弱的梅西叶天体，在 NGC 表中列为双星云
752	—	01 58	+37 41	位于仙女座的大疏散星团

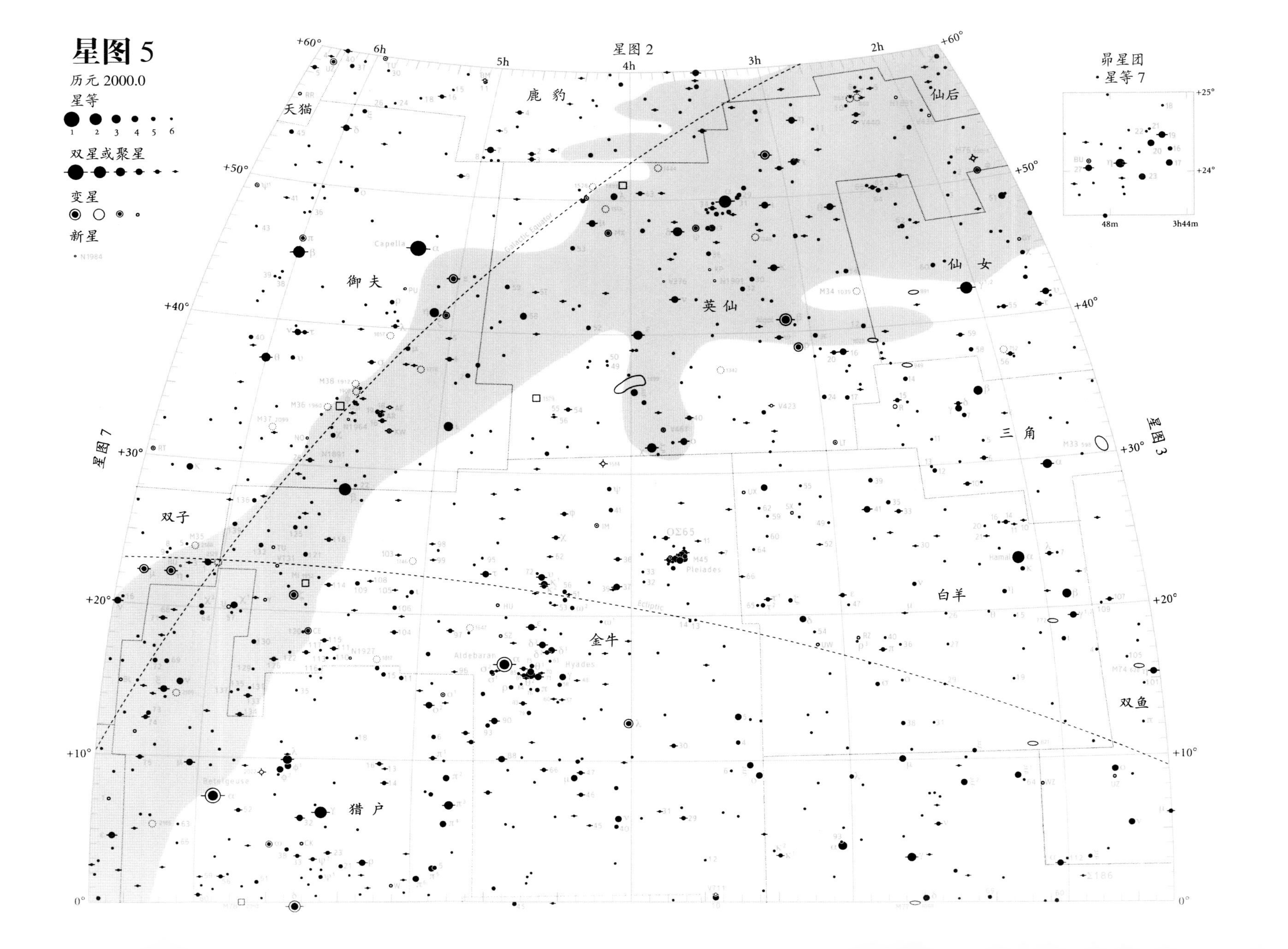
星图 5
历元 2000.0
星等
1 2 3 4 5 6
双星或聚星
变星
新星
N1984
星图 2
星图 3
星图 7
昴星团
星等 7
3h44m
48m
+25°
+24°
6h
5h
4h
3h
2h
+60°
+50°
+40°
+30°
+20°
+10°
0°
天猫
鹿豹
仙后
仙女
英仙
御夫
三角
白羊
金牛
双子
猎户
双鱼
Capella
Aldebaran
Hyades
Pleiades
M45
Hamal
Betelgeuse
Galactic Equator
Ecliptic
M34
M33
M74
M35
M36
M37
M38
OΣ65
Σ186

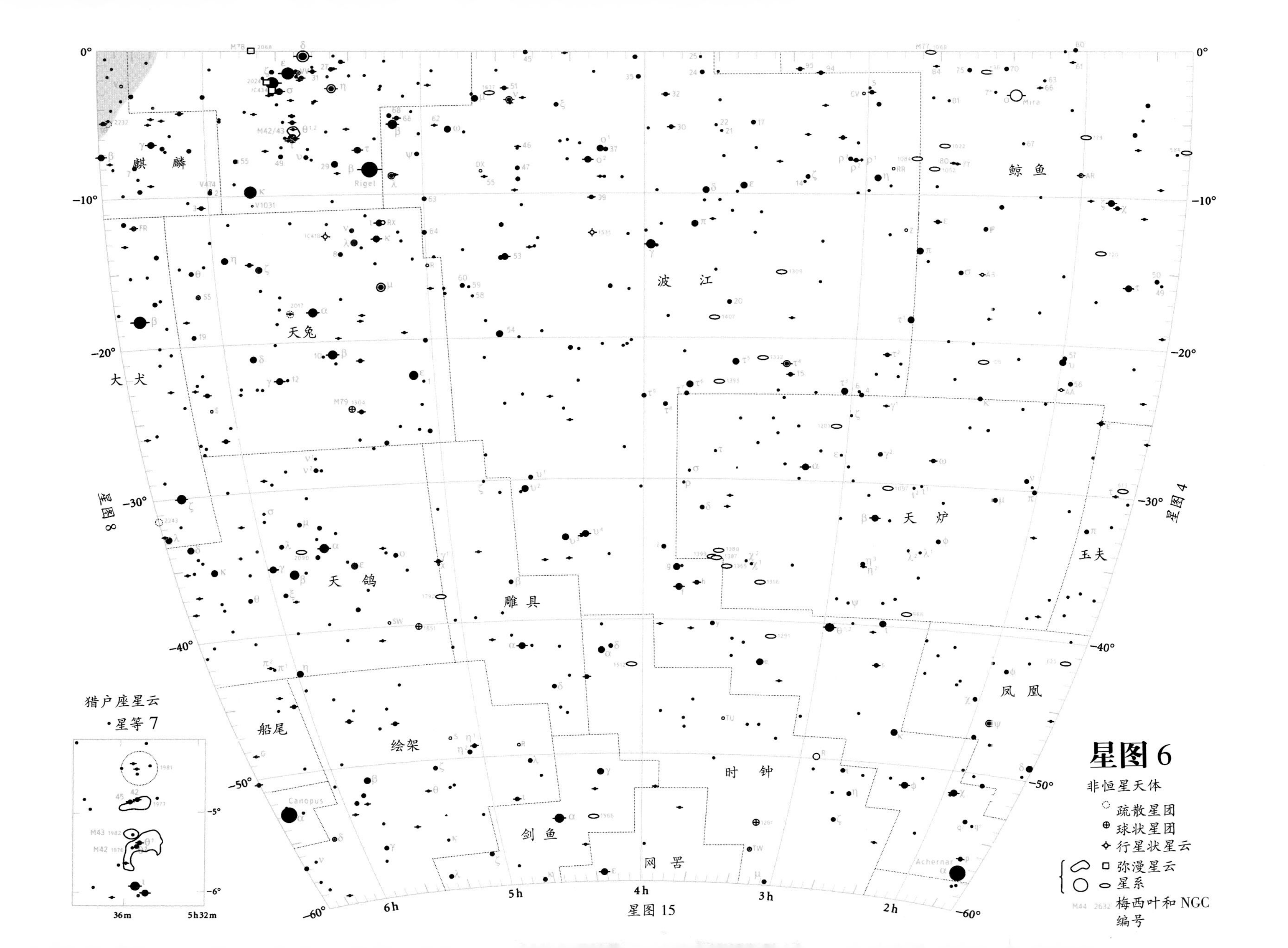
星图 6
非恒星天体
疏散星团
球状星团
行星状星云
弥漫星云
星系
M44 2632 梅西叶和 NGC 编号
鲸鱼
波江
天炉
玉夫
凤凰
时钟
网罟
剑鱼
绘架
雕具
天鸽
天兔
大犬
麒麟
船尾
猎户座星云
·星等 7
星图 4
星图 8
星图 15
Rigel
Mira
Canopus
Achernar

图 5 和图 6 中的有趣天体

赤经：02h～06h，赤纬：+60°～-60°

双星

ADS	星名	赤经 2000.0 h m	赤纬 ° ′	星等	方位角 °	角距 ″	简注
1615	双鱼 α	02 02.0	+02 46	4.1 5.2	271	1.8	双星，900 年[a]
1631	白羊 10	02 03.7	+25 56	5.8 7.9	235	1.2	双星，325 年[a]
1630	仙女 γ	02 03.9	+42 20	2.3 5.0	63	9.6	华丽且变化小的双星；橙色，淡蓝；B 为两颗非常近的双星，64 年
1683	仙女 59	02 10.9	+39 02	6.1 6.7	36	16.5	相对固定
1697	三角 6	02 12.4	+30 18	5.3 6.7	69	3.9	淡黄，淡蓝
1703	鲸鱼 66	02 12.8	−02 24	5.7 7.7	234	16.7	相对固定；黄色，蓝色；美丽双星
1778	鲸鱼 ο	02 19.3	−02 59	变 变	110	0.6	蒭藁增二双星，500 年？B（鲸鱼座 VZ）为变星，9.5～12.0
1954	天炉 ω	02 33.8	−28 14	5.0 7.7	245	10.6	角距缓慢增大
2080	鲸鱼 γ	02 43.3	+03 14	3.6 6.2	299	2.3	变化小
2157	英仙 η	02 50.7	+55 54	3.8 8.5	301	28.5	相对固定；黄色，淡蓝；在视场中很美
2200	英仙 20	02 53.7	+38 20	5.0 9.7	237	14.1	相对固定；A 为两颗非常近的双星，31.5 年
	波江 θ	02 58.3	−40 18	3.2 4.1	90	8.3	变化小；美丽的蓝白双星
2257	白羊 ε	02 59.2	+21 20	5.2 5.6	209	1.4	方位角增大；角距在增加；100mm 镜的检验星
2312	波江 ρ^2	03 02.7	−07 41	5.4 8.9	66	1.5	方位角和角距在减小
2362	英仙 β	03 08.2	+40 57	变 10.5	193	82.2	大陵五；光学变星；相对固定
2402	天炉 α	03 12.1	−28 59	4.0 7.2	300	4.6	双星，270 年[a]
2616	金牛 7	03 34.4	+24 28	6.6 6.9 9.9	356 54	0.7 22.1	双星，520 年[a]；C 为物理双星
2799	金牛OΣ65	03 50.3	+25 35	5.7 6.5	30	0.2	双星，61 年[a]；约 2032 年达到角距最大，0″.7
2843	英仙 ζ	03 54.1	+31 53	2.9 9.2	208	12.2	相对固定
2850	波江 32	03 54.3	−02 57	4.8 5.9	349	6.9	相对固定；黄色，淡绿（相比而言）
2888	英仙 ε	03 57.9	+40 01	2.9 8.9	10	9.0	光学双星；相对固定
3079	波江 39	04 14.4	−10 15	5.0 8.5	144	6.4	缓慢靠近
3093	波江 o^2	04 15.2	−07 39	4.4 9.7	104	83.0	相对固定；B 为双星，250 年，角距 8″.9；白矮星，9.5 等；红矮星，11.2 等
3137	金牛 φ	04 20.4	+27 21	5.1 7.5	256	49.2	光学双星；正在靠近，方位角增加；橙色，白色
3161	金牛 χ	04 22.6	+25 38	5.4 8.5	25	19.6	相对固定；蓝色，黄色
3321	金牛 α	04 35.9	+16 31	0.9 11.3	32	131.3	毕宿五；角距在增大
	绘架 ι	04 50.9	−53 28	5.6 6.2	58	12.2	相对固定；易见
3572	御夫 ω	04 59.3	+37 53	5.0 8.2	3	4.7	缓慢靠近
	雕具 γ^1	05 04.4	−35 29	4.7 8.2	306	3.2	变化小
3800	天兔 κ	05 13.2	−12 56	4.4 6.8	0	2.3	逐渐靠近中
3797	猎户 ρ	05 13.3	+02 52	4.6 8.5	65	7.0	相对固定；视场中有其他星
3823	猎户 β	05 14.5	−08 12	0.2 6.8	203	9.2	参宿七；相对固定；50mm 镜的检验星
4002	猎户 η	05 24.5	−02 24	3.6 4.9	78	1.7	角距增加；100mm 镜的检验星
	绘架 θ	05 24.8	−52 19	6.2 6.7	288	38.1	共同自行；θ^1 为两颗非常近的双星；190 年
4066	天兔 β	05 28.2	−20 46	3.0 7.5	346	2.3	靠近中；方位角在增大
4134	猎户 δ	05 32.0	−00 18	2.4 6.8	0	52.8	A 为两颗非常近的双星，0″.3
4179	猎户 λ	05 35.1	+09 56	3.5 5.5	44	4.3	相对固定；视场中极美
4186	猎户 θ^1	05 35.3	−05 23	5.1 6.7 6.7(变) 7.9(变)			猎户座四边形聚星；两子星为交食双星，另两颗暗星（11.1，11.5）为 100mm 镜的检验星，相对固定的美丽聚星群
4241	猎户 σ	05 38.7	−02 36	3.7 6.3 6.6 8.8			A 为两颗非常近的双星，155 年[a]；和三合星 Σ761（7.9，8.4，8.6）在同一视场
4263	猎户 ζ	05 40.8	−01 57	1.9 3.7	165	2.4	双星，1500 年？75mm 镜的检验星
4334	天兔 γ	05 44.5	−22 27	3.6 6.3	350	97.0	变化小；黄色，橙色
4566	御夫 θ	05 59.7	+37 13	2.7 7.2	309	3.8	100mm 镜的检验星

*a.*该双星轨道要素已在表 53 中给出，方位角和角距来自最新的观测

变星

星名	赤经 2000.0 h m	赤纬 2000.0 ° ′	类型	变幅（米）	周期（天）	光谱型	简注
鲸鱼 o	02 19.3	−02 59	M	2.0～10.1	331.96	M	蒭藁增二；平均变幅 3.5–9.1；见“双星”栏
三角 R	02 37.0	+34 16	M	5.4～12.6	266.9	M	平均变幅 6.2–11.7
波江 Z	02 47.9	−12 28	SRB	5.6～7.2	80	M	副周期 746.4 天
波江 RR	02 52.2	−08 16	SRB	6.3～8.1	97	M	
时钟 R	02 53.9	−49 53	M	4.7～14.3	407.6	M	平均变幅 6.0–13.0
英仙 γ	03 04.8	+53 30	EA/GS	2.9～3.2	5330	G5+A2	食双星的最长周期为 14.6 年
英仙 ρ	03 05.2	+38 50	SRB	3.3～4.0	50?	M	平均亮度有变化？
英仙 β	03 08.2	+40 57	EA/SD	2.1～3.4	2.87	B8	大陵五；弱 X 射电源；见“双星”栏
时钟 TW	03 12.6	−57 19	SRB	5.5～6.0	158?	C	
金牛 BU	03 49.2	+24 08	GCAS	4.8～5.5	—	B8	昴宿增十二（金牛 28），位于昴星团中
英仙 X	03 55.4	+31 03	GCAS+XP	6.0～7.0	—	O	
金牛 λ	04 00.7	+12 29	EA/DM	3.4～3.9	3.95	B3+A4	
金牛 SZ	04 37.2	+18 33	DCEPS	6.3～6.8	3.15	F	位于疏散星团 NGC1647 的边缘
金牛 HU	04 38.3	+20 41	EA/SD?	5.9～6.7	2.06	B8	
绘架 R	04 46.2	−49 15	SR	6.4～10.1	170.9	M	
天兔 R	04 59.6	−14 48	M	5.5～11.7	427.07	C	变幅变化，周期超过 40 年？亮度极大值有时可暗至 9.5 等
御夫 ε	05 02.0	+43 49	EA/GS	2.9～3.8	9892	F+B	在约为 110 天的周期中存在 0.2 等的起伏
御夫 ζ	05 02.5	+41 05	EA/GS	3.7～4.0	972.16	K5+B7	
猎户 W	05 05.4	+01 11	SRB	5.9～7.7	212	C	副周期 2450 天
绘架 S	05 11.0	−48 30	M	6.5～14.0	428	M	平均变幅 8.1～13.8
天兔 RX	05 11.4	−11 51	SRB	5.0～7.4	60?	M	
天兔 μ	05 12.9	−16 12	ACV	3.0～3.4	2?	B9	
御夫 AR	05 18.3	+33 46	EA/DM	6.2～6.8	4.13	Ap+B9	次极小 6.7 等
猎户 CK	05 30.3	+04 12	SR?	5.9～7.1	120?	K	
金牛 TU	05 45.2	+24 25	SRB	5.9～9.2	190?	C+A2	
金牛 Y	05 45.7	+20 42	SRB	6.5～9.2	241.5	C	
猎户 V1031	05 47.4	−10 32	EA/DM	6.0～6.4	3.41	A4	
猎户 α	05 55.2	+07 24	SRC	0.0～1.3	2335	M	参宿四，还存在 200–400 天的周期
猎户 U	05 55.8	+20 10	M	4.8～13.0	368.3	M	平均变幅 6.3–12.0
麒麟 V474	05 59.0	−09 23	DSCT	5.9～6.4	0.14	F2	

星团、星云和星系

NGC	M	赤经 2000.0 h m	赤纬 2000.0 ° ′	简注
869	—	02 19	+57 09	英仙座双星团，即英仙 h 和 χ，每个星团均为 0°.5；
884	—	02 22	+57 07	NGC869 更为瑰丽，肉眼可见，在双筒镜中更美
1039	34	02 42	+42 47	5 等的疏散星团，位于英仙座，0°.5
1068	77	02 43	−00 01	鲸鱼座旋涡星系，9 等，有亮核的塞弗特星系
—	45	03 47	+24 07	昴星团，位于金牛座的疏散星团，至少肉眼可见其中的 5 颗星，将近 2°，双筒镜中的理想天体
1904	79	05 25	−24 33	天兔座球状星团，8 等，在同一视场中还可见聚星 h3752
1912	38	05 29	+35 50	6 等的疏散星团，位于御夫座，与 M36 和 M37 连成一串
1952	1	05 35	+22 01	金牛座蟹状星云，8.4 等，超新星遗迹，6′×4′
1976	42	05 35	−05 37	猎户大星云，视直径超过 1°，在任何望远镜中都很美，中心为四边形聚室猎户 θ^1
1981	—	05 35	−04 26	猎户星云北的疏散星团
1977	—	05 36	−04 52	环绕着猎户 42 的星云
1982	43	05 36	−05 16	猎户大星云的一部分，位于星云主体正北
1960	36	05 36	+34 08	御夫座中连成一串的三个疏散星团里最小的一个，双筒镜中最好看
2068	78	05 47	+00 03	猎户座中的星云状物质
2099	37	05 52	+32 33	御夫座三个疏散星团中最大、最美者，跨越 0°.4

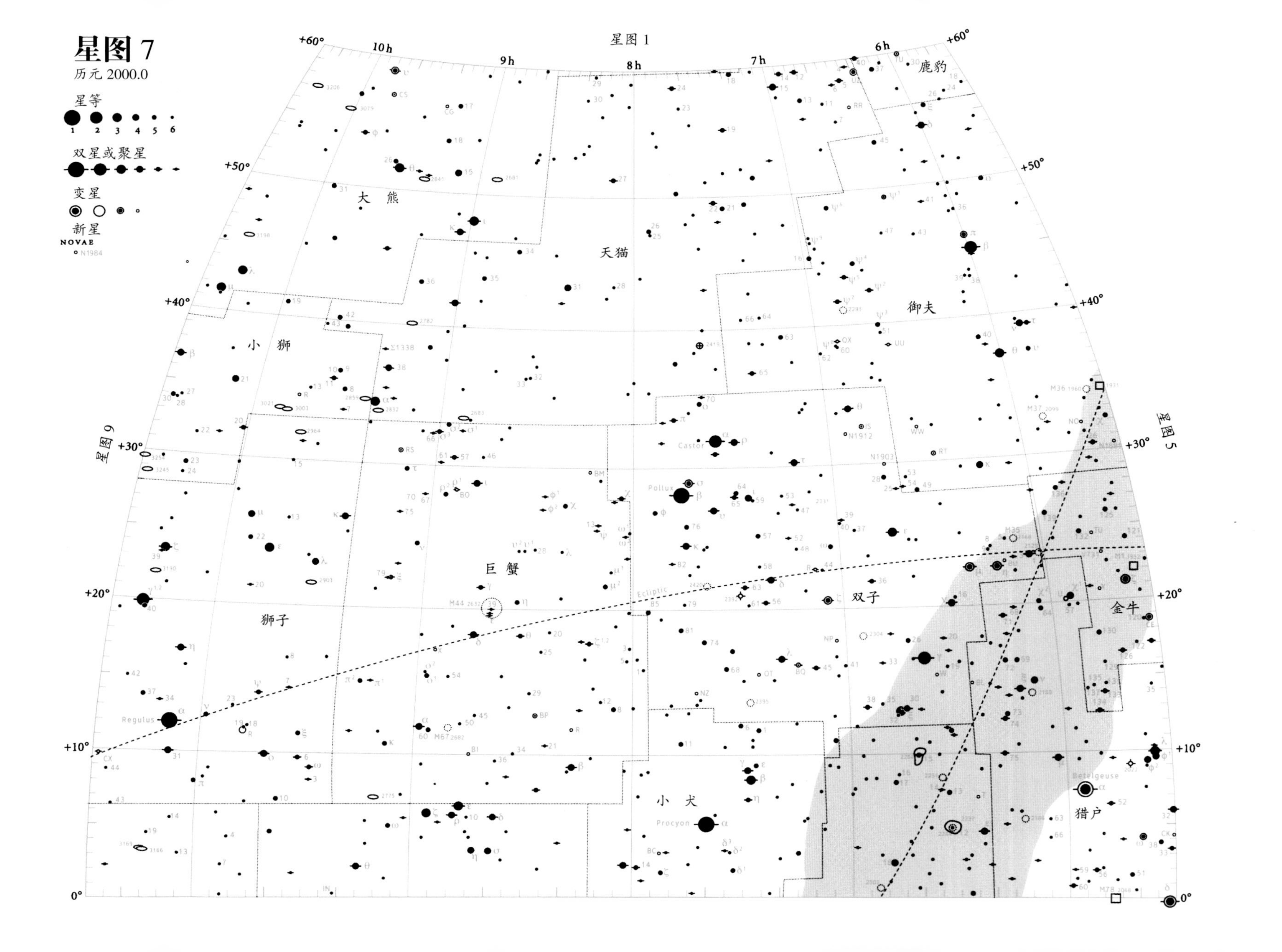

星图 7
历元 2000.0
星等
1 2 3 4 5 6
双星或聚星
变星
新星
NOVAE
N1984
星图 1
星图 5
星图 9
+60°
10h
9h
8h
7h
6h
+60°
+50°
+50°
+40°
+40°
+30°
+30°
+20°
+20°
+10°
+10°
0°
0°
鹿豹
大 熊
天猫
御夫
小 狮
巨 蟹
双子
金牛
狮子
小 犬
猎户
Castor
Pollux
Regulus
Procyon
Betelgeuse
Ecliptic
M36
M37
M35
M44
M67
M1
M78

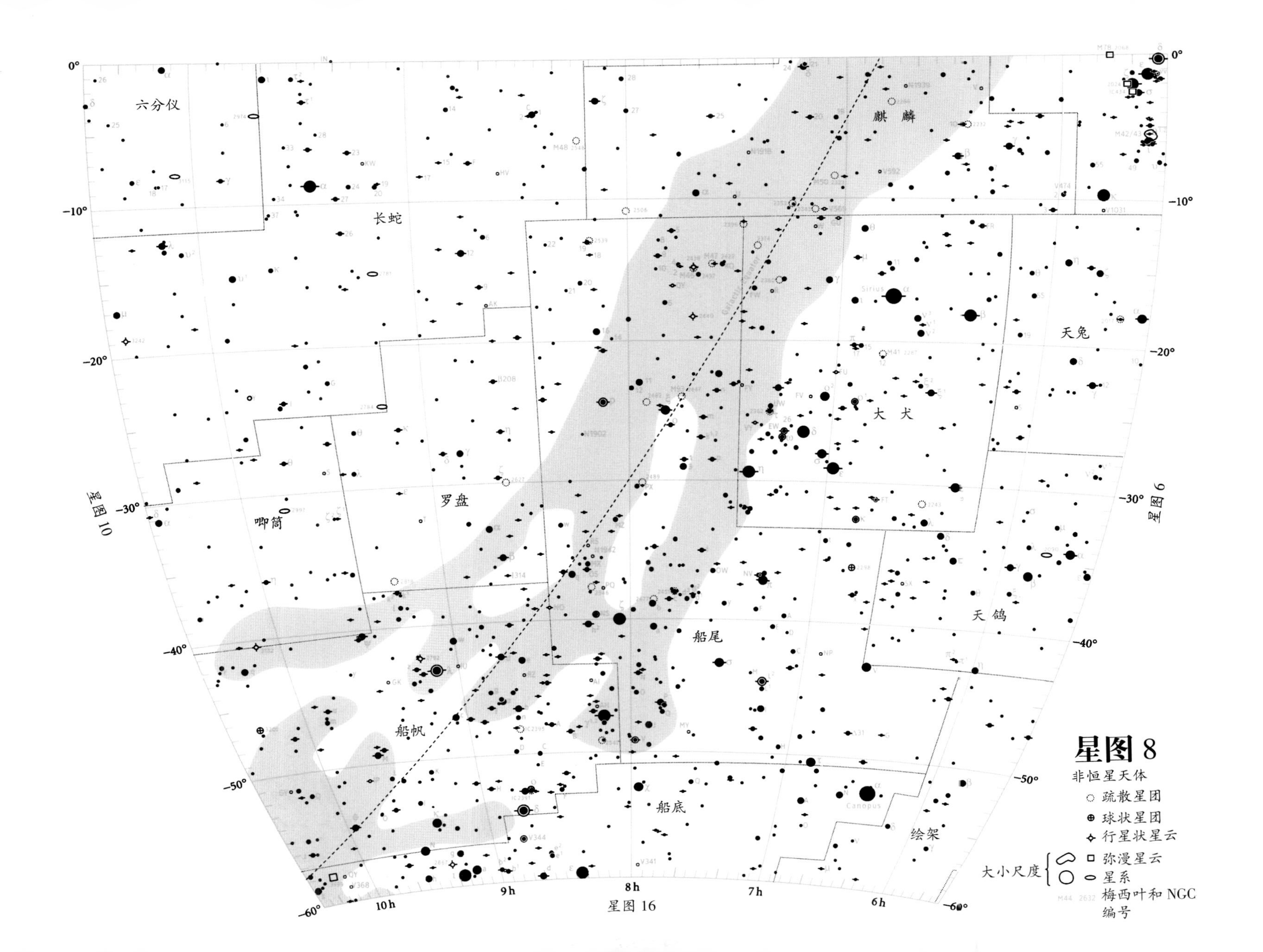
星图 8
非恒星天体
疏散星团
球状星团
行星状星云
大小尺度
弥漫星云
星系
梅西叶和 NGC 编号
六分仪
长蛇
唧筒
罗盘
船帆
船底
船尾
麒麟
大犬
天兔
天鸽
绘架
Sirius
Canopus
星图 10
星图 16
星图 6
10h
9h
8h
7h
6h
0°
−10°
−20°
−30°
−40°
−50°
−60°

图 7 和图 8 中的有趣天体

赤经：06h～10h，赤纬：+60°～-60°

双星

ADS	星名	赤经 2000.0 h m	赤纬 2000.0 ° ′	星等	方位角 °	角距 ″	简注
4773	御夫 41	06 11.6	+48 43	6.2 6.9	357	7.6	变化小
4841	双子 η	06 14.9	+22 30	变 6.2	258	1.7	双星，500 年？
4990	双子 μ	06 22.9	+22 31	2.9 9.4	141	121.7	开阔的光学双星，相对固定；B 为双星，9.8，10.7；265°，0″.6
5012	麒麟 ε	06 23.8	+04 36	4.4 6.6	29	12.3	光学双星，变化小；低倍镜视场中很美
5107	麒麟 β	06 28.8	−07 02	4.6 5.0 5.4	133 125	7.1 9.8	BC，108°，2″.9；漂亮而固定的三合星
	绘架 μ	06 32.0	−58 45	5.6 9.3	230	2.5	相对固定
5166	双子 20	06 32.3	+17 47	6.3 6.9	211	19.7	相对固定；淡黄，淡蓝
5253	大犬 ν^1	06 36.4	−18 40	5.8 7.4	264	17.8	相对固定
	船尾 Δ31	06 38.6	−48 13	5.1 7.4	321	12.9	相对固定
5423	大犬 α	06 45.1	−16 43	−1.4 8.5	190	3.7	天狼星；双星，50 年[a]
5400	天猫 12	06 46.2	+59 27	5.4 6.0 7.1	72 309	1.8 8.7	AB 是双星，700 年[a]；75mm 镜的检验星；C 为物理双星
5514	天猫 14	06 53.1	+59 27	6.0 6.5	287	0.3	双星，290 年[a]；大约在 2002 年角距最小为 0″.2
5559	双子 38	06 54.6	+13 11	4.8 7.8	145	7.2	双星，2000～3000 年？角距在增加，方位角在减小
5605	大犬 μ	06 56.1	−14 03	5.3 7.1	343	2.8	逐渐靠近中；淡黄，淡蓝
5654	大犬 ε	06 58.6	−28 58	1.5 7.5	161	7.0	相对固定
5961	双子 λ	07 18.1	+16 32	3.6 10.7	33	9.8	相对固定；在 75mm 镜中易见
5983	双子 δ	07 20.1	+21 59	3.6 8.2	225	5.4	双星，1200 年？
	船尾 σ	07 29.2	−43 18	3.3 8.8	74	22.2	角距逐渐增加，方位角减小
6190	船尾 n	07 34.3	−23 28	5.8 5.9	117	9.8	共同自行
6175	双子 α	07 34.6	+31 53	1.9 3.0	64	4.1	北河二；双星，450 年[a]；河北二 C（双子 YY）8.9～9.6 等；164°，71″；相对固定
6255	船尾 k	07 38.8	−26 48	4.4 4.6	318	9.9	相对固定；很美的双星
6321	双子 κ	07 44.4	+24 24	3.7 8.2	241	7.2	方位角在缓慢增大；角距在增加
6420	船尾 9	07 51.8	−13 54	5.6 6.5	328	0.2	双星，23 年[a]；约 2013 年角距最大，0″.5
	船帆 γ	08 09.5	−47 20	1.8 4.1	221	41.4	光学双星；A 为最亮的沃尔夫-拉叶星；两颗角距较大的子星：C，7.3，62″；D，9.4，94″
6650	巨蟹 ζ	08 12.2	+17 39	5.1 6.2	73	5.9	双星，1100 年[a]；较亮子星亦为双星：5.3，6.3；92°，0″.9；60 年[a]
	船尾 h^2	08 14.0	−40 21	4.4 9.5	341	51.1	相对固定
6815	巨蟹 φ^2	08 26.8	+26 56	6.2 6.2	218	5.2	角距缓慢增加
6914	罗盘 β208	08 39.1	−22 40	5.4 6.8	216	1.3	双星，123 年[a]
	罗盘 I314	08 39.4	−36 36	6.4 7.9	223	0.5	双星，67 年[a]
	船帆 δ	08 44.7	−54 43	变 5.1	344	1.1	双星，140 年[a]；A 为两颗非常近的双星，5°，0″.7
6988	巨蟹 ι	08 46.7	+28 46	4.1 6.0	307	30.7	相对固定，易于观测
6993	长蛇 ε	08 46.8	+06 25	3.5 6.7	299	2.9	双星，1000 年[a]；黄色，蓝色
	船帆 H	08 56.3	−52 43	4.7 7.7	335	2.6	缓慢靠近中
7114	大熊 ι	08 59.2	+48 03	3.1 9.2	24	3.1	双星，800 年？B 为双星，40 年
7292	天猫 38	09 18.8	+36 48	3.9 6.1	225	2.7	变化小
7307	天猫 Σ1338	09 21.0	+38 11	6.7 7.1	291	1.1	双星，300 年[a]
7351	狮子 κ	09 24.7	+26 11	4.5 9.7	211	2.4	变化小
7390	狮子 ω	09 28.5	+09 03	5.7 7.3	91	0.6	双星，118 年[a]
	船帆 ψ	09 30.7	−40 28	3.9 5.1	226	0.8	双星，34 年[a]；角距最大时为 1″.1
	唧筒 ζ^1	09 30.8	−31 53	6.2 6.8	212	7.8	相对固定
7545	大熊 φ	09 52.1	+54 04	5.3 5.4	263	0.3	双星，105 年[a]；角距最大时为 0″.5
7555	六分仪 γ	09 52.5	−08 06	5.4 6.4	59	0.5	双星，78 年[a]

a. 该双星轨道要素已在表 53 中给出，方位角和角距来自最新的观测

变星

星名	赤经 2000.0 h m	赤纬 2000.0 ° ′	类型	变幅 (m)	周期（天）	光谱型	简 注
天兔 S	06 05.8	−24 11	SRB	6.0～7.6	89	M	副周期 890 天
双子 BU	06 12.3	+22 54	LC	5.7～8.1	—	M	
双子 η	06 14.9	+22 30	SRA+EA	3.2～3.9	232.9	M	每 8.2 年达到一次亮度极小值（交食双星?）；见“双星”栏
麒麟 V	06 22.7	−02 12	M	6.0～13.9	340.5	M	平均变幅 7.0～13.1
御夫 ψ^1	06 24.9	+49 17	LC	4.8～5.7	—	M	
麒麟 T	06 25.2	+07 05	DCEP	5.6～6.6	27.02	G	
猎户 BL	06 25.5	+14 43	LB	6.3～6.9	—	C	
天猫 RR	06 26.4	+56 17	EA/DM	5.5～6.0	9.95	A7+F3	次极小 5.9 等

变星

星名	赤经 2000.0 h m	赤纬 ° ′	类型	变幅（米）	周期(天)	光谱型	简　注
御夫 RT	06 28.6	+30 30	DCEP	5.0～5.8	3.73	G	
御夫 WW	06 32.5	+32 27	EA/DM	5.8～6.5	2.53	A3+A3	次极小 6.4 等
双子 W	06 35.0	+15 20	DCEP	6.5～7.4	7.91	G	
御夫 UU	06 36.5	+38 27	SRB	5.1～6.8	234	C	
双子 IS	06 49.7	+32 36	SRC	5.3～6.0	47?	K	
双子 ζ	07 04.1	+20 34	DCEP	3.6～4.2	10.15	G	
双子 R	07 07.4	+22 42	M	6.0～14.0	369.91	S	平均变幅 7.1～13.5
大犬 W	07 08.1	−11 55	LB	6.4～7.9	—	C	
双子 BQ	07 13.4	+16 10	SRB	5.1～5.5	50?	M	
船尾 L^2	07 13.5	−44 39	SRB	2.6～6.2	140.6	M	
大犬 EW	07 14.3	−26 21	GCAS	4.4～4.8	—	B3	
大犬 ω	07 14.8	−26 46	GCAS	3.6～4.2	—	B2	
大犬 UW	07 18.7	−24 34	EB/KE?	4.8～5.3	4.39	O7+O8	次极小 5.3 等
大犬 R	07 19.5	−16 24	EA/SD	5.7～6.3	1.14	F1	
大犬 VY	07 23.0	−25 46	★	6.5～9.6	—	M	反射星云中的特殊变星，靠近年轻的疏散星团 NGC2362，1801 年以来出现周期性变化并缓慢变暗
大犬 FW	07 24.7	−16 12	GCAS	5.0～5.5	—	B3	
麒麟 U	07 30.8	−09 47	RVB	5.9～7.8	91.32	G	副周期 2320 天
船尾 QY	07 47.6	−15 59	SRD	6.2～6.7	—	K	
船尾 PX	07 56.4	−30 17	LB?	6.0～6.5	—	M	
船底 V341	07 56.8	−59 08	L	6.2～7.1	—	M	在光变的反射星云 IC2220 中，靠近疏散星团 NGC2516
船尾 V	07 58.2	−49 15	EB/SD	4.4～4.9	1.45	B1+B3	次极小 4.8 等
船尾 RS	08 13.1	−34 35	DCEP	6.5～7.7	41.39	G	
船帆 AI	08 14.1	−44 34	DSCT	6.2～6.8	0.11	F	
巨蟹 R	08 16.6	+11 44	M	6.1～11.8	361.6	M	平均变幅 6.8~11.2
船尾 NO	08 26.3	−39 04	EA/KE?	6.5～7.0	1.26	B8	
船帆 RZ	08 37.0	−44 07	DCEP	6.4～7.6	20.4	G	
长蛇 AK	08 39.9	−17 18	SRB	6.3～6.9	75?	M	
船帆 δ	08 44.7	−54 43	EA	1.9～2.3	45	A1+?	
巨蟹 BO	08 52.5	+28 16	LB?	5.9～6.4	—	M	
巨蟹 X	08 55.4	+17 14	SRB	5.6～7.5	195?	C	
罗盘 T	09 04.7	−32 23	NR	6.5～15.3	7000	Pec	爆发年份：1890，1902，1920，1944，1966
巨蟹 RS	09 10.6	+30 58	SRC?	5.1～7.0	120?	M	副周期 700 天
长蛇 KW	09 12.4	−07 07	EA/DM	6.1～6.6	7.75	A3+A0	次极小 6.4 等
长蛇 IN	09 20.6	+00 11	SRB	6.3～6.9	65?	M	
大熊 CG	09 21.7	+56 42	LB	5.5～6.0	—	M	
唧筒 S	09 32.3	−28 38	EW/KE?	6.4～6.9	0.65	A9	次极小 6.9 等
小狮 R	09 45.6	+34 31	M	6.3～13.2	372.19	M	平均变幅 7.1～12.6
狮子 R	09 47.6	+11 26	M	4.4～11.3	309.95	M	平均变幅 5.8～10.0
长蛇 Y	09 51.1	−23 01	SRB	5.0～8.0	302.8	C	平均亮度有变化

星团、星云和星系

NGC	M	赤经 2000.0 h m	赤纬 ° ′	简　注
2168	35	06 09	+24 20	双子座疏散星团，大且星多，在双筒镜中很美
2232	—	06 27	−04 45	麒麟座中大而稀疏的星团，包含 5 等星麒麟 10
2244	—	06 32	+04 52	麒麟座中大而细长的疏散星团，被暗淡的玫瑰星云（NGC2237）环绕，1°，用双筒镜在暗空中可见
2264	—	06 41	+09 53	麒麟座中的箭状疏散星团，包含 5 等星麒麟 15；围绕它的星云物质包括柱状星云，只有在照片中才能看清楚
2287	41	06 47	−20 44	肉眼可见的大犬座疏散星团，0°.6，双筒镜中甚美
2323	50	07 03	−08 20	麒麟座疏散星团，6 等
2392	—	07 29	+20 55	双子座行星状星云，又称爱斯基摩星云，有亮度变化（8–10 等）的报道
2422	47	07 37	−14 30	船尾座中肉眼可见的大星团，最亮星为 6 等
2437	46	07 42	−14 49	船尾座疏散星团，在双筒镜中与 M47 形成鲜明对比
2447	93	07 45	−23 52	船尾座疏散星团
2451	—	07 45	−37 58	船尾座中大而稀疏的疏散星团，包含 4 等星船尾 C
2477	—	07 52	−38 33	船尾座疏散星团，在双筒镜中像大的球状星团
2547	—	08 11	−49 16	船帆座疏散星团
2548	48	08 14	−05 48	长蛇座中的大疏散星团
2632	44	08 40	+19 59	巨蟹座鬼星团，即蜂巢星团，1°.5，肉眼看去像一个模糊的斑块，在双筒镜中很好看
IC2391	—	08 40	−53 04	船帆座中大而稀疏的星团，含 4 等星船帆 o
IC2395	—	08 41	−48 12	船帆座疏散星团；5 等
2682	67	08 50	+11 49	巨蟹座中漂亮的疏散星团

星图 9

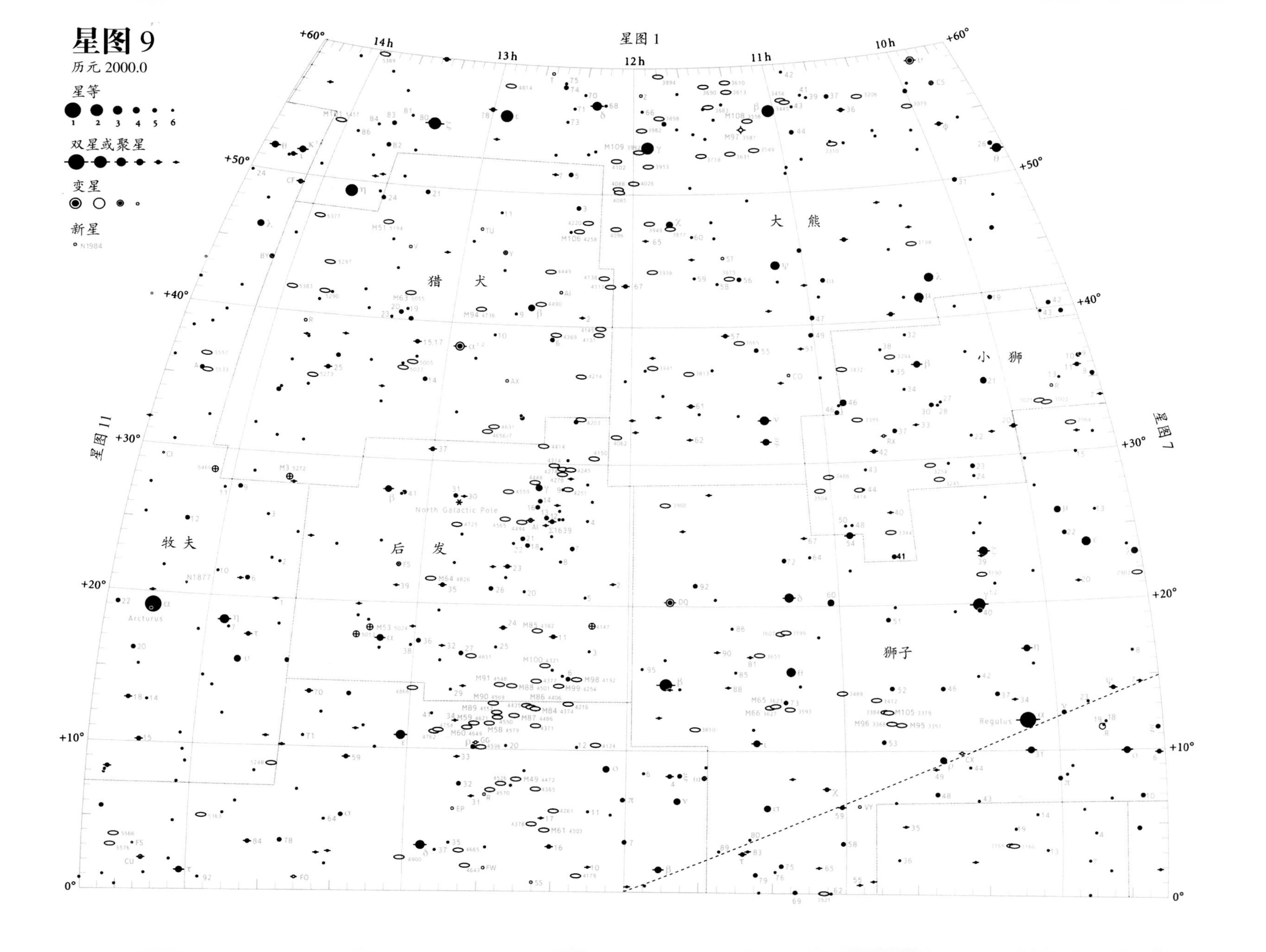
历元 2000.0
星等
1 2 3 4 5 6
双星或聚星
变星
新星
N1984
星图 1
星图 7
星图 11
14h
13h
12h
11h
10h
+60°
+50°
+40°
+30°
+20°
+10°
0°
大 熊
猎 犬
小 狮
后 发
牧 夫
狮子
Arcturus
Regulus
North Galactic Pole
M101
M51
M63
M94
M106
M109
M108
M97
M3
M53
M64
M85
M100
M98
M99
M88
M91
M90
M86
M84
M89
M87
M59
M58
M60
M49
M61
M65
M66
M105
M96
M95
N1877
Σ1639

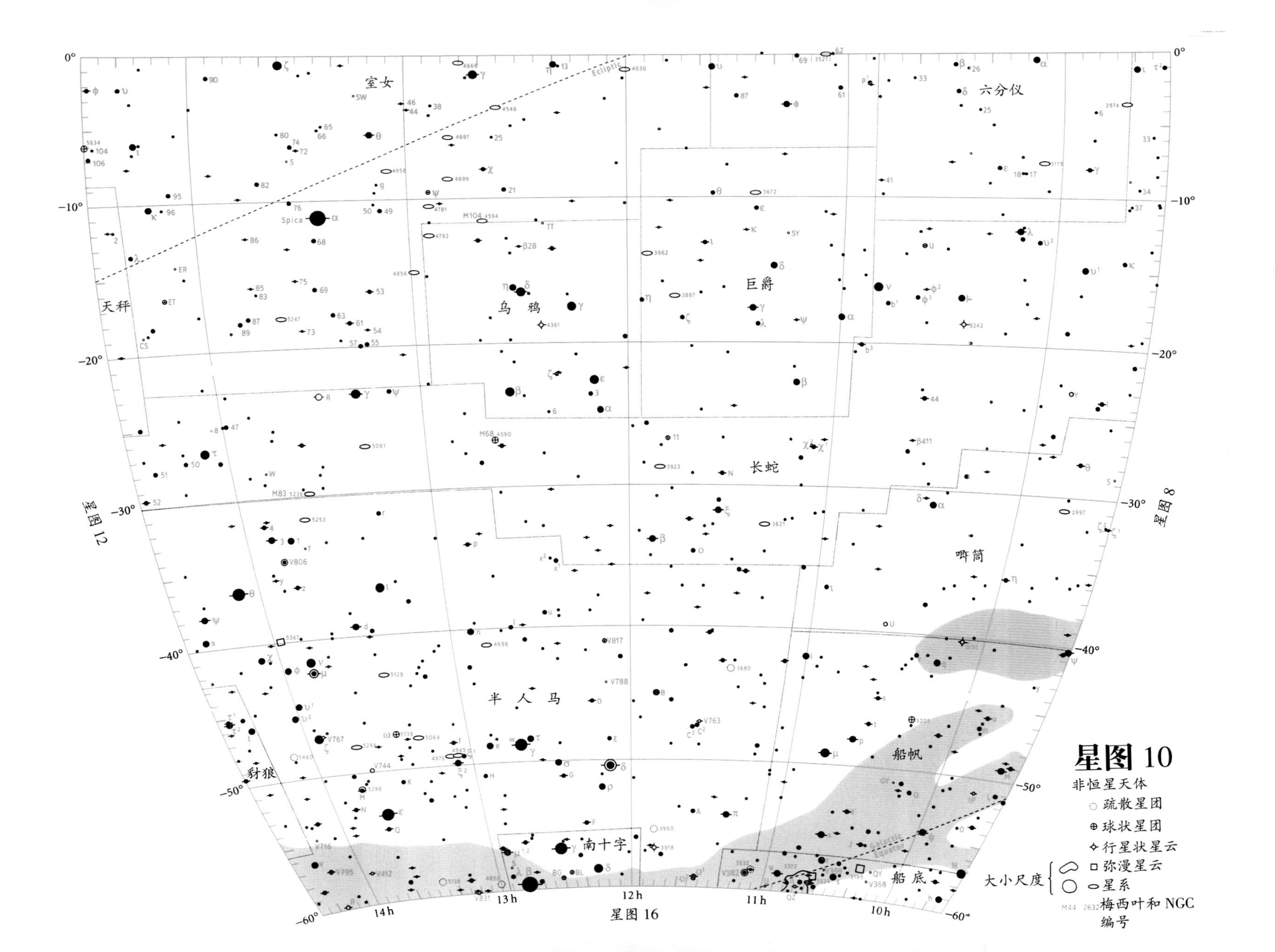
星图 10
非恒星天体
疏散星团
球状星团
行星状星云
弥漫星云
星系
大小尺度
梅西叶和 NGC 编号
室女
六分仪
巨爵
乌鸦
长蛇
唧筒
半人马
南十字
船帆
船底
天秤
豺狼
Ecliptic
Spica
星图 8
星图 12
星图 16
0°
-10°
-20°
-30°
-40°
-50°
-60°
10h
11h
12h
13h
14h

图 9 和图 10 中的有趣天体

赤经：10h～14h，赤纬：+60°～-60°

双星

ADS	星名	赤经 2000.0 h m	赤纬 ° ′	星等		方位角 °	角距 ″	简 注
7654	狮子 α	10 08.4	+11 58	1.4	8.2	307	175.3	轩辕十四；相对固定
7724	狮子 γ	10 20.0	+19 51	2.4	3.6	125	4.5	双星，620 年 [a]；美丽的黄色双星
	船帆 J	10 20.9	−56 03	4.5	7.2	102	7.2	变化小
	唧筒 δ	10 29.6	−30 36	5.6	9.8	226	11.1	变化小
7846	长蛇 β411	10 36.1	−26 41	6.7	7.8	311	1.3	双星，170 年 [a]
	船帆 μ	10 46.8	−49 25	2.8	5.7	51	2.1	双星，140 年?
8119	大熊 ξ	11 18.2	+31 32	4.3	4.8	261	1.8	双星，60 年 [a]；美丽的黄色双星；角距在增大
8123	大熊 ν	11 18.5	+33 06	3.5	10.1	147	7.1	相对固定
8148	狮子 ι	11 23.9	+10 32	4.1	6.7	107	1.6	双星，186 年 [a]
8153	巨爵 γ	11 24.9	−17 41	4.1	7.9	93	5.3	变化小
8175	大熊 57	11 29.1	+39 20	5.4	10.7	357	5.5	变化小
8196	狮子 88	11 31.7	+14 22	6.3	9.1	330	15.9	变化小
	长蛇 β	11 52.9	−33 54	4.7	5.5	36	0.7	靠近中，方位角在增加
8406	后发 2	12 04.3	+21 28	6.2	7.5	236	3.7	相对固定
	半人马 D	12 14.0	−45 43	5.8	7.0	243	2.9	缓慢靠近中
8539	后发 Σ1639	12 24.4	+25 35	6.7	7.8	325	1.7	双星，600 年 [a]
8572	乌鸦 δ	12 29.9	−16 31	3.0	8.5	216	24.7	共同自行；子星略带紫色
8573	乌鸦 β28	12 30.1	−13 24	6.5	9.6	334	2.0	双星，150 年 [a]
	南十字 γ	12 31.2	−57 07	1.8	6.5	26	125.4	光学双星；角距在增加，方位角在减小；还有另一颗恒星，9.5，82°，155″
8600	后发 24	12 35.1	+18 23	5.1	6.3	271	20.7	相对固定；橙色，淡蓝色
	半人马 γ	12 41.5	−48 58	2.8	2.9	347	0.9	双星，84 年 [a]；2010～2020 之间角距最小
8630	室女 γ	12 41.7	−01 27	3.5	3.5	244	1.0	双星，169 年 [a]；2005 年角距最小
8695	后发 35	12 53.3	+21 15	5.2	7.1	187	1.0	双星，360 年 [a]；C 为物理双星
					9.8	127	28.7	
8706	猎犬 α	12 56.0	+38 19	2.9	5.5	229	19.3	常陈一，相对固定
8801	室女 θ	13 09.9	−05 32	4.4	9.4	341	7.1	相对固定；75mm 镜的检验星；A 为两颗非常近的双星，338°，0″.5；10.4 等，300°，71″.1；相对固定
8891	大熊 ζ	13 23.9	+54 56	2.2	3.9	152	14.6	开阳；物理双星；与辅星（大熊 80）组成肉眼可见的双星，4.0；71°，708.7″；共同自行
8974	猎犬 25	13 37.5	+36 18	5.0	7.0	99	1.7	双星，230 年 [a]
	半人马 Q	13 41.7	−54 34	5.2	6.5	163	5.4	角距在增大
9000	室女 84	13 43.1	+03 32	5.6	8.3	228	2.8	变化小；75mm 镜的检验星
	半人马 3	13 51.8	−33 00	4.5	6.0	106	7.9	共同自行
	半人马 4	13 53.2	−31 56	4.7	8.5	185	14.8	相对固定

a. 该双星轨道要素已在表 53 中给出，方位角和角距来自最新的观测

变星

星名	赤经 2000.0 h m	赤纬 ° ′	类型	变幅（m）	周期（天）	光谱型	简 注
唧筒 U	10 35.2	−39 34	LB	5.0～6.0	—	C	
长蛇 U	10 37.6	−13 23	SRB	4.3～6.5	114.8	C	
船底 η	10 45.1	−59 41	SDOR	−0.8 −7.9	—	Pec	位于发射星云 NGC3372 和星团 Tr16 中的大质量年轻恒星，1843 年亮度达到最大值，1880 年后变幅为 5.9～7.9，1999 年亮度约为 5.2
船底 U	10 57.8	−59 44	DCEP	5.7～7.0	38.77	G	
大熊 ST	11 27.8	+45 11	SRB	6.0～7.6	110?	M	
半人马 o^1	11 31.8	−59 27	SRD	4.7～5.5	200?	G	
大熊 Z	11 56.5	+57 52	SRB	6.2～9.4	195.5	M	通常存在两个极大值和极小值
室女 SS	12 25.3	+00 48	SRA	6.0～9.6	364.14	C	平均变幅 6.9～11.5
室女 R	12 38.5	+06 59	M	6.1～12.1	145.63	M	猎犬座 Y；副周期 2000 天
猎犬 Y	12 45.1	+45 26	SRB	5.2～6.6	157?	C	
南十字 S	12 54.4	−58 26	DCEP	6.2～6.9	4.69	G	
猎犬 TU	12 54.9	+47 12	SRB	5.6～6.6	50?	M	

变星

星名	赤经 2000.0 h m	赤纬 2000.0 ° ′	类型	变幅（米）	周期（天）	光谱型	简注
后发 FS	13 06.4	+22 37	SRB	5.3～6.1	58?	M	
室女 SW	13 14.4	−02 48	SRB	6.4～7.9	150?	M	
猎犬 V	13 19.5	+45 32	SRA	6.5～8.6	191.89	M	
长蛇 R	13 29.7	−23 17	M	3.5～10.9	388.87	M	平均变幅 4.5–9.5；光变周期正在缩短，17 世纪时约 500 天
室女 S	13 33.0	−07 12	M	6.3～13.2	375.1	M	平均变幅 7.0–12.7
半人马 V744	13 40.0	−49 57	SRB	5.1～6.6	90?	M	
半人马 T	13 41.8	−33 36	SRA	5.5～9.0	90.44	K	
猎犬 R	13 49.0	+39 33	M	6.5～12.9	328.53	M	平均变幅 7.7–11.9
长蛇 W	13 49.0	−28 22	SRA	6.0～9.0	361?	M	光变曲线的振幅和形状变化强烈
半人马 μ	13 49.6	−42 28	GCAS	2.9～3.5	—	B2	
半人马 V767	13 53.9	−47 08	GCAS	5.9～6.3	—	B2	
半人马 V412	13 57.5	−57 43	LB	6.5～8.5	—	M	

星团、星云和星系

NGC	M	赤经 2000.0 h m	赤纬 2000.0 ° ′	简注
3132	—	10 08	−40 26	船帆座与唧筒座交界处的行星状星云；8 等
3242	—	10 25	−18 38	长蛇座行星状星云，也称木星幻影；9 等
3351	95	10 44	+11 42	狮子座中的一对旋涡星系，分别为 10 等和 9 等
3368	96	10 47	+11 49	
3379	105	10 48	+12 35	9 等，狮子座椭圆星系
3532	—	11 06	−58 40	船底座中肉眼可见的星团，0°.9
3587	97	11 15	+55 01	夜枭星云，大熊座中的行星状星云，大（3′）而暗（12 等），至少要 75mm 镜才能找到
3623	65	11 19	+13 05	狮子座的一对 9 等旋涡星系，倾斜着对向我们
3627	66	11 20	+12 59	
3918	—	11 50	−57 11	半人马座的行星状星云，又称蓝行星状星云，8 等
4258	106	12 19	+47 18	猎犬座旋涡星系，8 等，17′×10′
4374	84	12 25	+12 53	室女座椭圆星系，9 等
4382	85	12 25	+18 11	9 等，后发座椭圆星系
4406	86	12 26	+12 57	9 等，室女座椭圆星系
4472	49	12 30	+08 00	8 等，室女座椭圆星系
4486	87	12 31	+12 24	9 等，椭圆星系，位于室女座星系团的中心
4501	88	12 32	+14 25	10 等，后发座旋涡星系
4552	89	12 36	+12 33	10 等，室女座椭圆星系
4565	—	12 36	+25 59	10 等，后发座旋涡星系，侧向
4569	90	12 37	+13 10	9 等，室女座旋涡星系
4579	58	12 38	+11 49	10 等，室女座旋涡星系
4590	68	12 40	−26 45	长蛇座球状星团，8 等
4594	104	12 40	−11 37	草帽星系，室女座中的旋涡星系，侧向，8 等
4621	59	12 42	+11 39	10 等，室女座椭圆星系
4649	60	12 44	+11 33	9 等，室女座椭圆星系
4736	94	12 51	+41 07	8 等，猎犬座旋涡星系
4826	64	12 57	+21 41	黑眼星系，后发座旋涡星系，9 等，要看出黑眼结构需 150mm 以上的望远镜
5024	53	13 13	+18 10	后发座球状星团，8 等
5055	63	13 16	+42 02	9 等，猎犬座旋涡星系
5128	—	13 26	−43 01	半人马 A，大椭圆星系，7 等，强射电源
5139	—	13 27	−47 29	半人马 ω，全天最大、最亮的球状星团，3.7 等，0°.6
5194	51	13 30	+47 12	涡状星系，猎犬座旋涡星系，8 等，在一条旋臂的尽头有小伴星系 NGC5195
5236	83	13 37	−29 52	面向我们的旋涡星系，在长蛇座，8 等
5272	3	13 42	+28 23	猎犬座球状星团，6 等

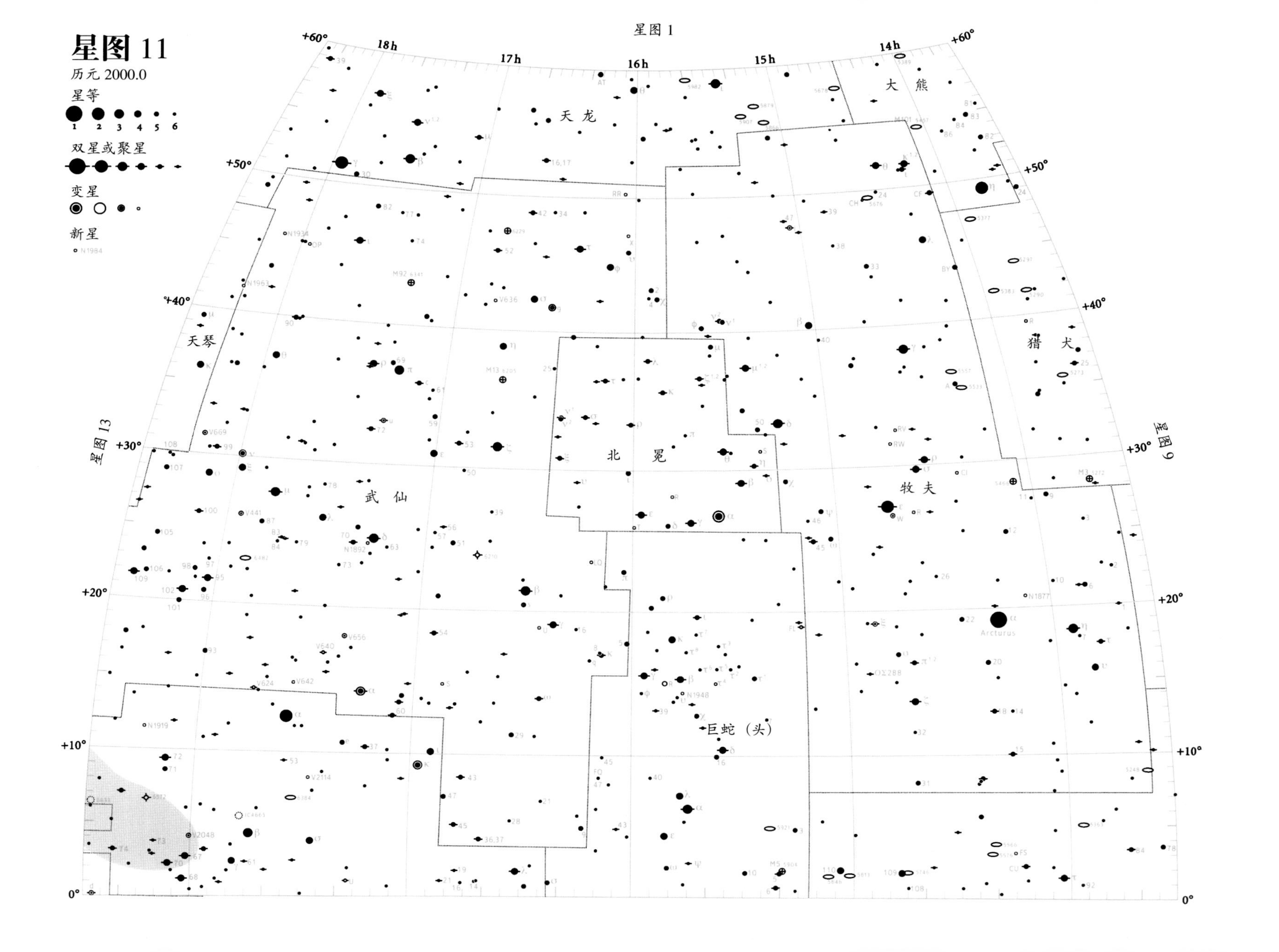

星图 11
历元 2000.0
星等
1 2 3 4 5 6
双星或聚星
变星
新星
N1984
星图 1
星图 9
星图 13
天龙
大熊
猎犬
牧夫
北冕
武仙
天琴
巨蛇（头）
Arcturus
18h
17h
16h
15h
14h
+60°
+50°
+40°
+30°
+20°
+10°
0°

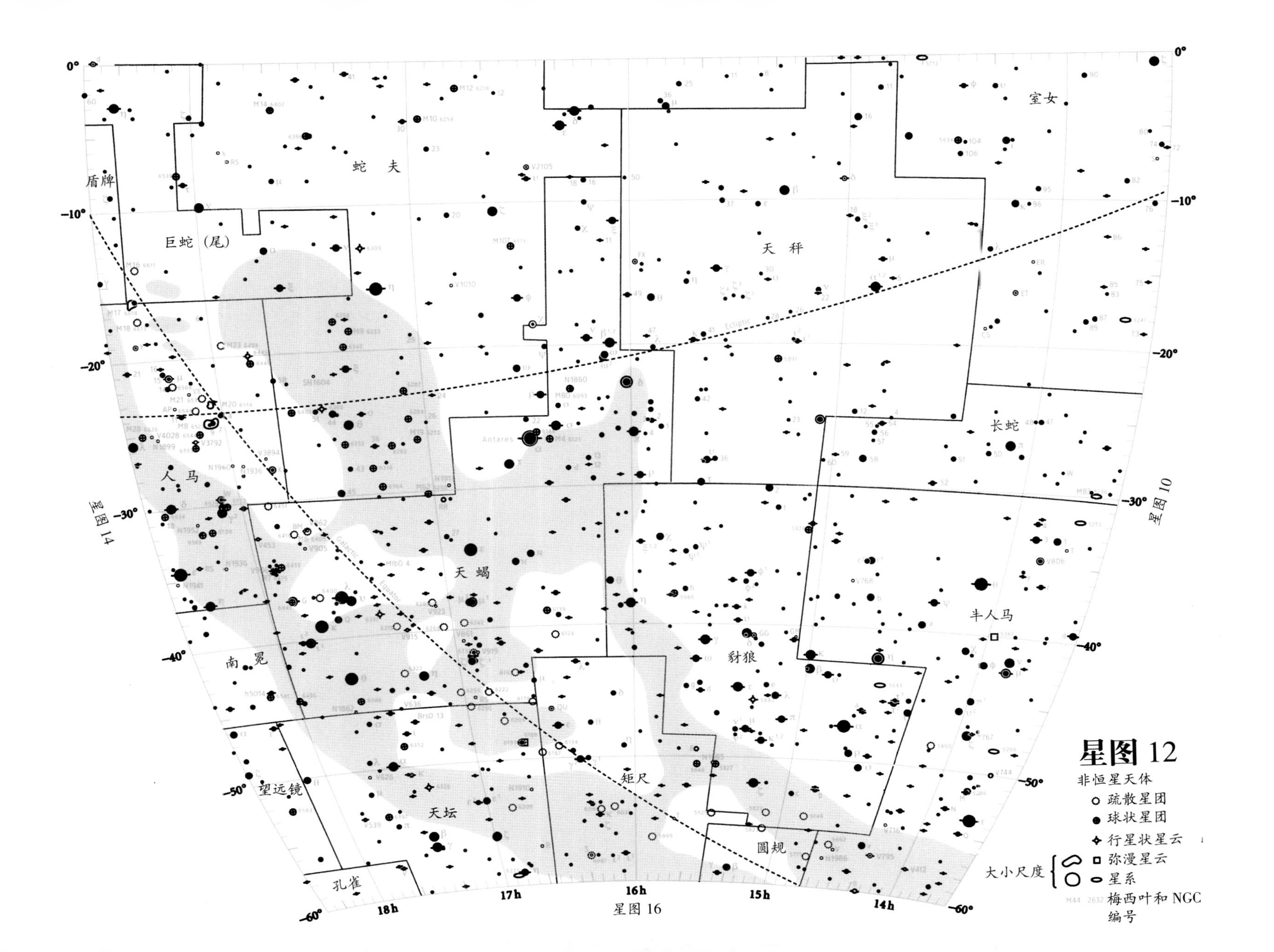
星图 12
非恒星天体
疏散星团
球状星团
行星状星云
弥漫星云
星系
大小尺度
梅西叶和 NGC 编号
室女
蛇夫
天秤
巨蛇（尾）
盾牌
长蛇
人马
天蝎
半人马
豺狼
南冕
矩尺
圆规
天坛
望远镜
孔雀
星图 10
星图 14
星图 16
Antares
Ecliptic
Galactic Equator
0°
−10°
−20°
−30°
−40°
−50°
−60°
14h
15h
16h
17h
18h

图 11 和图 12 中的有趣天体

赤经：14h～18h，赤纬：+60°～-60°

双星

ADS	星名	赤经 2000.0 h m	赤纬 2000.0 ° ′	星等	方位角 °	角距 ″	简　注
9085	室女 τ	14 01.6	+01 33	4.3 9.5	290	81.0	光学双星；相对固定
9173	牧夫 κ	14 13.5	+51 47	4.5 6.6	235	13.5	光学双星；相对固定
9198	牧夫 ι	14 16.2	+51 22	4.8 7.4	33	39.9	相对固定
9273	室女 φ	14 28.2	−02 14	4.9 10.0	112	5.3	角距在增大，75mm 镜的检验星
9338	牧夫 π	14 40.7	+16 25	4.9 5.8	110	5.6	变化小
9343	牧夫 ζ	14 41.1	+13 44	4.5 4.6	296	0.7	双星，123 年[a]；靠近中
9372	牧夫 ε	14 45.0	+27 04	2.6 4.8	344	2.8	方位角在增加；淡黄，淡蓝；75mm 镜的检验星
9396	天秤 μ	14 49.3	−14 09	5.6 6.6	3	1.9	75mm 镜中易见
9406	牧夫 39	14 49.7	+48 43	6.3 6.7	47	2.9	缓慢靠近中
9413	牧夫 ξ	14 51.4	+19 06	4.8 7.0	316	6.5	双星，152 年[a]；黄色，橙色
9425	牧夫 OΣ288	14 53.4	+15 42	6.9 7.6	165	1.3	双星，300 年[a]
9494	牧夫 44,i	15 03.8	+47 39	5.2 变	56	2.1	双星，206 年[a]；2019 年角距最小为 0″.2
	豺狼 π	15 05.1	−47 03	4.6 4.6	71	1.6	角距在增大，方位角在减小
	豺狼 κ	15 11.9	−48 44	3.8 5.5	143	26.5	相对固定
9532	天秤 ι^1	15 12.2	−19 47	4.5 9.9	109	57.3	相对固定；B 为双星，10.4，10.9；14°，2″.0
	豺狼 μ	15 8.5	−47 53	4.9 5.0	323	1.0	AB 方位角和角距都减小；C 为物理双星
				6.3	129	23.9	
9584	巨蛇 5	15 19.3	+01 46	5.1 10.1	36	11.4	变化小；靠近球状星团 M5；9.2，40°，127″
9617	北冕 η	15 23.2	+30 17	5.6 6.0	82	0.6	双星，42 年[a]
	圆规 γ	15 23.4	−59 19	4.9 5.7	196	0.8	双星，270 年？角距在增大
9626	牧夫 μ	15 24.5	+37 23	4.3 6.6	170	107.1	μ^2 是双星，257 年[a]；7.1，7.6；9°，2″.2
9701	巨蛇 δ	15 34.8	+10 32	4.2 5.2	173	4.0	双星，3000 年？
	豺狼 γ	15 35.1	−41 10	3.5 3.6	276	0.8	双星，190 年[a]
9737	北冕 ζ	15 39.4	+36 38	5.0 5.9	306	6.4	共同自行；变化小
	豺狼 η	16 00.1	−38 24	3.4 7.5	20	14.9	相对固定
9909	天蝎 ξ	16 04.4	−11 22	4.3 7.3	46	7.5	A 为两颗非常近的双星，46 年[a]；视场中的双星Σ1999，7.5，8.1；99°，12″.0
9913	天蝎 β	16 05.4	−19 48	2.6 4.5	20	13.8	共同自行；β1 为双星，600 年？伴星，10.6，171°，0″.3
9951	天蝎 ν	16 12.0	−19 28	4.2 6.1	336	41.5	两子星各为紧密双星；ν^1：4.4，5.3；2°，1″.2；相对固定；ν^2：6.6，7.2；53°，2″.3；角距在增大，方位角在增加
9979	北冕 σ	16 14.7	+33 52	5.6 6.5	238	7.1	双星，900 年[a]；黄色，黄色
10049	蛇夫 ρ	16 25.6	−23 27	5.1 5.7	340	2.9	靠近中，方位角在减小；物理双星
10074	天蝎 α	16 29.4	−26 26	变 5.4	277	2.8	心宿二；双星，900 年？红色，绿色（相比而言）
10087	蛇夫 λ	16 30.9	+01 59	4.2 5.2	31	1.6	双星，129 年[a]
10157	武仙 ζ	16 41.3	+31 36	3.0 5.4	0	0.8	双星，34.5 年[a]
10345	天龙 μ	17 05.3	+54 28	5.7 5.7	16	2.2	双星，670 年[a]；角距在增大
10418	武仙 α	17 14.6	+14 23	变 5.4	104	4.8	双星，3600 年？淡红，淡绿（相比而言）
10424	武仙 δ	17 15.0	+24 50	3.1 8.3	282	11.0	光学双星；靠近中，方位角在增加
	天蝎 MlbO4	17 19.0	−34 59	6.4 7.4	272	2.1	双星，42 年[a]；C 为物理双星：10.8，138°，32″.5
	天坛 BrsO13	17 19.1	−46 38	5.6 8.9	250	8.7	双星，2000 年？
10526	武仙 ρ	17 23.7	+37 09	4.5 5.4	321	3.9	方位角在缓慢增加
10628	天龙 ν	17 32.2	+55 11	4.9 4.9	312	62.1	双筒望远镜中开阔易见的双星
10768	武仙 μ	17 46.5	+27 43	3.4 9.8	248	35.5	共同自行；B 为两颗非常近的双星，43 年
10875	武仙 90	17 53.3	+40 00	5.3 8.8	116	1.5	变化小；淡黄，淡蓝

a. 该双星轨道要素已在表 53 中给出，方位角和角距来自最新的观测

变星

星名	赤经 2000.0 h m	赤纬 2000.0 ° ′	类型	变幅（米）	周期（天）	光谱型	简　注
半人马 V716	14 13.7	-54 38	EB/KE	6.0~6.5	1.49	B5	
半人马 R	14 16.6	-59 55	M	5.3~11.8	546.2	M	双极大值（平均 5.8 和 6.0）和双极小值（平均 11.1 和 8.3）
半人马 V	14 32.5	-56 53	DCEP	6.4~7.2	5.49	G	靠近疏散星团 NGC5662
牧夫 R	14 37.2	+26 44	M	6.2~13.1	223.4	M	平均变幅 7.2-12.3
牧夫 RV	14 39.3	+32 32	SRB	6.3~8.0	137?	M	
牧夫 RW	14 41.2	+31 34	SRB	6.4~7.9	209?	M	
牧夫 W	14 43.4	+26 32	SRB?	4.7~5.4	—	M	据报道周期为 30 天和 450 天
天秤 δ	15 01.0	-08 31	EA/SD	4.9~5.9	2.33	A0	
牧夫 44,iB	15 03.8	+47 39	EW/KW	5.8~6.4	0.27	G2+G2	次极小 6.3 等，见“双星”栏

变星

星名	赤经 2000.0 h	m	赤纬 °	′	类型	变幅（米）	周期（天）	光谱型	简注
豺狼 GG	15	18.9	−40	47	EA/DM	5.6～6.1	1.85	B7	次极小 5.8 等
北冕 S	15	21.4	+31	22	M	5.8～14.1	360.26	M	平均变幅 7.3～12.9
矩尺 R	15	36.0	−49	30	M	5.0～12.0	507.5	M	双极大值和双极小值
巨蛇 τ^4	15	36.5	+15	06	SRB	5.9～7.1	100?	M	
矩尺 T	15	44.1	−54	59	M	6.2～13.6	240.7	M	平均变幅 7.4～13.2
北冕 R	15	48.6	+28	09	RCB	5.7～14.8	—	C	在 1962 年，1972 年和 1977 年显著变暗
巨蛇 R	15	50.7	+15	08	M	5.2～14.4	356.41	M	平均变幅 6.9～13.4
北冕 T	15	59.5	+25	55	NR	2.0～10.8	—	M3+Pec	爆发变星；爆发年份：1866，1946
天蝎 δ	16	00.3	−22	37	GCAS	1.6～2.3	—	B0	在 2000 年第一次观测到爆发
武仙 X	16	02.7	+47	14	SRB	6.3～7.4	95	M	副周期 746 天
武仙 RR	16	04.2	+50	30	SRB	6.0～10.0	239.7	C	
天龙 AT	16	17.3	+59	45	LB	5.3～6.0	—	M	
矩尺 S	16	18.9	57	51	DCEP	6.1～6.8	9.75	G	在疏散星团 NGC6087 中心
武仙 U	16	25.8	+18	54	M	6.4～13.4	406.1	M	平均变幅 7.5～12.5
蛇夫 χ	16	27.0	−18	27	GCAS	4.2～5.0	—	B2	
武仙 30,g	16	28.6	+41	53	SRB	4.3～6.3	89.2	M	存在缓慢的脉动（周期约 2.4 年）和不规则变化
天蝎 α	16	29.4	−26	26	LC	0.9～1.2	—	M	心宿二；见“双星”栏
天坛 R	16	39.7	−57	00	EA/DM?	6.0～6.9	4.43	B9	
蛇夫 V1010	16	49.5	−15	40	EB/KE	6.1～7.0	0.66	A5	次极小 6.5 等
武仙 S	16	51.9	+14	56	M	6.4～13.8	307.28	M	平均变幅 7.6–12.6
天蝎 RS	16	55.6	−45	06	M	6.2～13.0	319.91	M	平均变幅 7.0–12.2
天蝎 RR	16	56.6	−30	35	M	5.0～12.4	281.45	M	平均变幅 5.9–11.8
蛇夫 κ	16	57.7	+09	22	LB?	2.8～3.6	—	K	
天蝎 V915	17	14.5	−36	03	?	6.2～6.6	—	G5	1978~1979 年间曾变暗
武仙 α	17	14.6	+14	23	SRC	2.7～4.0	—	M	存在缓慢变化（周期约为 6 年）和较快变化（约 100 多天）；见“双星”栏
蛇夫 U	17	16.5	+01	13	EA/DM	5.8～6.6	1.68	B5+B5	次极小 6.5 等
武仙 68,u	17	17.3	+33	06	EB/SD	4.7～5.4	2.05	B2+B5	
天蝎 V636	17	22.8	−45	37	DCEP	6.4～6.9	6.8	G	
天蝎 V962	17	40.0	−32	12	GCAS?	2.0～8.5	—	B	在疏散星团 M6 中；1965 年 7 月 3 日出现了 40 分钟的耀发
天蝎 BM	17	41.0	−32	13	SRD	5.0～6.9	815?	K	疏散星团 M6 中的最亮星
孔雀 V	17	43.3	−57	43	SRB	6.3～8.2	225.4	C	副周期 3735 天
人马 X	17	47.6	−27	50	DCEP	4.2～4.9	7.01	G	
蛇夫 RS	17	50.2	−06	43	NR	4.3～12.5	—	OB+M	爆发年份：1898，1933，1958，1967，1985
天坛 V539	17	50.5	−53	37	EA/DM	5.7～6.2	3.17	B2+B3	
蛇夫 Y	17	52.6	−06	90	DCEPS	5.9～6.5	17.12	G	
武仙 OP	17	56.8	+45	21	SRB	5.9～6.7	120.5	M	

星团、星云和星系

NGC	M	赤经 2000.0 h	m	赤纬 °	′	简注
5457	101	14	03	+54	21	大熊座旋涡星系，面向我们，8 等
5460	—	14	08	−48	19	半人马座疏散星团，6 等
5822	—	15	05	−54	21	豺狼座疏散星团，由众多暗星组成，0° .6
5904	5	15	19	+02	05	巨蛇座球状星团，6 等
6067	—	16	13	−54	13	矩尺座疏散星团，6 等
6093	80	16	17	−22	59	天蝎座球状星团，7 等
6121	4	16	24	−26	32	天蝎座球状星团，大（0° .4）但表面亮度低
6193	—	16	41	−48	46	天坛座疏散星团，5 等
6205	13	16	42	+36	28	武仙座球状星团，北天最美的球状星团，双筒镜易见，6 等，0° .25
6210	—	16	45	+23	49	武仙座行星状星云，9 等
6218	12	16	47	−01	57	一对位于蛇夫座的球状星团，7 等，各 0° .25
6254	10	16	57	−04	06	
6231	—	16	54	−41	48	小望远镜易见的著名星团，在天蝎座，最亮星为 5 等
6266	62	17	01	−30	07	一对位于蛇夫座的球状星团，7 等
6273	19	17	03	−26	16	
6341	92	17	17	+43	08	武仙座中的球状星团，与 M13 相比小而暗
6333	9	17	19	−18	31	蛇夫座球状星团，8 等
6402	14	17	38	−03	15	蛇夫座球状星团，8 等
6405	6	17	40	−32	13	天蝎座疏散星团，4 等，0° .25，双筒镜中甚美
6397	—	17	41	−53	40	6 等，0° .4，稀疏的球状星团，位于天坛座
IC4665	—	17	46	+05	43	蛇夫座中双筒镜易见的松散星团
6475	7	17	54	−34	49	肉眼清晰可见的疏散星团，在天蝎座，大于 1°，双筒镜中与 M6 交相辉映，极美
6494	23	17	57	−19	01	6 等，暗星组成的疏散星团，将近 0° .5，位于人马座

星图 13

历元 2000.0

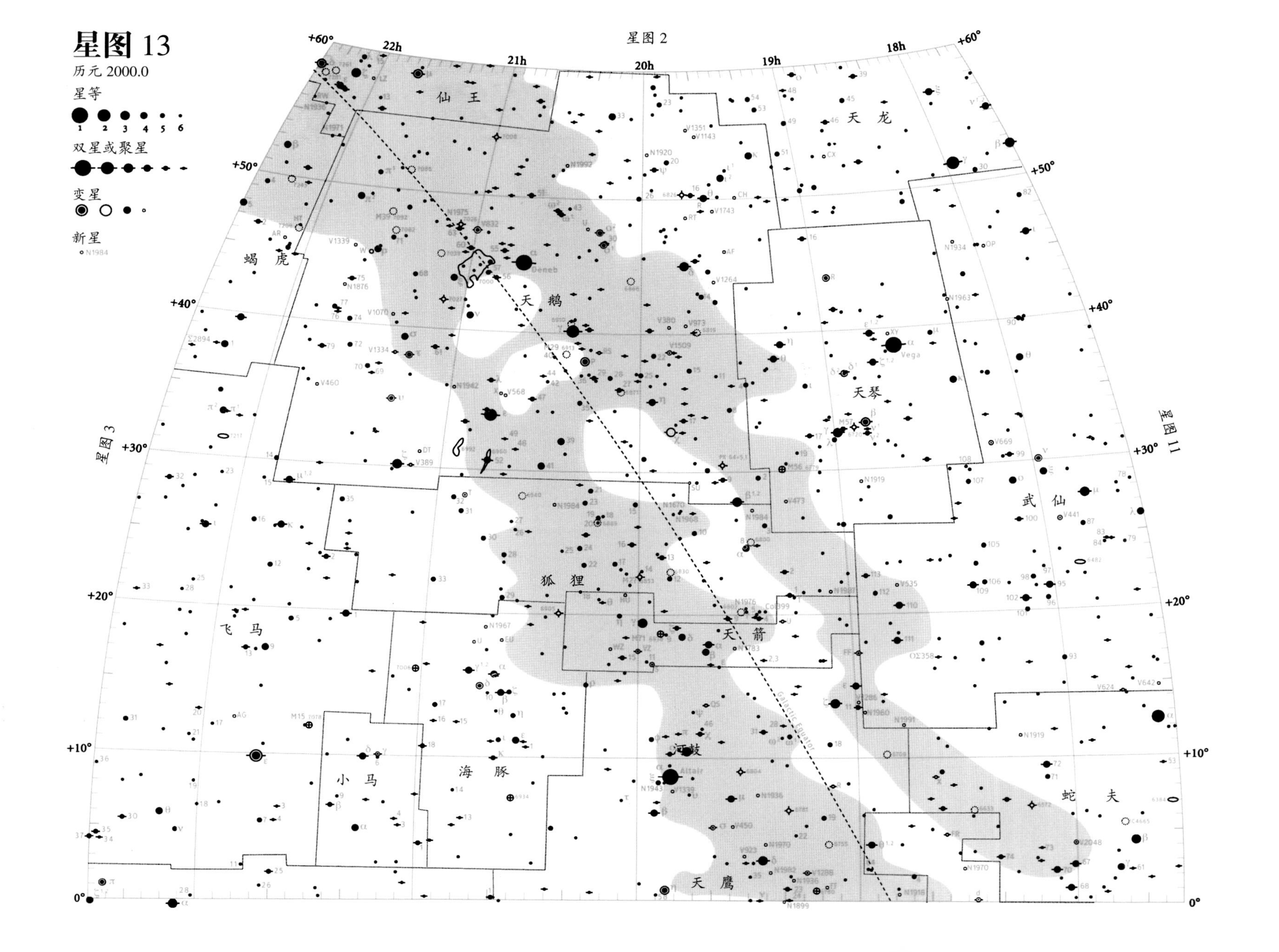

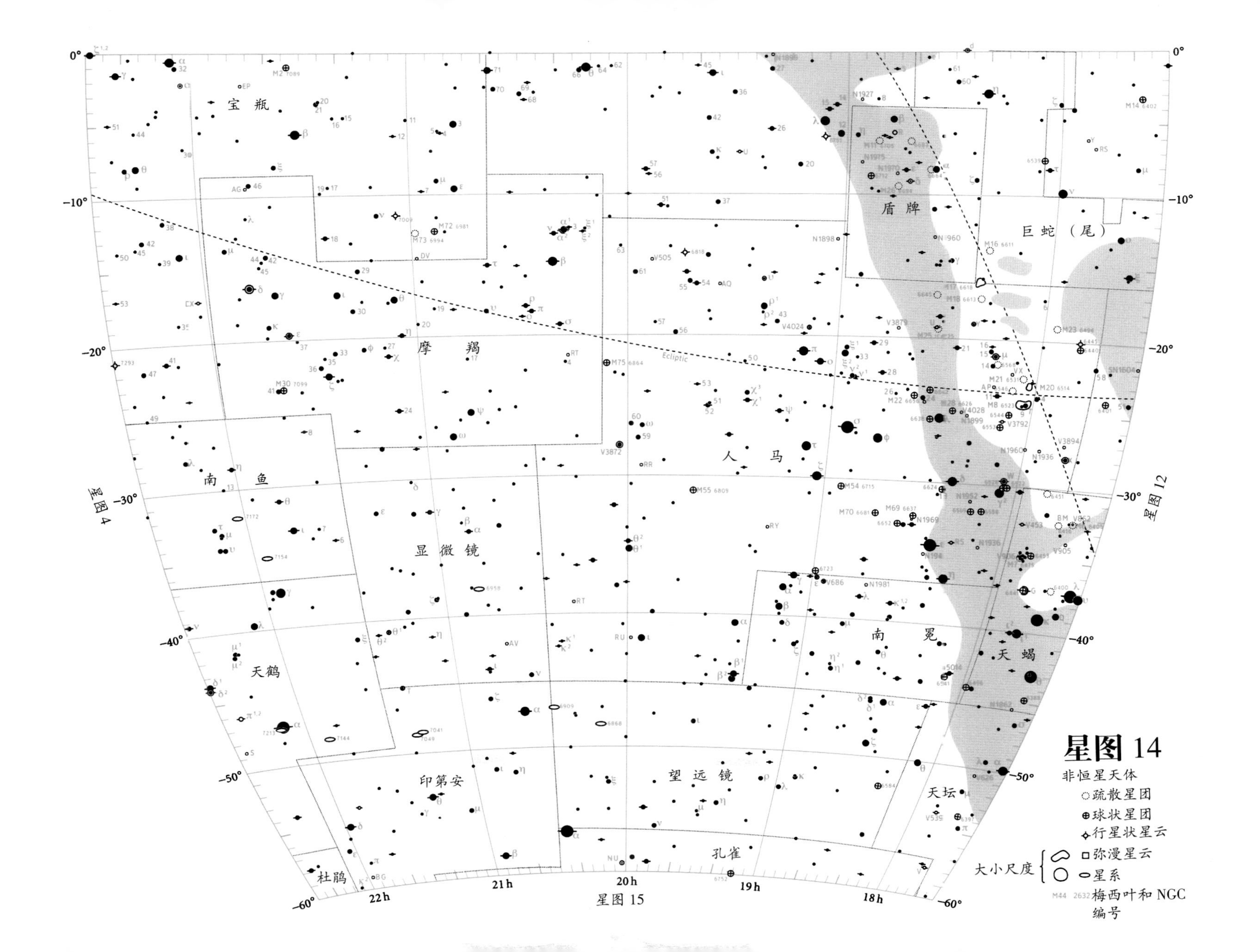
星图 14
非恒星天体
疏散星团
球状星团
行星状星云
弥漫星云
星系
大小尺度
梅西叶和 NGC 编号
M44 2632
宝瓶
摩羯
南鱼
显微镜
天鹤
印第安
杜鹃
望远镜
孔雀
天坛
南冕
天蝎
人马
盾牌
巨蛇（尾）
Ecliptic
星图 4
星图 12
星图 15
0°
-10°
-20°
-30°
-40°
-50°
-60°
22h
21h
20h
19h
18h

图 13 和图 14 中的有趣天体

赤经：18h～22h，赤纬：+60°～-60°

双星

ADS	星名	赤经 2000.0 h m	赤纬 2000.0 ° ′	星等	方位角 °	角距 ″	简　注
11005	蛇夫 τ	18 03.1	−08 11	5.3 5.9	282	1.6	双星，260 年[a]；靠近中
11046	蛇夫 70	18 05.5	+02 30	4.2 6.2	143	4.4	双星，88 年[a]；易见的双星；黄色，橙色
	南冕 h5014	18 06.8	−43 25	5.7 5.7	8	1.7	双星，450 年[a]
	南冕 κ	18 33.4	−38 44	5.6 6.2	358	21.4	光学双星；变化小
11483	武仙 OΣ358	18 35.9	+16 59	6.9 7.1	154	1.6	双星，380 年[a]；
11635	天琴 ε	18 44.3	+39 40	4.7 4.6	174	210.5	相对固定；肉眼可见；子星各为双星：ε^1，5.0，6.1；350°，2″.4；1200 年[a]。ε^2，5.3，5.4；82°，2″.3；700 年[a]
11639	天琴 ζ	18 44.8	+37 36	4.3 5.6	150	44.0	相对固定；易见的双星
11745	天琴 β	18 50.1	+33 22	变 6.7	149	46.0	相对固定；乳白色，蓝色
11853	巨蛇 θ	18 56.2	+04 12	4.6 4.9	104	22.5	相对固定；美丽易见的双星，7.9，58°，26″.0
	南冕 γ	19 06.4	−37 04	4.5 6.4	62	1.3	双星，120 年[a]；
12197	天琴 η	19 13.8	+39 09	4.4 8.6	80	28.4	相对固定；低倍镜视场中很美
12540	天鹅 β	19 30.7	+27 58	3.4 4.7	54	34.6	辇道增七；相对固定；灿烂的双星；琥珀色，淡绿（相比而言）
12880	天鹅 δ	19 45.0	+45 08	2.9 6.3	224	2.6	双星，800 年[a]；100mm 镜的检验星
12962	天鹰 π	19 48.7	+11 49	6.3 6.8	107	1.4	方位角在缓慢减小；75mm 镜的检验星
13148	天鹅 ψ	19 55.6	+52 26	5 7.5	176	2.8	缓慢靠近中，方位角在减小
13442	天箭 θ	20 09.9	+20 55	6.6 8.9	331	11.5	缓慢靠近中；7.5，222°，89″.2
13632	摩羯 α^1	20 17.6	−12 30	4.2 9.6	221	46.0	光学双星；角距在增加
13645	摩羯 α^2	20 18.1	−12 33	3.8 10.6	172	6.6	较暗子星为双星：11.2，11.5；243°，1″.3；相对固定；与 α^1 组成肉眼可见的双星，292°，381″；光学双星
13765	天鹅 γ	20 22.2	+40 15	2.2 9.6	196	41.2	光学双星；相对固定；B 为双星：10.0，11.0；302°，1″.9；相对固定
	人马 κ^2	20 23.9	−42 25	5.9 7.3	268	0.4	双星，700 年?
13887	摩羯 ρ	20 28.9	−17 49	5 6.9	194	1.3	双星，300 年?
14158	天鹅 49	20 41.0	+32 18	5.8 8.1	47	3.1	相对固定；淡黄，淡蓝
14259	天鹅 52	20 45.7	+30 43	4.2 8.7	69	6.4	变化小；位于星云 NGC6960 中
14279	海豚 γ	20 46.7	+16 07	4.4 5	266	9.2	双星，3200 年；黄色，淡绿（相比而言）；同一视场中还有 Σ2725，7.5，8.2；11°，6″.0
14296	天鹅 λ	20 47.4	+36 29	4.7 6.3	9	0.9	双星，400 年[a]
14360	宝瓶 4	20 51.4	−05 38	6.4 7.4	21	0.9	双星，194 年[a]
14499	小马 1	20 59.1	+04 18	5.4 7.1	67	10.4	物理双星；A 为两颗非常近的双星，101 年[a]
14636	天鹅 61	21 06.9	+38 45	5.4 6.1	150	31.1	双星，660 年[a]；都为黄色；存在大的共同自行
14787	天鹅 τ	21 14.8	+38 05	3.8 6.6	287	0.7	双星，50 年[a]
15270	天鹅 μ	21 44.1	+28 45	4.8 6.2	312	2.0	双星，800 年[a]
15281	飞马 κ	21 44.6	+25 39	4.1 10.8	291	14.2	光学双星；A 为两颗非常近的双星，11.6 年

a. 该双星轨道要素已在表 53 中给出，方位角和角距来自最新的观测

变星

星名	赤经 2000.0 h m	赤纬 2000.0 ° ′	类型	变幅（米）	周期（天）	光谱型	简　注
人马 W	18 05.0	−29 35	DCEP	4.3～5.1	7.6	G	
人马 VX	18 08.1	−22 13	SRC	6.4～14.0	732?	M	
人马 V3792	18 08.9	−25 28	EB/DM	6.4～6.9	2.25	B5	
人马 AP	18 13.0	−23 07	DCEP	6.5～7.4	5.06	G	
人马 RS	18 17.6	−34 06	EA/SD	6.0～7.0	2.42	B3+A	次极小 6.3 等
人马 Y	18 21.4	−18 52	DCEP	5.3～6.2	5.77	G	
人马 U	18 31.9	−19 07	DCEP	6.3～7.2	6.75	G	位于疏散星团 M25 中
天琴 XY	18 38.1	+39 40	LC	5.8～6.4	—	M	
蛇夫 X	18 38.3	+08 50	M	5.9～9.2	328.85	M	平均变幅 6.8～8.8
人马 V3879	18 42.9	−19 17	SRB	6.1～6.6	50?	M	
盾牌 R	18 47.5	−05 42	RVA	4.2～8.6	146.5	K	
天琴 β	18 50.1	+33 22	EB	3.3～4.4	12.94	B8	次极小 3.9 等；见“双星”栏
天琴 R	18 55.3	+43 57	SRB	3.9～5.0	46?	M	
天鹰 FF	18 58.2	+17 22	DCEPS	5.2～5.7	4.47	F	
天鹰 R	19 06.4	+08 14	M	5.5～12.0	284.2	M	平均变幅 6.1～11.5；周期正在缩短
天鹰 TT	19 08.2	+01 18	DCEP	6.5～7.7	13.75	G	
人马 RY	19 16.5	−33 31	RCB	5.8～14.0	—	G	38 天的周期中脉动可至 1.5 等
天箭 U	19 18.8	+19 37	EA/SD	6.5～9.3	3.38	B8+G2	
天鹅 CH	19 24.5	+50 14	ZAND + SR	5.6～8.5	—	M+B	脉动周期 97 天，副周期 4700 天；还有 725 天的周期；耀发，交食
天鹰 U	19 29.4	−07 03	DCEP	6.1～6.9	7.02	F	
天鹅 AF	19 30.2	+46 09	SRB	6.4～8.4	92.5	M	副周期为 175.8 天和 941.2 天

变星

星名	赤经 2000.0 h m	赤纬 2000.0 ° ′	类型	变幅（米）	周期（天）	光谱型	简注
人马 AQ	19 34.3	−16 22	SRB	6.0~8.0	199.6	C	
天鹅 R	19 36.8	+50 12	M	6.1~14.4	426.45	S	平均变幅 7.5~13.9
天鹅 V1143	19 38.7	+54 58	EA/DM	5.9~6.4	7.64	F5+F5	
天鹅 RT	19 43.6	+48 47	M	6.0~13.1	190.28	M	平均变幅 7.3~11.8
天鹅 V973	19 44.8	+40 43	SRB	6.2~7.0	40?	M	
天鹅 SU	19 44.8	+29 16	DCEP	6.4~7.2	3.85	G+B7	
天鹅 χ	19 50.6	+32 55	M	3.3~14.2	408.05	S	平均变幅 5.2~13.4
天鹰 η	19 52.5	+01 00	DCEP	3.5~4.4	7.18	G	
人马 V505	19 53.1	−14 36	EA/SD	6.5~7.5	1.18	A2+F6	
人马 RR	19 55.9	−29 11	M	5.4~14.0	336.33	M	平均变幅 6.8~13.2
天箭 S	19 56.0	+16 38	DCEP	5.2~6.0	8.38	G	
人马 RU	19 58.7	−41 51	M	6.0~13.8	240.49	M	平均变幅 7.2 12.8
天箭 HU	20 03.7	+21 30	LB	6.3~7.3	—	M	
天鹅 RS	20 13.4	+38 44	SRA	6.5~9.5	417.39	C	光变曲线的形状变化强烈，有时出现双极大值
摩羯 RT	20 17.2	−21 20	SRB	6.0~9.0	393?	C	
人马 RT	20 17.7	−39 07	M	6.0~14.1	306.46	M	平均变幅 7.0~13.3
天鹅 P	20 17.8	+38 02	SDOR	3.0~6.0	—	B1	1600 年新星，18 世纪以来变幅为 4.6–5.6
天鹅 U	20 19.6	+47 54	M	5.9~12.1	463.24	C	平均变幅 7.2~10.7
海豚 EU	20 37.9	+18 16	SRB	5.8~6.9	59.7	M	
天鹅 X	20 43.4	+35 35	DCEP	5.9~6.9	16.39	G	
海豚 U	20 45.5	+18 05	SRB	5.6~7.5	110?	M	平均光变周期为 c.1100 天
狐狸 T	20 51.5	+28 15	DCEP	5.4~6.1	4.44	G	
印第安 T	21 20.2	−45 01	SRB	5.0~6.5	320?	C	
天鹅 V1070	21 22.8	+40 56	SRB	6.5~8.5	73.5	M	
天鹅 W	21 36.0	+45 22	SRB	5.0~7.6	131.1	M	副周期为 235.3 天
天鹅 V460	21 42.0	+35 31	SRB	5.6~7.0	180?	C	
天鹅 V1339	21 42.1	+45 46	SRB	5.9~7.1	35?	M	
仙王 μ	21 43.5	+58 47	SRC	3.4~5.1	730?	M	副周期 4400 天
飞马 ε	21 44.2	+09 52	LC	0.7~3.5	—	K	通常为 2.3~2.4；有报道 1972 年 9 月 26/27 日出现过耀发，但未获证实
宝瓶 EP	21 46.5	−02 13	SRB	6.4~6.8	55?	M	
飞马 AG	21 51.0	+12 38	NC	6.0~9.4	—	W+M3	1870 年出现过亮度最大值，近年来变幅为 8.0~8.6，周期约为 800 天

星团、星云和星系

NGC	M	赤经 2000.0 h m	赤纬 2000.0 ° ′	简注
6514	20	18 03	−23 02	人马座三叶星云，9 等，星云内部有恒星
6523	8	18 04	−24 23	人马座礁湖星云，1° .5 × 0° .6；包围着疏散星团 NGC6530
6531	21	18 05	−22 30	6 等，人马座疏散星团，与 M20 处于同一视场中
6572	—	18 12	+06 51	蛇夫座行星状星云，9 等
6611	16	18 19	−13 47	巨蛇座疏散星团，因为被鹰状星云环绕，使得它看起来有些朦胧，在照片上很美
6613	18	18 20	−17 08	7 等，人马座中的星团，在双筒镜中与 M17 处于同一视场
6618	17	18 21	−16 11	人马座 Ω 星云，即马蹄星云，有显著的伸长，包围着一个星团
6633	—	18 28	+06 34	5 等，蛇夫座中的星团
IC4725	25	18 32	−19 15	5 等，人马座疏散星团，人马 U 星位于其中
6656	22	18 36	−23 54	人马座球状星团，大（0° .4）而亮（5 等），双筒镜中极美
6705	11	18 51	−06 16	盾牌座野鸭星团，5 等，扇形，在任何口径的望远镜中都很美
6720	57	18 54	+33 02	天琴座环状星云，椭圆形的行星状星云，9 等，1′
6715	54	18 55	−30 29	8 等，人马座球状星团
6779	56	19 17	+30 11	8 等，天琴座球状星团
—	—	19 25	+20 11	狐狸座挂衣架星团，也称布洛契星团，其中 10 颗星构成衣架形状
6809	55	19 40	−30 58	人马座球状星团，7 等
6826	—	19 45	+50 31	天鹅座中的行星状星云，因为在视场中总是若隐若现，所以又称闪视星云，9 等
6838	71	19 54	+18 47	天箭座球状星团，8 等
6853	27	20 00	+22 43	哑铃星云，狐狸座中的行星状星云，双筒镜中像一团圆形烟雾，望远镜中可见双叶结构，8 等，6′
6992	—	20 56	+31 43	天鹅座网状星云中最亮的部分，超新星遗迹，在暗空中用双筒镜可见
7000	—	21 00	+44 20	天鹅座北美洲星云，2° ，但表面亮度低，在暗空中用双筒镜可见
7009	—	21 04	−11 22	土星星云，8 等，宝瓶座中的行星状星云，要大望远镜才能看出其类似土星的形状
7078	15	21 30	+12 10	飞马座球状星团，6 等
7092	39	21 32	+48 26	天鹅座疏散星团，5 等，恒星稀疏分散在 0° .5 的范围内
7089	2	21 34	−00 49	宝瓶座球状星团，星密集，6.5 等
7099	30	21 40	−23 11	8 等，摩羯座球状星团

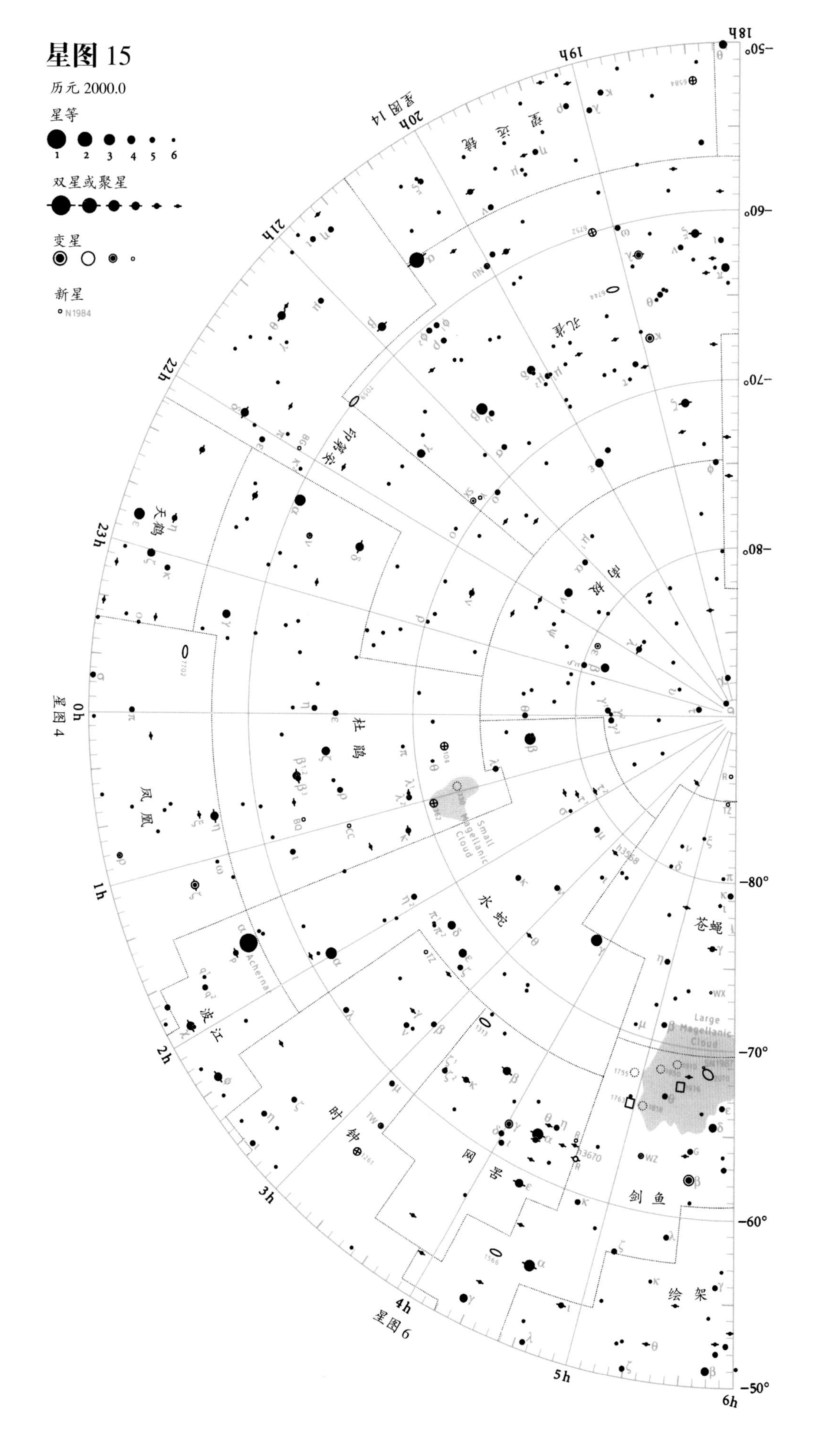
星图 15
历元 2000.0
星等
1 2 3 4 5 6
双星或聚星
变星
新星
N1984
18h
19h
20h
星图 14
21h
22h
23h
0h
星图 4
1h
2h
3h
4h
星图 6
5h
6h
−50°
−60°
−70°
−80°
望远镜
孔雀
印第安
天鹤
杜鹃
南极
凤凰
水蛇
波江
时钟
网罟
剑鱼
苍蝇
绘架
Small Magellanic Cloud
Large Magellanic Cloud
Achernar
6584
6752
6744
7059
7702
104
362
1261
1313
1566
1755
1763
1818
1850
1866
1910
1967
2070
h3568
h3670

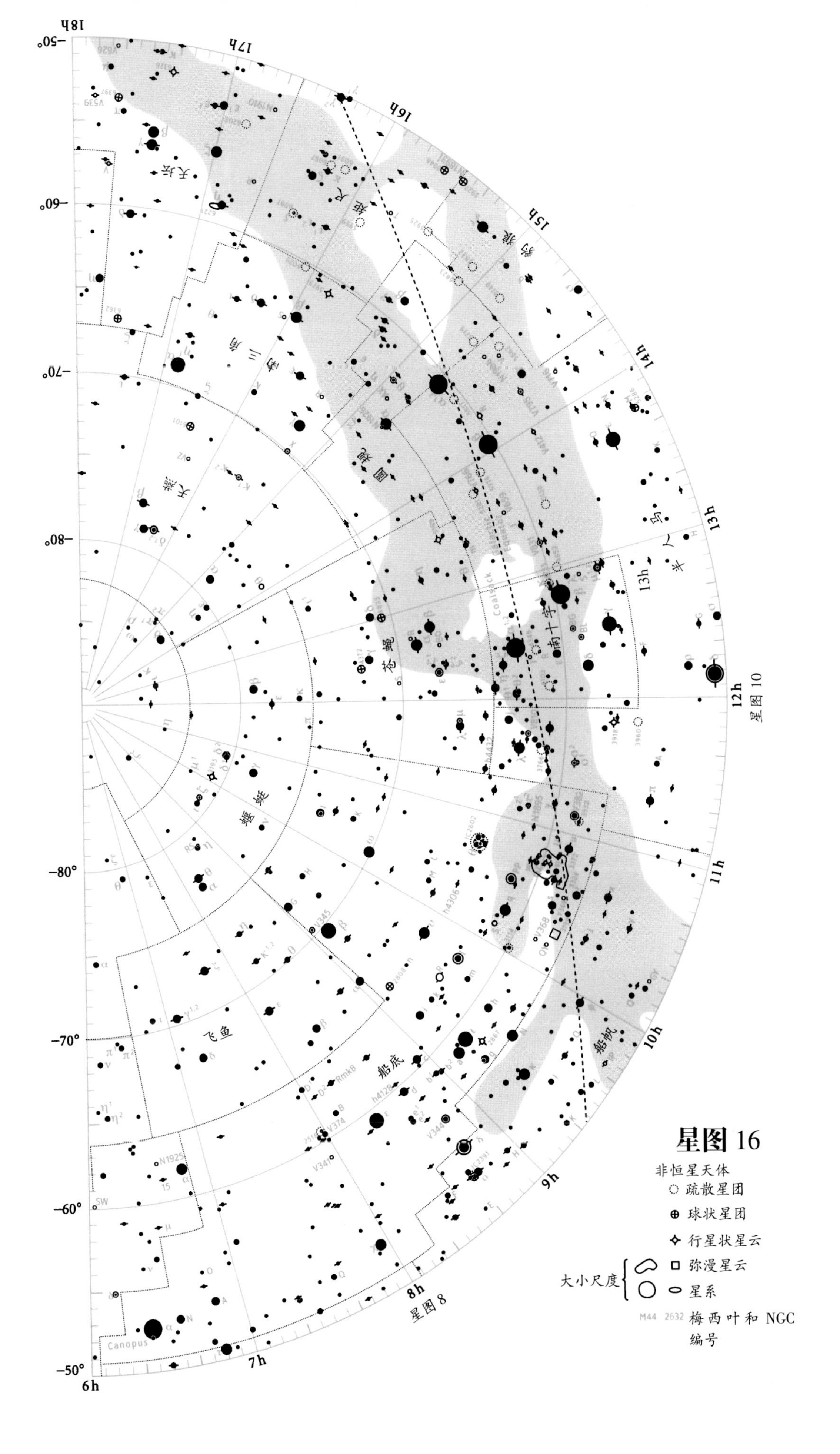
星图 16
非恒星天体
疏散星团
球状星团
行星状星云
弥漫星云
星系
大小尺度
M44 2632 梅西叶和 NGC 编号
星图 8
星图 10
天坛
矩尺
豺狼
南三角
天燕
圆规
半人马
南十字
苍蝇
蝘蜓
飞鱼
船底
船帆
Canopus
Coalsack
6h
7h
8h
9h
10h
11h
12h
13h
14h
15h
16h
17h
18h
−50°
−60°
−70°
−80°

图 15 和图 16 中的有趣天体

赤纬在-60°到-90°

双星

星名	赤经 2000.0 h m	赤纬 2000.0 ° ′	星等	方位角 °	角距 ″	简注
杜鹃 $\beta^{1,2}$	00 31.5	−62 58	4.3 4.5	169	27	共同自行；两子星各为双星；β^1：4.4，13.5；153°，2″.6；相对固定；β^2：4.6，6.5；277°，0″.6；双星，45 年，靠近中
杜鹃 λ^1	00 52.4	−69 30	6.7 7.4	81	20.5	光学双星；变化小
杜鹃 κ	01 15.8	−68 53	5.0 7.7	322	5	双星，1200 年？
水蛇 h3568	03 07.5	−78 59	5.7 7.7	224	15.3	相对固定
网罟 θ	04 17.7	−63 15	6.0 7.7	2	4.3	缓慢靠近中
网罟 h3670	04 33.6	−62 49	5.9 9.3	100	31.8	光学双星；相对固定
绘架 I5	06 38.0	−61 32	6.3 8.8	255	0.3	靠近中
飞鱼 γ	07 08.8	−70 30	3.9 5.4	298	14.1	物理双星；相对固定；金色，乳白色
飞鱼 ε	08 07.9	−68 37	4.4 7.3	24	6.1	方位角在减小
Rmk8	08 15.3	−62 55	5.3 7.6	69	4	变化小
飞鱼 θ	08 39.1	−70 23	5.2 10.3	105	42	光学双星；变化小
船底 h4128	08 39.2	−60 19	6.8 7.5	202	1.2	缓慢靠近中；方位角在减小
船底 ν	09 47.1	−65 04	3.0 6.0	129	5	相对固定
船底 h4306	10 19.1	−64 41	6.3 6.5	133	2.4	角距缓慢增加
苍蝇 h4432	11 23.4	−64 57	5.4 6.6	308	2.4	方位角缓慢增加
蝘蜓 ε	11 59.6	−78 13	5.3 6.0	211	0.4	靠近中，方位角在增加
南十字 α	12 26.6	−63 06	1.3 1.6	114	3.9	缓慢靠近中；易见；C，4.8，202°，90″；三颗星存在共同自行
南十字 ι	12 45.6	−60 59	4.7 10.2	8	28.1	角距在增加，方位角在减小
苍蝇 β	12 46.3	−68 06	3.5 4.0	40	1.1	双星，400 年？
苍蝇 θ	13 08.1	−65 18	5.7 7.6	187	5.3	角距缓慢增加；B 是沃尔夫-拉叶星
半人马 J	13 22.6	−60 59	4.5 6.2	345	60.8	相对固定；角距在增加；易见的双星
半人马 β	14 03.8	−60 22	0.6 4.0	234	0.9	方位角在缓慢减小
半人马 α	14 39.6	−60 50	0.0 1.3	224	13.3	华丽的双星，80 年[a]；都是黄色
圆规 α	14 42.5	−64 59	3.2 8.5	227	15.6	角距在增加，方位角在减小
南三角 ι	16 28.0	−64 03	5.3 9.4	11	18.5	光学双星；方位角在缓慢减小
孔雀 ξ	18 23.2	−61 30	4.4 8.1	156	3.4	变化小
南极 λ	21 50.9	−82 43	5.6 7.3	62	3.3	变化小
杜鹃 δ	22 27.3	−64 58	4.5 8.7	281	7	缓慢靠近中

a. 该双星轨道要素已在表 53 中给出，方位角和角距来自最新的观测

变星

星名	赤经 2000.0 h m		赤纬 2000.0 ° ′		类型	变幅（米）	周期（天）	光谱型	简注
网罟 R	04	33.5	−63	02	M	6.5～14.2	278.46	M	平均变幅 7.6～13.3
剑鱼 R	04	36.8	−62	05	SRB	4.8～6.6	338?	M	
南极 R	05	26.1	−86	23	M	6.4～13.2	405.39	M	平均变幅 7.9～12.4
山案 TZ	05	30.2	−84	47	EA/D	6.2～6.9	8.57	A1+B9	
剑鱼 β	05	33.6	−62	29	DCEP	3.4～4.1	9.84	G	
堰蜓 RS	08	43.2	−79	04	EA+DSCT	6.0～6.7	1.67	A5+A7	次极小 6.5 等
船底 R	09	32.2	−62	47	M	3.9～10.5	308.71	M	平均变幅 4.6～9.6
船底 1	09	45.2	−62	30	DCEP	3.3～4.2	35.54	G	
船底 S	10	09.4	−61	33	M	4.5～9.9	149.49	M	平均变幅 5.7～8.5
苍蝇 S	12	12.8	−70	09	DCEP	5.9～6.5	9.66	G	
南十字 T	12	21.4	−62	17	DCEP	6.3～6.8	6.73	G	靠近疏散星团 NGC4349
南十字 R	12	23.6	−61	38	DCEP	6.4～7.2	5.83	G	靠近疏散星团 NGC4349
苍蝇 BO	12	34.9	−67	45	LB	5.9～6.6	—	M	
苍蝇 R	12	42.1	−69	24	DCEP	5.9～6.7	7.51	G	
半人马 V766	13	47.2	−62	35	SDOR?	6.2～7.5	—	G8	
天燕 θ	14	05.3	−76	48	SRB	5.0～7.0	119?	M	
圆规 AX	14	52.6	−63	49	DCEP	5.7～6.1	5.27	G+B4	
圆规 θ	14	56.7	−62	47	GCAS	5.0～5.4	—	B3	
南三角 X	15	14.3	−70	05	LB	5.0～6.4	—	C	
南三角 R	15	19.8	−66	30	DCEP	6.3～7.0	3.39	G	
南三角 S	16	01.2	−63	47	DCEP	6.0～6.8	6.32	G	
天燕 VZ	16	16.3	−74	02	M	6.0～15.0	385?	M	
孔雀 κ	18	56.9	−67	14	CEP	3.9～4.8	9.09	G	
孔雀 Y	21	24.3	−69	44	SRB	5.6～7.3	233.3	C	
孔雀 SX	21	28.7	−69	30	SRB	5.3～6.0	50?	M	
南极 ε	22	20.0	−80	26	SRB	4.6～5.3	55?	M	

星团、星云和星系

NGC	赤经 2000.0 h m	赤纬 2000.0 ° ′	简注
104	00 24	−72 05	球状星团杜鹃 47，4 等，0°.5，仅次于半人马 ω 的全天第二大球状星团
362	01 03	−70 51	7 等，杜鹃座中的球状星团，靠近小麦哲伦星云，但两者并无关系
2070	05 39	−69 06	蜘蛛星云，又称剑鱼 30，位于大麦哲伦星云中，内部有恒星，0°.5，肉眼可见
2516	07 58	−60 52	肉眼可见的大星团，在船底座，0°.5，最亮星为 5 等
2808	09 12	−64 52	6 等，船底座球状星团，大且中心明亮
3114	10 03	−60 07	4 等，船底座疏散星团
IC2062	10 43	−64 24	肉眼可见的星团，将近 1°，中心为 3 等星船底 θ
3372	10 45	−59 50	围绕着船底 η 星的肉眼可见的星云，2°，内部有恒星，包含一个称为钥匙孔星云的暗星云
3766	11 36	−61 37	5 等，半人马座疏散星团
—	12 50	−63 00	煤袋，遮挡住部分银河的暗星云，位于南十字座，6°.5×5°
4755	12 54	−60 20	珠宝箱星团是光辉华丽的星团，由各种颜色的恒星组成，其中包括 6 等蓝超巨星南十字 κ
4833	13 00	−70 53	苍蝇座球状星团，7 等
6025	16 04	−60 30	南三角座疏散星团，5 等
6752	19 11	−59 59	孔雀座中的大球状星团，5 等

星图 17

银河星图

银经 0°至 180°；银纬北 50°至南 50°

星等

1 2 3 4

绿色底图表示银河的大概范围

星图 18

银河星图

银经 180°至 0°；银纬北 50°至南 50°

星等

1 2 3 4

绿色底图表示银河的大概范围

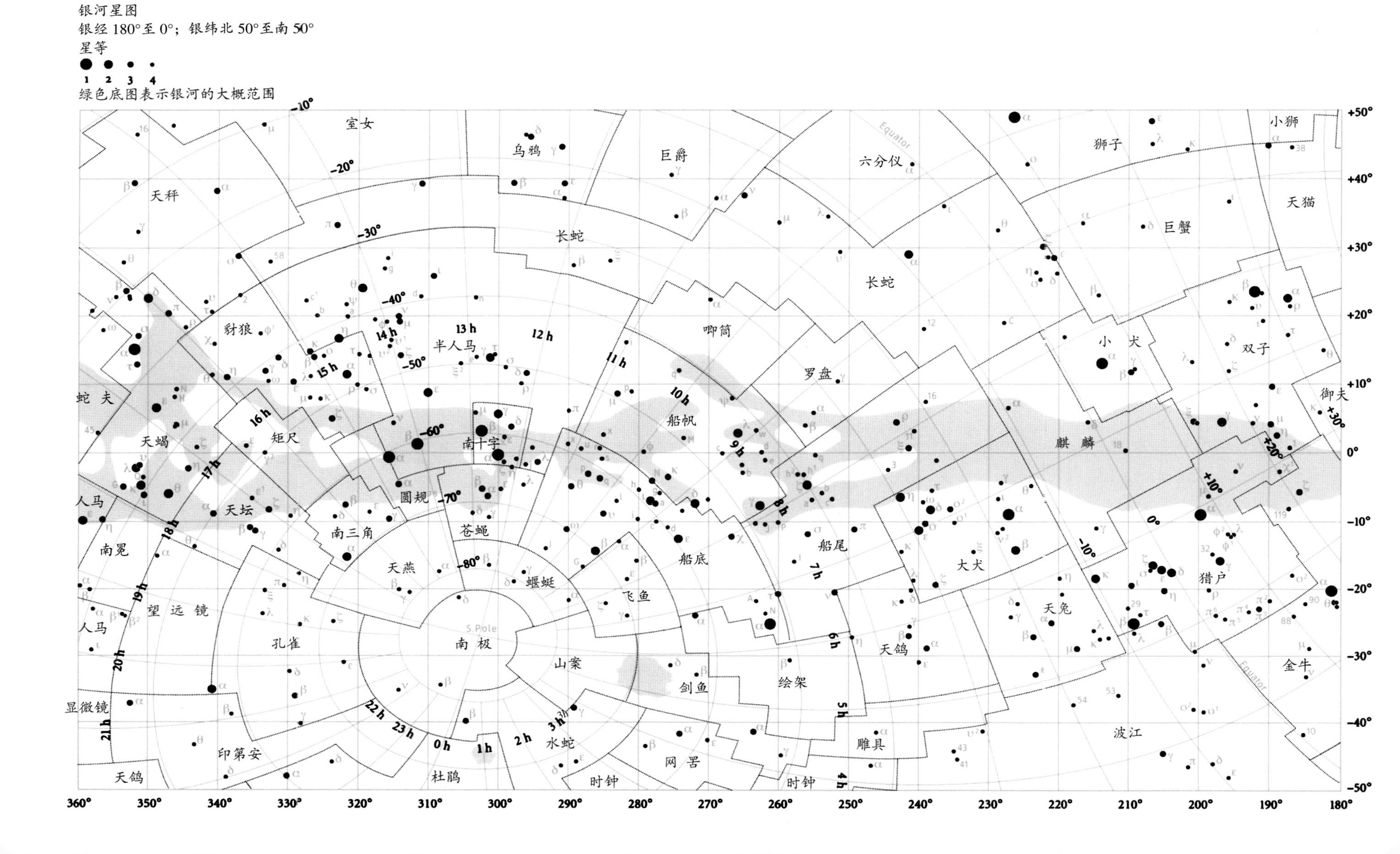

附　录

单位和记号

尽管国际单位系统（SI）已经被全世界范围的科学工作者接受并采用为标准的单位计量表示方法，但天文学家在采用国际单位系统的基础上，还经常采用一些天文学特有的计量单位。国际天文学联合会（IAU）负责天文学计量单位标准的制定，在1988年召开的IAU大会上，IAU强烈建议天文学家只使用SI单位，以及个别的天文学独有的计量单位。为使用方便，本书所采用的单位和记号均秉承IAU以及皇家天文学会的这一倡议。

国际单位系统

表61给出了SI系统所采用的7个基本单位以及两个无量纲补充单位。任一物理量都可以用由这7个基本单位和两个补充单位简单组合而成的“导出单位”来表示。例如，在SI系统中，面积的单位为平方米，记为m^2；速度的单位为米每秒，记为m/s或者ms^{-1}（推荐使用后者）。少部分“导出单位”被赋予了专用名称，比方说力的单位称为“牛顿”（N），1牛顿的定义为$1N=1kgms^{-2}$。

任何一个SI基本单位都可以被冠以前缀，来表示该基本单位乘以一个十进制数（表62）。当然这些前缀也可以加在非SI基本单位的其他单位前面。比如10^{-9}m =1nanometre =1nm；10^3m =1kilometre =1km；10^6pc = 1megaparsec =1Mpc。请注意，尽管kilogram是质量的基本单位，但十进制前缀是加在g（克）前面而不是kg（千克）前（例如我们会用mg而不是用μkg来表示毫克）。

表61　SI系统基本及补充单位的名称和符号

物理量	单位名称	符号
基本单位		
长度	metre	m
质量	kilogram	kg
时间	second	s
电流	ampere	A
热力学温度	kelvin	K
光强	candela	cd
物质量	mole	mol
补充单位		
平面角	radian	rad
立体角	steradian	sr

表62　SI系统使用的前缀。科学记数时不建议使用方括号中的数字。

倍数	前缀	符号	倍数	前缀	符号
[10^{-1}	deci-	d]	[10	deca-	da]
[10^{-2}	centi-	c]	[10^2	hecto-	h]
10^{-3}	milli-	m	10^3	kilo-	k
10^{-6}	micro-	μ	10^6	mega-	M
10^{-9}	nano-	n	10^9	giga-	G
10^{-12}	pico-	p	10^{12}	tera-	T
10^{-15}	femto-	f	10^{15}	peta-	P
10^{-18}	atto-	a	10^{18}	exa-	E

天文学采用的计量单位

事实上在天文学领域，只有极少数的SI单位被经常使用。天文学家更经常采用的是传统天文学单位和已经过时的c.g.s.系统单位（厘米、克、秒）的混合单位。表63列出了天文学常用的计量单位以及它们与SI系统单位之间的换算关系。我们已经在第107页到第110页详细介绍了计量恒星亮度的星等系统；各种天文学领域的时间计量单位也在第7页到第21页介绍过了。在复杂的计算中，把所有的单位统一为SI系统可以非常有效地降低由于单位换算而引入错误的风险，表64给出了一些常用的换算因子。

其他没有特别命名的天文学单位可以通过适当组合表63中的单位而得到，例如密度可以用kgm^{-3}（SI），gcm^{-3}（c.g.s.）或$M_⊙pc^{-3}$来表示。哈勃常数也可以用$kms^{-1}Mpc^{-1}$来方便地表示。

请注意计量单位符号并不是缩写，因此5km不能记为5km.，也不能记为5k.m.；100Mpc也不能记为100M.p.c.。同样字母s也不能加在计量单位符号的结尾来表示复数，因

表 63 天文学常用单位

物理量	单位名称（符号）[a]	SI 单位的换算关系[b]	说明及天文用法
长度	metre(m)	(SI unit)	
	astronomical unit (AU,au)[c]	1AU≡1.49597870×10¹¹m	天文长度计量单位[d]，大约为地球公转轨道的半长轴，主要应用于太阳系天体；
	parsec(pc)	1pc=3.0857×10¹⁶m	视差（距离单位，1AU 在天空中的张角为 1 角秒，则该距离为 1 秒差距），主要应用于恒星和星系间的距离，有 kpc、Mpc 以及 Gpc 等；
	light year(l.y.)[c]	1l.y.=9.4605×10¹⁵m	电磁波在真空中一年所自由传播的距离，常见于科普作品；
	solar radius($R_\odot$)	1$R_\odot$=6.960×10⁸m	
	angstrom(Å)	1Å≡10⁻¹⁰m	曾用于光学波段的波长计量以及原子、分子尺度的距离计量，现已被纳米（10⁻⁹m）所代替，非 IAU 推荐使用的单位。
	micron(μm,μ)	1μm≡10⁻⁶m	微米的常用名（非 IAU 符号 μ 已经过时了）
时间[e]	second(s)	(SI unit)	也有 ms、μs、ns
	minute(min,m)	1min≡60s	只要与表示距离的“米”不混淆，即可用 m 表示分钟
	hour(h,hr)	1h≡60min≡3600s	
	day(d)	1d≡24h≡86 400s	天文时间单位[d]
	year(yr,y,a)	1y ≡365.25d =3.1588 × 10⁷s	除非特别声明，均指儒略年。建议符号为“a”，但很少用。
质量	kilogram(kg)	(SI unit)	前缀必须加在 g 前，而不是 kg 前
	solar mass unit($M_\odot$)	1$M_\odot$≡1.9891×10³⁰kg	天文质量单位[d]
热力学温度	kelvin(K)	(SI unit)	原点就是绝对零度，亦即 0k=-273.15℃，作为不同的温度计量单位，开尔文与摄氏度是等价的。
角度（或天球上的“距离”）	radian(rad)	See Table 55(SI unit)	圆周的 1/2π，也有 mrad。
	second of arc(″,arcsec)	1″≡4.8481×10⁻⁶rad	
	minute of arc(′,arcmin)	1′≡60s=2.9089×10⁻⁴rad	
	degree(°,deg)	1°≡60′=1.7453×10⁻²rad	
立体角（或天球上的“面积”）	steradian(sr)	(SI unit)	球的 1/4π
	square degree(deg²)	1deg²=3.0462×10⁻⁴sr	
频率	hertz(Hz)	1Hz≡1s⁻¹ (SI unit)	曾记为“c/s”，意为每秒钟多少圈，也有 KHz、MHz 和 GHz
力	newton(N)	1N≡1kg ms⁻²(SI unit)	大约是一个苹果的重量
	dyne(dyn)	1dyn≡10⁻⁵N	C.g.s.单位，非 IAU 单位。
能量	joule(J)	1J≡1Nm⁻²(SI unit)	
	erg(erg)	1erg≡10⁻⁷J	C.g.s.单位，非 IAU 单位。
	electron-volt(eV)	1eV=1.6022×10⁻¹⁹J	光子和粒子的能量，也有 keV、MeV 和 GeV。
功率	watt(W)	1W≡1Js⁻¹(SI unit)	也有 kW、MW 和 GW
	erg per second(erg s⁻¹)	1erg s⁻¹≡10⁻⁷W	C.g.s.单位，非 IAU 单位。
	solar luminosity($L_\odot$)	1$L_\odot$=3.90×10²⁶W	太阳的热光度（全波段辐射功率的总和）
压强	pascal(Pa)	1Pa≡1Nm⁻²(SI unit)	
	bar(bar)	1bar≡10⁵Pa	也有 mbar（或 mb），非 IAU 单位
	atmosphere(atm)	1atm≡101 325Pa	国际标准大气压，非 IAU 单位。
	torr(Torr)	1Torr≡1/760atm =133.32Pa	曾用名毫米汞柱（mmHg）
光谱流量密度	jansky(Jy)	1Jy≡10⁻²⁶Wm⁻²Hz⁻¹	射电天文，也有 mJy。
磁场流量密度	tesla(T)	1T≡1V sm⁻²(SI unit)	
	gauss(G)	1G≡10⁻⁴ T	c.g.s.单位，非 IAU 单位，已经被 tesla 代替。

“非 IAU 单位”意为 IAU 不再推荐在天文领域使用

a. 不止一种符号被使用，一般按照使用倾向排序。

b. 符号“≡”表示“按照定义精确等于”，符号“=”表示“等于（在精度范围内）”。

c. 缩写；没有标准的国际通用记号

d. 在 1976 年的 IAU 天文学常数系统中被定义，曾于 1984 年被短时采用；详见《天文年鉴》

e. 有关天文学使用的时间系统的讨论详见第 7～21 页

表 64　换算因子
1inch(in.)≡25.4mm
1foot(ft)≡12in.≡0.3048m
1yard(yd)≡3ft≡0.9144m
1mile(mi)=1.6093km
1UK nautical mile≡6080ft=1.8532km
1international nautical mile≡1.852km
1mi h^{-1}=0.447 04ms^{-1}
1litre(1) ≡$10^{-3}m^3$
1ounce(oz) =28.350g
1pound(1b) ≡16oz=0.453 592kg
1ton(ton) ≡22041b=1016.0kg
1tonne(t) ≡1000kg=2240.61b=0.9842ton
1parsec(pc) =3.2616l.y.=206 265AU
1ligth year(l.y.) =0.3066pc=63 240AU
1radian(rad) =57°.2958
1sphere =41 252.961deg^2=12.5664sr
温度换算
T(℃)≡T(K)−273.15≡[T(°F)−32]/1.8
T(°F)≡1.8T(℃)+32=1.8T(K)−459.67
T(K)≡T(℃)+273.15=T(°F)/1.8+255.37
符号=表示“按照定义精确等于”

表 65　天文学　常数（P181）	
常数	符号和数值
光速	c=299 792 458ms^{-1}
高斯引力常数	k=0.017 202 098 95
引力常数	$G=6.672\times10^{-11}Nm^2kg^{-2}$
天文单位	$A=1.495\ 978\ 70\times10^{11}m$
1 天文单位光行时	τ_A=499.004 782s
太阳视差	$\pi_\odot$=8″.794 148
太阳质量	$M_\odot=1.9891\times10^{30}kg$
日心引力常数	$GM_\odot=1.327\ 124\ 38\times10^{20}Nm^2kg^{-1}$
地球质量	$M_\oplus=3.003\ 490\times10^{-6}M_\odot=5.9742\times10^{24}kg$
地心引力常数	$GM_\oplus=3.986005\times10^{14}Nm^2kg^{-1}$
地球赤道半径	a_e=6 378 140m
地球扁率	f=0.003 352 81=1/298.257
月球质量	$M_☾=0.012\ 300\ 02M_\oplus=7.3483\times10^{22}kg$
标准历元 2000.0	
黄赤交角	ε=23°26′21″.488
黄经总岁差	ρ=50″.290 966y^{-1}
章动	N=9″.2025
光行差常数	κ=20″.495 52

此 3 秒差距应该记为 3pc 而不是 3pcs。

数字的书面表达

特别大或者特别小的数字最好用指数形式书写，也就是 $a\times10^b$ 的形式，其中 a 是介于 1~10 之间的数字，b 是整数。例如电子的质量为 $9.11\times10^{-31}kg$，光速为 $2.998\times10^8ms^{-1}$。

如果某数有多于 4 位的数字，为了表示清楚，可以从小数点开始每三位数字为一组。注意这种情况不能使用逗号，因为逗号在大多数的欧洲国家是表示小数点的意思。例如，12345.678901km 可以记为 12 345.678901km，不能写为 12,345.678901km。

没有个位的小数应在小数点前加 0 以示清楚，0.1234 不能记为.1234。

误差和不确定性

任何测量都会有不确定性，或者称为误差，经常用“±”来标记，例如一次对距离的测量可以记为 5.34±0.25kpc。在解释误差时应该特别注意，除非特别指明，“±”后标记的数字都是指标准误差，因此真值的概率都是 68%（以前曾使用可以误差，真值的概率为 50%）。但实际测量中很难获得真正的标准误差，因此误差数字只是对不确定性的估值。

天文学常数

1976 年 IAU 规定了一套自洽的应用于天文计算的常数，这套 IAU 系统天文学常数于 1984 年开始使用。尽管随着测量技术的提高，个别常数的数值会越来越精确，但基于一致性考虑，天文学家仍应采用 1976 年 IAU 的这套天文学常数。表 65 列出了部分常数，每年出版的 *The Astronomical Almanac*（《天文年鉴》）都有完整的表格。

引力常数 G 是测定得最不精确的基本物理量，误差为 1/6000。这就导致包括太阳在内的其他所有天体的质量都有相似的误差。幸运的是，导出常数 GM 的测量比单独对 G 或 M 的测量都精确得多，因此在日心系或地心系计算时，应采用 $GM_\odot$或 $GM_\oplus$。同样，两天体的质量比，如 $M_\oplus/M_\odot$的精度要比个别质量的精度高。

符号和缩写

本书所采用的符号和缩写在实测天文中也会经常用到（另见表 41，表 54，表 61，表 62 和表 63）。

a 半长轴；高度

A 方位角；消光

b 银纬或日心坐标的纬度

B_0 地心坐标系中太阳盘面中心的纬度

BC 热改正

c 光速

CM 中央子午线

c.p.m 共自行

D （望远镜）口径

dec 赤纬

e 偏心率

ET 历书时

f 后随

F 焦距

g 自由落体加速度

GHA 格林尼治时角

GMT 格林尼治平时

GST 格林尼治恒星时

h 高度

H_0 哈勃常数

HR 赫罗图

i 倾角

IC 星云星团新总表续编

JD 儒略日

l 银经或日心坐标系的经度

L_0 地心坐标系中太阳盘面中心的经度

L 光度；本历元的经度

LHA 地方时角

LMC 大麦哲伦云

LST 地方恒星时

m 视星等

m_{bol} 视热星等

m_{pg} 视照相星等

m_{pv} 视仿视星等

m_v 视目视星等

m_V 测光视星等

M 绝对星等；放大率；质量

M 梅西叶星云星团表

MJD 简化儒略日期

NGC 星云星团新总表

NPD 北极距

p 前导

P 周期；

PA 位置角/方位角

q 近日点距

Q 远日点距

r 径向（即距太阳的距离，以天文单位为单位）

RA 赤径

SMC 小麦哲伦云

t 时间

T 过近日点时刻（轨道上）；温度

T_c 色温度

T_{eff} 有效温度

TAI 国际原子时

TT 地学时

UT 世界时

UTC 世界协调时

z 天顶距；红移

ZHR 天顶每时出现率

α 赤径

β 黄纬

δ 赤纬

Δ 地心距（以 AU 为单位），作为前缀使用表示改正值如 ΔT

ε 黄赤交角

λ 波长；经度

μ 自行

υ 频率

π 视差

τ 光行时

ϕ 纬度

ω 近日点幅角

ϖ 近日点经度

Ω 升交点经度

γ 白羊座第一点（春分点）

♎ 天秤座第一代（秋分点）

☊ 升交点

☋ 降交点

○ 满月

● 新月

◑或◐ 凸月

◐或☽ 上弦月

◑或☾ 下弦月

☉ 太阳

⊕或♁ 地球

☿ 水星

♀ 金星

♂ 火星

♃ 木星

♄ 土星

♅或⛢ 天王星

♆或♆ 海王星

♇ 冥王星

常用地址

英国及英联邦

皇家天文学会

Poyal Astronomical Society,

Burlington house,Piccadilly,

London W1J0BQ,U.K.

EMAIL:info@ras.org.uk

http://www.ras.org.uk/

英国天文学会

British Astronomical Association,

Burlington House,Piccadilly,

London W1J0DU,U.K.

EMAIL:office@britastro.com

http://www.britastro.org/

普通天文学会

Society for Popular Astronomy,

36 Fairway,Keyworth,

Nottingham NG12 5DU,U.K.

EMAIL:secretary@popastro.com

http://www.popastro.com/

天文学联合会

Federation of Astronomical

Societies,
10 Glan y Llyn,North Cornelly,
Bridgend,CF33 4EF,U.K.
EMAIL:secretary@fedastro.org.uk
http://www.fedastro.org.uk/

加拿大皇家天文学会
Royal Astronomical Society of Canada,
136 Dupont Street,Toronto,
Ontario M5R 1V2,Canada.
EMAIL:rasc@vela.astro.utoronto.ca
http://www.rasc.ca/

大不列颠天文学会新南威尔士分会
British Astronomical Association
New South Wales branch,
Sydney Observatory,Watson Road,
Syduey,NSW 2000,Australia.
EMAIL: honsecretary@baansw.asn.au
http://www.baansw.asn.au/

新西兰皇家天文学会
Royal Astronomical Society
of New Zealand,P.O.Box 3181,
Wellington，New Zealand.
EMAIL:rasnz@rasnz.org.nz
http://www.rasnz.org.nz/

南非天文学会
Astronomical Society of Southern Africa,
P.O.Box 9,Observatory,7935,
South Africa.
http://www.saao.ac.za/assa/index.htm

爱尔兰

爱尔兰天文学会
Irish Astronomical Society,
P.O.Box 2547,
Dublin 14,Ireland.
EMAIL:ias@esatclear.ie
http://www.esatclear.ie/~ias/

爱尔兰天文学
Astronomy Ireland,
P.O.Box 2888,Dublin 5,Ireland.
EMAIL:info@astronomy.ie
http://www.aotronomy.io/

爱尔兰天文学会联盟
Irish Federation of Astronomical Societies.
http://www.irishastronomy.org/

美国

美国天文爱好者协会
The American Association
of Amateur Astronomers,
P.O.Box 7981,Dallas,
TX 75209-0981,U.S.A.
EMAIL:aaaa@corvus.com
http://www.corvus.com/

天文学同盟会
Astronomical League,
9201 Ward Parkway,Suite#100,
Kansas City,MO64114,U.S.A.
EMAIL:execsec@astroleague.org
http://www.astroleague.org/

太平洋天文学会
Astronomical Society of the Pacific,
390Ashton Avenus,
San Francisco,CA94112,U.S.A.
EMAIL:Publicinfo@astrosociety.org
http://www.astrosociety.org/

专家组织

美国变星观测协会
American Association
of Variable Star Observers,
25 Birch Street,
Cambridge,MA02138,U.S.A.
EMAIL:aavso@aavso.org
http://www.aavso.org/

月亮及行星观察协会
Association of Lunar
and Planetary Observers,
P.O.Box 13456,
Springfield,IL 62791-3456,U.S.A.
http://www.lpl.arizona.edu/alpo/

行星学会
The planetary Society,
65North Catalina Avenue,
Pasadena,CA 91106-2301,U.S.A.
EMAIL:tps@planetary.org
http://www.planetary.org/

国际月掩星中心
International Lunar Occultation Center,
5-3-1 Tsukiji,Chuo-ku,
Tokyo 104-0045,Japan.
EMAIL:iloc@jodc.go.jp
http://www1.kaiho.mlit.go.jp/KOHO/iloc/docs/iloc-index_e.htm

国际掩星协会
International Occultation
Timing Association,
7006 Megan Lane,
Greenbelt,MD 20770-3012,U.S.A.
EMAIL:david_dunham@jhuapl.edu
http://www.occultations.org/

国际流星组织
International Meteor Organization.
http://www.imo.net/

美国流星协会
The American Meteor Society.
http://www.amsmeteors.org/

国际暗夜协会
International Dark-Sky Association,
3225 N.First Avenue,
Tucson,AZ 85719,U.S.A.
EMAIL:ida@darksky.org
http://www.darksky.org/

国际业余-专业光电测光协会
International Amateur-Professional
Photoelectric Photometry,
Dyer Observatory,1000 Oman
Drive,
Brentwood,Tennessee 37027-
4143,U.S.A.
douglas.s.hall@iappp.vanderbilt.
edu/

网会
Webb Society
http://www.webbsociety.freeserve.
co.uk/

机构

国际天文学联合会
International Astronomical Union,
98bis Boulevard Arago,
75014 Paris,France.
http//www.iau.org/

美国宇航局总部
National Aeronautics and Space
Administration,
NASA Headquarters,
Washington, DC 20546 - 0001,
U.S.A.
http://www.nasa.gov/

欧空局
European Space Agency,
8-10 rue Mario Nikis,75738
Paris,France.
http://www.esa.int/

英国国家空间中心
The british National Space Centre,
151 Buckingham Palace Road,
London SW1W 9SS,U.K.
http://www.bnsc.gov.uk/

空间望远镜研究所
Space Telescope Science Institute,
3700 San Martin Drive,
Johns Hopkins University
Homewood Campus,
Baltimore,MD 21218,U.S.A.
http://www.stsci.edu/

杂志

《天文望远镜》
Sky v Telescope,
Sky publishing Corporation,
49 Bay State Road,
Cambridge,MA 02138-1200,U.S.A.
EMAIL:info@skyandtelescope.
com
http://www.skypub.com/

《天文学》
Astronomy,
21027 Crossroads Circle,
P.O.Box 1612,
Waukesha,WI 53187-1612,U.S.A.
http://www.astronomy.com/

《当代天文学》
Astronomy Now,
P.O.Box 175,
Tonbridge,TN10 4ZY,U.K.
http://www.astronomynow.com/
magazine.html

《天文学家》
The Astronomer,
6 Chelmerton Avenus,Great Baddow,
Chelmsford,CM2 9RE,U.K.
EMAIL:secretary@theastronomer.
org
http://www.theastronomer.org/

《天空资讯》
SkyNews,
Box 10,Yarker,
Ontario K0K 3N0,Canada.
EMAIL:skynews@on.aibn.com
http://www.skynewsmagazine.com/

《天空与太空》
Sky & space,
P.O.Box 1690,Bondi Junction,
New South Wales 1355,Australia.

名词注释

像差（aberration）： 光学系统的瑕疵。共有6种像差：色差指由于透镜对不同波长的折射率不同，形成围绕中心像的有色的弥散斑；球差是由于透镜或平面镜内外部分有不同的焦距，使得成像模糊；像散是指星象呈现为圆斑或十字；彗差指星体的成像被朝向视场边缘的方向拉长；场曲则是由透镜或平面镜的焦平面偏离平面造成的；畸变指由于视场中央和边缘处的放大率不同使得光线向内弯曲（正畸变）或向外弯曲（负畸变）。

光行差（aberration of starlight）： 由于地球绕日公转引起的被测天体视位置与真位置的细微偏差。

吸收线（absorption lines）： 光线穿过较冷气体时在特定波长处被吸收，表现为光谱上的暗线，称为吸收线。所有恒星的光谱都有吸收线，这是因为光线从恒星表面要经过较冷的外层大气才能传播出来。存在于地球和恒星之间的气体也可以产生吸收线。

消色差（achromatic）： 经过色差改正的透镜。消色差透镜实际上由两个被称为子镜的独立透镜构成，两个透镜共同作用可以消除色差的最坏影响。

气辉（airglow）： 电离层大气反射光形成的暗弱的夜空背景光。因此在地球上仰望天空永远不可能是完全黑暗的。

艾里斑（Airy disk）： 由于望远镜的衍射形成的星体像斑。斑的大小限制了望远镜的分辨率，因为斑的尺寸与望远镜的口径成反比。艾里斑以第七位皇家天文学家乔治·艾里爵士的名字命名，他于1834年首先计算出像斑的直径。对于折射望远镜来说，有接近84%的光都形成了艾里斑，剩下的少部分光则形成艾里斑周围的衍射环。对于装有副镜的反射望远镜，形成衍射环的光要比折射望远镜的比例大。

反照率（albedo）： 物体表面（如行星或月球表面）对入射光的反射比例。表面黑暗的星体反照率底，表面明亮的星体反照率高。对于行星来说，其表面各处的反照率都不一样，因此应用中经常使用的是平均反照率。拥有岩石表面的行星如水星和火星，反照率低；而表面被气体覆盖的行星如金星和木星，反照率高。有两种方式可以表征星体的反照率：一种是“球反照率”，假定星体是有漫反射面的球，可以将平行入射光向各个方向反射；另一种是“几何反照率”，将星体的反射能力与处在同样位置的，与星体半径相同的一块白色平面的反射能力相比，从而得到该星体的“几何反照率”。

照准仪（alidade）： 测量位于地平线以上天体高度的简单仪器。最简单的照准仪就是附着在铅垂线上的瞄准器，以半圆形量角器或相似标尺仪器的中心为中心自由摆动。天体的高度即可由铅垂线偏离量角器的角度测得。

天文年历（almanac）： 每年出版的预告重大天文事件发生时间及天体位置的书。

地平纬圈（almucantar，等高圈）： 天球上平行于地平的圆圈；等高圈即给定时刻位于同一等高圈上的天体都具有相同的地平纬度。

角直径（angular diameter）： 某天体的视大小即该天体的角直径，通常用弧度、弧分、弧秒来表示。

角距离（angular distance）： 天球上两天体（如两颗恒星）间的视距离，通常用弧度、弧分、弧秒来表示。

环脊（ansae）： 土星环的一部分，看起来好像是星体两边的一对把手，单数形式为ansa。

复消色差透镜（apochromat）： 由三块或更多块透镜组成的消色差系统，具有比传统的消色差透镜（两块透镜）更好的消色差效果。

可见期（apparition）： 某天体的可被观测时间周期，如金星能够在夜间被观测的时间段或者某颗彗星也有可见期。但不能应用在月亮等持续可见的天体。

合（appulse）： 两天体的视位置彼此非常接近，如两颗行星或一颗行星与一颗恒星之间的合。

拱点（apsides）： 轨道上两天体的距离最近（近星点）和最远（远星点）的点。此两点的连线称为“拱线”，是轨道的长轴。

弧（arc，测量用）： 天球上的角度通常用弧度、弧分、弧秒来表示。弧分和弧秒就是用来区分时间计量中使用的分和秒。1 弧度等于 60 弧分，1 弧分等于 60 弧秒。

星官（asterism，星宿）：尚未构成星座的一小群恒星的集合。同属一个星官（星宿）的恒星可能是某个星座的一部分，也可能分别属于多个星座。

天体测量学（astrometry）：天文学的分支学科，侧重对天体在天球上位置的精细测量。

卵形极光（auroral oval）：环绕在地球南北磁极的永久宁静极光活动，南北各有一翼，均称为卵形极光。通常情况下，卵形极光是距离地球两极大约 2000 千米的窄带，但在外界扰动特别是太阳耀斑爆发时，极光范围会向赤道方向扩展，在背离太阳的方向更为显著。正是在卵形极光扩宽期，位于地球低纬地区的人们才能够看到极光。

质心（barycentre）：一对天体（如双星或行星与其卫星）的质量中心或称平衡点，两天体围着质心互相绕转。

大爆炸（Big Bang）：关于宇宙诞生演化的纯理论中，标志着我们已知宇宙起点的事件。该理论认为，自大爆炸起宇宙一直在膨胀，至今已有 100 亿～200 亿年的历史。

黑体（black body）：一种理想的辐射发射和接受体。黑体辐射是指给定温度下黑体发出的可见光和其他波段辐射光谱。

黑洞（black hole）：引力很强以致任何物体（包括光子）都不能逃离引力束缚的空间，因此是真正的"黑"洞。一般认为大质量恒星在生命尽头时会塌缩形成黑洞。

波德定律（Bode' s law）：描述太阳系内远至天王星的各行星与太阳之间平均距离的一组数字，将 0，3，6，12 等数字乘以 2，再加 4，除以 10，即可得到某颗行星距太阳的平均距离（以天文单位为单位）。表 66 给出根据波德定律计算的结果与实际测量距离的比较。波德定律并不适用于海王星和冥王星（已被归为矮行星）。因为在德国天文学家约翰·波德于 1772 年提出这个定律之前，他的同胞约翰·提丢斯已经发现了类似的定则，因此这个定律也称为"提丢斯–波德定律"。

表 66：波德定律

	距离（AU）	
行星	波德定律	实际
水星	0.4	0.39
金星	0.7	0.72
地球	1.0	1.0
火星	1.6	1.5
谷神星	2.8	2.8
木星	5.2	5.2
土星	10.2	9.5
天王星	19.6	19.2
海王星	38.8	30.1
冥王星	77.2	39.5

同步自转（captured rotation，受俘自转）：天体绕自转轴的旋转与其绕另外天体的旋转周期相同，因此在绕转时该天体总是以相同的一面朝向被绕转天体。月球就是同步自转的例子，太阳系内其他行星的卫星也有很多都是同步自转的。潮汐力是同步自转的原因。

电荷耦合器件（CCD）：代替照相底片的电子设备。CCD 由感光硅片制成，划分为若干像素。落在每个像素上的光子产生可读电荷，电荷再转换成图像。由于 CCD 比普通照相底片的感光度要高很多，因此利用 CCD 可以大大缩短曝光时间。然而 CCD 的面积要比普通照相底片小，分辨率也不如照相底片高。CCD 是 charge-coupled-device 的首字母。

中央子午线（central meridian，CM）：一条连接南北两极的将行星表面一分为二的假想线，通常用作估计有自转行星表面结构经度的参考线。若某行星表面结构正经过中央子午线，则称为"中央子午线凌"。

准直（collimation）：将光学系统（如反射望远镜的各镜片）的各部件校正以获得可使光直线传播光路的过程。在分光观测中，利用准直镜产生平行光。

彗发（coma，彗星的）：构成彗星头部的气体云和尘埃，通常呈球状。彗发中心产生气体和尘埃的彗核。彗星的彗发直径为 10 000~100 000 千米。

彗差（coma，光学的）：光学仪器所成的星像向视场边缘扩散的闪光。

伴星（comes）：双星系统的子星（复数为 comites）。

通约（commensurable）：常用于轨道周期（例如两颗卫生）的表述，表示某一天体的轨道周期刚好与另一天体成严格比例关系，如 1/2，1/3 或 3/4。

连续谱（continuous spectrum）：由彩虹的各种颜色组成的不间断的光谱，区别于在连续谱背景上布满暗线的吸收光谱和充满明亮发射线的发射光谱。

连续谱（continuum）：同 continuous spectrum。

冕洞（coronal hole）：日冕上温度和密度都较低的部分，速度最快的太阳风流从那里穿出。

宇宙线（cosmic rays）：以接近光速穿行在宇宙中的原子粒子。其中大多数为质子（也就是氢原子核），极少数的其他元素原子核还有电子。一些低能宇宙线来自太阳耀斑，但人们相信更高能量的宇宙线是来自太阳系外，很有可能是来自超新星及其遗迹。最高能量的宇宙线则似乎全部来自河外星系以及类星体。

宇宙学（cosmology）：研究宇宙起源和演化的学科。

折轴焦点（Coude focus）：反射望远镜的一种焦点，光线被反射出望远镜的镜筒，沿极轴的方向可以跟踪固定的观测目标。折轴焦点的优势在于当望远镜跟踪目标而移动时，折轴焦点的位置并不改变，所以沉重的观测设备如大型摄谱仪可以方便地安装在折轴焦点。

低温（cryogenic）：指为了气体液化等所需的极低温度。低温致冷用来降低某些仪器的背景噪声，以此来提高仪器的灵敏度。用来保存制冷的液态气体的绝缘保温瓶称为低温恒温器。

尖点（cusp）：每个娥眉月的“号角”（即尖端）都可称为尖点；当行星的月相为娥眉月时，其尖端也称为尖点。

月球的（Cynthian）：形容词，表示与月球有关的。

金星的（Cytherean）：形容词，表示与金星有关的。

深空（deep sky）：太阳系外的宇宙，深空天体包括星团、星云、星系、双星和变星。

圆面未照亮区（defect of illumination）：从地球上观测行星时，行星圆面未被照亮的部分，通常用角秒表示其大小。例如，如果一颗行星的视直径为10角秒，相位为80%，那么它的圆面未照亮区就是2角秒。

弦（dichotomy）：在地球上看，当月亮、水星或金星正好有一半被太阳光照亮时，就称为弦。

较差自转（differential rotation）：物体的不同部分以不同的速度旋转就称为较差自转。例如，气态行星或恒星的赤道速度要比两极的旋转速度快。

衍射（diffraction）：光线在物体边缘处发生的微小偏折。波长较长的光比波长较短的光更容易发生衍射。光栅就是利用衍射效应工作的，在一块玻璃或金属上刻出一系列非常紧密的空格（通常每厘米要刻几千条），这样光栅就可以把入射光散射为光谱。在分光镜中经常要用到光栅。参见“艾里斑”词条。

盘面（disk）：在地球上看到的行星、月亮或恒星的表面。

色散（dispersion）：像光谱仪一样把光分解为光谱。最高色散可以得到光谱结构的最好分辨率。

每天的（diurnal）：每天。

多普勒效应（Doppler effect）：由于光源的运动导致的光的波长发生改变的现象。如果光源朝向我们运动，光的波长就会变短，亦即向光谱的蓝端移动，称之为蓝移；反之如果光源远离我们，光的波长就会变长，亦即向光谱的红端移动，称之为红移。光波移动量通过已知的光源发出的光波长来反映。

双合透镜（doublet）：两个透镜组成的系统，用来消除色差。

矮星（dwarf star）：位于赫罗图主序位置的恒星称为矮星。太阳就是一颗矮星，但实际上很多的矮星都比太阳大。矮星这个词有时也用来表示白矮星，白矮星并不在主序上。

早型星（early-type star）：光谱型为O、B或A的高温恒星。

偏心率（eccentricity，*e*）：用来表征一个轨道与正圆轨道偏离程度的量。椭圆的偏心率介于0（正圆）和1（抛物线）之间。椭圆两焦点间的距离除以其长轴长度所得到的商就是椭圆的偏心率。

子镜（element，optical）：构成光学系统的元器件，如平面镜、透镜、棱角等。通常这个名字用来指复杂透镜系统中的某个透镜，如一个双合透镜是由两个透镜构成的，而一个三合透镜有三个子镜。附加的子镜用来改正单一透镜成像时产生的像差。

距角（elongation）：从地球上观测，太阳与一颗行星或行星与其某颗卫星的夹角。距角沿黄道度量，记为太阳以西（东）多少度。

复现（emersion）：天体在被食或被掩后再次出现称为复现。

发射线（emission lines）：原子气体在特定波长处发出的光（或任何形式的电磁波谱）。发射谱有明亮的发射线，比如一些星云气体就会产生发射线。如果发射线是由恒星周围的高温气体产生的，那么它们就会表现为叠加在连续谱上的明亮线条。

天文年历（ephemeris）：预测太阳、月亮、行星等天体位置的历表，复数为ephemerides。

历元（epoch）：提供天体位置、轨道参数等信息的时刻，例如某年年初或年中。由于岁差，天体的坐标会发生变化，所以天体的位置会被归算到基准历元。目前天文学家采用的基准历元是2000年1月1日12时（也记为2000.0）。

差（equation）：天文学上，两个数值或改正量之间的不同都可以称为差，例如时差特指真太阳时和平太阳时之间的差别，人差特指对测量时由单独个体所产生误差的改正。

逃逸速度（escape velocity）： 任何物体无论是火箭还是气体分子要永远摆脱某天体的引力束缚所必须达到的速度。地球表面的逃逸速度为 11.2 千米每秒，月球表面的逃逸速度为 2.4 千米每秒。

出射光瞳（exit pupil）： 通过望远镜物镜（透镜或平面镜）形成的目镜的像称为出射光瞳。目镜的放大倍率越高，其出射光瞳的直径越小。为了看到望远镜的全部视场，目镜的出射光瞳应与人眼的瞳孔大小相一致。

消光（extinction）： 宇宙尘埃或地球大气吸收星光使其变暗的现象称为消光。由于波长较短的蓝光消光比波长较长的红光更明显，所以会使得星光偏红。地球大气对星光的消光在天顶最小，在晴朗的天气里消光只有几十分之一等，离地平线越近消光越严重（参考本书的表 57）。

外推（extrapolation）： 将一系列数值向外扩展以求得给定范围外估值的技术。

场星（field star）： 与被研究天体位于不同距离处，但同处在视场范围内，与其没有物理联系的恒星。例如观测遥远的星系时会有处在同一视场中的前场星。

初亏（first contact）： 食、凌或掩的开始时刻称为初亏（第一次接触）。对于日食而言，初亏是指月球开始穿越日面的时刻；对于月食来说，初亏则指月球开始进入地球本影的时刻。

焦距（focal length）： 透镜（平面镜）与其焦点间的距离，平行光在焦点处会聚。

焦平面（focal plane）： 透镜或平面镜能够成像的平面。对某些光学系统尤其是施密特望远镜来说，像是成在曲面上的，一般称为焦面。

焦比（focal ratio）： 望远镜的焦距与其口径之比。例如口径为 150 毫米、焦距为 1200 毫米的望远镜，其焦比为 f/8。

焦点（focus）： 作为光学概念，焦点是指光线通过透镜或平面镜汇聚成像的点。

焦点（focus）： 椭圆的两个焦点的位置决定了椭圆的偏心率，复数为 foci。椭圆的两个焦点位于其长轴上，在中心两侧各有一个焦点，两个焦点间的距离越大，椭圆的偏心率就越大。被环绕的中心天体位于环绕轨道的一个焦点上，轨道的另一个焦点上没有天体。

后随（following）： 由于地球自转，天体每天都东升西落，所以对于双星（或者一颗行星的东边缘）来说，偏东的那颗星（部分）就被称为后随。后随也被用来描述自转天体的表面特征，如太阳黑子或木星的红斑。与"后随"相对的则称为"前导"（preceding）。

复圆（fourth contact）： 食、凌或掩的结束时刻。对于日食，复圆是指月球完全从日面移出的时刻；对于月食，复圆是指月球完全走出地球本影的时刻。

频率（frequency）： 在给定时间内（通常为一秒）通过固定点的波数。频率的计量单位为赫兹，等于光速与波长之比。因此波长越长频率越低，反之，波长越短，频率越高。

基本星（fundamental star）： 尽可能精确测量其位置的恒星，其他恒星的位置都相对基本星测量。基本星的位置可以在基本星表中查到。

银河星团（galactic cluster）： 银河系中疏散星团的别称，由于疏散星团都分布在银河系的旋臂上而不像球状星团那样都分布在包围银河系的暗晕中，因此而得名。

伽马射线（gamma rays）： 波长最短的电磁波，波长短于 0.01 纳米，比 X 射线的波长更短。

巨星（giant star）： 恒星在生命尽头时体积会极度膨胀称为巨星。巨星的质量与普通恒星比如太阳基本相同，但巨星的直径比普通恒星大得多，光度也更大。

凸（gibbous）： 月亮或行星处于全部和刚好一半被照亮之间的状态。

古德带（Gould's Belt）： 与银道面成 15°～20°角的一条带，其中大都为年轻的亮星，古德带从英仙座、金牛座、猎户座经船底座一直延伸到半人马座和天蝎座。一般认为古德带是银河系旋臂的一部分。

大圆（great circle）： 能够把球分成两个相等半球的圆称为大圆。在天球上，大圆的中心都为地球，天赤道、黄道以及赤经圈都是大圆。是与小圆相对的概念。

绿闪（green flash）： 由于大气折射和吸收，在地球上看到日落的随后部分会变成绿色，有时还会在日落处伴有绿色的垂直光线，这种奇特的现象就称为绿闪。绿闪只能维持几秒钟时间，天空晴朗时在海面或遥远的地平线处最为明显（也就是要选择落日红化效应最微弱的位置）。日出时偶尔也能看到类似的现象。

温室效应（greenhouse effect）： 由于行星大气吸收来

自太阳的辐射而升温的现象。在金星上最为显著，使得其表面温度异常高。在其他太阳系行星上温室效应相对较弱。

重元素（heavy elements）：天文学中，所有比氢和氦重的元素都称为重元素，有时也把这些重元素称为金属。

偕日升（heliacal rising）：某颗恒星或行星很偶然地与太阳在空中的位置非常接近，黎明时刚好在被太阳的光辉淹没后被看到，称为偕日升。

偕日落（heliacal setting）：某颗恒星或行星很偶然地与太阳在空中的位置非常接近，黄昏时刚好在被太阳的光辉淹没前被看到，称为偕日落。

掩始（immersion）：食发生时被掩天体开始进入阴影的时刻，或者掩发生时被掩天体开始被覆盖的时刻。

倾角（inclination，*i*）：天体运行轨道面与某参考平面间的夹角。对围绕太阳运行的天体，其倾角的参考平面为地球公转轨道平面；对围绕地球运行的天体，其倾角的参考平面为地球赤道面；对于双星，倾角参考面为天球切面。轴倾角则指自转天体其自转轴与其轨道面垂线间的夹角。

红外（infrared）：比可见光中的红光波长更长，但比射电波长要短的电磁辐射。其波长介于700纳米和1毫米之间。

干涉仪（interferometer）：用两个以上的孔径收集射电或光学辐射，以提高观测的分辨率的仪器，例如，分辨两个角距离十分接近的天体。

内插法（interpolation）：在两个给定值之间估计数值的技法。例如根据星历表上给出的两个时间点上行星的位置，可以利用内插法估计该段时间内某时刻行星的位置。

平方反比定律（inverse-square law）：能量衰减与距离的平方成反比关系。例如，两颗光度相同的恒星，若其中一颗的距离是另一颗的两倍，则前者的亮度只有后者的1/4；若距离为三倍，亮度则减为1/9，以此类推。力，包括万有引力，也遵循平方反比定律。

离子（ion）：失去一个或多个电子的原子或分子称为阳离子（a positive ion）；获得电子的则称为阴离子（a negative ion）。

电离（ionization）：原子或分子得到或失去电子成为离子的过程即电离。

辐照（irradiation）：一种光学现象，指光亮的物体在黑暗背景上会显得比真实的更亮更大。

柯克伍德空隙（Kirkwood gaps）：与太阳的距离为特定值的小行星带，在该小行星带上很少发现小行星。这是由于木星的引力作用，使得轨道周期与木星轨道周期恰好是整数倍关系的小行星都离开了原来的轨道。

拉格朗日点（Lagrangian points）：小质量天体能够在两个质量大得多的天体轨道面保持稳定轨道的五个特殊位置。其中三个在两个大质量天体的连线上（一个在两者之间，另外两个分别在它们的两侧）。另外两个在较大质量天体绕转另一天体的轨道上前后60°位置上；正是在木星轨道的这两个拉格朗日点上发现了Trojan小行星群。而在木星的其他三个拉格朗日点处小天体不能永远保持稳定的轨道，因为那里会受到其他行星引力的影响。

晚型星（late-type star）：光谱型为K，M，C或S的低温恒星。

光变曲线（light curve）：表示天体亮度变化（如变星、行星或月亮自转）的图。

光速（light，speed of）：光在真空中的传播速度为299792.5千米/秒，这是宇宙中最快的速度。其他形式的电磁辐射从X射线、伽马射线直到射电辐射，都是以光速传播的。

光污染（light-pollution）：由人造光源（如路灯）引起的夜空变亮现象。

光时（light-time）：从天体发出的光束到达地球所需的时间。当观测如木星卫星掩食等天象时必须考虑光时，因为这些天象发生的时刻受木星与地球间距离的影响。

边缘（limb）：在地球上看到的天体视圆面的边缘；月亮的能见部分边缘称为边缘区域。由于地球自转，天体横穿天空时西边的边缘称为前导边缘，东边的称为后随边缘。

局域静止标准（local standard of rest）：以太阳为中心向外扩展到大约100个秒差距处的空间，其中所有恒星相对于太阳的速度平均值为0。

朔望月（lunation）：月相完成一次完整变化所需要的时间，如从一次满月到下一次满月。一个朔望月为29.53天，与synodic month同义。

磁层（magnetoshpere）：地球磁场向外空间的延伸。地球磁层好像是围绕地球的一个磁性气泡。范艾伦（Van Allen）辐射带就位于地球磁层以内。其他具有磁场的天体也有磁层。磁层的边界称为磁层顶（magnetopause）。

放大率（magnification）：

光学设备使得天体看起来增大的量。例如，如果一根线在望远镜里看起来变长了10倍，那么我们就说这个望远镜有10倍的放大率。望远镜的放大率取决于望远镜物镜的焦距与所使用目镜的焦距。给定望远镜，那么使用的目镜焦距越短，其放大率就越大。望远镜放大率等于物镜焦距与目镜焦距的比值，如果放大率为10倍，那么记为×10。

主轴（major-axis）：椭圆最长的直径称为主轴，主轴穿过椭圆的两个焦点。

均值（mean）：一组数值的平均值。

流星（meteor）：持续时间为1秒左右的夜空中的光束，由外太空尘埃（如陨石）进入地球大气摩擦燃烧产生，通常的高度为100千米。

陨石（meteorite）：来自外太空的坠落在地球表面的石块或铁块（也包括其他任何物体）。大型陨石在撞击地面时会产生陨石坑。大多数陨石是小行星碎片形成的，但也有一些被称为含碳球粒状陨石的是来自彗核。

流星体（meteoroid）：空间的任何固体小颗粒都称为流星体。当流星体高速进入地球大气层时就看到流星。

默冬章（Metonic cycle）：以19个历年（6939.6天）为一个周期，一个默冬章后，在那一年的同一天里月相又重复出现，一个默冬章里有235个朔望月。

短轴（minor axis）：椭圆最短的一条轴，与主轴垂直。

幻日（mock Sun）：由于地球大气中的冰晶折射太阳光，使得在太阳两边各22°处出现光晕的现象。这些太阳的假像经常出现在环绕太阳的晕圈边缘，parhelia或者sundogs都是幻日的意思。

中子星（neutron star）：全部由中子构成的极小、高密的恒星。中子星的直径大约为20千米，质量却可达到三个太阳质量。如果中子星的质量大于三个太阳质量，那么由于引力作用，恒星会继续塌缩直到成为黑洞。一般认为中子星是在大质量恒星以超新星爆发的形式结束生命后遗留下来的，电子和质子都被挤压在原子核中形成中子。

交点（node）：轨道穿过某个给定平面如地球轨道面或赤道面的位置。有两种交点：升交点（ascending node）和降交点（descending node），前者是指轨道自南向北穿过平面的位置，后者反之。交点线（line of nodes）是连接两个交点的直线。交点退行是指由于来自其他天体的引力作用，使得轨道的交点向西运动的现象，太阳的交点退行现象非常显著。

扁率（oblateness）：表征某个自转物体（如恒星或行星）偏离正球体程度的量。自转使得球体的赤道部分向外膨起，所以看起来球体的两极区域就显得扁平，因此扁率也称“极平”。赤道直径与极直径的差除以赤道直径所得的商就是球体的扁率。太阳系行星中土星的扁率最大，为0.1。

挡条（occulting bar）：能够被移动到望远镜目镜的焦平面处，遮挡住亮天体的光芒从而使观测者能够看到近旁暗弱天体的板条。

抛物面（paraboloid）：像抛物线一样弯曲的面。很多望远镜的主镜都是抛物面镜，因为抛物面镜不会产生球面镜那样的像差。

幻日（parhelion）：同mock sun。

半影（penumbra）：太阳黑子或阴影的外层较明亮部分称为半影。在月亮的半影中可以看到日偏食。当月亮处在地球的半影中时就发生半影月食，但由于地球的半影非常弱，所以实际上很难观测到半影月食。

周期（period）：循环事件连续两次发生的时间间隔，例如物体绕轴自转一周或在其轨道上旋转一周，变星的亮度完成一次周期性变化的时间间隔都可称为周期。

扰动（perturbation）：由其他物体的引力作用引起的对物体运动状态的轻微改变。

相位（phase）：从地球上看，月亮或其他行星被太阳照亮部分的比例。水星和金星的相位变化跟月亮相似。外行星相位的变化仅表现为从“凸月”到“满月”的阶段，更多的是方照时期的“凸月”。

相位角（phase angle）：在中心天体看到的地球观测者和太阳之间的夹角。当相位角为180°时，太阳和观测者刚好位于中心天体相反方向，中心天体被太阳照亮的部分背对观测者。当相位角为0°时，太阳和观测者在中心天体的同一侧，所以观测者会看到中心天体完全被太阳照亮，是“满月”。

测光（photometry）：对天体亮度的测量计算称为测光。用来测光的仪器称为光度计。通常对恒星或其他研究天体的测光是在多波段（颜色）进行的，可以获得恒星温度等信息。

光子（photon）：在某些情况下，波动并不是光的最好表述，把光当做一束粒子更能表现光的本性。光子就是这种光粒子（或其他电磁辐射）的名称。

平面星图（planishpere）：有可转动盘面的圆形的星图，可以演示指定纬度地区任何时刻的星空。

族指数（population index，*r*）：流星天文学中用族指数来表示随着流星亮度变小流星数目的变化趋势。例如，在星等 $m \sim m+1$ 范围内有 n 颗流星，在 $m+1 \sim m+2$ 范围内有 rn 颗流星，在 $m+2 \sim m+3$ 范围内有 r^2n 颗流星，以此类推。在目视范围内，r 大致为常数。其具体数值与不同的流星群有关，通常介于 2.2～2.5。

位置角（position angle）：两天体相对位置间的夹角，如双星系统的两颗子星，或者月掩星时恒星与月亮边缘之间的位置关系等。位置角的量度是按照北东南西的顺序。在天球上，东定义为指向东方地平线的方向。

前导（preceding）：用来描述行星穿过天空时走在前面的部分，也用来表示走在前面的恒星或太阳黑子。前导部分很容易通过在望远镜视场里的漂移发现，与“后随”（following）相对。

主星（primary）：互绕系统中较大的天体（例如地球是月球的主星），双星系统中较大质量星即为主星，与伴星（secondary）相对。

主焦点（prime focus）：望远镜的主镜或物镜没有经过其他光学部件干涉直接将光线会聚的点称为主焦点。

脉冲星（pulsar）：在射电或其他波段以秒或更短时间量级释放快速能量信号的恒星。一般认为脉冲星是高速旋转的中子星，当中子星自转时，就像灯塔一样发出脉冲信号。

类星体（quasar）：光学影像与普通恒星十分相像的天体，但其发出的能量高达几百个正常星系释放能量的总和。类星体一般都是高红移天体，因此一定是位于距离我们非常遥远的宇宙空间。类星体很可能是由遥远星系的中心黑洞正在吞噬其周围物质所形成的。

辐射带（radiation belts）：行星磁层内部能够俘获原子粒子的地带，参见“范艾伦带”。

射电天文学（radio astronomy）：研究天体自然发出的射电波的天文学分支。射电辐射是波长最长的电磁辐射，其波长大于 1 毫米。

矢径（radius vector）：连接绕转和被绕转天体的一条假想直线。

红矮星（red dwarf）：比太阳小得多、温度低得多的恒星。其质量和直径均约为太阳的十分之一。

红巨星（red giant）：直径为太阳的 10 倍甚至更大的低温恒星，是正常恒星生命即将结束时膨胀的状态。

红移（redshift）：光的波长变长，通常是由于光源作远离我们的运动引起的（多普勒红移），也有因强引力场作用引起的红移。星系的红移通常与它们在宇宙中的距离直接联系，因此星系的红移越大表明它们距离我们越遥远。

（大气）折射（refraction atmospheric）：地球大气折射使得光传播路径弯曲从而使得大体在地平线以上的视位置比真位置高。当天体位于天顶时，折射角度为 0，到达地平线时，折射角度增大为大约半度。

残差（residual）：观测与计算值的差别，例如对一颗行星轨道位置的计算和观测值间的差别。

逆行（retrograde）：太阳系天体自东向西的运动，因其与之前的运动方向相反所以称为逆行。逆行可以用来描述天体在公转轨道上的运动，也可以用来描述行星或月亮的自转方向。

公转（revolution）：天体围绕另一天体或质心旋转。

自转（rotation）：天体绕其自转轴旋转。

沙罗周期（Saros）：日、月食的周期。一个沙罗周期后，太阳、月亮和月亮轨道的交点位置都回到同样的相对位置。沙罗周期的长度为 6585.32 天（稍稍长于 18 年），包含 223 个朔望月。

闪烁（scintillation）：同 twinkling。

食既（second contact）：全食开始的时刻。对于日食，食既是指月球将日面全部覆盖的时刻；对于月食，食既指月球完全进入地球本影的时刻。

伴星（secondary）：围绕较大质量天体旋转的质量较小的天体（如月球是地球的伴星），或者指双星系统中较暗弱的子星，与“主星”（primary）相对。

二级光谱（secondary spectrum）：消色差透镜所成的像周围的轻微色散，因为即使是双透镜系统也无法完全消除色差。

半长轴（semi-major axis）：椭圆最长轴的一半。轨道半长轴是绕转天体（太阳系行星）距中心天体（太阳）的平均距离。

定位度盘（setting circles）：在赤道式望远镜的极轴和赤纬轴上标注的刻度，按照刻度望远镜可以指向任意已知坐标的天体。

恒星的（sidereal）：与恒星有关的。恒星时（sidereal

time）的基础是地球相对于恒星背景而不是太阳的自转运动；恒星周期（sidereal period）是相对于某固定恒星的轨道周期。与“会合的”（synodic）相对。

小圆（small circle）：与大圆不同，小圆不能将一个球体分为两个半球。在天球上，小圆的中心不是地球，例如赤纬圈（除了天赤道）就是天球的小圆。

太阳风（solar wind）：从太阳发出的吹向整个太阳系及系外的连续不断的原子粒子流。

光谱线（spectral lines）：叠加在物体光谱上的窄线，明亮的称为发射线，黑色的称为吸收线。每一条光谱线都对应着特定的原子或分子在该波长处发出或吸收的光。

分光镜（spectroscope）：获得物体光谱的仪器。分光镜采用棱镜或衍射光栅将光分解为光谱。通常分光得到的光谱由电子探测器来记录，这种仪器就称为摄谱仪。高色散分光镜的光谱分辨率高，能够比低色散分光镜更好地分解光，但得到的光谱强度更弱，所以需要更长的曝光时间。

可见光谱（spectrum，visible）：光的连续谱被分解为像彩虹一样具有多个色条的状态。通过研究气体光谱上的特征谱线，天文学家可以获得气体构成成分和运动等信息。

超巨星（supergiant star）：质量远大于太阳的恒星晚年时膨胀为超巨星，是目前所知道的最大最亮的恒星。其中的大多数或许是全部都将以超新星爆发的方式结束生命。

会合（synodic）：与合有关的。如行星的会合周期（synodic period）指从地球上观测其与太阳连续两次达到合（或是在太阳上看其与地球连续两次达到合）的间隔时间。卫星的会合周期指在其母行星上看到其连续两次合的时间间隔，在会合周期内，卫星经历一次完整的相位变化全过程。与“恒星的”（sidereal）相对。

与地球大气有关的（telluric）：例如某颗恒星光谱中的大气谱线（telluric lines）就是由于星光穿过地球大气所产生的。

明暗界线（terminator）：行星或卫星上被照亮部分和黑暗部分的分界线。特别是月球。明暗界线也是日出日没明暗界线，是白昼与黑夜的分界线。

生光（third contact）：全食结束的时刻。对于日食，生光是太阳开始从月影里重新显露出来的时刻；对于月食，生光是月亮开始走出地球本影的时刻。

站心（topocentric）：以地球表面一点作为观测点。近距天体的站心坐标（topocentric coordinates）与地心坐标（geocentric coordinates）略有差异。

闪烁（twinkling）：由于地球大气的湍流改变了星光的传播路径，引起的星光闪动现象。恒星看起来颜色和亮度都发生变化，尤其是当恒星位于地平线附近更为显著。行星不像恒星那样闪烁，因为行星不是点光源，但在糟糕的天气，即使是行星也会闪烁，特别是当行星的位置较低时。特别强烈的闪烁是不良视宁度的信号。

紫外（ultraviolet）：比可见光波长短但比 X 射线波长长的电磁辐射波段，波长范围为 10～400 纳米。

本影（umbra）：太阳黑子或影的中心黑暗部分。在月亮的本影扫过区域就能够看到日全食。当月球完全进入地球本影时就发生月全食，只有部分进入地球本影时发生月偏食。

范艾伦带（Van Allen belts）：环绕地球的两处油炸饼圈状的充满原子粒子的区域。在范艾伦带中充满了被地球磁层俘获的电子和质子。

波长（wavelength，λ）：电磁波两个相邻波峰或波谷之间的距离。光波长通常以纳米或埃来度量，（1 埃为 1/10 纳米）。波长等于光速除以频率，所以频率越高的辐射波长越短，反之亦然。

白矮星（white dwarf）：像太阳一样的恒星走到生命尽头就会变成一颗体积非常小的高温恒星。典型的白矮星相当于把全部太阳质量压缩到只有地球体积大小的球内。白矮星会随着年龄变大而降温，所以最年老的白矮星看起来并不是白色的。最容易观测到的白矮星是波江座的三合星系统 Omicron-2 中的一颗子星。

X 射线（X-rays）：比紫外辐射波长短，但比伽马射线波长长的电磁辐射，波长范围为 0.01～10 纳米。

塞曼效应（Zeeman effect）：光谱线在经过磁场时分裂为两部分或更多部分的现象。

黄道（zodiac）：太阳每年都按照顺序运行在 12 星座间，这 12 星座的位置所限定的一条假想带就是黄道。12 星座分别为白羊座、金牛座、双子座、巨蟹座、狮子座、室女座、天秤座、天蝎座、人马座、摩羯座、水瓶座和双鱼座。

译　后　记

本书的翻译工作由李元先生策划并主持。参加本书翻译和校对工作的人士是：沈良照（前言、序言），曹军（第一章、第二章），李鉴（第三章中小行星部分以前），齐锐（第三章中小行星部分以后），李竞（第四章），姜晓军（第五章），陈冬妮（附录、名词注释和索引），李元（第五章中部分，世界古典星图附录）。全书由齐锐统校。

译者

2011年8月

古典星图三种

古典星图在星图发展史上曾放射过耀眼的光辉，在当今的科学与文化生活中仍在广泛流传。在博物馆、科技馆、天文馆、太空馆以及许多公共场所中，常常可以看到以这些图谱为背景的科学艺术作品；在一些公共建筑中也往往能看到它们的踪影。在普及星座知识，讲述星座神话方面，古典星图更扮演了重要角色。但是在我国还没有出版过完整的这类古典星图，使人们在查找方面感到困难。为此，我们征得本图中、外出版社的同意，在《诺顿星图手册》中文版增加这个附录以供读者参考。限于篇幅只能将这三套古典星图缩小印制，特此说明。

附录编选和说明由李元提供

弗拉姆斯蒂德星图（F）

弗拉姆斯蒂德星图是继巴耶尔星图和赫维留星图之后的又一里程碑的古典星图，其精度与现今大多数目视星图处于同一水准，也是当前天文普及作品中引用最多的古典星图之一。弗拉姆斯蒂德(John Flamsteed，1647～1719)，英国著名的天文学家，格林尼治天文台首任台长。他的著名星图 1729 年出版于伦敦，黄道坐标的赤道坐标并用。附刊在本图册中的是 1776 年在巴黎出版的第二版，故星座名称均用法文，我们转载共计 26 图，并在最后补入两幅 1729 年第 1 版的星图。除了标明每图的中文星座名称外并加注了有关的希腊神话简介，有助于对星座图形的了解。另两套古典星图同此参考，不再另加说明。

巴耶尔星图（B）

巴耶尔星图在古典星图中有着极其重要的地位，因为它是第一套精确绘制出恒星位置供观测使用的星图，同时首次用小写希腊字母标明星座中的亮星，沿用至今和天文学的发展共存。巴耶尔（Johan Bayer，1572～1625）生于德国，是一位业余天文学家，1603 年出版了名垂千古的巴耶尔星图，共有 51 幅铜刻版星图，附刊在这里的是其中的一大部分。由于这是从多方面搜集的，所以星图规格未能一致。（星图编号为本书中的编号）

赫维留星图（H）

赫维留（Jahannes Hevelius，1611～1687）是 17 世纪波兰的著名天文观测家。赫维留星图在古典星图中是赫赫有名的，也是巴耶尔星图之后最重要的星图之一。星图共 56 幅，采用黄道坐标，并且是天球仪式的反像星图。这套星图从 20 世纪以来被译制成多种文字出版。附刊在这里的是选自这套星图的绝大部分。（星图编号为本书中的编号）

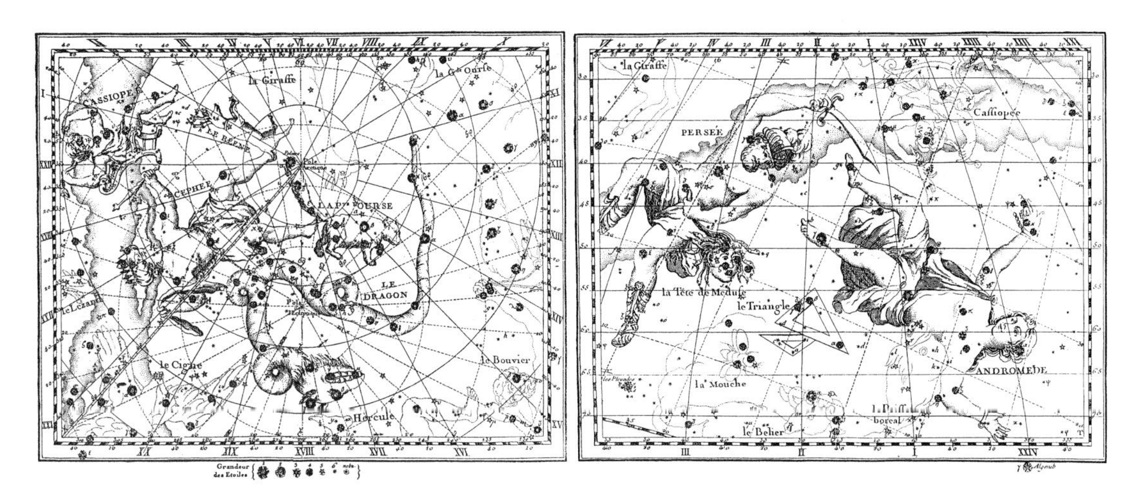

F2 仙后、仙王、小熊、天龙星座　　F3 英仙、仙女、三角星座

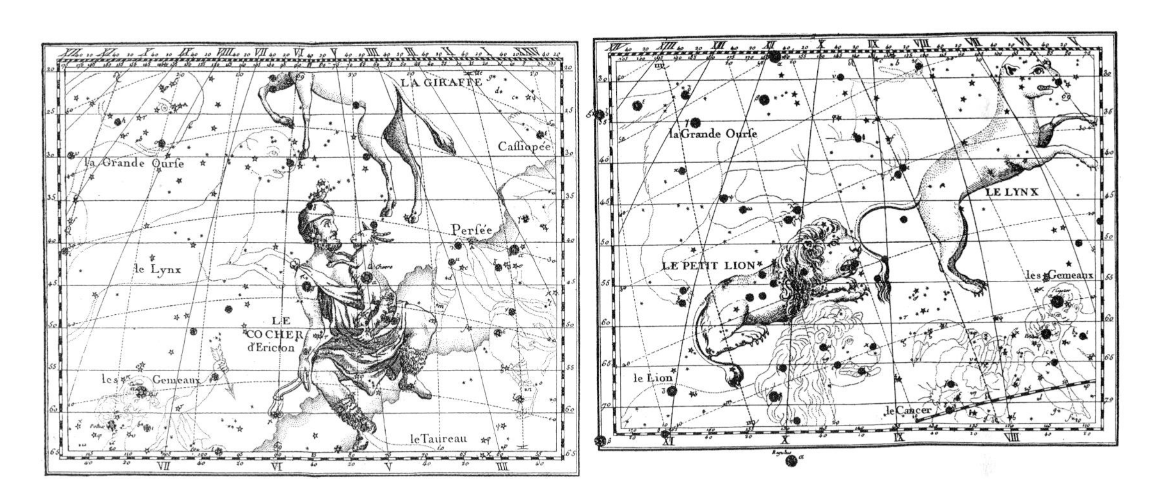

F4 御夫、鹿豹星座　　F5 天猫、小狮星座

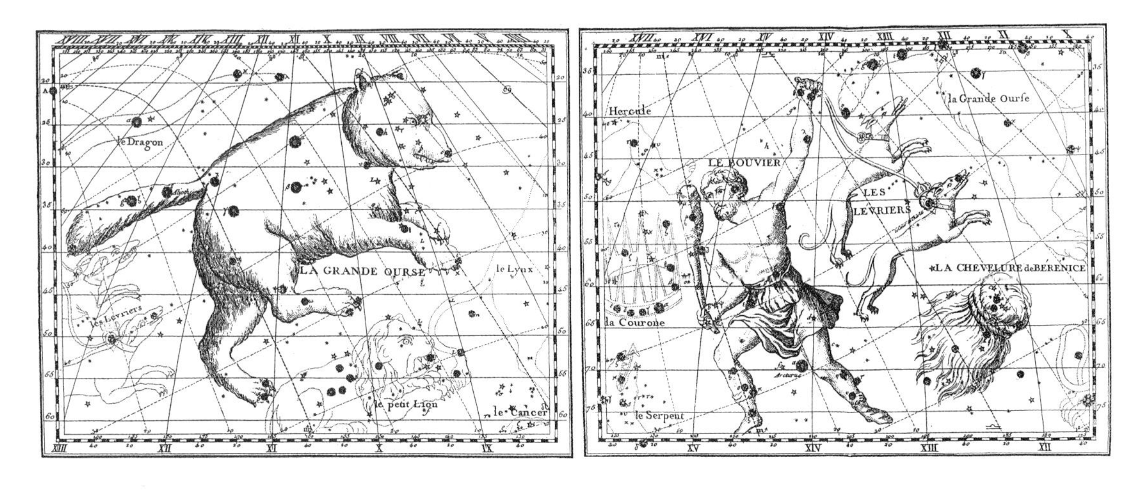

F6 大熊星座　　F7 牧夫、猎犬、后发星座

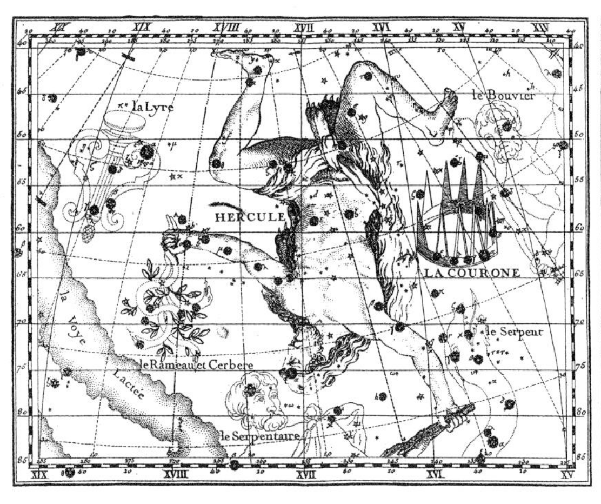

F8 武仙、北冕星座

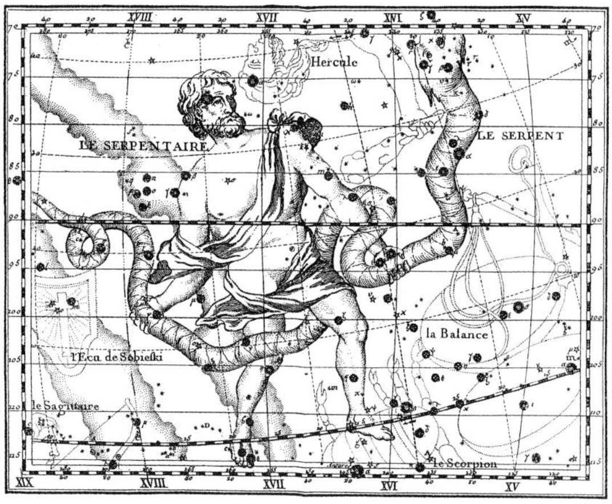

F9 蛇夫、巨蛇星座

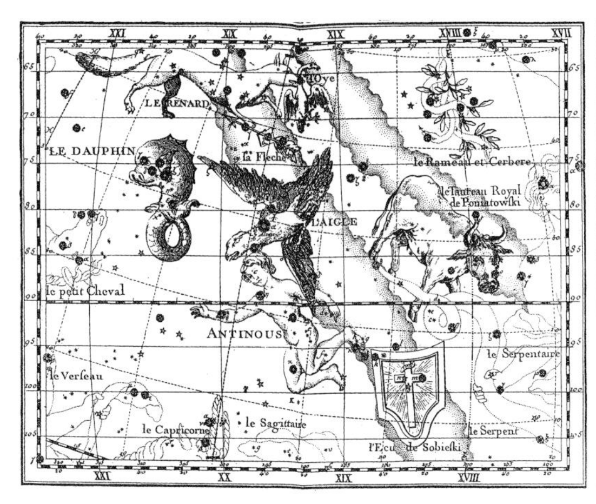

F10 天鹰、天箭、狐狸、海豚星座

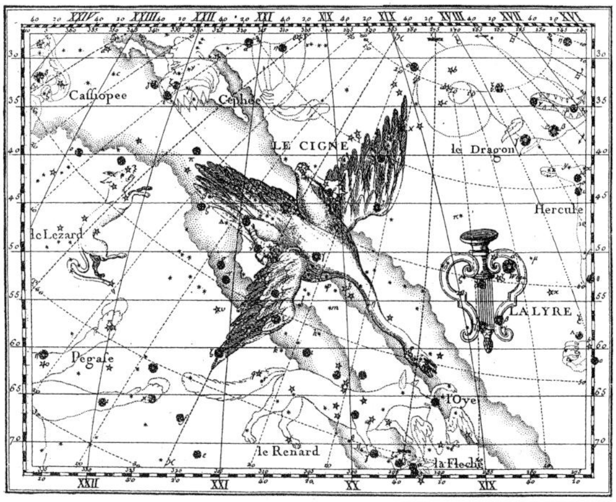

F11 天琴、天鹅星座

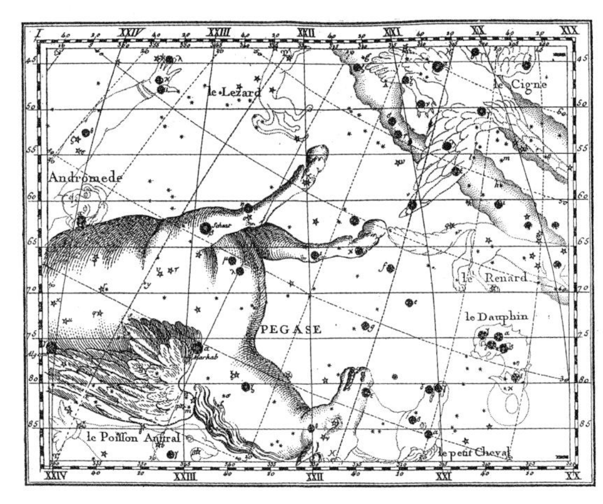

F12 飞马、小马、海豚星座

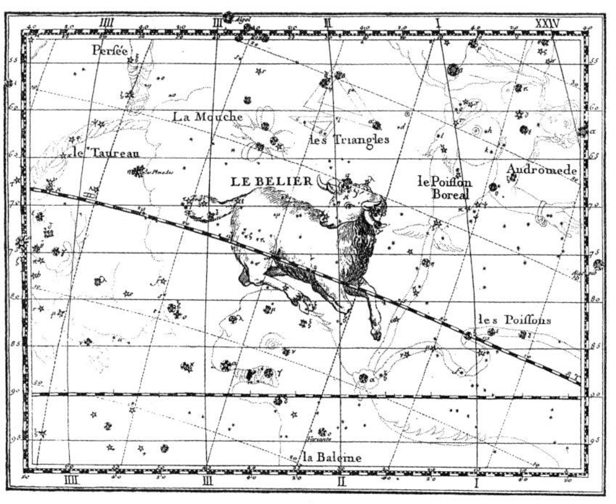

F13 白羊星座

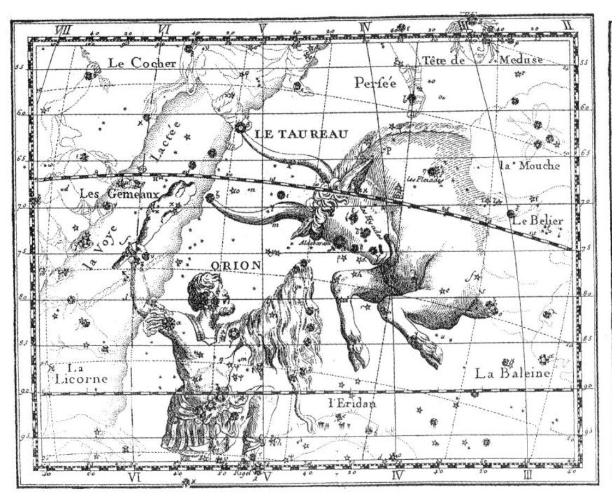

F14 金牛、猎户星座

F15 双子星座

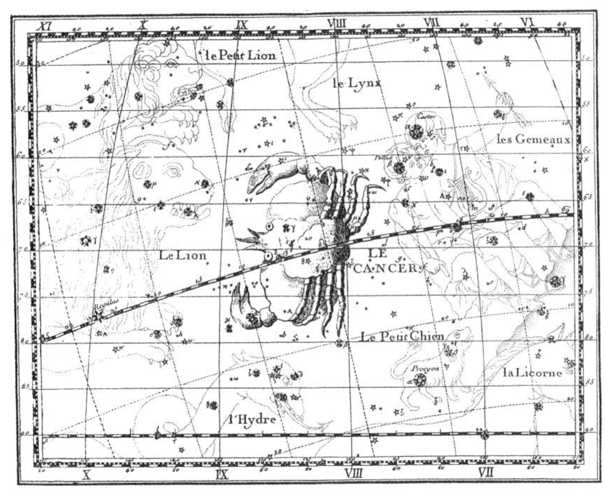

F16 巨蟹星座

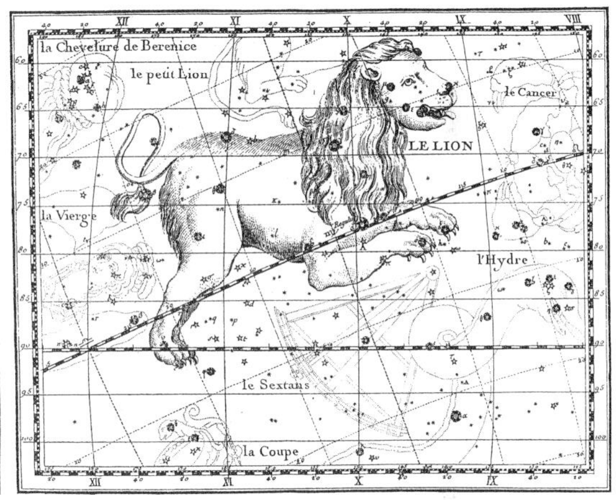

F17 狮子星座

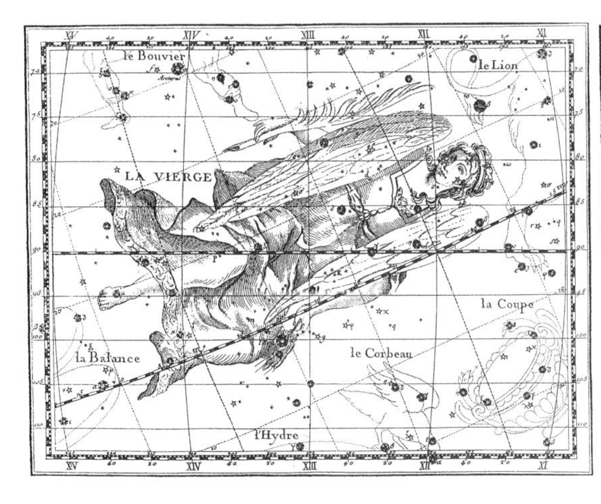

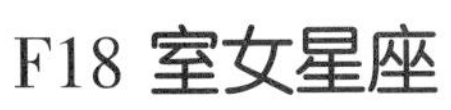
F18 室女星座

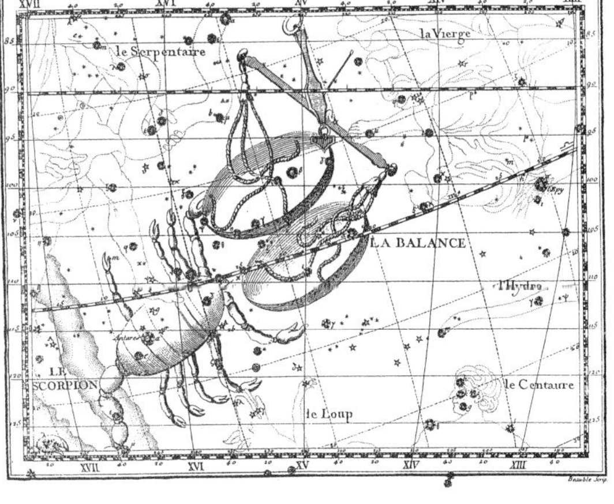

F19 天秤、天蝎星座

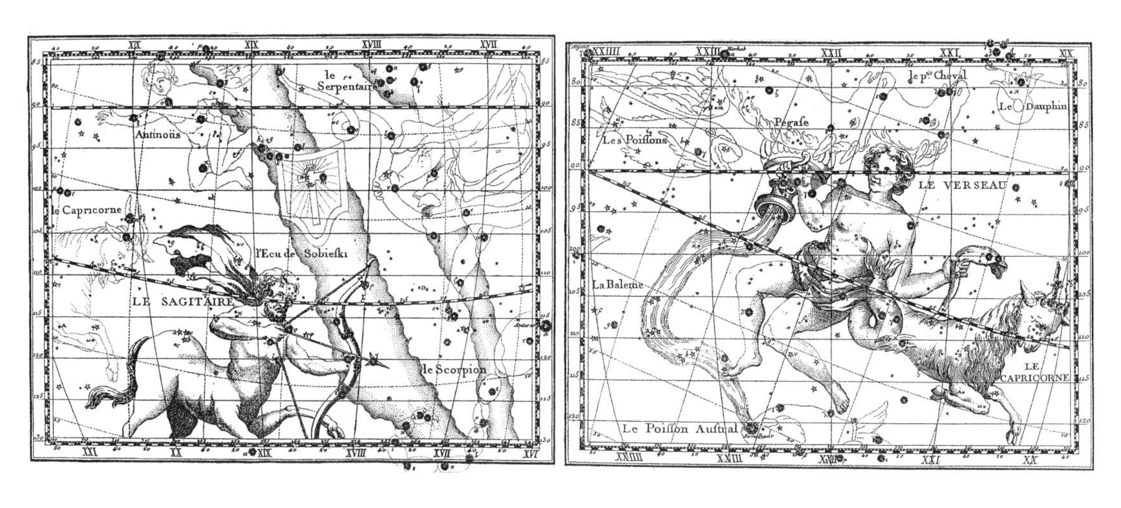

F20 人马星座

F21 摩羯、宝瓶星座

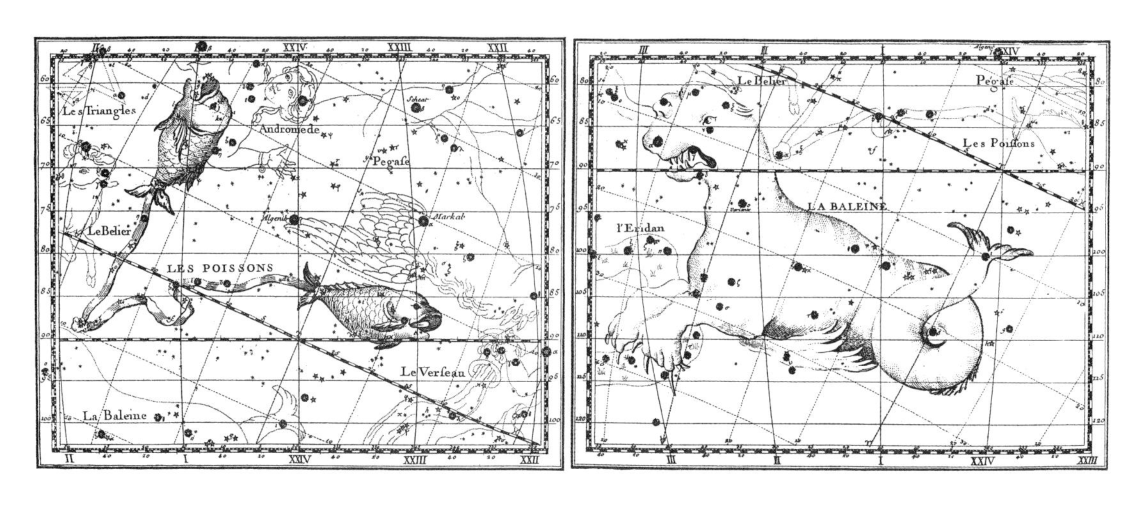

F22 双鱼星座

F23 鲸鱼星座

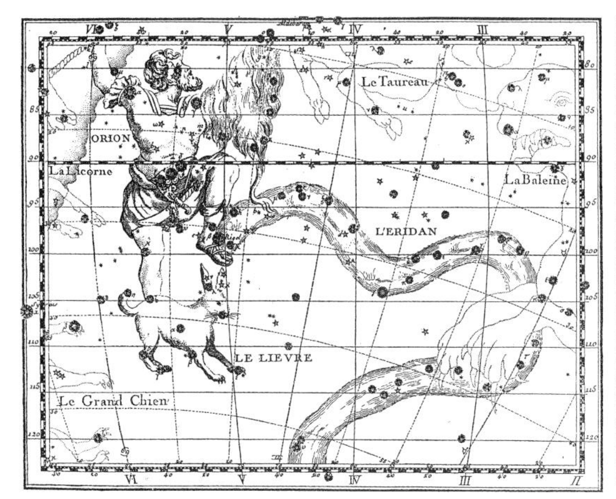

F24 波江、猎户、天兔星座

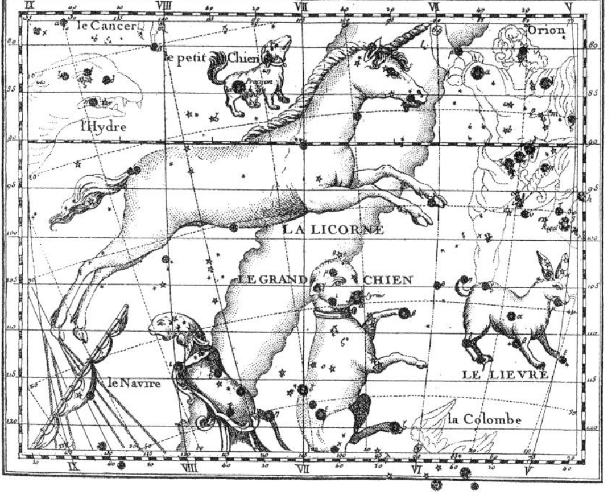

F25 麒麟、大犬、小犬星座

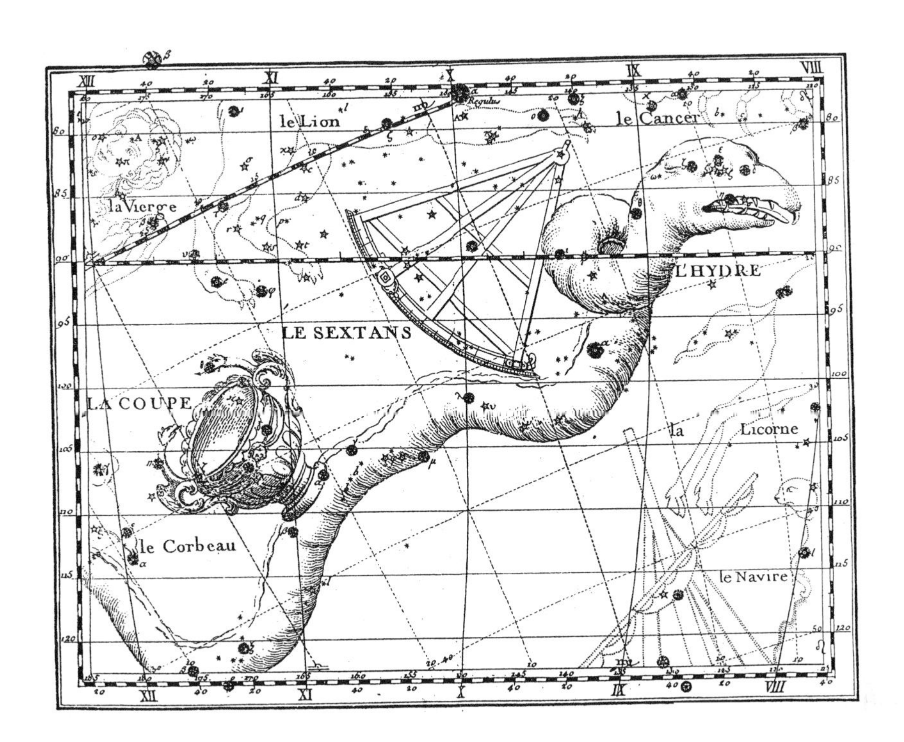

F26 长蛇、六分仪星座

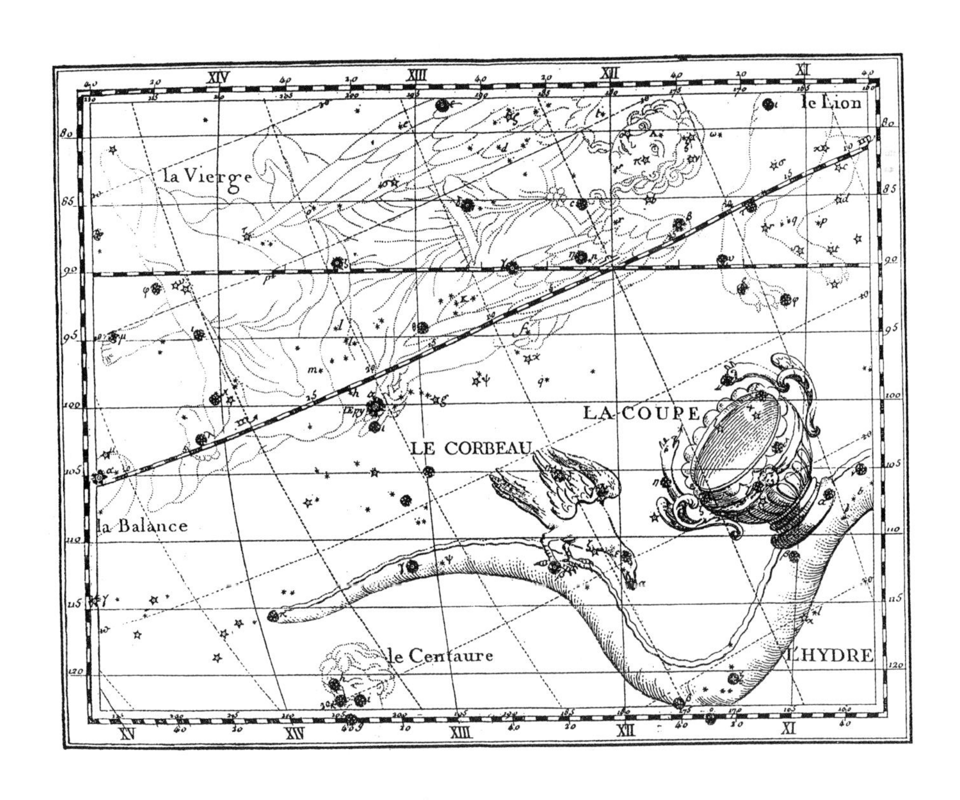

F27 长蛇、巨爵、乌鸦星座

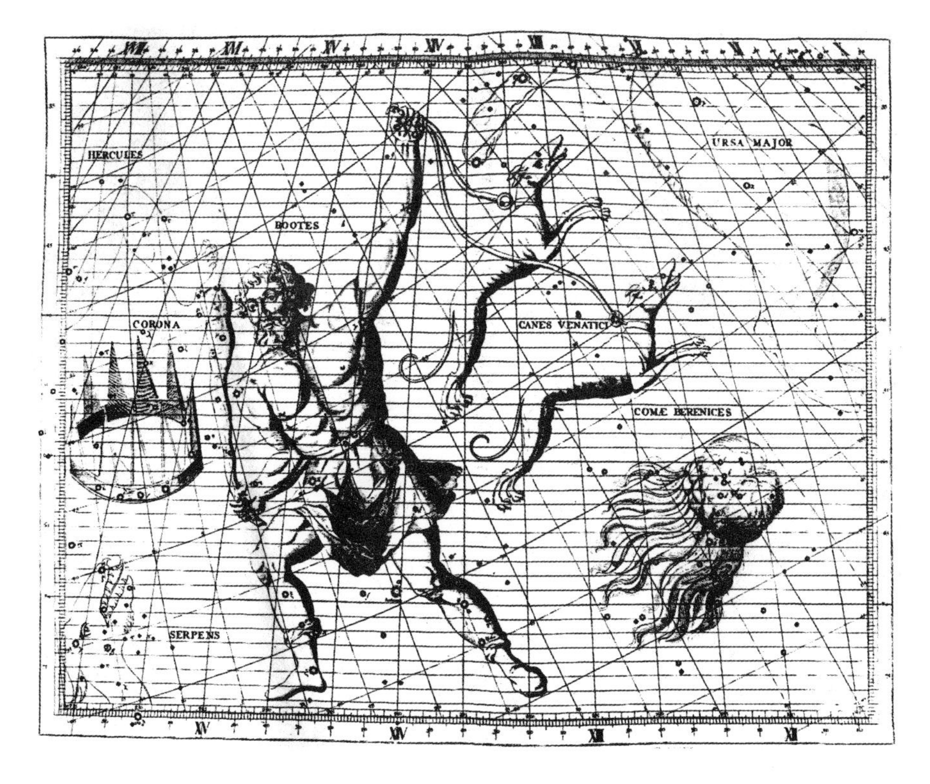

F7 牧夫、猎犬、后发星座

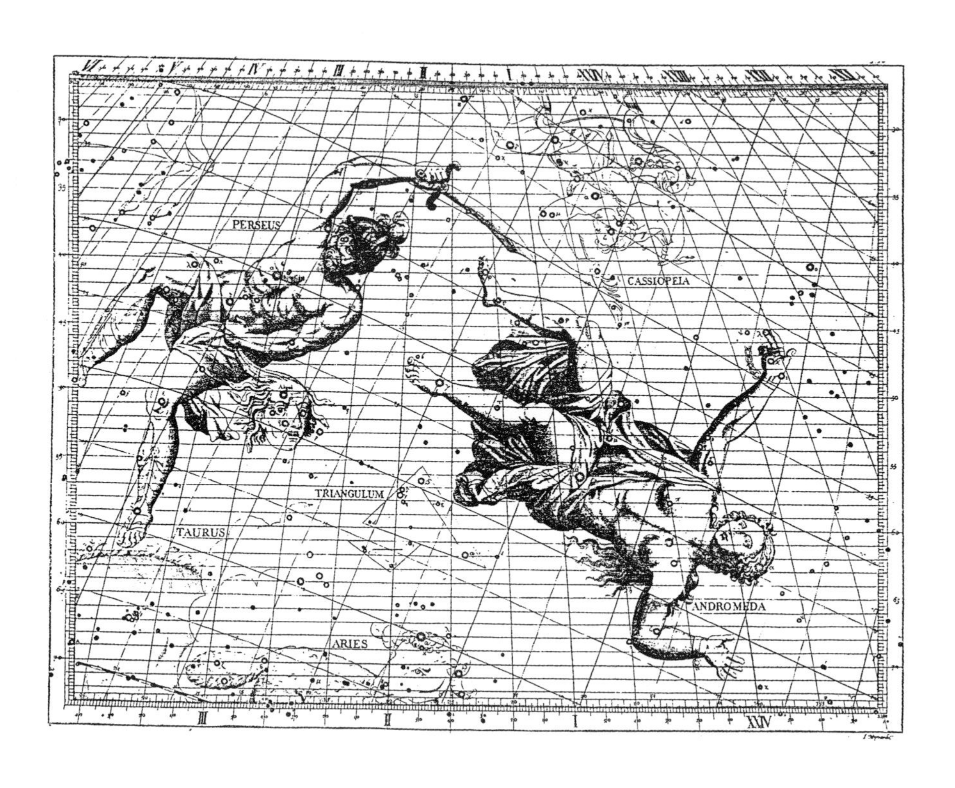

F3 英仙、仙女、三角星座

B1 仙女星座

PISCES

CAPRICORNUS

Denebkaitos

PISCIS AUSTR.

Fomalhaut

AQUARIUS

B2 宝瓶星座

B3 天鹰星座

B4 南船星座

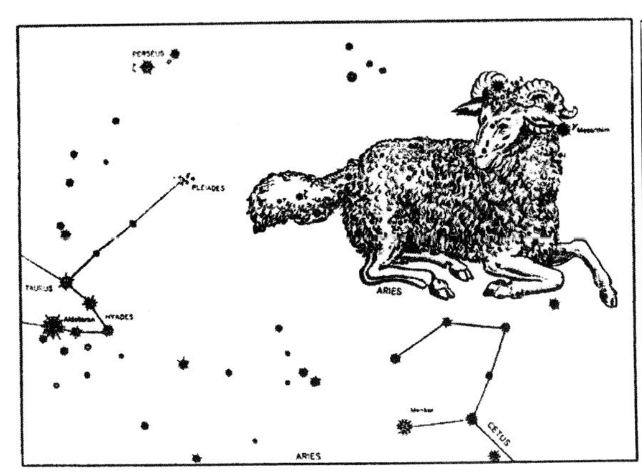

B5 白羊星座

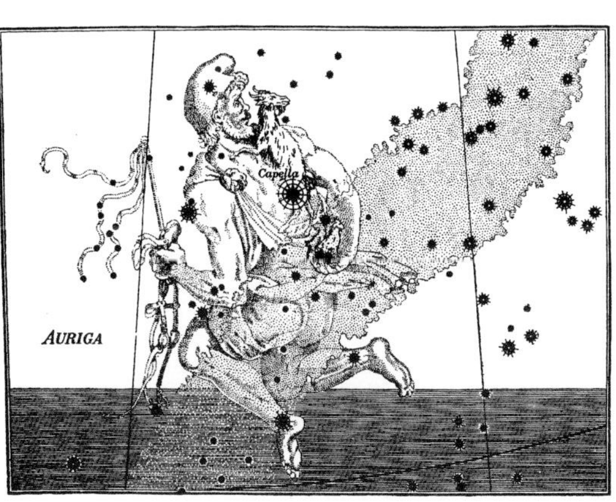

B6 御夫星座

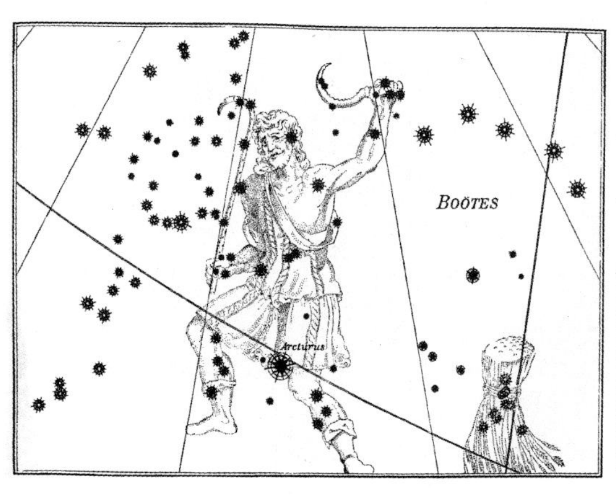

B7 牧夫星座

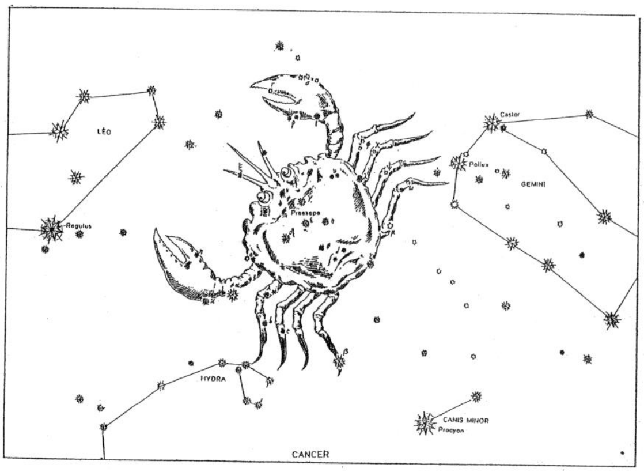

B8 巨蟹星座

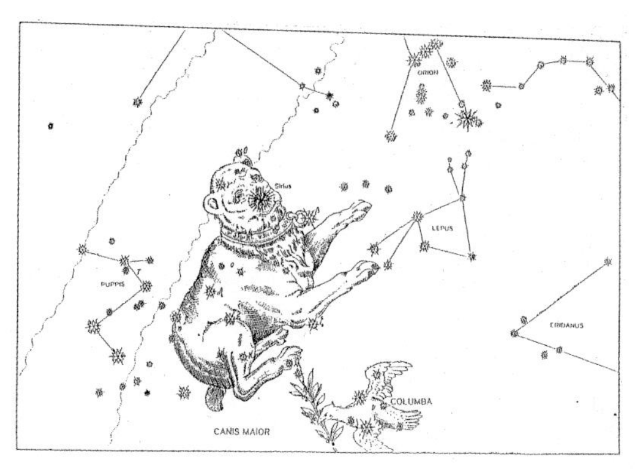

B9 大犬星座

B10 小犬星座

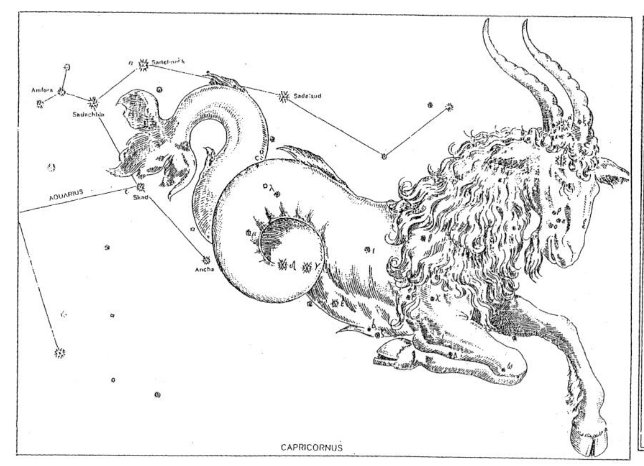

B11 摩羯星座

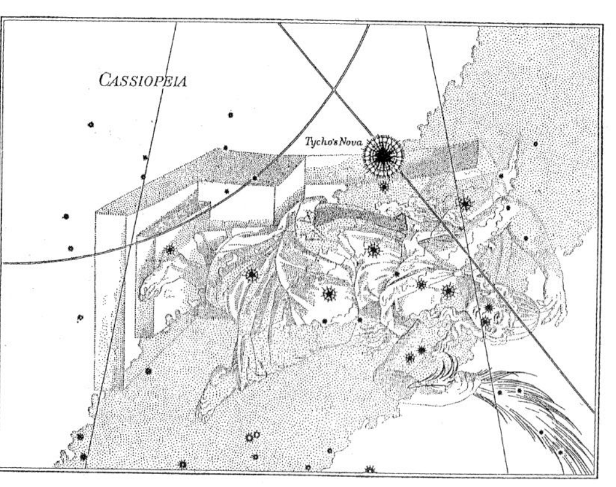

B12 仙后星座

B13 半人马星座

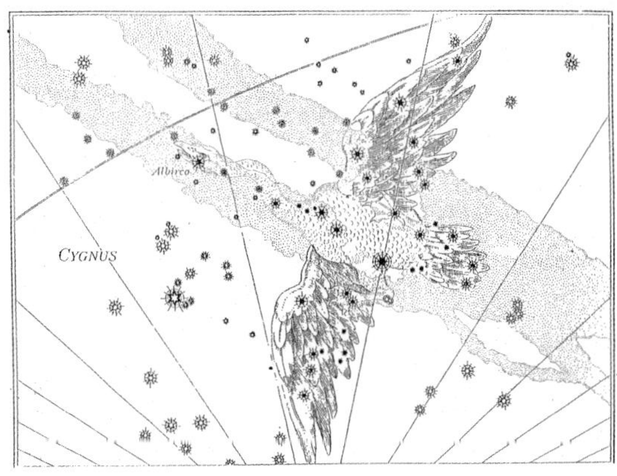

B14 天鹅星座

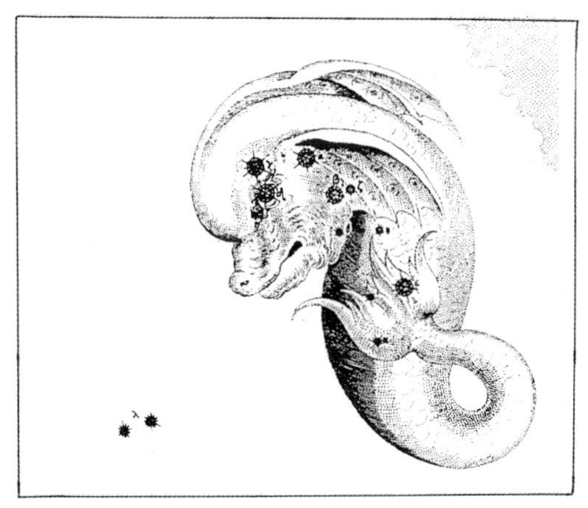

B15 海豚星座

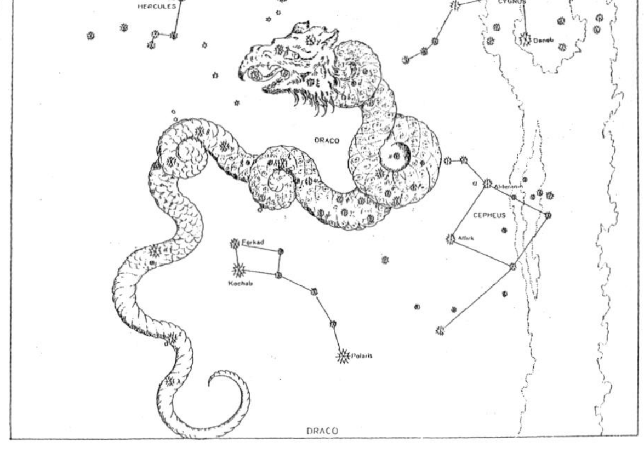

B16 天龙星座

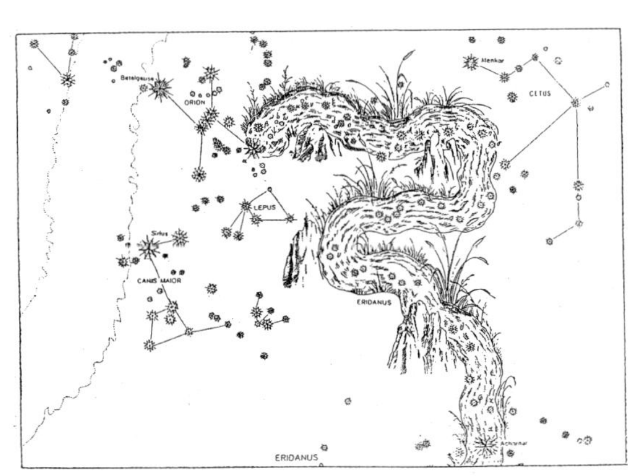

B17 波江星座

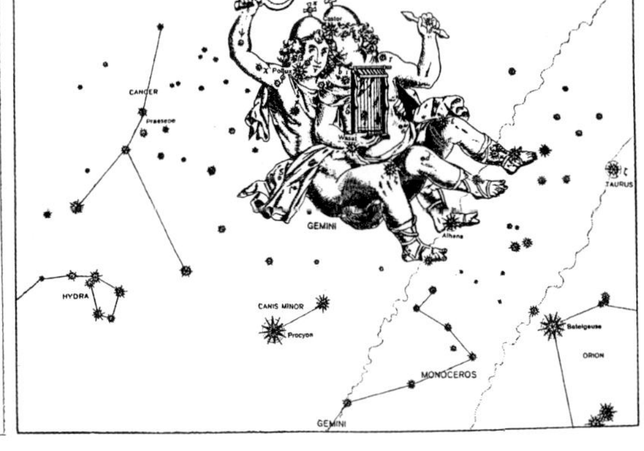

B18 双子星座

B19 武仙星座

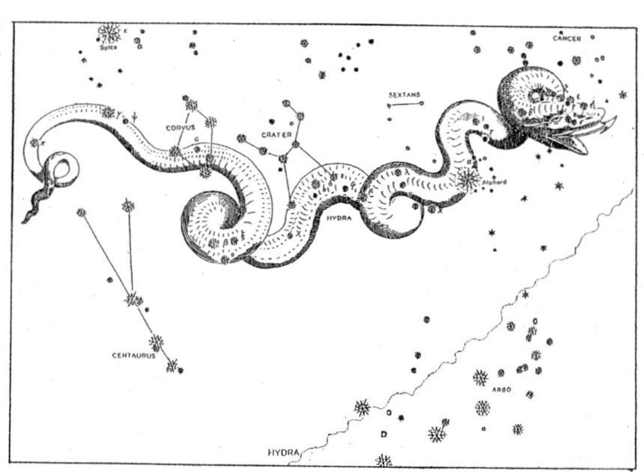

B20 长蛇星座

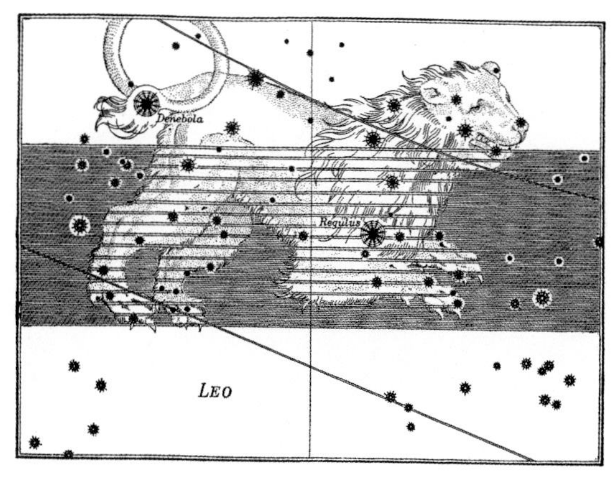

B21 狮子星座

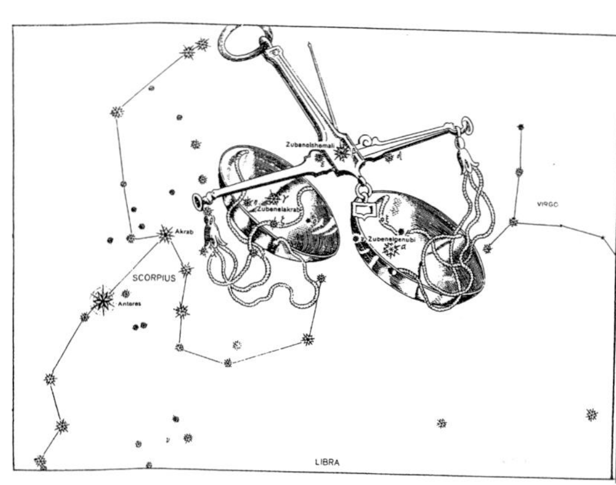

B22 天秤星座

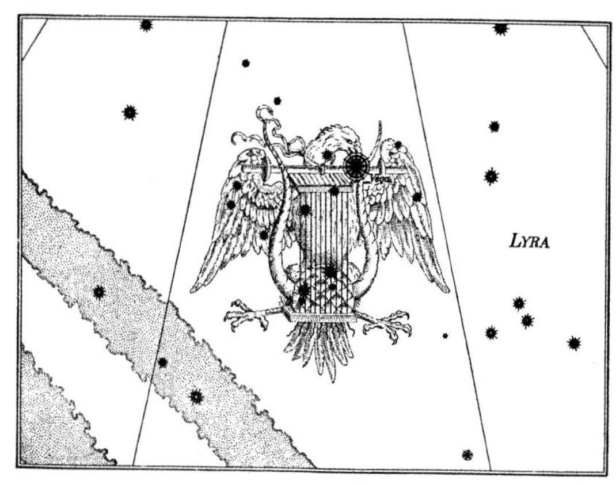

B23 天琴星座

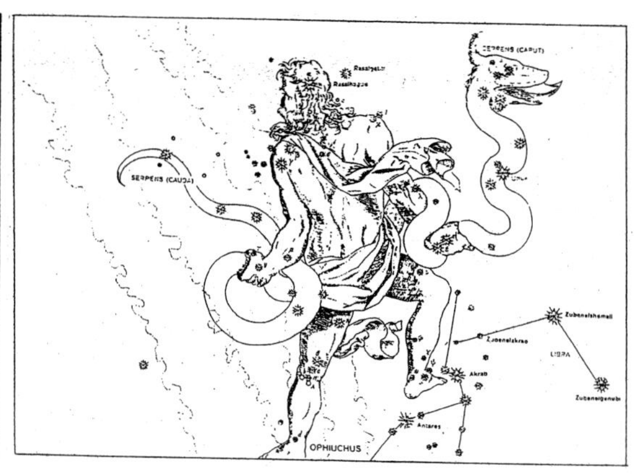

B24 蛇夫星座

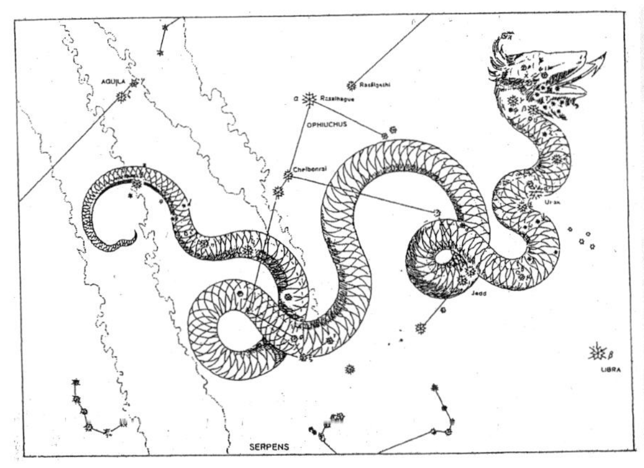

B25 巨蛇星座

B26 猎户星座

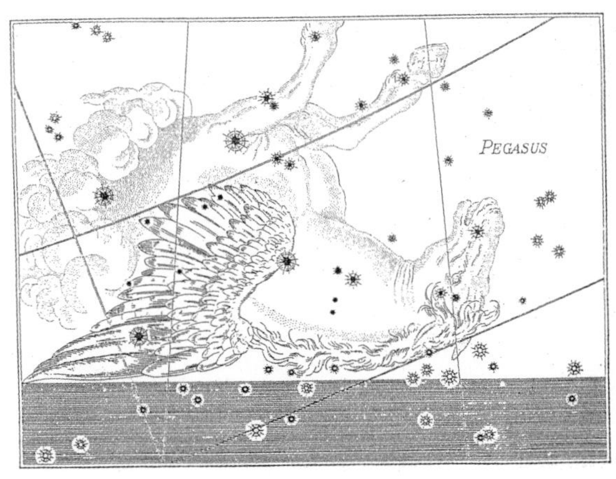

B27 飞马星座

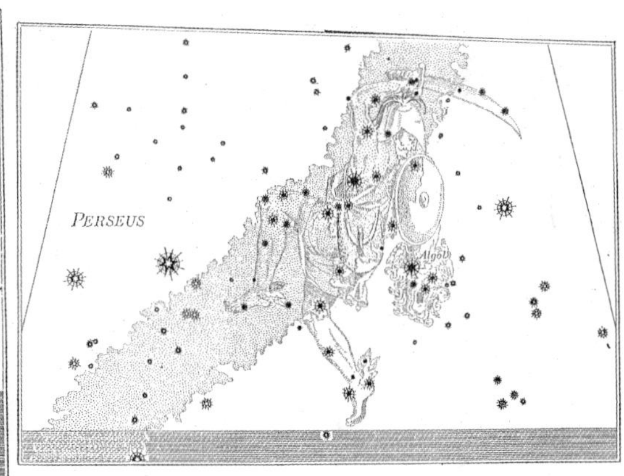

B28 英仙星座

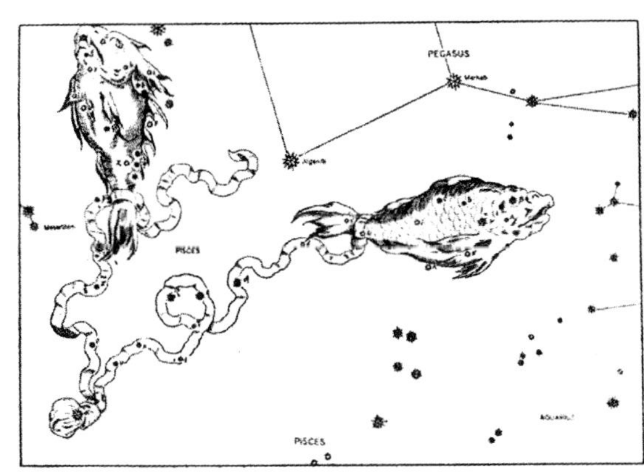

B29 双鱼星座

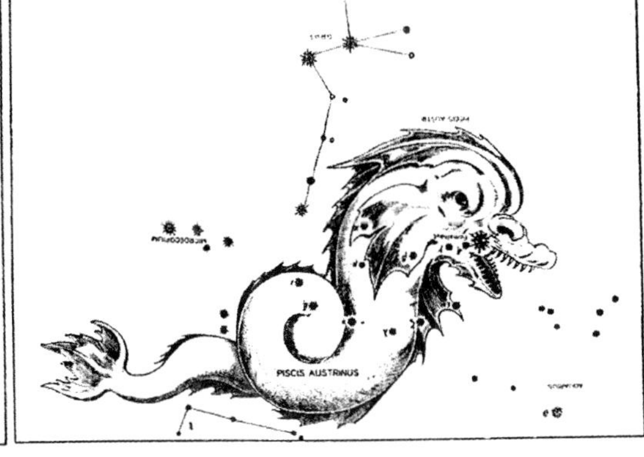

B30 南鱼星座

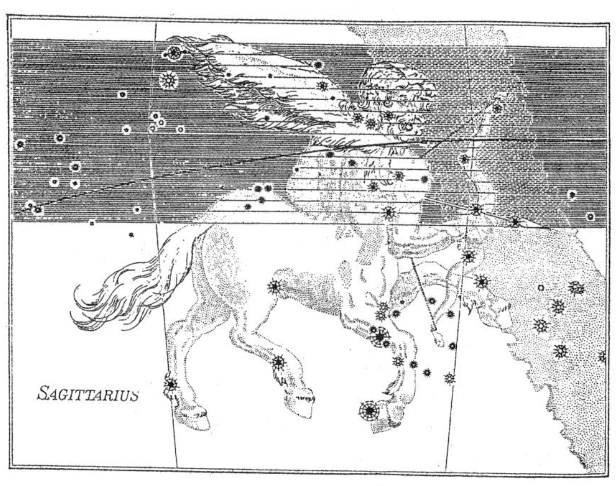

B31 人马星座

B32 天蝎星座

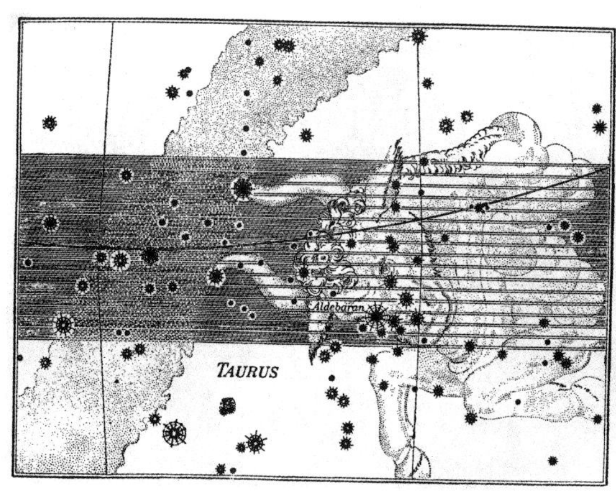

B33 金牛星座

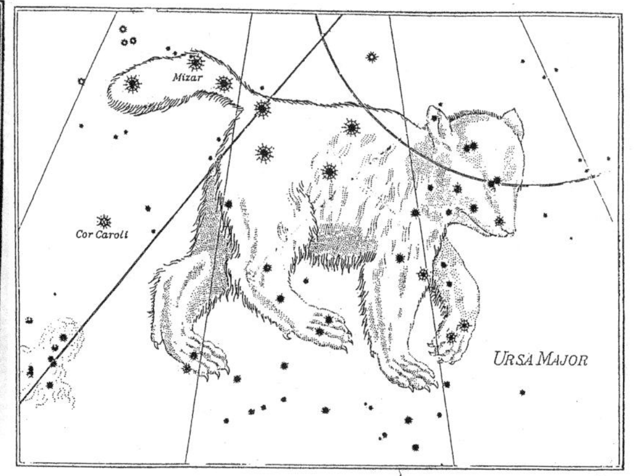

B34 大熊星座

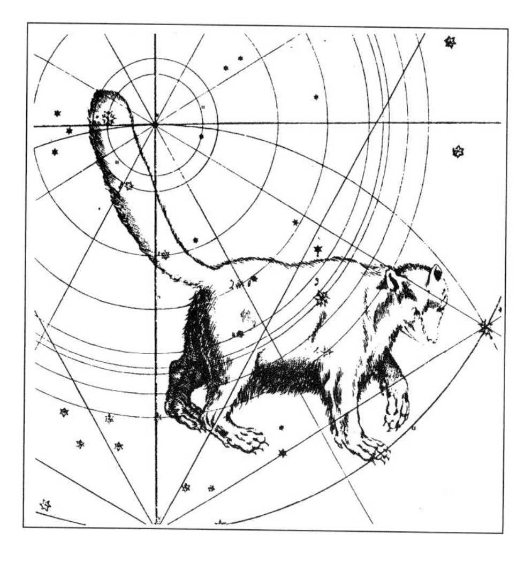

B35 小熊星座

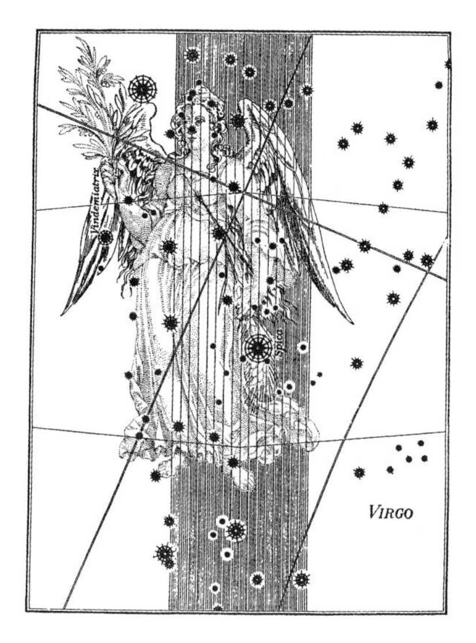

B36 室女星座

H1 仙女星座

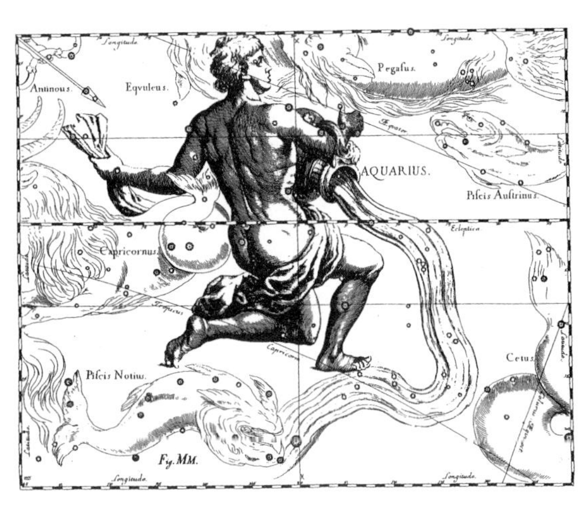

H2 宝瓶星座

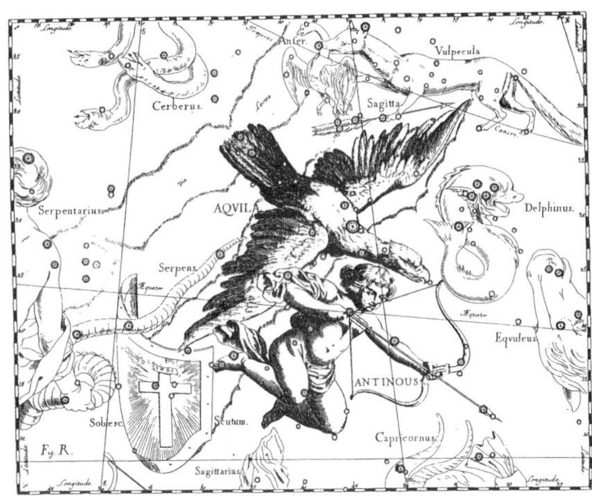

H3 天鹰星座

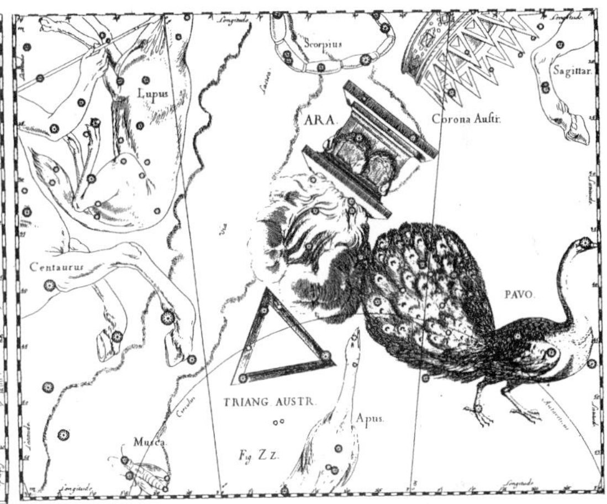

H4 天坛、孔雀、南三角星座

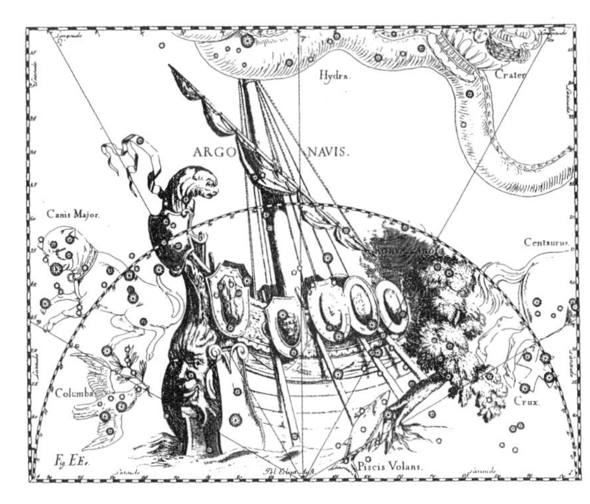

H5 南船星座

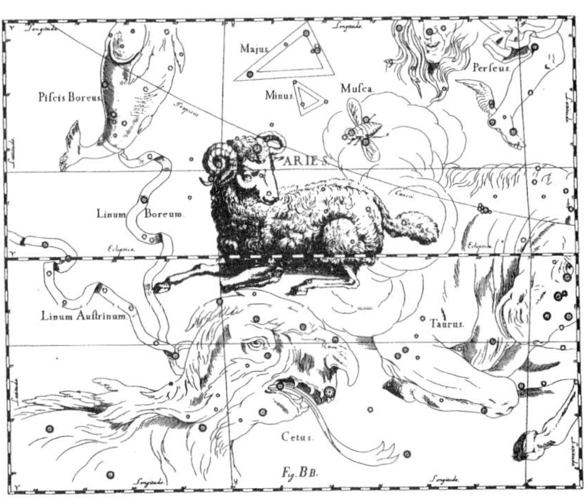

H6 白羊星座

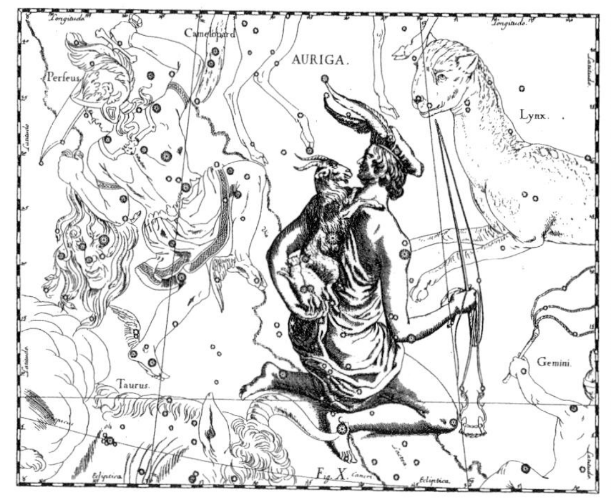

H7 御夫星座

H8 牧夫星座

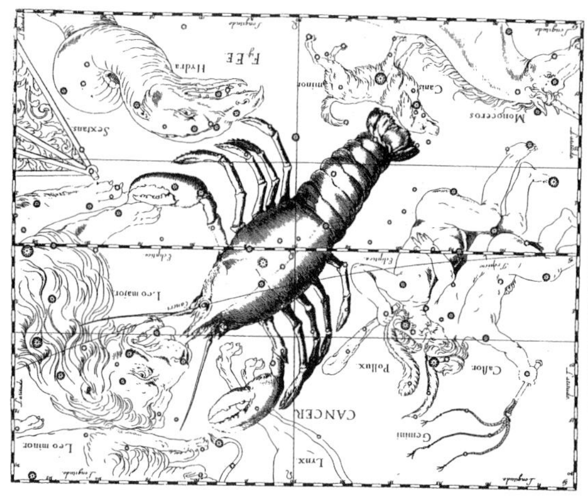

H9 巨蟹星座

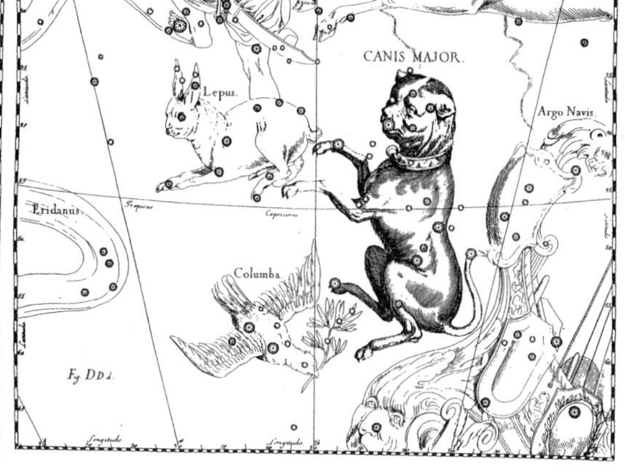

H10 大犬星座

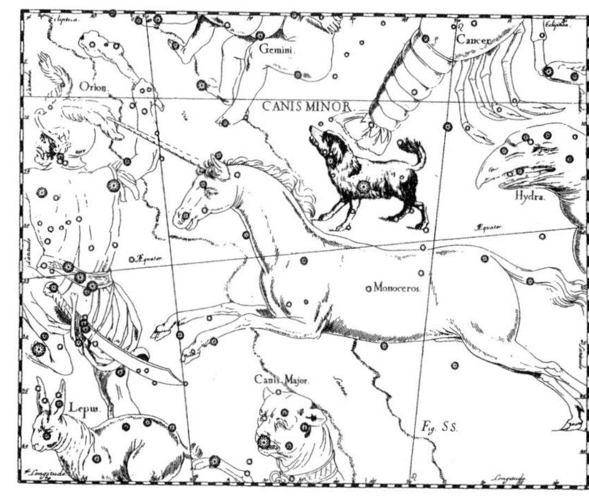

H11 小犬星座

H12 摩羯星座

H13 仙后星座

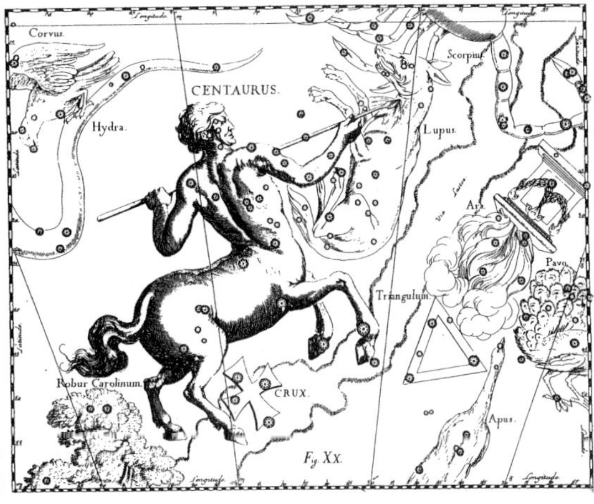

H14 半人马星座

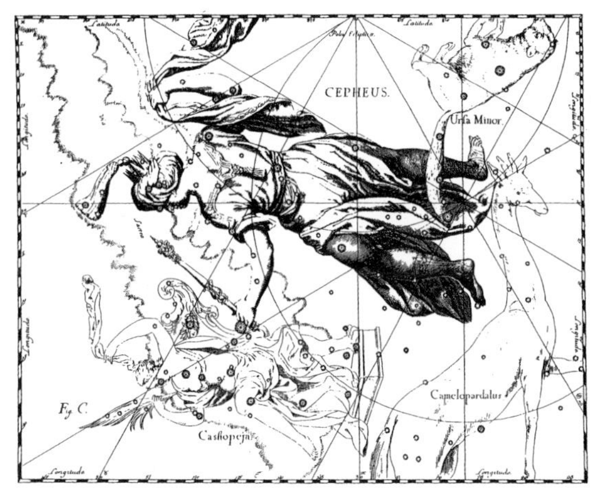

H15 仙王星座

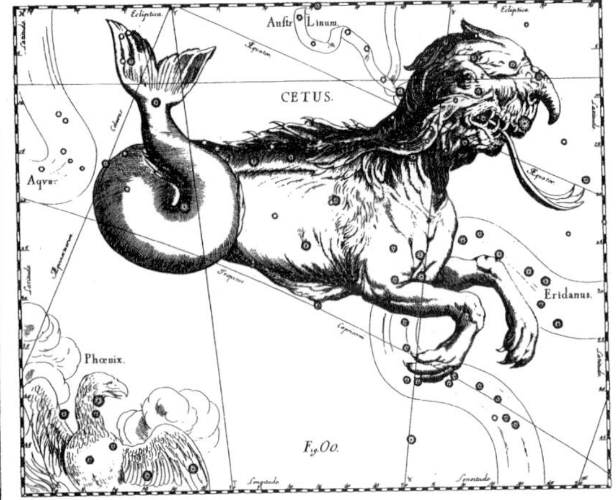

H16 鲸鱼星座

H17 后发星座

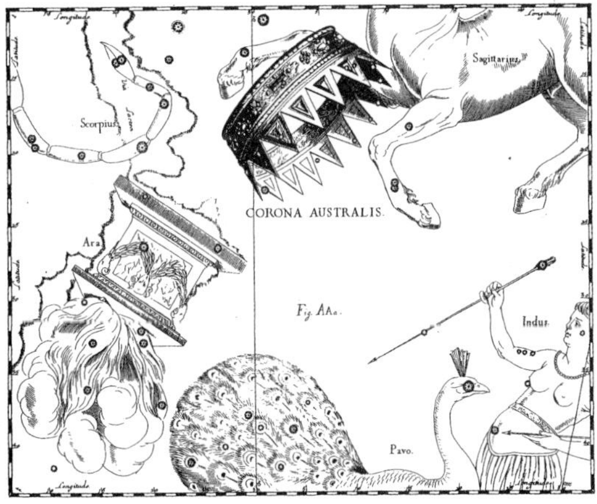

H18 南冕星座

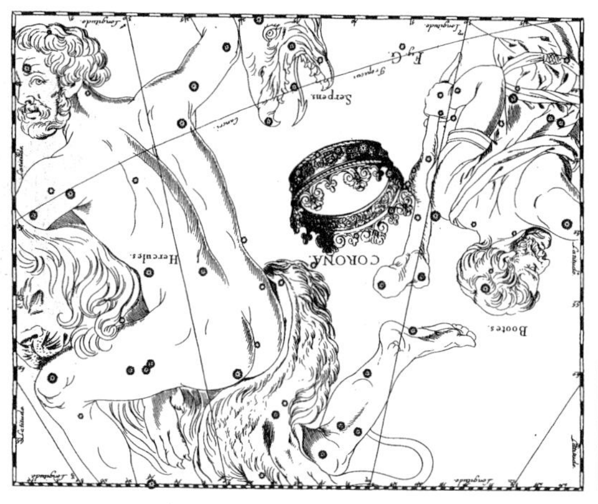

H19 北冕星座

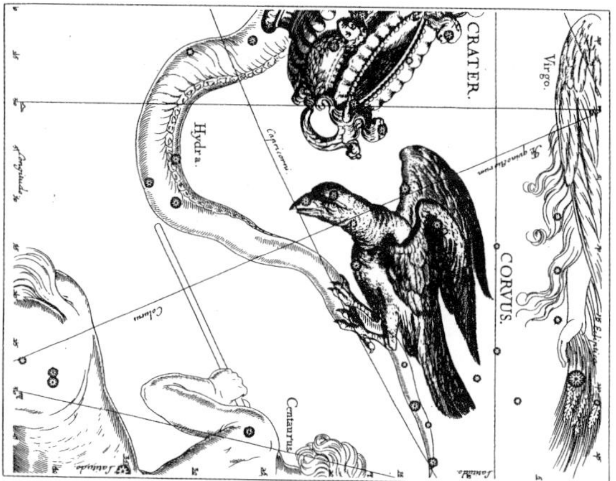

H20 乌鸦星座

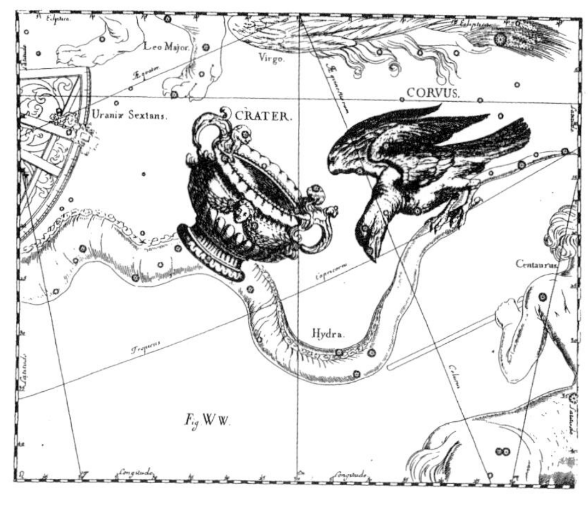

H21 巨爵星座

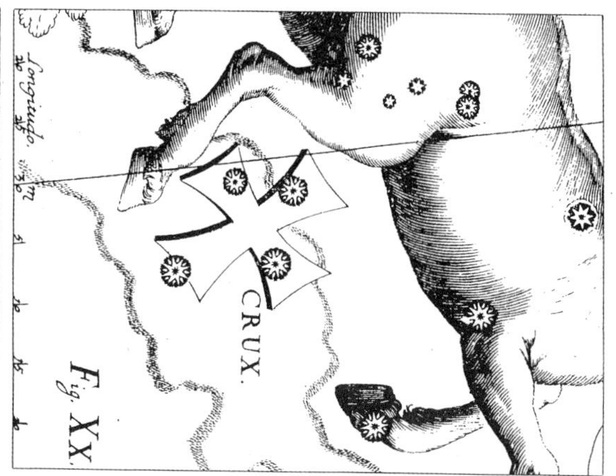

H22 南十字星座

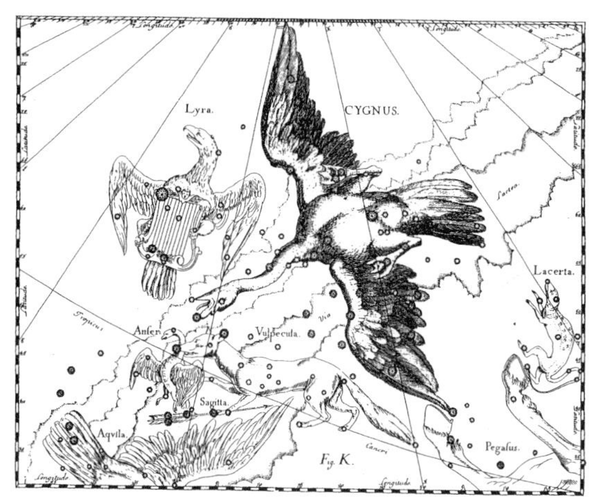

H23 天鹅星座

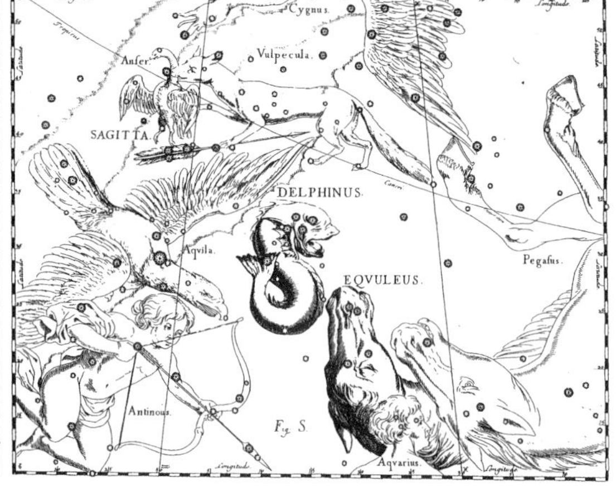

H24 海豚、天箭、小马星座

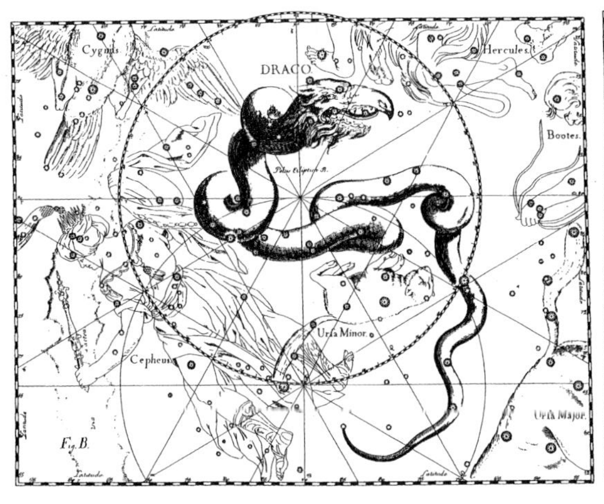

H25 天龙星座

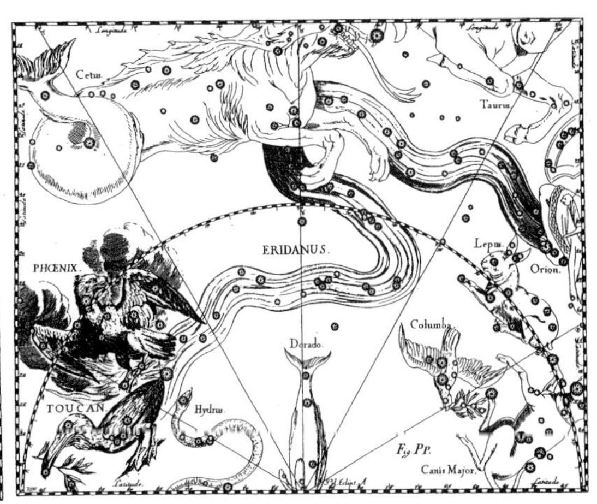

H26 波江、凤凰、杜鹃星座

H27 双子星座

H28 武仙星座

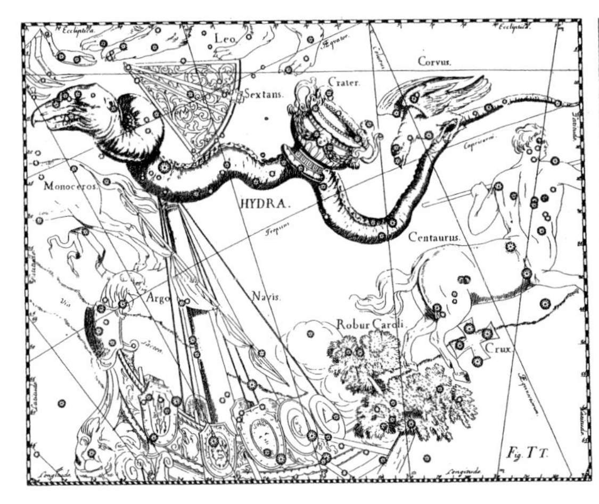

H29 长蛇、六分仪、南船星座

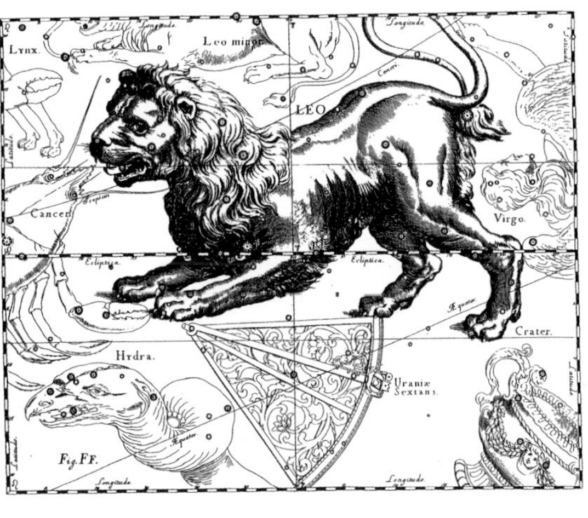

H30 狮子星座

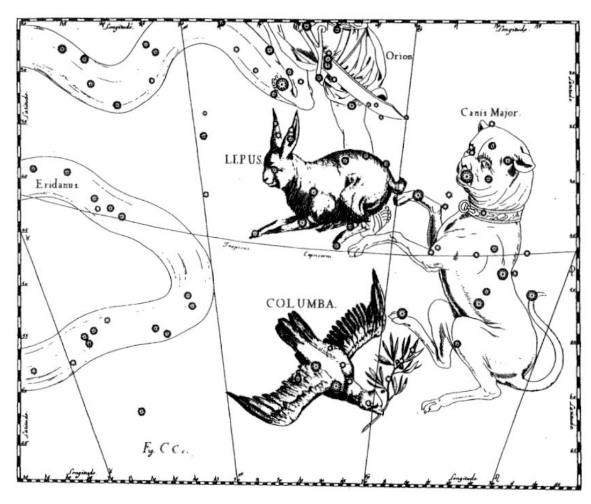

H31 天兔、天鸽星座

H32 天秤星座

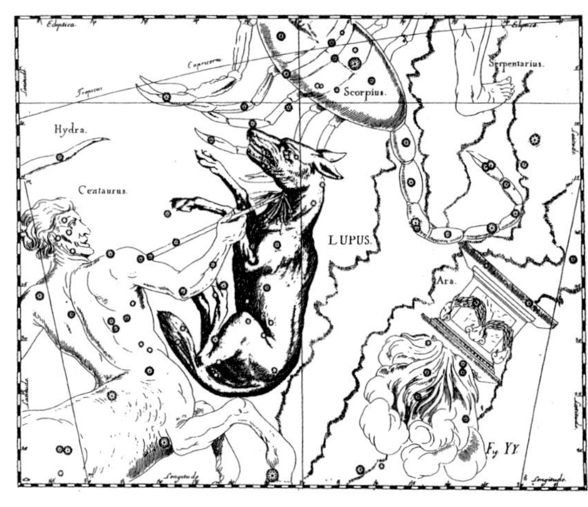

H33 豺狼星座

H34 天琴星座

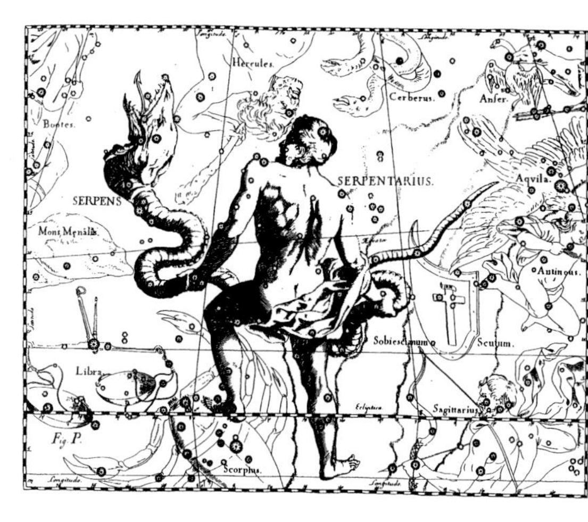

H35 蛇夫、巨蛇星座

H36 猎户星座

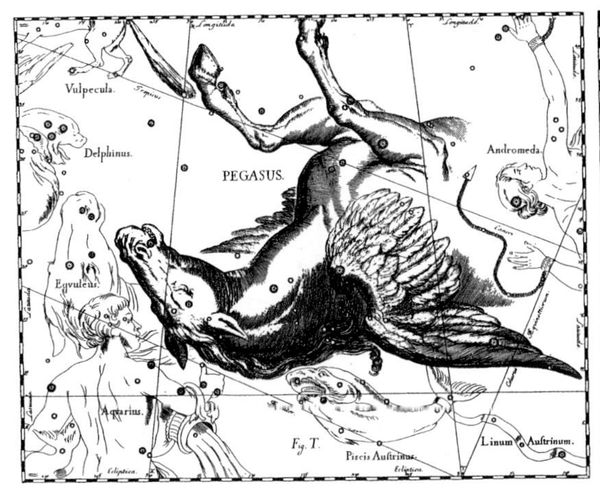

H37 飞马星座

H38 英仙星座

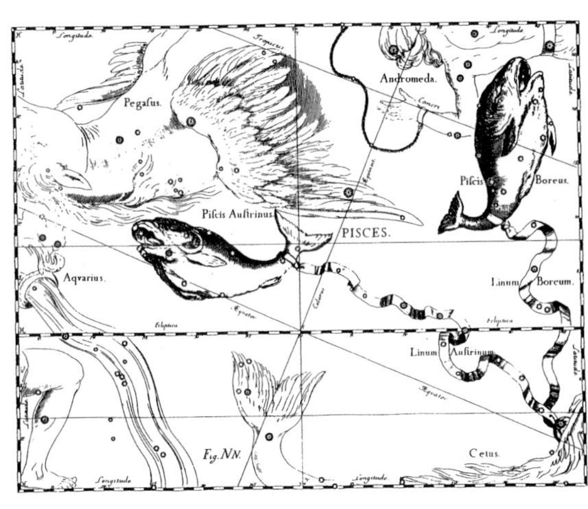

H39 双鱼星座

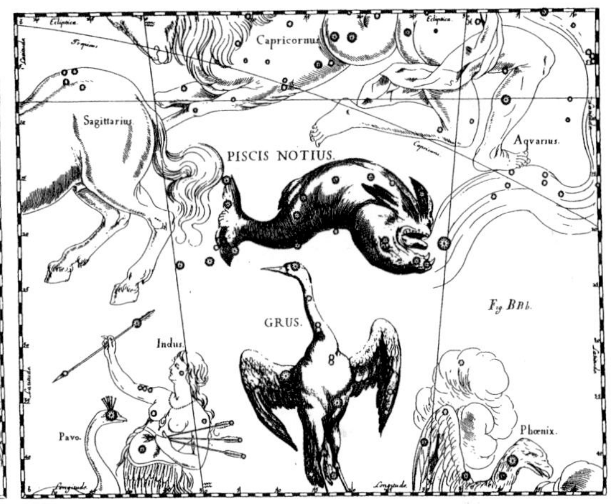

H40 南鱼、天鹤星座

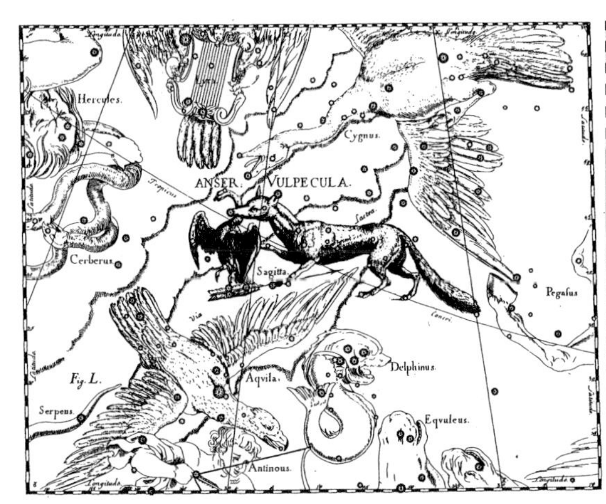

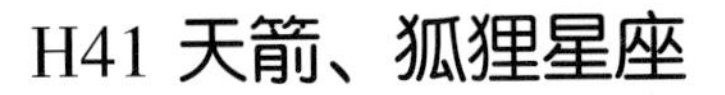
H41 天箭、狐狸星座

H42 人马星座

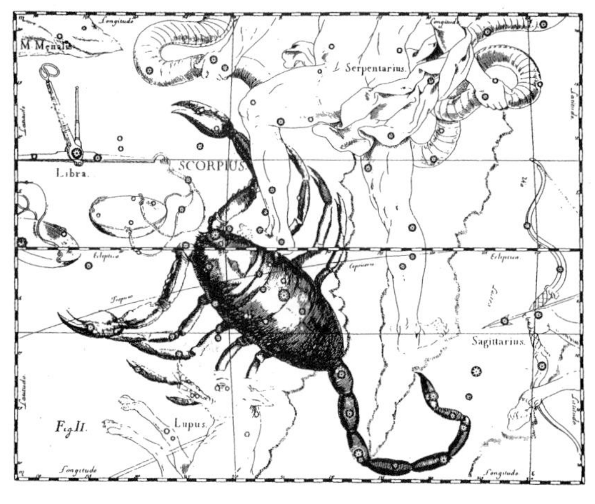

H43 天蝎星座

H44 金牛星座

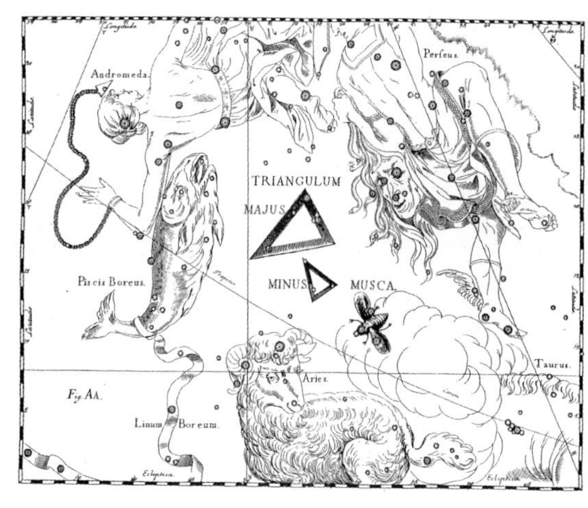

H45 三角星座

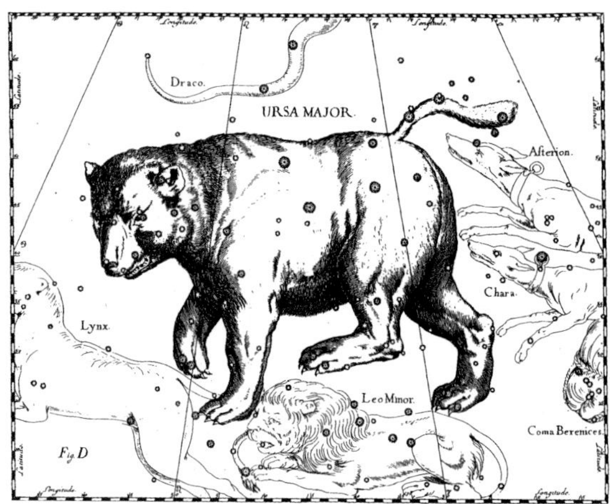

H46 大熊星座

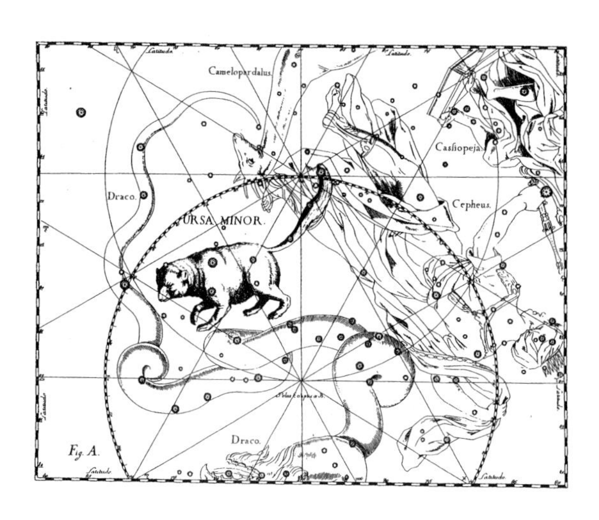

H47 小熊星座

古典星座图形在星空中的分布

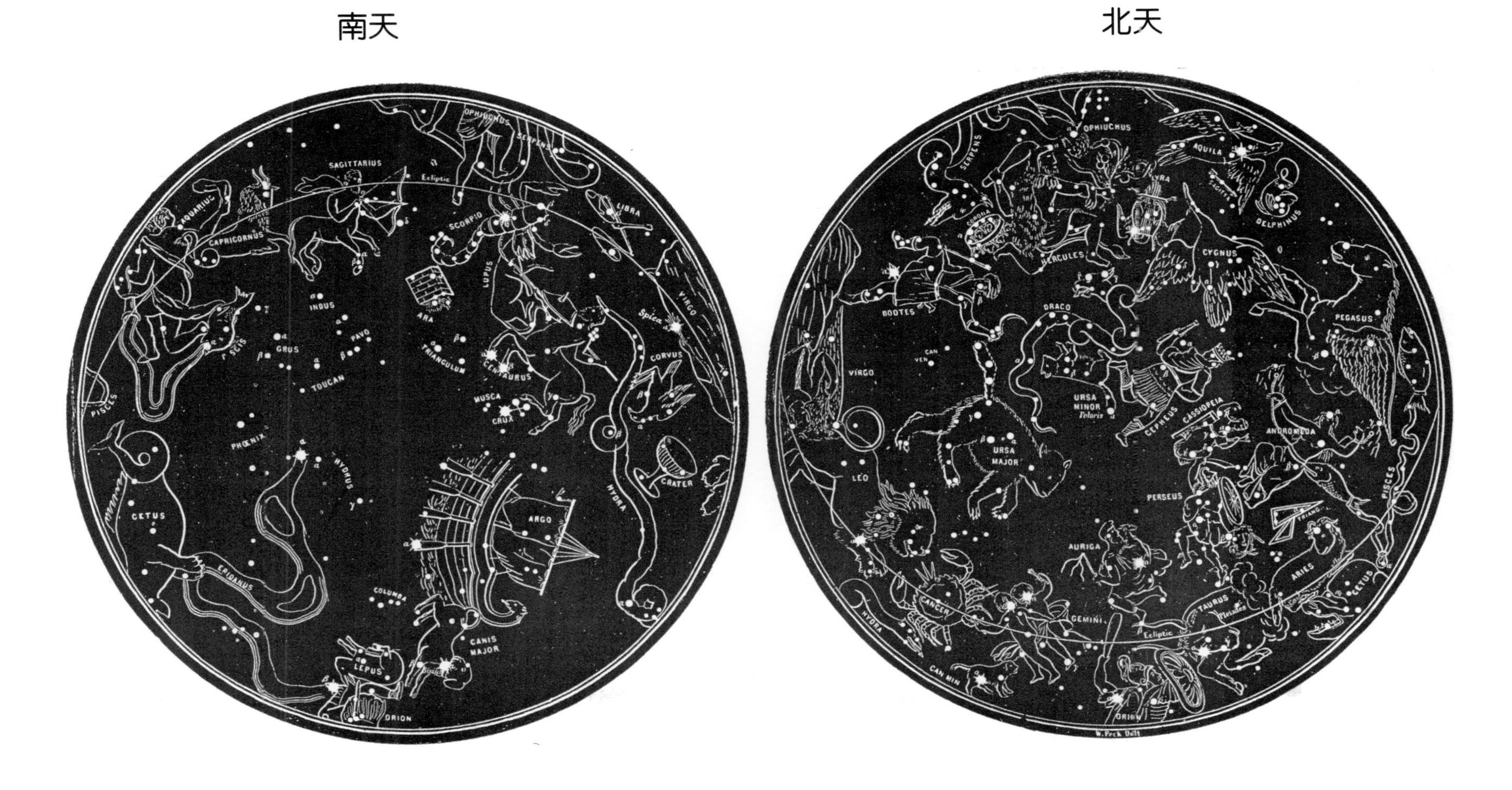

F1 图　北天图（图略）

包括天球赤道以北的星座图形，可以鸟瞰北天全部星座并具备检索作用。

F2 图　仙后星座、仙王星座、小熊星座、天龙星座

这是北天的极圈星座区，从左上方顺次往下为仙后星座、仙王星座、天龙星座和小熊星座。

天龙星座据神话传说，它是守护着赫斯佩里德斯（Hesperides）花园中金苹果的昼夜不眠的龙，后来被海克力士（Hercules，即武仙星座）所杀。

F3 图　英仙星座、仙女星座、三角星座

相传仙女是古代埃塞俄比亚国王凯甫斯（Cepheus，即仙王星座）和王后卡西俄佩亚（Cassiopeia，即仙后星座）的女儿安德罗墨达（Andromeda，即仙女星座）。因王后夸耀自己的女儿美貌无双，激怒了海神波塞顿（Poseidon），他扬言如不把公主奉献出来，海浪将会扫平这个国家。因而只得把公主拘禁在海边等候鲸鱼海怪（鲸鱼星座）前来吞食。这时英雄帕修斯（Persus，即英仙星座）正骑着飞马佩伽索斯（Pegasus，即飞马星座）提着他刚刚斩杀的魔女美杜莎（Medusa）的头前来搭救公主。他把魔女的头照向鲸鱼，使它立即化为巨石，公主得救了。这个王族星座的神话传说，使秋夜星空增添了许多动人情趣，并产生了多幅世界名画。

F4 图　御夫星座、鹿豹星座

希腊神话中，御夫是工艺之神赫费斯托斯（Hephaestus）的儿子，星图中他抱着一只小山羊。

F5 图　天猫星座、小狮星座

是两个不引人注目的小星座。

F6 图　大熊星座

古今著名星座，北斗七星就在大熊的后背和尾部。神话中的大熊是女神朱诺（Juno）的宫女卡利斯托（Callisto），为大神周彼特（Jupiter）所爱并生子阿卡斯（Arcas），因而触怒了朱诺，她把卡利斯托变为大熊，逐放山野，后来大熊母子均被升上天空成为大熊星座和小熊星座。但女神还不罢休，硬 要他们绕着北极星旋转，永远不能落到地平线下而得到休息。

F7 图　牧夫星座、猎犬星座、后发星座

星图展示，牧夫牵着两只猎犬，在紧紧追逐着大熊。至于后发相传是公元前三世纪时，埃及王妃柏任乃斯的美丽长发升空成为星座。

F8 图　武仙星座、北冕星座

据说海克力士（Hercules，即武仙星座）是一位力大无穷的英雄，在幼儿时期就掐死两条蛇，一生曾以完成十二件大事闻名，例如赤手空拳打死一头猛狮，把狮皮披在身上。在星图上武仙星座是倒像，右手执大棒，左手抓蛇，身披狮皮，英武盖世。

北冕星座被当做是酒神巴卡斯（Bacchus）送给他新娘的一顶冠冕，升天而为星座。有多幅描述这一情景的名画。

F9 图　蛇夫星座、巨蛇星座

阿斯克勒庇奥斯（Aesculapius）是阿波罗（Apollo）的儿子，从小跟随半人半马的客戎（Chiron，即人马星座）学医，后来成为神医，升天为蛇夫星座。两手紧握他学医时捕捉的一条花斑巨蛇，就是巨蛇星座。

F10 图　天鹰星座、天箭星座、狐狸星座、海豚星座

天鹰星座是大神宙斯（Zeus）的化身，他化身为一只雄鹰拐走美少年甘尼美提斯（Ganymedes），把他带到奥林帕斯（Olympus）山上作为诸神宴饮时的侍者。（图中少年的名为Antinous）。

天箭星座据说是海克力士（Hercules 武仙星座）用来射杀大鹰，解救普罗米修斯（Prometheus）的神箭。另有一说，认为这箭是爱神丘彼特（Cupid）的箭。

海豚星座被看做是救过落海的音乐家亚里翁（Arion）的海豚，星座虽小，但形态优美。

F11 图　天琴星座、天鹅星座

天琴是希腊著名音乐家奥菲斯（Orpheus）的七弦琴，据说他曾经弹着这把琴到地狱中去寻找他在新婚之夜被毒蛇咬死的新娘优里底斯（Eurydice）。

天鹅星座有两种传说。

青年赛格纳斯（Cygnus，即天鹅星座）极重友情，为寻找坠河而死的挚友，化为天鹅在河上昼夜寻友，为天神感动，升天成为飞翔在银河上的天鹅。另说，天鹅是大神周彼特所化，以便亲近少女丽达（Leda）。达·芬奇的名画《丽达与天鹅》即为此而作。

F12 图　飞马星座、小马星座、海豚星座

飞马星座就是英仙为搭救仙女时的坐骑，

在星图中为倒像。它被看做是秋夜星空的中心。

F13 图　白羊星座

希腊神话中有五十英雄，乘坐阿尔戈（Argo）船，为寻求金羊毛而远征的著名故事。那只长着金毛的羊就是这只白羊。Argo 船即南船星座，因为范围过大，后来分成罗盘、船帆、船尾、船底四星座。

两千多年前，白羊星座为黄道十二宫的第一星座，春分点就在白羊星座。但因岁差运动，现在的春分点已退到双鱼星座了。

F14 图　金牛星座、猎户星座

金牛星座的传说很多，据说天神宙斯（Zeus）化身为一匹大白牛，拐走了美女欧罗巴（Europa），欧洲因而得名。

金牛星座是著名的黄道星座，其中有毕星团和昴星团，甚为著名。

昴星团亦名七姊妹星团，传说她们是担天巨人阿特拉斯（Atlas）的七个女儿，有一个嫁了凡人，因而失去了光辉，所以现在一般人只能看见六颗星。

猎户星座是冬夜星空的中心，是最壮丽的星座之一。星图中表现为手执狮皮，高举大棒迎击金牛的英雄，腰间还佩带着宝剑。几千年来，许多民族都把他看做勇敢、征服、胜利的象征。

希腊神话中，奥赖翁（Orion，即猎户星座）是海神波塞顿（Poseidon）的儿子，英俊健美善于狩猎，并能在海面上行走，为狩猎女神和月神阿提密斯（Artemis）所爱，但她的哥哥阿波罗（Apollo）不同意，诱骗使她放箭误杀了奥赖翁，酿成悲剧，后来天神把这位英雄升天成为星座，在后面尾随他的天狼星，就是他的猎犬。

F15 图　双子星座

这是黄道星座之一，夏至点就在此星座。

卡斯特（Castor，α 星）和波拉克斯（Pollux，β 星）是天神宙斯（Zeus）化为天鹅（天鹅星座）与仙女丽达（Leda）所生的一对孪生兄弟。他们都是英勇善战的勇士，曾参加过乘坐阿尔戈船去取金羊毛的远征队。他们也是航海的保护神。后来卡斯特战死，波拉克斯不愿独享生命，他要求天神允许兄弟二人分享一人的寿命，于是他俩便轮流地隔天在人间生存。深厚的情谊感动了天神，因而被升天成为星座。在星图上，他们是拿着七弦琴、利箭和大棒的一对文武双全的少年。

F16 图　巨蟹星座

黄道星座之一，没有亮星，无明显特征。2000 年前，夏至点在此星座。

F17 图　狮子星座

春夜星空的中心，最壮丽的星座之一。

相传这是在尼米亚（Nemea）山谷中的一头猛狮，成为当地的一大祸害，最后被海克力士（Hercules，即武仙星座）打死（颇像武松打虎的故事），成为海克力士十二件大事中的第一件。这匹猛狮升天为星座，仍然昂首向西，随星空而转动，巡视天空，形象逼真，是星座中的杰出者。黄道穿越而过，一等星 α 正贴近黄道，经常有明亮的行星，出没在它的附近。

另根据埃及人的传说，在尼罗河畔的狮身人面巨像斯芬克斯（Sphinx）就是把室女星座少女的头配在这匹狮身上而成的。

F18 图　室女星座

也是黄道星座之一，现在秋分点在此星座。

在希腊神话中被视为正义和农业的女神，名为阿斯特赖亚（Astraea），是宙斯和巨人泰坦族泰密斯（Themis）所生的女儿。在人类的“黄金时代”她掌管世界。当人们的思想道德堕落时阿斯特赖亚就返回天界，化为室女星座，因此她的另一名字叫“维耳戈”（Virgo，即室女星座），也就是处女的意思。

每当太阳位于室女星座时，就是秋收季节，所以人们也把她当做收获女神。α 一等星中名角宿一，西名 Spica 是麦穗的意思。在星图上室女左手握着麦穗之处，正是 α 星的位置。

F19 图　天秤星座、天蝎星座

它们都是黄道星座。

三千年前的秋分点就在天秤星座，这时昼夜平分，因而有天秤之名。也有认为它属正义女神（它西邻的室女星座）所有，用来衡量人间的善恶。

天蝎星座是夏夜星空的中心，是全天最壮丽星座之一，明星连串，蜿蜒曲折，酷似巨大的天蝎。希腊神话中，英勇的猎人奥赖翁（Orion，即猎户星座）夸耀他天下无敌，因而触怒了女神狄亚纳（Diana），就派出一只毒蝎来蜇杀猎户，因此猎户和天蝎互不相容，后来他们都升天成为星座。天蝎星座出现在夏夜星空，而猎户星座升起在冬夜星空，他们相距大约

18°，此升彼落互不相见。在中国也有类似情况，猎户星座为参星，天蝎星座为商星，有言“人生不相见，动如参与商”，也用来比喻人生不和睦。星图中只绘出天蝎的中上部分，蝎尾不全，可以从20图右下角补全。

F20图　人马星座

黄道星座之一，冬至点就在此星座。

神话中的人马是大神宙斯之弟客戎（Chiron），精通武艺，射术高强，博学多闻，对医学很有研究，医神蛇夫（星座）和音乐之神阿波罗（Apollo）等都是他的门生，不幸被海克力士（Hercules，即武仙星座）误杀，升天而为星座。星图中他张弓射箭，指向天蝎，也有人称为射手星座。

F21图　摩羯星座、宝瓶星座

均为黄道星座，民间也有把它们称作山羊星座和水瓶星座。

摩羯星座是牧羊神潘（Pan）的化身。他原是森林中的精灵，是牧羊人的好友，他头上长着山羊的耳朵和角，上半身多毛，下半身是羊身，喜爱音乐，吹着自制的芦笛。一次众神在尼罗河畔饮酒取乐时，牧神吹笛助兴，突然出现了一个怪物，众神惊慌中各自变物逃跑。牧神也跳入水中，因过于惊慌，把水中部分变成鱼尾，露出水面的部分变成山羊。天神宙斯把他升为星座以资纪念。星图中明显看出摩羯的羊身鱼尾的奇特形状。

宝瓶星座被看成一位少年抱着水瓶倒水的样子，他叫甘尼美提斯（Ganymedes），被宙斯化为大鹰（天鹰星座）把少年劫到天上，看管宝瓶。古埃及人以为尼罗河水每年定期泛滥，就是从这瓶里倾倒的水，因为那时正好宝瓶星座出现。从星图上看到这水正流入南鱼星座的口中，那里正好有一颗一等星，南鱼星座α星，中名北落师门，西名Fomalhaut，孤独地辉耀在秋夜南方低空中。

F22图　双鱼星座

黄道星座，暗淡而巨大，现在春分点就在此星座。相传这是美神维纳斯（Venus）和她儿子爱神丘比特（Cupid）的化身。一次当他们母子两人正在河边时，忽然巨大的百头喷火怪物提丰（Tyhone）出现了，他两变成两条鱼而逃掉，就成为天上的双鱼星座，

F23图　鲸鱼星座

秋夜是空中大而缺少亮星的星座。O星，西名Mira，中名蒭藁增二，是一颗著名的变星。

这条鲸鱼和现在海洋中的鲸完全两样，是一头凶猛丑怪的海怪，所以也有人叫它海怪，在英仙星座和仙女星座中已经说过。

F24图　波江星座、猎户星座、天兔星座

波江星座是一个由众多暗星组成的漫长星座，从猎户星座脚下开始，蜿蜒曲折，直流南天远方。

在神话中，太阳神阿波罗（Apollo）的儿子法埃同（Phaeton）驾驶太阳车失控而坠落在波江中。

在这幅星图中，显示出猎户星座的完整形象和英姿。在他的下方正是一只兔子，构成一个小星座。

F25图　麒麟星座、大犬星座、小犬星座

连接猎户星座三星，向东南延长，就会见到全天最亮的天狼星，它是大犬星座的α星，西名Sirius，传说大犬是猎户奥赖翁的猎犬。

F26图　长蛇星座、六分仪星座

在狮子星座的南面是从西向东的长蛇星座。这是在海克力士（Hercules，即武仙星座）打死了猛狮（狮子星座）之后，又杀死了这条蛇怪，在希腊神话中有着生动的描述。长蛇星座就是这条蛇的化身。

F27图　长蛇星座、巨爵星座、乌鸦星座

这是长蛇星座的尾部以及它附近的两个小星座。巨爵传说是天神使用的酒杯。乌鸦据说是乐神阿波罗的侍从，因爱说谎而受到惩罚。

F28图　南天图（图略）

这是天球赤道以南的南天星星座图。其中最引人注目的是南船星座（现已分为四星座）、半人马星座、南三角星座、凤凰星座等的图形。

F29图　南天极星图（图略）

本图是第28图中小圆内星座图，书法不尽相同。包括天球南赤纬23度半以南的星座。